SIEMENS

西门子PLC编程
全实例精解

赵春生 主编

U0332294

化学工业出版社

·北京·

本书以西门子 S7-300 系列 PLC 为主要载体，精选了工业电气控制领域的 80 个应用实例，用博途软件 V15 进行组态。内容涵盖了 PLC 的硬件组态、博途软件的应用、S7-300 PLC 的基础实例、S7-300 PLC 的提高实例、MM420 变频器的应用、触摸屏的应用、WinCC 组态软件的应用、综合应用等。每个实例按照控制要求、控制线路、相关知识、控制程序的结构进行编写，并均通过编者上机验证。

本书采用双色图解＋视频教学的模式，书中的应用实例均采用梯形图编程，将相关指令融合进实例中，适合初学者快速入门与提高。

本书适合电气工程师、自动化工程师等自学使用，同时可作为职业院校、培训学校相关专业的参考书。

图书在版编目（CIP）数据

西门子PLC编程全实例精解/赵春生主编．—北京：
化学工业出版社，2020.1（2023.9 重印）

ISBN 978-7-122-35330-6

Ⅰ.①西…　Ⅱ.①赵…　Ⅲ.①PLC技术−程序设计
Ⅳ.①TM571.61

中国版本图书馆CIP数据核字（2019）第223090号

责任编辑：娶利娜　　　　　　　　　　　文字编辑：陈　喆
责任校对：张雨彤　　　　　　　　　　　装帧设计：王晓宇

出版发行：化学工业出版社（北京市东城区青年湖南街13号　邮政编码100011）
印　　装：北京虎彩文化传播有限公司
787mm×1092mm　1/16　印张23¹/₂　字数632千字　2023年9月北京第1版第7次印刷

购书咨询：010-64518888　　　　　　售后服务：010-64518899
网　　址：http://www.cip.com.cn
凡购买本书，如有缺损质量问题，本社销售中心负责调换。

定　　价：89.00元　　　　　　　　　　　　　　　　版权所有　违者必究

经常听到一些初学者问："PLC 能做什么？PLC 好学吗？"也经常看到一些电气工程技术人员在编写用户程序时历尽艰辛阅读手册，编写的程序还是不能调试成功。是否能轻松地掌握 PLC 应用技术呢？答案是肯定的，消化和移植别人成功的例子，就是掌握 PLC 应用技术的捷径之一。本书提供的实例都是从实践中提炼出来的，并且都调试通过，相信能够帮助到你。

本书以 S7-300 CPU314C-2DP 和 TIA 博途 V15 为核心，按照控制要求、控制线路、相关知识和控制程序进行编写。编程语言使用梯形图，将编程指令融入实例程序中，可以快速学习编程指令的应用，适合初学者快速入门与提高。书中涉及 S7-300 PLC、博途软件 V15、变频器、触摸屏和组态软件 WinCC 及通信控制。第 1 章简单介绍了 S7-300 PLC 的基本知识和博途软件的应用以及如何下载。第 2 章和第 3 章为 S7-300 PLC 的基础应用与提高，将控制指令应用于具体的实例中，便于读者更好地理解指令和应用指令。编写程序时，尽量使用拖拽的方法，提高编程效率，激发读者对编程的兴趣。第 4 章介绍了 MM420 变频器的应用，包括基础和提高部分。第 5 章以精简面板 TP700 Comfort 为例，介绍触摸屏的组态和通信过程。第 6 章以组态软件 WinCC 7.3 为例对监控进行组态，由于博途软件集成的 WinCC 功能有限，因此使用了 WinCC 7.3。博途软件集成的 WinCC 组态过程与触摸屏组态类似，本章最后一个实例给出了用博途软件组态 WinCC 的过程，读者可以根据对应的博途软件组态实例程序，快速学习如何用博途软件进行组态。第 7 章以两个实例介绍了 PLC、变频器、触摸屏和 WinCC 的综合应用。

本书所有实例都用仿真器进行了调试，并且都经过了上机调试。扫下方对应的二维码，可下载全部实例的源程序。读者可以通过书中的程序对 PLC、PLC 与触摸屏通信、PLC 与 WinCC 通信进行仿真，学习 PLC 的编程方法、PLC 与触摸屏和 WinCC 的通信。此外，为方便读者学习和应用，本书还提供了一些参考资料，扫下方对应的二维码即可免费下载使用。

由于编者水平有限，时间仓促，书中不足之处在所难免，恳请广大读者批评指正，衷心感谢！

源程序

参考资料

编　者

目录 —— *Contents*

第 1 章
S7-300 PLC 基础与 TIA 博途入门 —————————— **001**

1.1　PLC 概述　/ 001

　　1.1.1　PLC 的组成　/ 001

　　1.1.2　PLC 的工作过程　/ 002

　　1.1.3　PLC 的分类　/ 003

1.2　S7-300 系列 PLC 的硬件与地址分配　/ 003

　　1.2.1　S7-300 PLC 常用模块　/ 003

　　1.2.2　S7-300 PLC 的扩展和地址分配　/ 004

　　1.2.3　S7-300 CPU314C-2DP 紧凑型 PLC　/ 006

1.3　S7-300 PLC 的存储区及数据类型　/ 007

　　1.3.1　S7-300 的系统存储区　/ 007

　　1.3.2　数制、编码与数据类型　/ 009

　　1.3.3　TIA 博途软件的安装与卸载　/ 014

1.4　TIA 博途入门　/ 016

▶视频 1.4.1　博途视图和项目视图　/ 016

▶视频 1.4.2　使用项目视图组态设备　/ 019

　　1.4.3　使用符号定义变量　/ 022

　　1.4.4　编写用户程序　/ 023

　　1.4.5　程序仿真　/ 026

　　1.4.6　项目的下载与上传　/ 027

　　1.4.7　程序调试　/ 031

第 2 章
S7-300 PLC 基础实例 —————————— **035**

2.1　位逻辑指令　/ 035

▶视频 [实例 1] 电动机的点动控制 / 035

▶视频 [实例 2] 电动机的自锁控制 / 038

▶视频 [实例 3] 电动机的点动与自锁控制 / 041

▶视频 [实例 4] 电动机的正反转控制 / 043

▶视频 [实例 5] 工作台的自动往返控制 / 045

▶视频 [实例 6] 电动机的反接制动控制 / 048

2.2 定时器指令 / 050

▶视频 [实例 7] 电动机的 Y-△ 降压启动控制 / 050

▶视频 [实例 8] 电动机的能耗制动控制 / 055

▶视频 [实例 9] 三台电动机的顺序启动控制与报警 / 056

2.3 计数器指令 / 060

▶视频 [实例 10] 使用单按钮实现电动机的启动 / 停止控制 / 060

2.4 比较器指令 / 065

▶视频 [实例 11] 传送带工件计数控制 / 065

▶视频 [实例 12] 设备运行密码与报警 / 069

2.5 数学函数指令 / 071

▶视频 [实例 13] 多挡位功率调节控制 / 071

2.6 转换操作类指令 / 074

▶视频 [实例 14] 圆面积计算 / 074

▶视频 [实例 15] 厘米值与英寸值的转换 / 076

2.7 移动操作指令 / 077

▶视频 [实例 16] 用移动指令实现 Y-△ 降压启动控制 / 077

2.8 程序控制操作指令 / 080

▶视频 [实例 17] 手动 / 自动工作方式的选择 / 080

2.9 字逻辑运算指令 / 082

▶视频 [实例 18] 指示灯的控制 / 082

2.10 移位指令 / 085

▶视频 [实例 19] 多台电动机的顺序启动控制 / 085

2.11 其他操作指令 / 088

▶视频 [实例 20] 生产线的控制 / 088

▶视频 [实例 21] 停车场空闲车位数码显示 / 092

3.1　组织块（OB）/ 097

▶视频［实例 22］　应用时间中断实现电动机的周期控制 / 097

▶视频［实例 23］　应用延时中断实现秒脉冲输出 / 101

▶视频［实例 24］　应用循环中断实现彩灯控制 / 103

▶视频［实例 25］　应用硬件中断实现电动机连续运转控制 / 105

3.2　函数、函数块和数据块（FC、FB 和 DB）/ 108

▶视频［实例 26］　应用函数（FC）实现两组电动机顺序启动控制 / 108

▶视频［实例 27］　应用函数块（FB）实现电动机 Y-△ 降压启动 / 111

▶视频［实例 28］　应用多重背景数据块实现两台电动机 Y-△ 降压启动 / 115

3.3　日期和时间指令 / 119

▶视频［实例 29］　作息时间定时控制 / 119

▶视频［实例 30］　路灯亮灭定时控制 / 124

3.4　集成计数功能 / 127

▶视频［实例 31］　应用高速计数指令实现位置测量 / 127

▶视频［实例 32］　应用频率测量指令实现速度测量 / 133

▶视频［实例 33］　步进电动机的速度控制 / 137

3.5　模拟量输入 / 输出 / 143

▶视频［实例 34］　用模拟量输入实现压力测量 / 143

▶视频［实例 35］　用模拟量输入实现温度的测量与控制 / 147

▶视频［实例 36］　用模拟量输出实现电压输出 / 150

3.6　PID 控制 / 153

▶视频［实例 37］　恒压供水系统的 PID 控制 / 153

3.7　用 S7 Graph 实现顺序控制 / 162

▶视频［实例 38］　应用单流程模式实现三台电动机的顺序启动控制 / 162

▶视频［实例 39］　应用选择流程模式实现运料小车控制 / 168

▶视频［实例 40］　应用并行流程模式实现交通信号控制 / 171

▶视频［实例 41］　多个顺控器实现交通信号控制 / 173

3.8　通信指令 / 177

▶视频［实例 42］　两台 S7-300 PLC 的 MPI 通信 / 177

▶视频［实例 43］ 两台 S7-300 PLC 的 Ethernet 通信 / 183

▶视频［实例 44］ 两台 S7-300 PLC 的 PROFINET 通信 / 188

▶视频［实例 45］ 两台 S7-300 PLC 集成 DP 口之间的 DP 通信 / 193

▶视频［实例 46］ S7-300 PLC 集成 DP 口与 CP342-5 的 DP 通信 / 197

▶视频［实例 47］ S7-300 PLC 集成 DP 口与 ET200M 的 DP 通信 / 201

▶视频［实例 48］ S7-300 PLC 集成 DP 口与 EM277 的 DP 通信 / 204

第 4 章 ——————————————————————— **209**
MM420 变频器的应用

4.1 变频器的基础知识与参数设置 / 209

4.2 变频器的基本应用 / 213

［实例 49］ 面板操作控制 / 213

▶视频［实例 50］ 应用 PLC 与变频器实现正反转点动控制 / 215

▶视频［实例 51］ 应用 PLC 与变频器实现连续运转控制 / 217

▶视频［实例 52］ 应用 PLC 与变频器实现正反转控制 / 218

▶视频［实例 53］ 应用 PLC 与变频器实现自动往返控制 / 221

▶视频［实例 54］ 应用 PLC 与变频器实现变频调速控制 / 223

4.3 变频器的高级应用 / 225

▶视频［实例 55］ 应用 PLC 与变频器实现三段速控制 / 225

▶视频［实例 56］ 应用 PLC 与变频器实现七段速控制 / 228

▶视频［实例 57］ PLC 与变频器的 PROFIBUS DP 通信 / 230

第 5 章 ——————————————————————— **239**
触摸屏的应用

5.1 触摸屏的基本知识 / 239

5.2 触摸屏的简单应用 / 244

▶视频［实例 58］ 应用触摸屏、PLC 实现电动机连续运行 / 244

▶视频［实例 59］ 应用触摸屏、PLC 实现压力测量 / 249

▶视频［实例 60］ 应用触摸屏、PLC 和变频器实现电动机连续运行 / 254

▶视频［实例 61］ 应用触摸屏、PLC 和变频器实现电动机正反转控制 / 256

▶视频［实例 62］ 应用触摸屏实现参数设置与显示 / 259

5.3 触摸屏的高级应用 / 263

▶视频［实例 63］ 应用触摸屏实现离散量报警 / 263

▶视频［实例 64］ 应用触摸屏实现模拟量报警 / 271

▶视频［实例 65］ 应用触摸屏实现用户管理 / 276

▶视频［实例 66］ 应用触摸屏实现配方管理 / 280

▶视频［实例 67］ 应用触摸屏实现趋势分析 / 283

▶视频［实例 68］ PLC 与触摸屏的 PROFIBUS 总线通信 / 287

▶视频［实例 69］ PLC 与触摸屏的 TCP/IP 通信 / 290

第 6 章
WinCC 组态软件的应用 — **296**

6.1 组态软件的基本知识 / 296

6.2 WinCC 组态软件的基本应用 / 298

▶视频［实例 70］ WinCC 与 PLC 通过 MPI 实现连续运行控制 / 298

▶视频［实例 71］ WinCC 与 PLC 通过 PROFIBUS 实现正反转控制 / 303

▶视频［实例 72］ WinCC 与 PLC 通过 TCP/IP 实现调速控制 / 306

▶视频［实例 73］ WinCC 与 PLC 通过以太网实现连续运行控制 / 311

6.3 WinCC 组态软件的高级应用 / 314

▶视频［实例 74］ 应用 WinCC 组态软件实现离散量报警 / 314

▶视频［实例 75］ 应用 WinCC 组态软件实现模拟量报警 / 320

▶视频［实例 76］ 应用 WinCC 组态软件实现用户管理 / 324

▶视频［实例 77］ 应用 WinCC 组态软件实现客户机 / 服务器通信 / 327

▶视频［实例 78］ 博途组态的 WinCC 与 PLC 通信 / 333

第 7 章
综合应用 — **341**

7.1 PLC、触摸屏、变频器和组态软件的简单应用 / 341

▶视频［实例 79］ 恒压供水系统 / 341

7.2 PLC、触摸屏、变频器和组态软件的 PROFIBUS 总线通信 / 350

▶视频［实例 80］ 生产设备的 PROFIBUS 总线控制 / 350

参考文献 — **368**

第1章 S7-300 PLC 基础与 TIA 博途入门

1.1 PLC 概述

1.1.1 PLC 的组成

PLC 应用领域非常广泛，具有容易使用、性能稳定、开发周期短、维护方便等特点。学习 PLC 无需深入研究其内部结构，只需了解 PLC 大致结构即可。PLC 主要由 CPU、存储器、输入 / 输出单元、电源等几部分组成。

① 中央处理器 CPU。CPU 进行逻辑运算和数学运算，并协调系统工作。

② 存储器：用于存放系统程序及监控运行程序、用户程序、逻辑及数学运算的过程变量和其他所有信息。

③ 电源：包括系统电源、备用电源和记忆电源。

④ 输入单元：输入单元用来完成输入信号的引入、滤波及电平转换。输入单元接口电路有直流输入和交流输入，直流输入接口如图 1-1(a) 所示，M 为同一输入组输入电路的公共端。当外接触点接通时，光耦的发光二极管发光，光敏三极管饱和导通；当外接触点断开时，光耦的发光二极管熄灭，光敏三极管截止，信号经背板总线接口传送给 CPU。

交流输入接口的额定输入电压为 AC120V 或 AC230V，如图 1-1（b）所示，用电容隔离输入信号的直流成分，交流成分经桥式整流器转换为直流。当外接触点接通时，光耦的发光二极管和显示用的发光二极管发光，光敏三极管饱和导通。当外接触点断开时，光耦的发光二极管熄灭，光敏三极管截止。

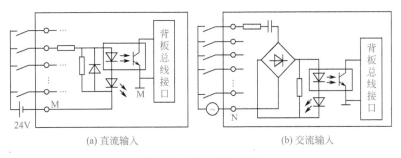

(a) 直流输入   (b) 交流输入

图 1-1　输入接口电路

⑤ 输出单元。输出单元用于驱动电磁阀、继电器、接触器、指示灯等负载，输出接口有三种形式：继电器输出、晶闸管输出和晶体管输出，如图 1-2 所示。

继电器输出可以接交直流负载，负载电流允许大于 2A。但受继电器触点开关速度低的限制，只能满足一般的低速控制需要。内部参考电路如图 1-2(a) 所示，当某一输出点为"1"时，通过背板总线接口和光耦，使对应的微型继电器线圈通电，其常开触点闭合，使外部负载工作。当输出点为"0"时，对应的微型继电器线圈断电，其常开触点断开。

晶闸管输出只能接交流负载，开关速度较高，适合大电流、高速控制的场合。内部参考电路如图1-2（b）所示，当某一输出点为"1"时，通过背板总线接口和光耦，使对应的光敏双向晶闸管导通，外部负载工作。当输出点为"0"时，对应的光敏双向晶闸管截止，负载断电。

晶体管输出只能接36V以下的直流负载，开关速度高，适合高速控制的场合，负载电流约为0.5A。内部参考电路如图1-2（c）所示，输出信号经光耦送给输出元件，图中用带三角形符号的小方框表示输出元件。输出元件的饱和导通和截止相当于触点的接通和断开。

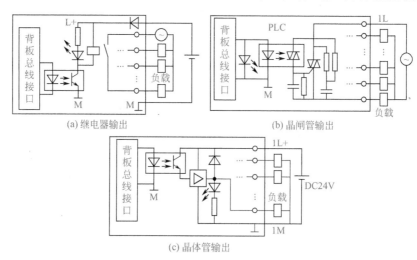

(a) 继电器输出　　(b) 晶闸管输出

(c) 晶体管输出

图 1-2　输出接口电路

1.1.2　PLC 的工作过程

PLC 的 CPU 操作系统用来处理暖启动、刷新过程映像输入/输出、调用用户程序、检测中断事件和调用中断组织块、检测和处理错误、管理存储器、处理通信任务等。CPU 有 STARTUP（启动）、RUN（运行）和 STOP（停止）操作模式，可以通过 CPU 面板上的状态 LED 查看当前的操作模式。

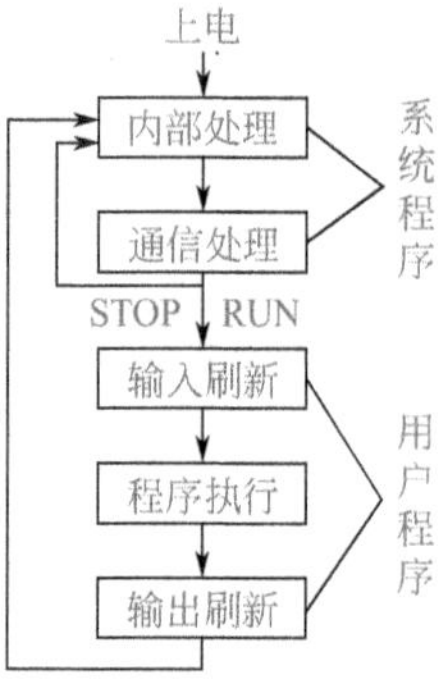

PLC 的扫描工作过程如图 1-3 所示。PLC 上电后，CPU 进入 STARTUP 模式，执行系统程序（内部处理和通信处理）。内部处理包括：

① 复位过程映像输入区（I 区）。

② 用上一次 RUN 模式最后的值或替代值来初始化输出。

③ 执行一个或多个启动 OB，将非保持性 M 存储器和数据块初始化为其初始值并启用组态的循环中断事件和时钟事件。

④ 将外设输入状态复制到过程映像输入区。

⑤ 将中断事件保存到队列，以便在 RUN 模式下进行处理。

⑥ 将过程映像输出区（Q 区）的值写到外设输出。

图 1-3　PLC 的扫描工作过程

如果有通信请求，CPU 执行通信任务。

如果检查到某些错误，将禁止 CPU 进入 RUN 模式，进入 STOP 模式。在 STOP 模式下，CPU 不执行用户程序，不会自动更新过程映像。

启动阶段结束后，如果没有错误，CPU 进入 RUN 模式。为了使 PLC 的输出及时响应各种输入信号，CPU反复地执行下列过程（循环扫描过程）：

（1）输入刷新

在输入刷新阶段，PLC的CPU将每个输入端口的状态复制到输入数据映像寄存器（也称为输入继电器）中，程序执行和输出刷新被屏蔽。外接的输入电路接通时，对应的过程映像输入位为二进制的1，梯形图中对应输入点的常开触点接通，常闭触点断开。外接的输入电路断开时，对应的过程映像输入位为二进制的0，梯形图中对应输入点的常开触点断开，常闭触点接通。

在非输入刷新阶段，即使输入状态发生变化，程序也不会读入新的输入数据，这种方式是为了增强PLC的抗干扰能力和程序执行的可靠性。

（2）程序执行

在程序执行阶段，CPU执行一个或多个程序循环OB，首先执行主程序OB1，同时进行逻辑运算和处理（即前一条指令的逻辑结果影响后一条指令），最终运算结果存入输出数据映像寄存器（也称为输出继电器）中。在程序执行过程中，输入刷新和输出刷新被屏蔽。

（3）输出刷新

在输出刷新阶段，CPU将输出数据映像寄存器中存储的数据复制到物理硬件继电器。梯形图中某输出位的线圈"通电"时，对应的过程映像输出位为二进制的1。当输出位为二进制的1时，继电器输出型可以使对应的继电器线圈通电，其常开触点闭合，使外部负载通电工作。梯形图中某输出位的线圈"断电"时，对应的过程映像输出位为二进制的0。继电器输出型可以使对应的继电器线圈断电，其常开触点断开，使外部负载断电，停止工作。

1.1.3　PLC的分类

PLC按结构可分为整体式和模块式。整体式的PLC具有结构紧凑、体积小、价格低的优势，适合常规电气控制。整体式的PLC也称为PLC的基本单元，在基本单元的基础上可以加装扩展模块以扩大其使用范围。模块式的PLC是把CPU、输入接口、输出接口等做成独立的单元模块，具有配置灵活、组装方便的优势，适合输入/输出点数差异较大或有特殊功能要求的控制系统。

PLC按输入/输出接口（I/O接口）总数的多少可分为小型机、中型机和大型机。I/O点数小于128点为小型机；I/O点数在129～512点为中型机；I/O点数在512点以上为大型机。PLC的I/O接口数越多，其存储容量也越大，价格也越贵，因此，在设计电气控制系统时应尽量减少使用I/O接口的数目。

西门子S7-200系列属于整体式的小型PLC，S7-300系列属于模块式的中小型PLC，S7-400系列属于模块式的大型PLC。

1.2　S7-300系列PLC的硬件与地址分配

1.2.1　S7-300 PLC常用模块

S7-300 PLC常用模块有电源模块PS、CPU模块、接口模块IM、数字量输入模块DI、数字量输出模块DO、模拟量输入模块AI、模拟量输出模块AO、功能模块FM、通信模块CP等。

① 电源模块PS将AC 120V/230V电压转换成DC24V电压，供S7-300、传感器和执行器使用。常用的电源模块有PS307，额定输出电流为2A、5A、10A。

② CPU模块是控制系统的核心，大致分为以下几类。

a. 紧凑型 CPU：CPU 312C、CPU 313C、CPU 313C-PtP、CPU 313C-2DP、CPU 314C-PtP 和 CPU 314C-2DP。各 CPU 均有计数、频率测量和脉冲宽度调制功能，有的还具有定位功能。

b. 标准型 CPU：CPU 312、CPU 313、CPU 314、CPU 315、CPU 315-2DP 和 CPU 316-2DP。

c. 户外型 CPU：CPU 312 IFM、CPU 314 IFM、CPU 314 户外型和 CPU 315-2DP，在恶劣的环境下使用。

d. 高端 CPU：CPU 317-2DP 和 CPU 318-2DP。

e. 故障安全型 CPU：CPU 315F。

③ IM 接口模块负责主机架和扩展机架之间的总线连接。IM 模块有 IM365、IM360 和 IM361。

④ SM 信号模块是数字量输入模块 DI、数字量输出模块 DO、模拟量输入模块 AI、模拟量输出模块 AO 的总称。

⑤ FM 功能模块是实现特殊功能的模块，常用的有高速计数器模块 FM350、定位控制模块 FM351/352、闭环控制模块 FM355 等。

⑥ CP 通信模块是组态网络使用的接口模块，常用的有点到点模块 CP340 和 CP341、PROFIBUS 总线模块 CP342-5、工业以太网模块 CP343-1、AS-i 接口模块 CP343-2 等。

1.2.2 S7-300 PLC 的扩展和地址分配

（1）S7-300 PLC 的主机架硬件结构

S7-300 PLC 的电源模块 PS、CPU 和其他模块通过 U 形总线或背板总线连接起来，然后固定在西门子 S7-300 的标准导轨（rail）上。S7-300 通过 U 形总线的安装示意图如图 1-4 所示。

电源模块 PS 一定放在最左端（也可以选择其他 24V 直流电源），右边一定放 CPU（主机架），如果需要扩展机架，CPU 的右边放置 IM 接口模块；如果只有主机架，可以不放置 IM。一个背板总线最多有 11 个槽，1 ～ 3 号槽一定放置电源、CPU 和 IM，4 ～ 11 号槽可以放置除电源、CPU、IM 之外的其他模块。

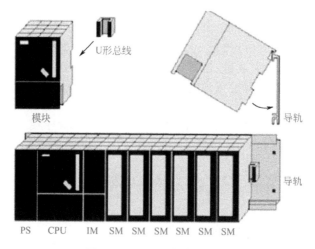

图 1-4　S7-300 安装示意图

（2）S7-300 PLC 的扩展

S7-300 PLC 允许扩展模块的数量有差异，最多可以扩展 32 个模块，如图 1-5 所示，主机架 CU（机架 0）和扩展机架 EM（机架 1 ～ 3）共有 4 个机架，每个机架最多可以安装 8 个模块。主机架的槽 1 ～ 3 放置电源 PS、CPU 和 IM360，槽 4 ～ 11 放置除 PS、CPU、IM 之外的其他模块；扩展机架的槽 1 放置电源 PS 为该机架模块供电，槽 2 不放置，槽 3 放置

IM361，槽 4 ～ 11 放置信号模块 SM，对于图 1-5 中机架 3 的插槽 11 上的"非 CPU 31×C"，表示非紧凑型的 PLC（CPU 31×C）不能使用该插槽。

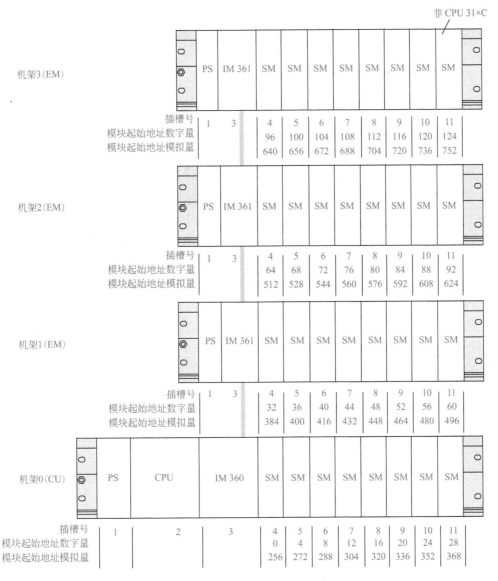

图 1-5　S7-300 的最大扩展能力

如果只需扩展一个机架而且扩展机架上不需要安装智能或通信模块，接口模块可以选择价格便宜的 IM365。

（3）地址分配

数字量模块从 0 号机架的 4 号槽开始，分配的地址是 IB0 ～ IB127（QB0 ～ QB127），每个槽位分配 4 个字节的地址，32 个 I/O 点。比如机架 2 的 4 号槽，如果插入的是 DI16，则分配地址为 IB64 ～ IB65，IB66 ～ IB67 不用。

模拟量模块一个通道占一个字地址，从 PIW256 开始，给每一个模拟量模块分配 8 个字。

S7-300 PLC 的地址分配可以使用编程软件在组态硬件时进行定义，最好使用默认的地址分配。

1.2.3 S7-300 CPU314C-2DP 紧凑型 PLC

CPU314C-2DP 属于紧凑型的 PLC，具有 96KB 工作存储器，0.1ms/1000 条指令，DI24/DO16，集成 AI5/AO2，4 路脉冲输出（2.5kHz），使用 24V（60kHz）增量式编码器进行 4 通道计数和测量，集成定位功能，MPI+DP 接口（DP 主站或 DP 从站），最多可扩展连接 31 个模块。CPU314C-2DP 的面板及前连接器如图 1-6 所示。

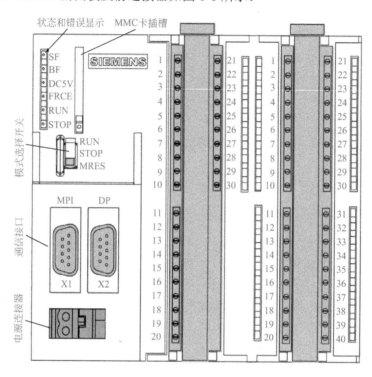

图 1-6　CPU314C-2DP 的面板及前连接器

（1）状态与故障显示 LED

SF（系统出错/故障显示，红色）：CPU 硬件故障或软件错误时亮。

BF（DP 故障，红色）：DP 总线错误时亮。

DC 5V（+5V 电源指示，绿色）：5V 电源正常时亮。

FRCE（强制，黄色）：至少有一个 I/O 被强制时亮。

RUN（运行方式，绿色）：CPU 处于 RUN 状态时亮；重新启动时以 2Hz 的频率闪烁；HOLD（单步、断点）状态时以 0.5Hz 的频率闪烁。

STOP（停止方式，黄色）：CPU 处于 STOP、HOLD 状态或重新启动时常亮。当 CPU 请求存储器复位时，LED 以 0.5Hz 的频率闪烁，在复位期间以 2Hz 的频率闪烁。

（2）模式选择开关

RUN（运行）位置：CPU 执行、读出用户程序，但是不能修改用户程序。

STOP（停止）位置：不执行用户程序，可以读出和修改用户程序。

MRES（清除存储器）：不能保持。将模式选择开关从 STOP 状态扳到 MRES 位置，可复位存储器，使 CPU 回到初始状态。

复位存储器操作：通电后从 STOP 位置扳到 MRES 位置，直至"STOP"LED 第二次亮起并持续大约 3s，然后将其松开。然后必须在 3s 内将模式选择开关扳到 MRES 位置，"STOP"LED 开始快速闪烁，表示 CPU 正在执行复位，现在即可松开模式选择开关。当"STOP"LED

再次持续亮起时，CPU 已完成存储器复位。

（3）外部接线连接

外部接线连接如图 1-7 所示。数字量输入端子分别为前连接器 X2 的 2 ～ 9（DI+0.0 ～ DI+0.7）、12 ～ 19（DI+1.0 ～ DI+1.7），前连接器 X1 的 22 ～ 29（DI+2.0 ～ DI+2.7）；数字量输出端子分别为前连接器 X2 的 22 ～ 29（DO+0.0 ～ DO+0.7）、32 ～ 39（DO+1.0 ～ DO+1.7）；模拟量输入端子分别为前连接器 X1 的 2 ～ 13（A0 ～ A3 通道）、14 ～ 15（A4 通道，铂电阻 PT100 测温输入）；模拟量输出端子分别为 16 ～ 19（AO0 ～ AO1）。

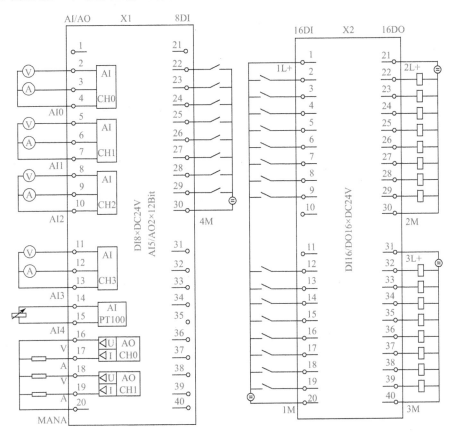

图 1-7　CPU314C-2DP 外部接线连接

1.3　S7-300 PLC 的存储区及数据类型

1.3.1　S7-300 的系统存储区

（1）过程映像输入 / 输出（I/Q）

在扫描循环开始时，CPU 读取数字量输入模块的输入信号的状态，并将它们存入过程映像输入区。过程映像 I 的状态有常开点和常闭点，常开点与外部输入状态一致，常闭点与外部输入状态相反。常开点和常闭点在编程时可以无限次使用。

在扫描循环中，用户程序计算输出值，并将它们存入过程映像输出表。在循环扫描结束时将过程映像输出表的内容写入数字量输出模块。过程映像 Q 的状态有常开点和常闭点，常开点与外部输出状态一致，常闭点与外部输出状态相反。常开点和常闭点在编程时可以无限次使用。

I 和 Q 均按位、字节、字和双字来存取，可以直接或间接访问，例如 I0.0、IB0、IW0 和 ID0。程序编辑器自动地在绝对操作数前面插入 %，表示该地址为绝对地址，例如 %I0.0。

（2）位存储器（M）

位存储器 M 分为保持型和普通型，比如 CPU314C-2DP 有 256 个字节的 M 存储器，MB0 ～ MB15 为保持型，其余为普通型。所谓保持型，其性质是即使在 STOP 状态或断电情况下，其保持之前的状态不变；而普通型会全部自动复位。

在编程时，M 存储器常用于存储中间计算结果的状态或其他标志信息。M 存储器允许按位、字节、字和双字来存取，可以直接或间接访问。

（3）定时器（T）

梯形图逻辑指令支持 256 个定时器，每个定时器逻辑框提供两种输出：BI（二进制）和 BCD（BCD 码），都占用一个字，时间值范围是 0 ～ 999。

定时器按精度可分为 10ms、100ms、1s、10s；按定时方式可分为 S_PULSE（脉冲 S5 定时器）、S_PEXT（扩展脉冲 S5 定时器）、S_ODT（接通延时 S5 定时器）、S_ODTS（保持接通延时 S5 定时器）、S_OFFDT(断开延时 S5 定时器)、—(SP)—（脉冲定时器线圈）、—(SE)—（扩展脉冲定时器线圈）、—(SD)—（接通延时定时器线圈）、—(SS)—（保持接通延时定时器线圈）、—(SA)—（断开延时定时器线圈）。

另外还有 IEC 定时器，个数不受限制，编程也更加灵活。

（4）计数器（C）

梯形图逻辑指令支持 256 个计数器，每个计数器逻辑框提供两种输出：BI（二进制）和 BCD（BCD 码），都占用一个字，计数值范围是 0 ～ 999。

计数器按计数方式可分为 S_CUD（加 / 减计数器）、S_CD（减计数器）、S_CU（加计数器）、—(SC)—（设置计数器值线圈）、—(CU)—（加计数器线圈）、—(CD)—（减计数器线圈）。

另外还有 IEC 计数器，个数不受限制，编程也更加灵活。

（5）外设地址输入区

用户对外部输入点进行访问时，除通过映像区访问外，还可以通过外设地址输入区直接进行访问。与过程映像区功能相反，不经过过程映像区的扫描，程序访问外设地址区时直接将输入模块当前的信息读入并作为逻辑运算的条件，例如在程序中直接读取模拟量输入的信息等。访问外设输入地址标识符为"：P"，加在过程映像区地址的后面，如 IW752：P。访问外设 I/O 地址区最小单位为字节，例如访问 1 个字节表示方法为 IBX：P（B 为字节 Byte 的首字母，X 为外设地址），访问 1 个字表示方法为 IWX：P（W 为字 Word 的首字母，X 为外设地址），访问 1 个双字表示方法为 IDX：P(D 为双字 Double Word 的首字母，X 为外设地址)。

（6）外设地址输出区

访问外设地址输出地址符为"：P"，加在过程映像区地址的后面，例如 QW752：P。与外设地址输入区的访问方式相同，访问字节、字、双字的表示方法为 QBX：P、QWX：P、QDX：P（X 为外设地址）。

（7）步的编号（S）

步的编号是使用 S7 Graph 语言编程时，区分不同步的标志。当该步为活动步时，其状态为"1"；当该步不活动时，其状态为"0"。

（8）数据块（DB）

数据块可以分为共享数据块和背景数据块。

共享数据块不能分配给任何一个函数块或系统函数块，可以在程序的任意一个位置直接调用。

背景数据块是分配给函数块或系统函数块的数据块，背景数据块包含存储在变量声明表中的函数块数据。

数据块可以按位、字节、字和双字存取。按位访问 DB 区的表示方法为 DB1.DBX20.0（第 1 个数据块中，字节地址 20 的第 0 位，X 表示位信号）；按字节访问 DB 区的表示方法为 DB1.DBB20（第 1 个数据块中，地址为 20 的一个字节，B 为字节 Byte 的首字母）；按字访问 DB 区的表示方法为 DB1.DBW8（第 1 个数据块中，地址为 8 的一个字，W 为字 Word 的首字母）；按双字访问 DB 区的表示方法为 DB1.DBD8（第 1 个数据块中，地址为 8 的一个双字，D 为字 Double Word 的首字母）。

1.3.2 数制、编码与数据类型

1.3.2.1 数制

（1）二进制数

二进制数的 1 位（bit）只能取 0 或 1，可以用来表示开关量（或称为数字量）的两种不同的状态，例如触点的接通与断开、线圈的通电与断电等。如果该位为"1"，则表示梯形图中对应的位元件（例如位存储器 M 或过程映像输出位 Q）线圈"通电"，其常开触点接通，常闭触点断开；如果该位为"0"，则对应位元件线圈"断电"，其常开触点断开，常闭触点接通。

（2）多位二进制数

PLC 用多位二进制表示数字，二进制数遵循逢二进一的运算规则，从右往左的第 n 位（最低位为第 0 位）的权值为 2^n。二进制常数以 2# 开始，2#1100 对应的十进制数为 $1\times2^3+1\times2^2+0\times2^1+0\times2^0=8+4=12$。

（3）十六进制数

多位二进制书写和阅读都不方便，可以用十六进制数来表示。每个十六进制数对应 4 位二进制数，十六进制数的 16 个数字是 0～9 和 A～F（对应十进制的 10～15）。B#16#、W#16#、DW#16# 分别用来表示十六进制的字节、字、双字数，如 W#16#45AF 表示十六进制的一个字。在数字后面加"H"也可以表示十六进制数，如 16#34DE 可以表示为 34DEH。不同进制的数和 BCD 码的表示方法见表 1-1。

表 1-1 不同进制数和 BCD 码的表示方法

十进制	二进制	十六进制	BCD码	十进制	二进制	十六进制	BCD码
0	0000	0	0000	9	1001	9	1001
1	0001	1	0001	10	1010	A	0001 0000
2	0010	2	0010	11	1011	B	0001 0001
3	0011	3	0011	12	1100	C	0001 0010
4	0100	4	0100	13	1101	D	0001 0011
5	0101	5	0101	14	1110	E	0001 0100
6	0110	6	0110	15	1111	F	0001 0101
7	0111	7	0111	16	1 0000	10	0001 0110
8	1000	8	1000	17	1 0001	11	0001 0111

1.3.2.2 编码

（1）补码

有符号的二进制整数用补码表示，其最高位为符号位，最高位为 0 时是正数，为 1 时是负数。正数的补码是其本身，最大的 16 位二进制正数为 2#0111 1111 1111 1111，对应的十进制数为 32767。

将正数的补码逐位取反（0 变为 1，1 变为 0）后加 1，得到绝对值与它相同的负数的补码。如将 3200 的补码 2#0000 1100 1000 0000 逐位取反后加 1，得到 -3200 的补码为 2#1111 0011 1000 0000。

正数的取值范围为 -32768 ~ 32767，双整数的取值范围为 -2147483648 ~ 2147483647。

（2）BCD 码

BCD（Binary-Coded Decimal）是二进制编码的十进制数的缩写，BCD 码是用 4 位二进制数表示一位十进制数，每一位 BCD 码允许的数值范围为 2#0000 ~ 2#1001，对应十进制的 0 ~ 9。如十进制的 2345 的 BCD 码十六进制表示为 16#2345。BCD 码的最高位二进制数用来表示符号，负数为 1，正数为 0。一般令负数和正数的最高 4 位二进制数分别为 1111 或 0000。如 -729 的 BCD 码二进制表示为 2#1111 0111 0010 1001。

（3）ASCII 码

ASCII 码（American Standard Code for Information Interchange，美国信息交换标准代码）已被国际标准化组织（ISO）定为国际标准。ASCII 码用来表示所有的英语大小写字母、数字 0 ~ 9、标点符号和特殊字符。数字 0 ~ 9 的 ASCII 码为十六进制数 30H ~ 39H，英语大写字母 A ~ Z 的 ASCII 码为 41H ~ 5AH，英语小写字母 a ~ z 的 ASCII 码为 61H ~ 7AH。

1.3.2.3 数据类型

S7-300 的数据类型可以分为基本数据类型、复合数据类型和参数类型。

（1）基本数据类型

基本数据类型有位、字节、字、双字、16 位整数、32 位整数和实数等。基本数据类型见表 1-2。

表 1-2 基本数据类型

变量类型	符号	长度/bit	取值范围	举例
位	Bool	1	1、0	2#1
字节	Byte	8	B#16#0 ~ B#16#FF（0 ~ 255）	B#16#BF
字	Word	16	W#16#0 ~ W#16#FFFF（0 ~ 65535）	W#16#4E4F
			无符号十进制表达：B#（0,0）~ B#（255,255）	B#（125,33）
			BCD 表达：C#0 ~ C#999	C#98
双字	DWord	32	十六进制表达：DW#16#0 ~ DW#16#FFFF FFFF	DW#16#43AC AB87
			无符号十进制表达：B#（0,0,0,0）~ B#（255,255,255,255）	B#（88,43,66,68）
整数	Int	16	-32768 ~ 32767	123、-123
双整数	DInt	32	-2147483648 ~ 2147483647	123456、-123456
实数	Real	32	$\pm1.175495\times10^{-38} \sim \pm3.042823\times10^{38}$	-3.14
字符	Char	8	16#00 ~ 16#FF	'A'、'c'
SIMATIC 时间	S5Time	16	S5T#10MS ~ S5T#2H_46M_30S_0MS	S5T#2H_10M_25S_30MS
IEC 时间	Time	32	T#-24D_20H_31M_23S_648MS ~ T#24D_20H_31M_23S_648MS	T#2H_10M_25S_30MS
日期	Date	16	D#1990-1-1 ~ D#2168-12-31	D#2018-8-14
实时时间 TOD	Time_Of_Day	32	TOD#0:0:0.0 ~ TOD23:59:59.999	TOD#16:35:10.3

① 位（bit）　位的类型为 Bool（布尔），一个位的值只能取 0 或 1，如 I0.1、Q2.0、M10.1、DB1.DBX3.1 等。在位 Q2.0 中，"Q" 是区域符，"2" 是字节地址，"0" 是该字节的位地址。

② 字节（Byte）　一个字节包含 8 个位（bit0～bit7），其中 bit0 为最低位，bit7 为最高位，如 IB0（I0.0～I0.7）、QB2、MB10、DB1.DBB3 等。字节的范围是 B#16#00～B#16#FF，对应十进制的 0～255。在字节 MB100 中，"M" 是区域符，"B" 表示字节，"100" 是字节地址，如图 1-8（a）所示，其中 MSB 表示最高位，LSB 表示最低位。

③ 字（Word）　一个字包含两个连续的字节，共 16 位（bit0～bit15），其中 bit0 为最低位（LSB），bit15 为最高位（MSB），如 IW0、QW2、MW100（包含 MB100 和 MB101，MB100 是高字节，MB101 是低字节）、DB1.DBW3 等。字范围是 W#16#0000～W#16#FFFF，对应十进制的 0～65535。在字 MW100 中，"M" 是区域符，"W" 表示字，"100" 表示起始字节地址，如图 1-8（b）所示。

④ 双字（Double Word）　一个双字包含两个连续的字或四个连续的字节，共 32 位（bit0～bit31），其中 bit0 为最低位（LSB），bit31 为最高位（MSB），如 ID0、QD2、MD100（包含两个字 MW100 和 MW102 或四个字节 MB100～MB103，MW100 是高字，MW102 是低字）、DB1.DBD3 等。双字范围是 DW#16#0000 0000～DW#16#FFFF FFFF，对应十进制的 0～4294967295。在双字 MD100 中，"M" 是区域符，"D" 表示双字，"100" 表示起始字节地址，如图 1-8（c）所示。

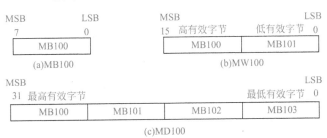

图 1-8　字节、字和双字

⑤ 16 位整数（Int）　一个 16 位整数包含两个连续的字节，共 16 位（bit0～bit15），其中 bit0 为最低位，bit15 为最高位。最高位为符号位，bit15=1 为负数，bit15=0 为正数。如 MW0（包含 MB0 和 MB1，MB0 是高字节，MB1 是低字节）、DB1.DBW3 等。16 位整数的范围是 −32768～+32767。在 MW2 中，"M" 是区域符，"W" 表示字，"2" 表示起始字节地址。

⑥ 32 位双整数（DInt）　一个双整数包含两个连续的字或四个连续的字节，共 32 位（bit0～bit31），其中 bit0 为最低位，bit31 为最高位。最高位为符号位，bit31=1 为负数，bit31=0 为正数。取值范围为 −2147483648～+2147483647，如 MD10、DB1.DBD3 等。在双整数 MD2 中，"M" 是区域符，"D" 表示双字，"2" 表示起始字节地址。

⑦ 实数（Real）　实数具有 32 位，可以表示为 $1.m \times 2^e$，其存储结构如图 1-9 所示。

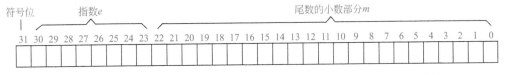

图 1-9　实数的存储结构

⑧ SIMATIC 时间　S7 PLC 中的定时器使用 S5Time 的数据类型，格式为 S5T#XH_XM_

XS_XMS，其中 H 表示小时，M 表示分钟，S 表示秒，MS 表示毫秒，X 为用户定义的时间值，如 S5T#1H_23M_56S_100MS 表示 1 小时 23 分 56 秒 100 毫秒。时间数据以 BCD 码二进制编码格式存储于 16 个位中，BCD 格式如图 1-10 所示，定时器字的第 12、13 位是时间基准的二进制编码，时间基准定义为将时间值递减一个单位所用的时间间隔，BCD 格式的时间基准见表 1-3。其第 0 ～ 11 位是时间值的 BCD 格式，图中的数值为 W#16#2127，表示时间基准为 1s，时间值为 127s。

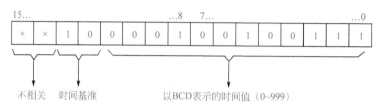

图 1-10　定时器字的 BCD 格式

表 1-3　时间基准

时间基准	定时器字的第13位	定时器字的第12位
10ms	0	0
100ms	0	1
1s	1	0
10s	1	1

1 个定时器以 BCD 码表示的时间值最大为 999，通过选择不同的时基可以改变定时长度。10ms 时基的最大定时长度为 9990ms；100ms 时基的最大定时长度为 99900ms；1s 时基的最大定时长度为 999s；10s 时基的最大定时长度为 9990s。所以定时器最大的定时长度为 9990s（S5T#2H_46M_30S），其分辨率变为 10s。在编写程序时可以直接设定时间值，CPU 根据时间值的大小自动选择时基，例如在程序中设定时间值为 S5T#2M_30S，等于 150s，100ms 时基以 BCD 表示的时间值为 1500，大于 999，所以自动选择时基为 1s。

⑨ IEC 时间　IEC 时间采用 IEC 标准的时间格式，占用 32 位，格式为 T#XD_XH_XM_XS_XMS，其中 D 表示天，H 表示小时，M 表示分钟，S 表示秒，MS 表示毫秒，X 为用户定义的 IEC 时间值。在规定的取值范围内，Time（IEC 时间）类型数据可以与 DInt 类型的数据相互转换，DInt 数据每增加 1，时间值增加 1ms。与 S5Time 时间相比，没有时基，定时时间更长，但每一个 IEC 定时器都需要占用 CPU 的存储区。

⑩ 日期　Date（IEC 时间）采用 IEC 标准的日期格式，占用 16 位，例如 2018 年 10 月 21 日的表示格式为 D#2018-10-21，按"年 - 月 - 日"排序。在规定的取值范围内，Date 类型数据可以与 Int 类型的数据相互转换（D#1991-01-01 为 0），Int 数据每增加 1，日期值增加 1 天。

⑪ 实时时间 TOD　Time_Of_Day（TOD）占用 32 位，例如 16 小时 45 分 58 秒 321 毫秒的表示格式为 TOD#16:45:58.321，按"时：分：秒 . 毫秒"排序。在规定的取值范围内，Time_Of_Day 类型的数据可以与 DInt 类型的数据相互转换（TOD#00:00:00.000 对应 0），DInt 数据每增加 1，数据值增加 1ms。

（2）复合数据类型

用户可以通过复合基本数据类型生成复合数据类型，可以在数据块 DB 和变量声明中定义复合数据类型。

常用的复合数据类型有数组、结构、字符串、日期和时间及用户自定义的数据类型。

① 字符串（String）　字符串最大长度为 256 个字节，前两个字节用来存储字符串长度信息，所以最多包含 254 个字符。其常数表达式为由两个单引号括的字符串，例如 'STEP 7'。字符串第 1 个字节表示字符串中定义的最大字符长度，第 2 个字节表示当前字符串中有效字符的个数，从第 3 个字节开始为字符串中第 1 个有效字符（数据类型为 Char），例如定义一个字符串 L= 'how'，则第 1 个字节为 254，第 2 个字节为 3，第 3 个字节为 'h'，第 4 个字节为 'o'，第 5 个字节为 'w'，以后字节全为空。字符串在数据块 DB1 中的变量定义如图 1-11 所示。

② 数组（Array）　将同一类型的数据组合在一起就是数组。数组的维数最大到 6 维，数组中的元素可以是基本数据类型或复合数据类型（Array 类型除外），例如，在数据块 DB1 中定义了一个变量 temp，数据类型为 Array[0…3, 0…5, 0…6] of Int，则定义了元素为整数、大小为 4×6×7 的三维数组，可以用符号加索引访问数组中的某一个元素，例如 DB1.temp[1,3,2]。定义一个数组需要指明数组中元素的数据类型、维数和每维的索引范围。数组在数据块 DB1 中的变量定义如图 1-11 所示。

③ 结构体（Struct）　结构体是由不同数据类型的数据组合成的复合型数据，通常用来定义一组相关的数据，例如在数据块 DB1 中定义"电动机"的"启动""设定速度""停止""测量速度"，如图 1-11 所示。如果要引用整个结构体变量，可以直接引用，例如"DB1.电动机"；如果要引用结构体变量中的一个单元，可以使用符号名访问，例如"DB1.电动机.设定速度"，也可以直接访问绝对地址，例如"DB1.DBD594"。

④ 用户定义的数据类型 UDT（User-Defined Data Types）　用户定义的数据类型与结构体类似，可以由不同的数据类型组成，如基本数据类型和复合数据类型。与结构体不同的是，用于定义的数据类型是一个用户自定义的数据类型模板，作为一个整体可以多次使用。在项目树中，双击"PLC 数据类型"，新建一个用户数据类型，命名为"电动机"，然后在数据块或程序块的形参中插入已定义的用户数据类型，可以定义不同电动机的变量，比如在数据块 DB1 中定义变量"电动机 1"，数据类型为"电动机"；定义变量"电动机 2"，数据类型为"电动机"，如图 1-11 所示。

	名称	数据类型	偏移量	起始值
1	▼ Static			
2	L	String	0.0	'char'
3	▶ temp	Array[0..3, 0..5, 0..6] of Int	256.0	
4	▼ 电动机	Struct	592.0	
5	启动	Bool	592.0	false
6	设定速度	Real	594.0	0.0
7	停止	Bool	598.0	false
8	测量速度	Real	600.0	0.0
9	<新增>			
10	▼ 电动机1	"电动机"	604.0	
11	启动	Bool	604.0	false
12	设定速度	Real	606.0	0.0
13	停止	Bool	610.0	false
14	测量速度	Real	612.0	0.0
15	▼ 电动机2	"电动机"	616.0	
16	启动	Bool	616.0	false
17	设定速度	Real	618.0	0.0
18	停止	Bool	622.0	false
19	测量速度	Real	624.0	0.0

图 1-11　字符串、数组、结构体和用户定义的数据类型

⑤ 日期和时间（Date_And_Time） Date_And_Time 数据类型表示时钟信号，用于存储年、月、日、时、分、秒、毫秒和星期，占用 8 个字节，分别以 BCD 码格式表示相应的时间值。星期天的代码为 1，星期一到星期六的代码为 2 ~ 7。例如 DT#2018-08-14-17:38:15.200 表示 2018 年 8 月 14 日 17 时 38 分 15.2 秒。

通过函数块可以将 Date_And_Time 时间类型的数据与基本数据类型的数据相转换，可以通过调用函数 T_COMBINE 将 Date 和 Time_Of_Day 类型的值组合为 Date_And_Time 类型的值；也可以通过调用函数 T_CONV 从 Date_And_Time 类型的数据中提取 Date 或 Time_Of_Day 类型的值。

（3）参数类型

参数类型为在逻辑块之间传递参数的形参（formal parameter，形式参数）定义的数据类型。

① Timer（定时器）和 Counter（计数器）　对应的实参（actual parameter，实际参数）应为定时器或计数器的编号，例如 T3、C21。

② Block（块）　指定一个块用作输入和输出，实参应为同类型的块。

③ Pointer（指针）　指针用地址作为实参，例如 P#M50.0。

④ Any　用于实参的数据类型未知或实参可以使用任意数据类型的情况，占 10 个字节。

1.3.3　TIA 博途软件的安装与卸载

全集成自动化软件 TIA Portal（totally integrated automation portal）是西门子工业自动化集团发布的新一代自动化软件，中文名为博途。借助这个软件平台，用户能够快速、直观地开发和调试自动化控制系统，与传统方法相比，无需花费大量时间集成各个软件包，显著地节省了时间，提高了设计效率。目前该软件最新版本为 V15。

TIA 博途中的 STEP 7 用于 S7-1200/1500、S7-300/400 PLC 的组态和编程；PLCSIM 用于 S7-1200/1500、S7-300/400 的仿真运行；WinCC 是用于西门子 HMI、工业 PC 和标准 PC 的组态软件。

（1）安装 TIA 博途 V15 对计算机的要求

安装 TIA 博途 V15 推荐的计算机硬件配置如下：处理器主频 3.4GHz 或更高，内存 8GB 或更大，硬盘 300GB SSD，15.6in（1in=0.0254m）宽屏显示器，分辨率 1920 像素 ×1080 像素。

TIA 博途 V15 要求的计算机操作系统为非家用版的 64 位的 Windows 7 SP1、64 位的 Windows 10 或 64 位的 Windows Server 2012/2016，不支持 Windows XP。

自 TIA Portal V15 起，将不再支持以下 HMI 设备：77 系列、177 系列和 277 系列的 OP 和 TP；177 系列、277 系列和 377 系列的多功能面板；WinAC MP 177、WinAC MP 277、WinAC MP 377。

此外，自 TIA 博途 V15 起，将不再支持组态使用设备版本为 V11.x 的 HMI 设备（基本面板、精智面板和移动面板）。要继续在 TIA 博途 V15 中使用包含版本为 V11.x 的 HMI 设备的项目，请先将相应设备更新为 V12.x 或更高版本，然后再打开项目。

TIA 博途 V15 中的软件安装顺序为 TIA Portal STEP 7 Professional V15-WinCC Advanced V15、S7-PLCSIM V15，安装版本号要一致。

（2）安装 TIA 博途 V15

安装时应具有计算机的管理员权限，关闭所有正在运行的程序，建议安装前暂时关闭杀毒软件和 360 安全卫士之类的软件。双击文件夹"TIA_Portal_STEP_7_Pro_WINCC_Adv_V15"中的"Start.exe"，开始安装。

在"安装语言"对话框中，选择默认的安装语言"中文"。单击对话框中的"下一步（N）>"按钮，进入下一个对话框。在"产品语言"对话框中，选择默认的"英语"和"中文"，点击"下一步（N）>"。

在选择要安装的产品配置对话框中，建议选择"典型"配置和 C 盘默认的安装路径。单击"浏览"按钮可以修改安装路径。

在"许可证条款"对话框中，勾选窗口下面的两个复选框，接受列出的许可证条款，如图 1-12 所示。

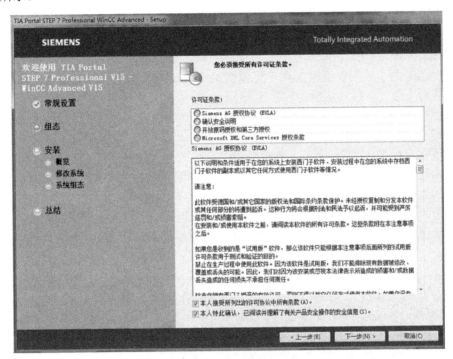

图 1-12　"许可证条款"对话框

在"安全控制"对话框中，勾选复选框"我接受此计算机上的安全和权限设置"。

在"概览"对话框中，列出了前面设置的产品配置、产品语言和安装路径，单击"安装"按钮，开始安装软件。

安装快结束时，要求传送许可证。单击"许可证传送"对话框中的"跳过许可证传送"按钮，以后再传送许可证密钥。此后继续安装过程，最后单击"安装已成功完成"对话框中的"重新启动"按钮，立即重启计算机。

（3）安装 S7-PLCSIM

S7-PLCSIM 的安装过程与 STEP 7 Professional-WinCC Advanced 几乎完全相同。双击文件"Start.exe"，开始安装软件即可。

（4）授权管理

可以在安装软件产品期间安装授权密钥，或者在安装结束后使用授权管理器进行授权操作。如果有授权盘，双击桌面上的"Automation License Manager"打开授权管理器，可以通过拖拽的方式从授权盘中转移到目标硬盘中。如果没有授权，可以获得 21 天的试用期。

（5）软件的卸载

软件的卸载方法有两种，一种是通过控制面板删除所选组件；另一种是使用源安装软件删除产品。以通过控制面板删除所选组件为例，选择计算机"开始"→"控制面板"，打开控制面板，双击"添加或删除程序"，打开"添加或删除程序"对话框，选择要删除的软件包，然后单击"删除"。卸载过程与安装过程类似，不再详述。

1.4 TIA 博途入门

扫一扫，看视频

1.4.1 博途视图和项目视图

TIA 博途软件在自动化项目中可以使用博途视图或项目视图。博途视图是面向任务的视图，项目视图是项目各组件的视图，可以使用链接在两种视图之间进行切换。

（1）博途视图

博途视图提供了面向任务的视图，可以快速地确定要执行的操作或任务，有些情况下，该界面会针对所选任务自动切换为项目视图。

为了使用方便，可以创建一个文件夹，以后所有的项目都保存在这个文件夹中，比如在 G 盘新建一个名为"S7-300"的文件夹。双击 Windows 桌面上的 🌠 图标，打开启动画面，进入博途视图，如图 1-13 所示。在博途视图中，区域①为任务选项，包括启动、设备与网络、PLC 编程、运动控制 & 技术、可视化和在线与诊断任务；区域②为任务选项对应的操作；区域③为操作选择面板，该面板的内容取决于当前的选择；区域④为切换到项目视图，点击左下角的"项目视图"链接可以进入项目视图。选择"启动"对应的操作"创建新项目"，可以更改项目名称；点击"…"按钮，可以修改保存路径，最后点击"创建"按钮，创建一个项目。

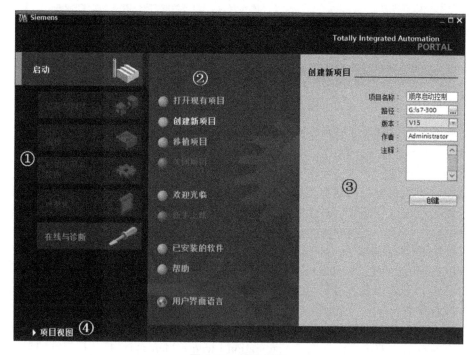

图 1-13　博途视图

（2）项目视图

在博途视图中，点击"项目视图"，进入项目视图后，选择项目树下的"添加新设备"，弹出如图 1-14 所示的对话框，选择"控制器"→"SIMATIC S7-300"→"CPU"→"CPU 314C-2 DP"→"6ES7 314-6CG03-0AB0"，版本号为 V2.6（版本号一定要与实际设备一致），单击"添加"。

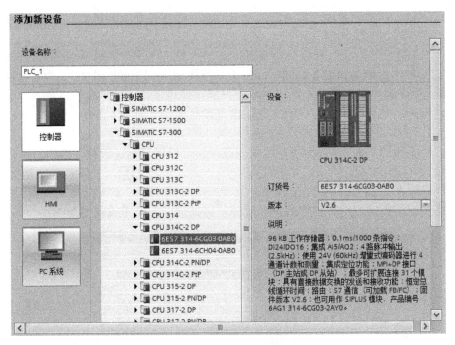

图 1-14　添加新设备

　　点击"添加"后，自动打开了该项目的设备视图，如图 1-15 所示。区域①为菜单栏，区域②为工具栏。

　　① 项目树　区域③为项目树，可以通过它访问所有的设备和项目数据，添加新设备，编辑已有的设备，打开处理项目数据的编辑器。

　　项目的各组成部分在项目树中以树状结构显示，分为项目、设备、文件夹和对象 4 个层次。项目树的使用方式与 Windows 资源管理器相似。

　　点击项目树右上角的◀按钮，项目树和下面标有④的详细视图消失，同时最左边的垂直条上出现▶按钮，单击它可以打开项目树和详细视图。可以用类似的方法隐藏和显示右边标有⑦的任务卡（在图 1-15 中为硬件目录）。

　　将鼠标的光标放到相邻的两个窗口的垂直分界线上，出现带有双向箭头的 ╋ 光标时，按住鼠标的左键可以移动分界线，调节分界线两边窗口的大小。可以用同样的方法调节水平分界线。

　　单击项目树右上角的"自动折叠"按钮▥，该按钮变为▯（永久展开）。单击项目树之外的区域，项目树自动消失。单击最左边垂直条上的▶按钮，项目树立即展开。单击▯按钮，该按钮变为▥，自动折叠功能被取消。

　　可以用类似的方法启动或关闭区域⑥（巡视窗口）和区域⑦（任务卡）的自动折叠功能。

　　② 详细视图　项目树下面的区域④为详细视图，打开项目树中的"PLC 变量"→"默认变量表"，详细视图窗口显示该变量表中的变量。在编写程序时，用鼠标左键按住某个变量并移动光标，开始时光标的形状为 ⊘（禁止放置）。当光标进入到用红色问号表示的地址域时，光标变为 ▦（允许放置），松开左键，该变量地址被放在了地址域，这个操作称为"拖拽"。拖拽到已设置的地址上时，将替换原来的地址。

　　单击详细视图上的 ▾ 按钮或"详细视图"标题，详细视图关闭，只剩下紧靠左下角的"详细视图"标题，标题左边的按钮变为 ❯。单击该按钮或标题，重新显示详细视图。

　　③ 工作区　区域⑤为工作区，可以同时打开几个编辑器，但在工作区一般只能显示当

前打开的编辑器。在最下面标有⑨的选项卡中显示当前被打开的编辑器，点击另外的选项卡可以更换工作区显示的编辑器。

单击工具栏上的 、 按钮，可以垂直或水平拆分工作区，同时显示两个编辑器。在工作区同时显示程序编辑器和设备视图时，将设备视图放大到 200% 或以上，可以将模块上的 I/O 点拖拽到程序编辑器中的地址域，这样不仅能快速设置指令的地址，还能在 PLC 默认变量表中创建相应的条目。使用同样的方法，也可以将模块上的 I/O 点拖拽到 PLC 变量表中。

单击工作区右上角的"最大化"按钮 ，将会关闭其他所有的窗口，工作区被最大化。单击工作区右上角的"浮动"按钮 ，工作区浮动，可以用鼠标左键拖动工作区到任意位置。工作区被最大化或浮动时，单击工作区右上角的"嵌入"按钮 ，工作区将恢复原状。

在"设备视图"选项卡中可以组态硬件，点击"网络视图"选项卡，打开网络视图，可以组态网络。可以将区域⑦中需要的设备或模块拖拽到设备视图或网络视图中。

图 1-15　项目硬件视图

④ 巡视窗口　区域⑥为巡视窗口，用来显示工作区中选中对象的信息，设置选中对象的属性。

"属性"选项卡显示和修改工作区中所选中对象的属性。巡视窗口左边为浏览窗口，选中某个参数组，在右边窗口中显示和编辑对应的信息或参数。

"信息"选项卡显示所选对象和操作的详细信息，以及编译后的结果。

"诊断"选项卡显示系统诊断事件和组态的报警事件。

巡视窗口有两级选项卡，图 1-15 选中了第一级的"属性"选项卡和第二级的"常规"选项卡左边浏览窗口中的"MPI 地址"，将它简记为选中了"属性"→"常规"→"MPI 地址"。单击巡视窗口右上角的 按钮或 按钮，可以隐藏或显示巡视窗口。

⑤ 任务卡　区域⑦为任务卡，任务卡的功能与编辑器有关。通过任务卡可以进一步或附加操作。例如从库或硬件目录中选择对象，搜索与替代项目中的对象，将预定义的对象拖拽到工作区。

通过最右边竖条上的按钮可以切换任务卡显示的内容。图1-15中的任务卡显示的是硬件目录，任务卡下面标有⑧的"信息"窗口显示的是硬件目录中所选对象的图形、版本号的选择和对它的简单描述。

⑥ 设置项目参数　执行菜单命令"选项"→"设置"，选中左边浏览窗口的"常规"，用户界面语言为默认的"中文"，助记符为默认的"国际"。

选中"起始视图"区的"项目视图"或"最近的视图"，以后打开博途时将会自动打开项目视图或上一次关闭时的视图。点击左下角的"Portal视图"链接可以打开博途视图。

在项目视图的工作区中，选中"设备视图"选项卡，可以添加导轨（机架）。在导轨上可以添加或修改PS电源模块、CPU模块和其他SM信号模块。在本书中，使用的硬件为CPU314C-2DP（版本号V2.6）和以太网通信模块CP343-1 Lean（版本号V2.0），外部24V直流供电，以后都是按照这样的硬件进行组态。

由于使用外部24V直流供电，电源模块不添加。在"硬件目录"下，依次展开"控制器"→"SIMATIC S7-300"→"CPU"→"CPU 314C-2DP"→"6ES7 314-6CG03-0AB0"，版本号为V2.6（版本号一定要与实际设备一致），然后双击"6ES7 314-6CG03-0AB0"，添加了一个CPU，同时也添加了导轨。依次展开"通信模块"→"PROFINET/以太网"→"CP343-1 Lean"→"6GK7 343-1CX10-0XE0"，在"信息"窗口中选择版本号为V2.0，双击或将其拖放到4号槽中，设备的硬件就组态好了。可以点击工作区最右边的向左箭头▶按钮，查看设备数据，如图1-16所示。从图中可以看出，数字量输入地址为IB124～IB126，数字量输出地址为QB124～QB125，模拟量输入地址为IB752～IB761，模拟量输出地址为QB752～QB755等。点击向右箭头▶按钮，可以隐藏设备数据。

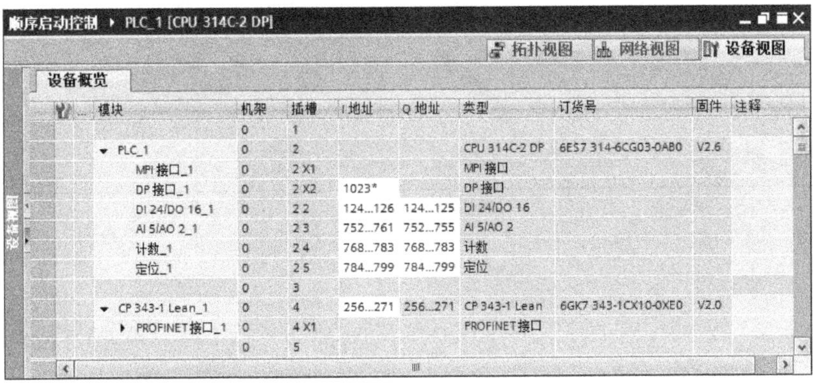

图1-16　项目设备数据

1.4.2　使用项目视图组态设备

如果在"起始视图"区选择了"项目视图"，打开博途时将会自动打开项目视图。可以点击工具栏中的 按钮新建一个项目，更改项目名称，点击"…"，修改保存路径，最后点击"创建"按钮，创建一个新项目。

扫一扫，看视频

（1）添加新设备

在项目树的设备栏中双击"添加新设备"，弹出"添加新设备"对话框。根据实际需要，选择相应的设备，设备包括"PLC""HMI"和"PC系统"，本例选择"PLC"，然后打开分级菜单选择需要的PLC，这里选择CPU315-2 DP中的6ES7 315-2AG10-0AB0，版本号为V2.6，设备名称默认为"PLC_1"，也可以进行修改。CPU的固件版本根据实际PLC版本号进行选择，勾选"打开设备视图"，单击确定，打开设备视图。

（2）配置主机架

配置 S7-300 PLC 主机架必须遵循以下原则：

① 1 号槽只能放置电源模块，由于电源模块不带有源背板总线接口，也可以不进行硬件配置，使用外部电源。

② 2 号槽只能放置 CPU 模块，不能为空。

③ 3 号槽只能放置接口模块，如果一个 S7-300 PLC 站只有主机架，没有扩展机架，则主机架不需要配置接口模块，但 3 号槽必须预留（实际的硬件排列仍然连续）。

④ 由于机架不带有源背板总线，相邻模块间不能有空槽位。

⑤ 4 ～ 11 号槽可放置最多 8 个信号模块、功能模块或通信处理器，与模块的宽窄无关。如果需要配置更多的模块，需要进行机架扩展或使用分布式 I/O 接口。

使用 TIA 博途软件进行硬件配置的过程与硬件实际安装过程相同。前面通过"添加新设备"，进入设备视图，此时，CPU 和机架已经出现在设备视图中。在硬件目录中，使用鼠标双击或拖拽的方法添加模块到机架上，配置的机架中带有 11 个槽位，根据实际需要将硬件分别插入到相应的槽位中，如图 1-17 所示。硬件组态遵循所见即所得的原则，当用户在组态界面中将视图放大后，可以发现此界面与实物基本相同。注意，硬件配置中没有 3 号槽，该槽被自动隐藏，可以点击 2 号槽和 4 号槽之间的◣，打开或隐藏 3 号槽。单击设备视图中的◣按钮，用于显示导轨及模块的名称。

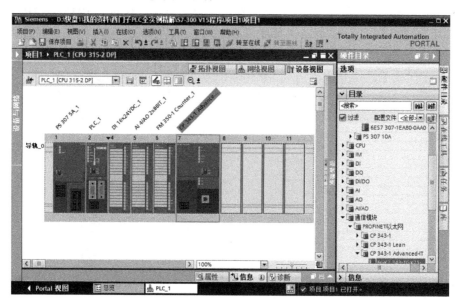

图 1-17 S7-300 主机架的组态

在 TIA 博途软件中添加一个站点时，首先需要选择 CPU，因此机架将自动添加到设备中，然后可以在机架上的槽位中插入其他模块。比如，在 4 号槽插入 DI16×24VDC，在 5 号槽中插入 AI4/AO2×8bit，在 6 号槽中插入 FM350-1 Counter，在 7 号槽中插入 CP343-1 Advanced-IT。在插入 CPU 和其他模块时，要注意型号和固件版本与实际硬件一致。如果不一致，可以在 CPU 或其他模块上单击鼠标右键，选择"更改设备类型"，更改 CPU 或其他模块的型号或固件版本。

在配置过程中，TIA 博途软件能自动检查配置的正确性。当在硬件目录中选择一个模块时，机架中允许插入该模块的槽位边缘将呈现蓝色，而不允许该模块插入的槽位边缘延时无变化。如果使用鼠标拖放的方法将选中的模块拖到允许插入的槽位时，鼠标指针变为█，允许插入；如果将模块拖到禁止插入的槽位上，鼠标指针变为 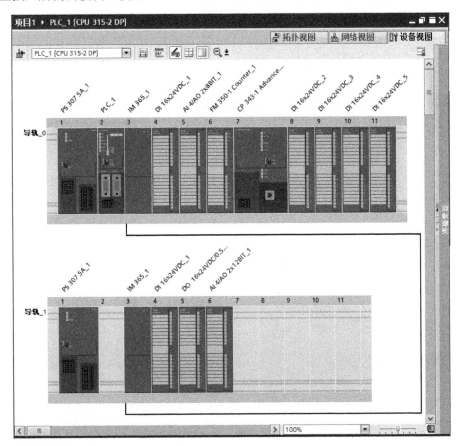。

配置完硬件后，可以点击设备视图工作区最右边的向左箭头 按钮，打开设备概览视图，查看设备数据，其中包括模块、插槽号、输入地址、输出地址、类型、订货号、固件版本等。点击向右箭头 按钮，可以隐藏设备概览。

（3）配置 S7-300 PLC 的扩展机架

一个 S7-300 站点最多可以有 1 个主机架（0 号机架）和 3 个扩展机架（1～3 号机架），主机架和扩展机架通过接口模块（IM）连接。扩展机架有以下两种情况。

① 只有 1 个扩展机架时，可以使用 IM365 接口模块进行扩展，主机架和扩展机架的 3 号槽中分别插入 IM365 接口模块。扩展机架不带有通信总线，不能插入带通信总线的 FM 和 CP 模块。由于源背板总线由 CPU 提供，两个机架上所有模块消耗电量总和不能超过 CPU 所能提供的电量。也可以使用 IM360 和 IM361 接口模块扩展，主机架的 3 号槽中插入 IM360，扩展机架的 3 号槽中插入 IM361。

② 有 2 个以上扩展机架时，可以使用 IM360 和 IM361 接口模块进行扩展。主机架的 3 号槽中插入 IM360，扩展机架 3 号槽中插入 IM361。扩展机架的槽中可以插入 FM 和 CP 模块，扩展机架需要 24V 直流电源供电。

在硬件配置中，可以像主机架一样，通过拖拽或双击的方法在设备视图中插入扩展机架。展开"硬件目录"→"机架"，双击"6ES7 390-1***0-0AA0"，添加了一个导轨"导轨_1"。分别在主机架和扩展机架的 3 号槽中插入相应的接口模块，自动在机架之间建立连接，然后在机架上插入所需的模块，使用 IM365 配置主机架和扩展机架之间的连接如图 1-18 所示。

图 1-18　配置主机架和扩展机架

1.4.3 使用符号定义变量

在编写程序时，可以使用绝对地址，也可以使用符号。在 I/O 点不多时，使用绝对地址进行编程很方便；但是如果 I/O 点比较多，使用符号编写程序会更得心应手。

在变量表中，可以为所有要在程序中寻址的绝对地址分配符号名和数据类型。例如，为输入 I124.0 分配符号名"启动"。这些名称可以在程序的所有部分使用，也就是全局变量。

变量表中的数据类型决定了 CPU 处理的信号类型，如果数据类型错误，程序编译时就会出错。变量表中使用的数据类型见表 1-4。

表 1-4　常用变量数据类型

数据类型	长度/bit	说明	数据类型	长度/bit	说明
Bool	1	布尔	Int	16	整数
Byte	8	字节	Real	32	实数
Char	8	字符	S5Time	16	S5 时间
Counter	计数器号	计数器	Time	32	IEC 时间
Date	16	日期	Time-Of-Day	32	实时时间
DInt	32	双整数	Timer	定时器号	定时器
DWord	32	双字	Word	16	字

如果使用常量符号，点击"用户常量"，名称下输入符号，选择数据类型，在值下输入常量符号对应的值。

（1）通过输入生成变量

在"项目树"下，依次展开"顺序启动控制"→"PLC_1[CPU314C-2DP]"→"PLC 变量"→"默认变量表"，双击"默认变量表"，进入"变量"页面，如图 1-19 所示。

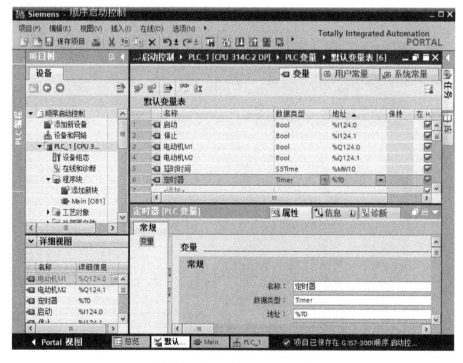

图 1-19　使用变量表编辑符号

在第1行名称下输入"启动"，选择数据类型"Bool"，地址下输入"I124.0"，完成后按回车键会自动进入下一行。在第2行名称下输入"停止"，按回车键，数据类型和地址自动为"Bool"和"I124.1"。在第3行名称下输入"电动机M1"，按回车键，数据类型和地址自动为"Bool"和"I124.2"，修改地址为"Q124.0"。在第4行名称下输入"电动机M2"，按回车键，数据类型和地址自动为"Bool"和"Q124.1"。在第5行名称下输入"延时时间"，数据类型选择"S5Time"，地址输入"MW10"。在第6行名称下输入"定时器"，数据类型选"Timer"，地址输入"T0"。地址列自动添加"%"，表示变量使用的是绝对地址。

（2）通过拖拽生成变量

也可以先编写程序，然后在默认变量表中修改变量对应地址的符号名称。如图1-20所示，先点击"设备视图"右上角的▢按钮，使其处于浮动状态。然后点击设备视图下部的▾按钮，选择放大倍数大于200%。打开程序编辑器，编写用户梯形图程序（具体详见下面的"编写用户程序"章节），可以将"设备视图"中模块上的I/O点拖拽到程序编辑器中的地址域。比如，将"%I124.0"拖放到程序段1中的常开触点上，在默认变量表中自动生成名称为"Tag_1"、数据类型为"Bool"、地址为"%I124.0"的变量，将其名称改为"启动"即可。用同样的方法可以生成变量"停止"（%I124.1）、"电动机M1"（%Q124.0）和"电动机M2"（%Q124.1）。

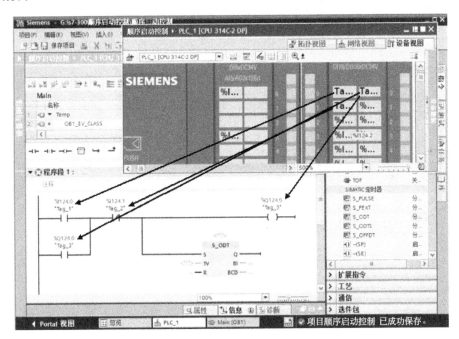

图1-20　通过拖拽生成变量

（3）变量表中变量的排序

单击变量表表头中的"地址"，该单元出现▲符号，各变量按地址的字母A～Z和数字0～9升序排列。再单击一次该单元，出现▼，各变量按地址的字母Z～A和数字9～0降序排列。可以用同样的方法，根据变量名称、数据类型对变量进行排序。

1.4.4　编写用户程序

（1）程序编辑器简介

在TIA博途软件中，可以使用梯形图（LAD）、指令表（STL）或功能块图（FBD）编写程序。在"项目树"下，依次展开"顺序启动控制"→"PLC_1[CPU314C-2DP]"→"程序块"→"Main[OB1]"，双击"Main[OB1]"，进入 Main[OB1] 程序编辑器界面，如图 1-21 所示，默认的编程语言是梯形图。选中"Main[OB1]"，在菜单"编辑"→"切换编程语言"中，可以在 STL、LAD、FBD 编程语言之间切换。

选中"项目树"下的默认变量表后，区域②的详细视图中显示变量表中的变量，可以将其中的变量直接拖放到梯形图中使用。拖拽到已设置的地址上时，原来的地址将被替换。

区域③为程序编辑器的工具栏，点击上面的按钮可以进行对应的操作。比如，点击按钮可以插入程序段，点击按钮可以删除程序段等。

区域④为代码块的接口区，点击按钮可以打开，用鼠标左键上下拖动分隔条可以改变显示区域的大小。点击按钮，接口区域被隐藏。

区域⑤为指令的收藏夹，用于快速访问常用的指令。单击程序编辑器工具栏上的按钮，可以在程序区显示或隐藏收藏夹的指令。可以将指令列表中自己常用的指令拖拽到收藏夹中，也可以通过鼠标右键中的命令删除收藏夹中的指令。

区域⑥为程序编辑区，在此区域中可以编写用户程序。

区域⑦为打开的程序块的巡视窗口。

区域⑧为收藏夹，区域⑤显示该收藏夹中的指令。

区域⑨为任务卡中的指令列表。

区域⑩为已打开编辑器的按钮，单击该区域中的某个按钮，可以在工作区显示对应的编辑器。

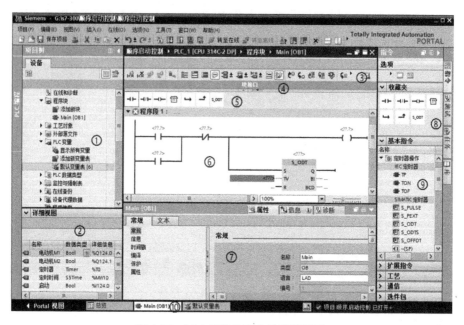

图 1-21　Main[OB1] 程序编辑器界面

（2）用户程序的编写

下面以梯形图编写一个电动机顺序启动控制程序为例，说明具体的编写步骤和方法。

选中程序段 1 下的横线，依次点击收藏夹的指令 ⊣⊢、⊣/⊢、⊣○⊢，则会依次添加常开触点、常闭触点、线圈。或者将右边"基本指令"→"位逻辑运算"下的指令依次拖放到程序段 1 的横线上。

选中程序段 1 的左母线，单击 ↳，打开分支。然后点击 ⊣⊢，添加一个常开触点。最后

点击 ⌐╸，使分支线向上闭合。点击 ┤├ 后面的横线，单击 ↳，打开分支，将右边 "基本指令" → "定时器操作" 下的 S_ODT 拖放到分支上。

在 "详细视图" 下，将变量 "启动" 拖放到启动常开触点的地址域 <??.?>，该常开触点的地址自动变为 %I124.0 "启动"。按照同样的方法，将变量 "停止" 拖放到停止常闭触点的地址域，将变量 "电动机M1" 拖放到线圈和自锁触点的地址域。将变量 "定时器" 拖放到接通延时定时器 S_ODT 上，将 "延时时间" 拖放到定时器的 TV 输入端。

在程序段 2 中，依次点击 ┤├、─( )─，将变量 "定时器" 拖放到 ┤├ 的地址域，将变量 "电动机 M2" 拖放到线圈的地址域。

编写的电动机顺序启动控制程序如图 1-22 所示。

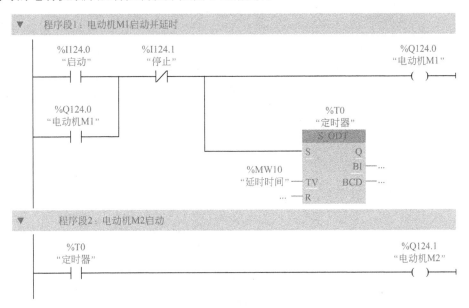

图 1-22　电动机顺序启动控制程序

在编写程序的过程中，如果对相关指令的用法不太清楚，想具体了解该指令的相关信息及使用方法，可以将鼠标放在该指令上的时间稍长一些或者点击该指令并按 F1 键，会出现该指令的简单信息，点击相关链接，可以进入 "信息系统"，查看该指令的相关信息。比如，将鼠标放在基本指令下的接通延时定时器 S_ODT 上稍长一些，出现该指令的简单信息如图 1-23 所示，点击 "S_ODT：分配接通延时定时器参数并启动" 链接，可以进入 "信息系统"。在 "信息系统" 中，可以查看该指令的说明、参数、时序图及示例等。在梯形图中选中指令，然后按 F1，也可以查看该指令的信息。

▼ 分配时间作为接通延时定时器参数并启动
当 S 输入处检测到 RLO 从 "0" 转换为 "1" 时，将所设定的定时器启动为接通延时。

S7-300, S7-400
■ S_ODT：　分配接通延时定时器参数并启动

图 1-23　接通延时定时器 S_ODT 的简单信息

程序编写完成后，选中 "项目树" 下的 "PLC_1[CPU314C-2DP]"，点击工具栏中的编译按钮█，对整个项目进行编译，编译结果在巡视窗口中的 "信息" → "编译" 选项卡下显示。查看是否有错误，如果有错误，对错误进行修改后重新编译，直至编译没有错误。最后点击保存按钮█，保存项目。

1.4.5 程序仿真

验证所编写的程序是否有效，最简单有效的方法就是仿真。

选中"项目树"下的"PLC_1[CPU314C-2DP]"，点击快捷菜单栏的开始仿真按钮▦，弹出扩展的下载到设备的界面，如图1-24所示。选择PG/PC接口类型为"MPI"，PG/PC接口为"PLCSIM V5.X"，点击"开始搜索"，会找到设备，MPI地址默认为2，然后点击"下载"，会自动编译。最后点击"装载"，将硬件和软件下载到仿真器中。

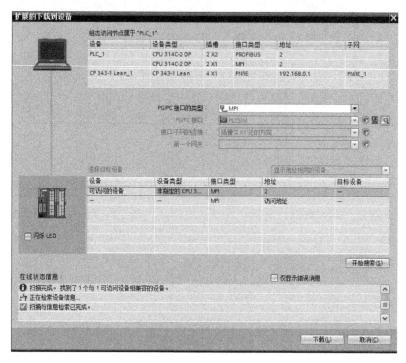

图1-24 下载界面

仿真界面如图1-25所示。点击插入输入变量按钮▦，弹出输入窗口，输入地址IB124，选择以位的方式显示。点击插入输出变量按钮▦，弹出输出窗口，输入地址QB124，选择以位的方式显示。点击插入定时器按钮▦，输入T0；点击插入位存储器按钮▦，输入MW10，选择以S5Time数据类型显示，在下面输入5s。

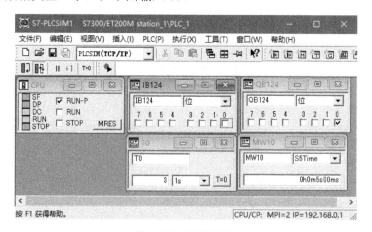

图1-25 仿真界面

选中 RUN-P 前的框，使 CPU 运行。选中 IB124 的第 0 位，模拟 I124.0 对应的启动按钮接通，可以看到 QB124 的第 0 位出现了☑，表示 Q124.0 有输出，电动机 M1 开始启动运行，同时定时器 T0 开始延时。

再点击 IB124 的第 0 位，☑消失，模拟 I124.0 对应的启动按钮复位。

T0 的当前值到 0（即延时了 5s），QB124 的第 1 位出现了☑，表示 Q124.1 有输出，电动机 M2 启动运行，顺序启动结束。

点击 IB124 的第 1 位，模拟 I124.1 对应的停止按钮接通，可以看到 QB124 的第 0 位和第 1 位的☑消失，表示 Q124.0、Q124.1 没有输出，电动机 M1 和 M2 同时停止。然后点击 IB124 的第 1 位，☑消失，使停止按钮复位。

1.4.6　项目的下载与上传

TIA Portal 可以把用户的组态信息和程序下载到 CPU 中。下载的方式有两种：将整个站下载到 CPU 中；在具体的程序、设备视图、离线 / 在线画面中，将相应的部分下载到 CPU 中。

在下载的过程中，会提示用户处理相关信息，比如，是否要删除系统数据并用离线系统数据替换，OB1 已经存在是否覆盖，是否停止 CPU 等，用户应按照提示进行选择，完成希望的下载任务。

TIA Portal 可以把 CPU 的组态信息和程序上传到用户的项目中。用户可以通过各种通道进行下载和上传，比如 MPI、PROFIBUS、以太网等。

（1）通过 MPI 下载和上传

在 MPI 上下载中，使用了网络适配器 PC Adapter USB。将适配器的 D 形公头插入 CPU 的 MPI 接口（X1）中，USB 接入计算机，确认计算机是否已经自动识别该适配器（通过"设备管理器"→"SIMATIC Devices"查看是否有 SIMATIC PC Adapter USB）。

① 下载整个站　选中"项目树"下的"PLC_1[CPU314C-2DP]"，点击下载到设备按钮，弹出如图 1-26 所示画面，选择 PG/PC 接口类型为"MPI"，PG/PC 接口为"PC Adapter"，

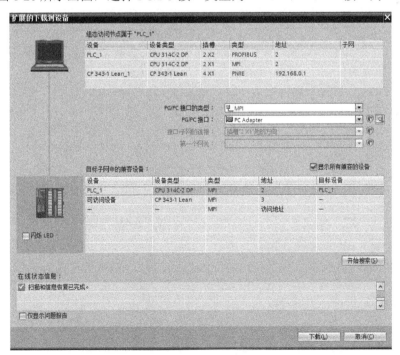

图 1-26　通过 MPI 下载到设备

点击"开始搜索"，会找到设备，CPU 的 MPI 地址默认为 2，然后点击"下载"。编程软件首先对项目进行编译，编译成功后，出现"下载预览"，如图 1-27 上部所示，单击"装载"，开始下载。

下载结束后，出现"下载结果"对话框，如图 1-27 下部所示，勾选"启动模块"复选框，单击"完成"按钮，PLC 切换到 RUN 模式，RUN 指示灯变为绿色。

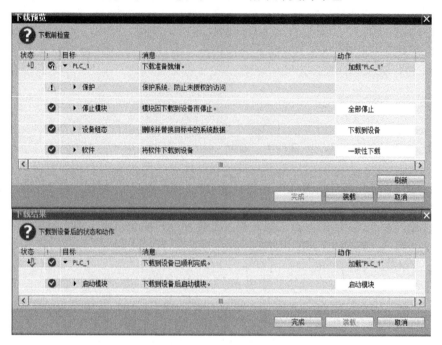

图 1-27 "下载预览"和"下载结果"对话框

② 下载整个程序块 选中"项目树"下的"PLC_1[CPU314C-2DP]"→"程序块"，点击下载到设备按钮，即可将整个程序块下载到 CPU 中。

③ 下载几个块 展开"项目树"下的"PLC_1[CPU314C-2DP]"→"程序块"，用鼠标选中几个块（比如 OB1、FC1 等），点击下载到设备按钮，即可将这几个块下载到 CPU 中。

④ 下载一个块 展开"项目树"下的"PLC_1[CPU314C-2DP]"→"程序块"，用鼠标选中一个块（比如 FC10），点击下载到设备按钮，即可将这个块下载到 CPU 中。

另外，还可以将工艺对象、PLC 变量、PLC 数据类型、监控和强制表、设备组态下载到 CPU 中。

⑤ 上传 在项目视图中，点击新建项目按钮，新建一个项目。点击菜单"在线"→"将设备作为新站上传（硬件和软件）"，弹出如图 1-28 所示画面，点击"开始搜索"，找到设备后，点击"从设备上传"，可以将整个站上传到该新建项目中。如果没有新建一个项目，会提示设备"S7300/ET200M station_1"的名称在项目中已使用，上传中止。

（2）通过 PROFIBUS 总线下载和上传

通过 PROFIBUS 总线下载和上传时，计算机应装有 PROFIBUS 通信模块。笔者计算机中安装了通信模块 CP5611，并通过 PROFIBUS 总线电缆将 CP5611 连接到 CPU 的 DP 接口（X2）。在网络视图页面，点击 DP 接口（紫色），在属性栏中，选择"PROFIBUS 地址"，点击"添加新子网"，会自动添加一个"PROFIBUS_1"子网，点击，可以在工作区显示地址，如图 1-29 所示。第一次下载应通过 MPI 下载，然后才能通过 PROFIBUS 总线进行下载和上传。

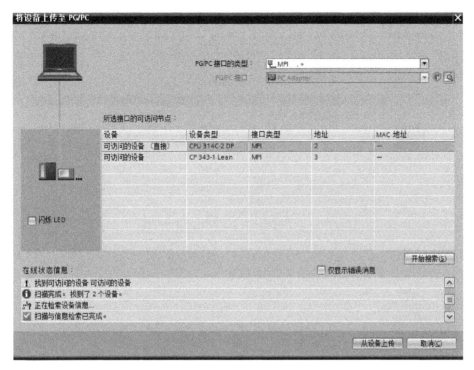

图 1-28 通过 MPI 上传到项目中

图 1-29 添加 PROFIBUS 新子网

点击菜单"在线"下的"扩展的下载到设备",弹出如图 1-30 所示画面,选择 PG/PC 接口的类型为"PROFIBUS",PG/PC 接口为"CP5611",接口/子网的连接为"PROFIBUS_1",点击"开始搜索",会找到设备,CPU 的 PROFIBUS 地址默认为 2,然后点击"下载"。

上传与下载类似,这里不再赘述。

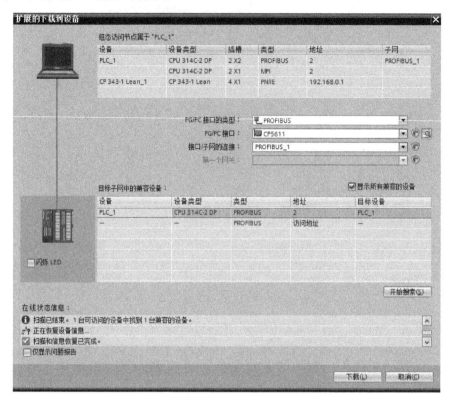

图 1-30　通过 PROFIBUS 下载到设备

(3)通过以太网下载和上传

通过以太网下载和上传时,应有以太网通信模块,这里通过 CP343-1 Lean 通信模块进行下载和上传。

① 组态网络视图　在网络视图页面,点击 CP343-1 Lean 的 Ethernet 接口(绿色),在属性栏中,选择"以太网地址",点击"添加新子网",会自动添加一个"PN/IE_1"子网,IP 地址为 192.168.0.1,子网掩码为 255.255.255.0。

② 设置网卡的 IP 地址　在计算机桌面的"网络"上点击鼠标右键,选择"属性",打开计算机的"网络和共享中心"。点击"更改适配器设置"→"本地连接",鼠标右击"本地连接",选择"属性",将 Internet 网络协议 4 的 IP 地址设为 192.168.0.2(与 CP343-1 Lean 的 IP 处于同一子网),子网掩码为 255.255.255.0。

第一次下载应通过 MPI 下载,然后才能通过以太网进行下载和上传。

点击菜单"在线"下的"扩展的下载到设备",弹出如图 1-31 所示画面,选择 PG/PC 接口的类型为"PN/IE",PG/PC 接口为自己计算机的网卡,接口/子网的连接为"PN/IE_1",点击"开始搜索",会找到设备,CP343-1 Lean 的 IP 地址为 192.168.0.1,然后点击"下载"。如果搜索到的设备类型为"ISO",会出现下载错误,请检查 CP343-1 Lean 的版本号与实物是否一致。如果不一致,请修改为一致。

上传与下载类似,这里不再赘述。

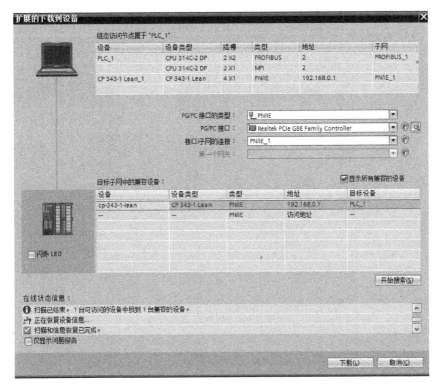

图 1-31　通过以太网下载到设备

1.4.7　程序调试

在 TIA 博途软件中，可以通过程序状态监控和监控表监控对用户程序进行调试。程序状态监控可以监控程序的运行，显示程序中操作数的值，查找用户程序的逻辑错误，修改某些变量的值。监控表监控可以监视、修改或强制各个变量，还可以向某些变量写入需要的值，来测试程序或硬件。

（1）程序状态监控

在程序块 Main[OB1] 中，点击程序编辑器工具栏中的按钮💻，可以对梯形图进行监控，电动机处于运行状态的梯形图监控如图 1-32 所示。如果项目树中的项目、站点和程序块的右边出现黄色的叹号💡，表示有故障；在 Main[OB1] 的右边出现左边蓝右边黄的◑符号，表示在线程序（CPU 中的程序）和离线程序（计算机中的程序）不一致，需要重新下载有问题的块，使在线程序和离线程序保持一致，上述对象右边都呈现绿色，程序状态才正常。

启动程序状态监控后，梯形图用绿色的连续线表示接通，即有"能流"通过；用蓝色虚线表示没有接通，没有能流；用灰色连续线表示状态未知或程序未执行。

在某个变量上单击鼠标右键，选择某个命令，可以修改该变量的值或变量的显示格式。对于 Bool 变量，执行"修改"→"修改为1"，可以将该变量置 1；执行"修改"→"修改为0"，可以将该变量复位为 0。注意，不能修改连接外部硬件的输入值（I）。如果被修改变量同时受到程序控制（比如受线圈控制的触点），则程序控制作用优先。

对于其他数据类型的变量，比如变量"延时时间"，在其上单击鼠标右键，选择执行"修改"→"修改操作数"，可以修改该变量的值。执行"修改"→"显示格式"，可以选择"自动""十进制""十六进制"或"实数"进行显示，默认的是根据该变量的数据类型"自动"显示。

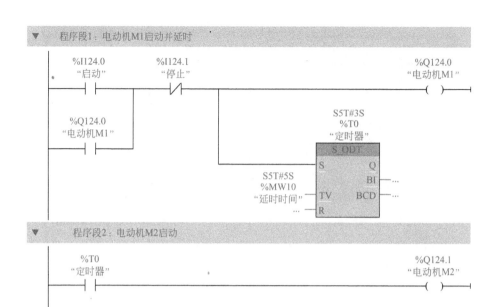

图 1-32　梯形图监控

（2）用监控表监控

使用梯形图监控可以形象直观地监视程序的执行情况，触点和线圈的状态一目了然。但是程序的状态只能在屏幕上显示一小块区域，如果程序较长，不能同时看到与某一程序功能相关的全部变量的状态。

监控表可以满足上述要求。使用监控表可以同时监视、修改用户感兴趣的变量。一个项目可以生成多个监控表，以满足不同的调试需要。

在“项目树”下，找到“监控与强制表”，双击“添加新监控表”，添加一个“监控表_1”，可以通过复制粘贴将默认变量表中的变量粘贴到监控表中，也可以在地址栏中输入地址，名称自动变为对应变量的名称。然后点击监控表工具栏中的按钮，变量监控如图 1-33 所示。位变量为 TRUE（1 状态），监视值列的方形指示灯为绿色；位变量为 FALSE（0 状态）时，指示灯为灰色。可以使用监控表“显示格式”默认的显示格式，也可以通过下拉列表选择需要的显示格式。

顺序启动控制 ▸ PLC_1 [CPU 314C-2 DP] ▸ 监控与强制表 ▸ 监控表_1

	i	名称	地址	显示格式	监视值	修改值		
1		"定时器"	%T0	SIMATIC 时间	S5T#2S		☐	
2		"定时时间"	%MW10	SIMATIC 时间	S5T#5S	S5T#10S	☑	!
3		"启动"	%I124.0	布尔型	FALSE		☐	
4		"停止"	%I124.1	布尔型	FALSE		☐	
5		"电动机M1"	%Q124.0	布尔型	TRUE	FALSE	☑	!
6		"电动机M2"	%Q124.1	布尔型	FALSE		☐	

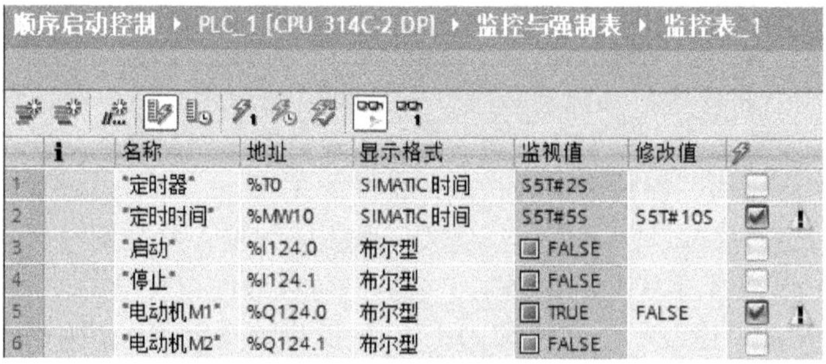

图 1-33　监控表监控

单击“显示 / 隐藏所有修改列”的按钮，显示或隐藏“修改值”列。在“修改值”列输入变量的新值，并勾选要修改的变量右边的复选框（默认已勾选）。输入 Bool 变量的修改值 0 或 1 后，单击监控表其他地方，将自动变为“FALSE”或“TRUE”。点击工作区工具栏上的“立即一次性修改所有选定值”按钮，监视值立即被修改为修改值。比如，在“电动机 M1"的"修改值"下输入 0，在"延时时间"的"修改值"下输入 10s，点击 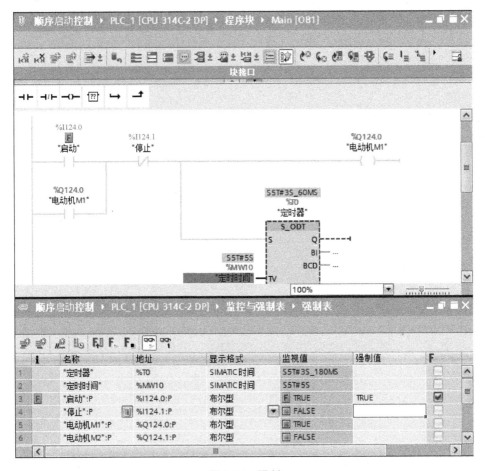，则在"监视值"下，"电动机 M1"由原来的 TRUE 变为 FALSE，"延时时间"由原来的 S5T#5S 变为 S5T#10S。

（3）强制

用强制表给用户程序中的单个变量指定固定的值，这一功能称为强制。强制应在与 CPU 建立了在线连接时进行，仿真时不能使用强制功能。在测试程序时，可以通过强制 I/O 点来模拟物理条件，例如通过强制输入点来模拟输入信号的变化。

在"项目树"下，双击"强制表"，可以通过复制粘贴将默认变量表中的变量粘贴到监控表中，也可以在地址栏中输入地址，名称自动变为对应变量的名称。如果是外设，在名称和地址后面自动添加了"：P"。

同时打开 OB1 和强制表，用工具栏中的"水平拆分编辑器空间"按钮 ，同时显示 OB1 和强制表，如图 1-34 所示。单击程序编辑器工具栏上的 按钮，启动程序状态监控功能。单击强制表工具栏上的 按钮，启动强制表监视功能。在变量"启动"这一栏上单击右键，选择"强制"→"强制为 1"，将"I124.0：P"强制为 TRUE（或者在"强制值"列下输入 1，然后点击"全部强制"按钮 ），表示启动按钮按下。在弹出的"是否强制"的对话框中点击"是"按钮进行确认，在强制的这一行出现表示被强制的符号 。这时，PLC 面板上 I124.0 对应的 LED 灯不亮，但是梯形图中 I124.0 的常开接通，上面出现被强制的符号 。梯形图中 Q124.0 线圈通电，PLC 面板上的 Q124.0 对应的 LED 灯亮。

图 1-34　强制

单击强制表工具栏中的 F. 按钮，停止对所有地址的强制。被强制的变量最左边和输入点"监视值"列红色的标有"F"的小方框消失，表示强制被解除，梯形图中的 F 符号也消失了。

输入、输出点被强制后，即使关闭编程软件、计算机与 CPU 的连接断开或 CPU 断电，强制值都被保持在 CPU 中，直到在线时用强制表停止强制功能。所以使用强制对 PLC 调试后，要注意取消强制功能。

第2章 S7-300 PLC 基础实例

2.1 位逻辑指令

扫一扫，看视频

[实例 1] 电动机的点动控制

（1）控制要求

按下点动按钮 SB，电动机运转；松开点动按钮 SB，电动机停止。

（2）控制线路

① 控制线路接线　点动控制线路如图 2-1 所示，由于紧凑型 PLC CPU314C-2DP 的数字量输出类型为晶体管输出，不能直接驱动接触器线圈，因此使用 24V 直流继电器进行转换。点动按钮不能使用红色或绿色按钮，一般使用黄色按钮。

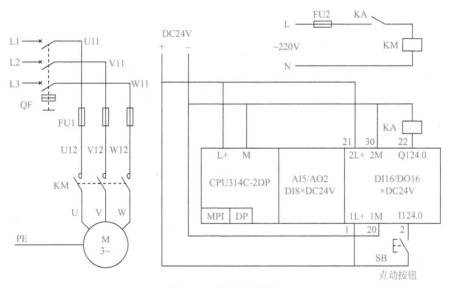

图 2-1　点动控制线路

② I/O 端口分配　PLC 的 I/O 端口分配见表 2-1。

表 2-1　[实例 1] 的 I/O 端口分配

输入端口			输出端口		
输入点	输入器件	作用	输出点	输出器件	控制对象
I124.0	SB常开触点	点动按钮	Q124.0	KA	通过接触器KM控制电动机

（3）相关知识

—| |—是常开触点的符号，常开触点的通断取决于相关位的状态。当指定位为"1"时，常开触点接通；当指定位为"0"时，常开触点断开。

—|/|—是常闭触点的符号，常闭触点的通断取决于相关位的状态。当指定位为"1"时，常闭触点断开；当指定位为"0"时，常闭触点保持原来的状态（接通）。

—( )—是线圈符号。如果线圈的输入为"1"，则将指定位的线圈置位为"1"；如果线圈的输入为"0"，则指定位的线圈将复位为"0"。

常开触点、常闭触点和线圈的应用如图2-2所示，当位 I0.0="1"、I0.1="0"时，I0.0的常开触点接通，I0.1常闭触点接通，线圈 Q0.0 的输入为"1"，则线圈 Q0.0 置位为"1"。

当 I0.0="1"、I0.1="1"时，I0.0 的常开触点接通，I0.1 常闭触点断开，线圈 Q0.0 的输入为"0"，则线圈 Q0.0 复位为"0"。

图2-2　常开触点、常闭触点和线圈的应用

（4）控制程序

① PLC 硬件组态　打开项目视图，点击 ，新建一个项目，命名为"实例1"。然后双击"添加新设备"，添加 PLC 为 CPU314C-2DP，版本号为 V2.6。点击"属性"下的"地址总览"可以查看所组态的 I/O 地址，如图2-3所示。从图中可以看到，数字量输入（I）地址以字节为单位，范围是 DI124 ~ DI126；数字量输出（Q）地址范围是 DQ124 ~ DQ125。以后没有特别说明，都使用这样的硬件组态。

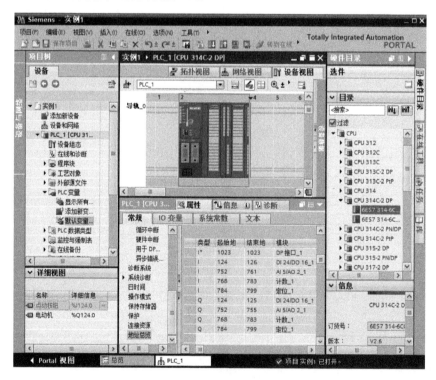

图2-3　PLC 的硬件组态

② 编写程序　双击项目树中的 Main[OB1]，打开程序编辑器，如图2-4所示，先点击"设备视图"右上角的 ，使其处于浮动状态。然后点击设备视图下部的 ，选择放大倍数大于200%。点击程序段1下的横线，然后点击 —‖— 和 —()—。将设备视图中的 %I124.0

拖放到 ┤├ 上方的地址域中，将 %Q124.0 拖放到 ─○─ 上方的地址域中，在默认变量表中自动生成了两个 Bool 类型的变量"Tag_1"和"Tag_2"。将地址为 %I124.0 对应的名称修改为"点动按钮"，将地址为 %Q124.0 对应的名称修改为"电动机"，程序就编写完成，然后点击编译按钮 進 进行编译。

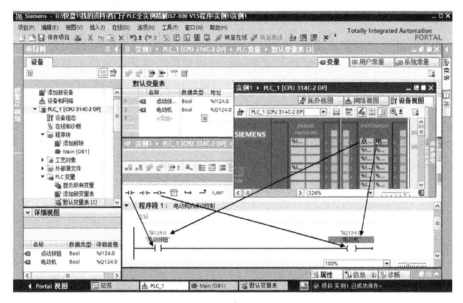

图 2-4　电动机的点动控制程序

③ 程序的控制原理　当按下点动按钮 SB 时，PLC 输入点 I124.0 接通，程序中 I124.0 常开触点闭合，Q124.0 线圈通电有输出，使直流继电器 KA 线圈通电，KA 常开触点闭合，接触器 KM 线圈通电，KM 主触头闭合，电动机通电运转；松开点动按钮 SB 后，输入点 I124.0 断开，输出点 Q124.0 线圈失电，直流继电器 KA 线圈失电，KA 常开触点断开，接触器 KM 线圈失电，KM 主触头断开，电动机断电停止。

（5）PLC 的仿真运行

选中站点"PLC_1[CPU314C-2DP]"，点击工具栏中的仿真按钮 ，弹出的仿真器界面如图 2-5 所示，将该站点下载到仿真器中。在仿真器中，插入输入变量 IB124 和输出变量 QB124，选择运行模式"RUN-P"，点击 I124.0，该位显示"√"，模拟点动按钮按下，可以看到仿真器中 Q124.0 显示"√"，表示电动机启动。然后再点击 I124.0，该位的"√"消失，模拟点动按钮松开，可以看到仿真器中 Q124.0 显示"√"，表示电动机停止。

由于篇幅的关系，后面的例子不再编写仿真运行，读者可以按照此例进行操作。

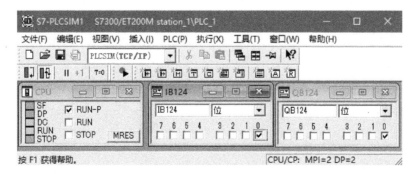

图 2-5　点动控制仿真运行

扫一扫，看视频

[实例2] 电动机的自锁控制

（1）控制要求

① 当按下启动按钮时，电动机通电运转。

② 当按下停止按钮或电动机发生过载故障时，电动机断电停止。

（2）控制线路

① 控制线路接线　自锁控制线路如图 2-6 所示，自锁控制是电动机的连续运行，电动机有可能出现过载，所以使用热继电器 KH 进行过载保护。将热继电器的发热元件串联到主电路中，将热继电器的常闭触点作为 PLC 的一个输入接到 I124.0，所以 PLC 通电正常运行时，I124.0 有输入。当出现过载时，发热元件发热，双金属片弯曲，推动导板，使热继电器常闭触点断开，则 I124.0 没有输入，从而对过载情况进行检测。启动按钮一般使用绿色按钮，停止按钮一般使用红色按钮。

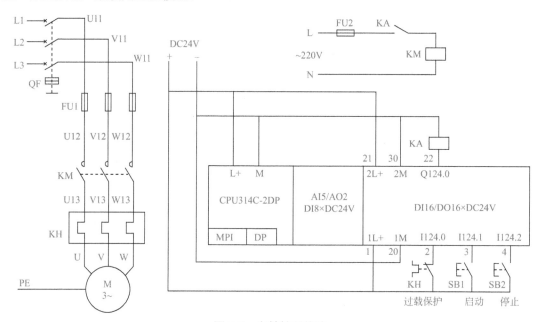

图 2-6　自锁控制线路

② I/O 端口分配　PLC 的 I/O 端口分配见表 2-2。

表 2-2　[实例2] 的 I/O 端口分配

输入端口			输出端口		
输入点	输入器件	作用	输出点	输出器件	控制对象
I124.0	KH常闭触点	过载保护	Q124.0	KA	通过接触器KM控制电动机
I124.1	SB1常开触点	启动			
I124.2	SB2常开触点	停止			

（3）相关知识

① 置位复位指令　—(S)—是置位输出的符号。如果置位输出线圈有输入，则将指定的位置位为 "1"；如果置位输出线圈没有输入，则指定位的信号状态将保持不变。

—(R)—是复位输出的符号。如果复位输出线圈有输入，则将指定的位复位为 "0"；如果复位输出线圈没有输入，则指定位的信号状态将保持不变。

② 置位复位触发器 SR 是复位优先的置位复位触发器，如果 S="1"、R1="0"，则将指定的位置位为"1"；如果 S="0"、R1="1"，则将指定的位复位为"0"；如果 S="1"、R1="1"，则将指定的位复位为"0"。

RS 是置位优先的复位置位触发器，如果 R="1"、S1="0"，则将指定的位复位为"0"；如果 R="0"、S1="1"，则将指定的位置位为"1"；如果 R="1"、S1="1"，则将指定的位置位为"1"。

③ 指令的应用 置位复位指令和置位复位触发器指令的应用如图 2-7 所示。

在程序段 1 中，当 M0.0 和 M0.1 同时为"1"时，Q0.0 置位为"1"并保持（即使 M0.0 或 M0.1 断开）。

在程序段 2 中，当 M0.2="1"、M0.3="0"时，Q0.0 复位为"0"。

在程序段 3 中，当 M0.4="1"时，Q0.2 置"1"；当 M0.5="1"时，Q0.2 复位为"0"；当 M0.4="1"、M0.5="1"时，Q0.2 复位为"0"。

在程序段 4 中，当 M0.6="1"时，Q0.3 复位为"0"；当 M0.7="1"时，Q0.3 置位为"1"；当 M0.6="1"、M0.7="1"时，Q0.3 置位为"1"。

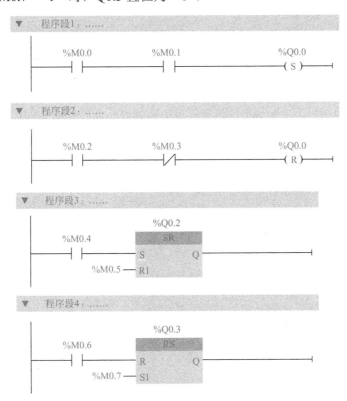

图 2-7 置位复位指令和置位复位触发器指令的应用

（4）控制程序

① 使用触点串并联编程

a. PLC 硬件组态。打开项目视图，点击 按钮，新建一个项目，命名为"实例 2-1"。然后双击"添加新设备"，添加 PLC 为 CPU314C-2DP，版本号为 V2.6。

b. 编写控制程序。使用触点串并联编写的控制程序 Main[OB1] 如图 2-8 所示。上电后，由于 I124.0 连接的是 KH 的常闭触点，所以 I124.0 有输入，I124.0 的常开触点闭合，为启动做准备。

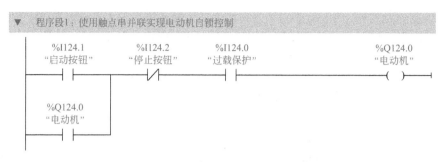

图 2-8　使用触点串并联编写的控制程序

当按下启动按钮 SB1 时，I124.1 常开触点接通，Q124.0 线圈通电自锁，电动机启动连续运行。

当按下停止按钮 SB2 时，I124.2 常闭触点断开，Q124.0 线圈失电，自锁解除，电动机停止。

当出现过载时，KH 常闭触点断开，I124.0 没有输入，原来接通的 I124.0 常开触点断开，Q124.0 线圈失电，自锁解除，电动机停止。

② 使用置位复位指令编程

a. PLC 硬件组态。打开项目视图，点击■按钮，新建一个项目，命名为"实例 2-2"。然后双击"添加新设备"，添加 PLC 为 CPU314C-2DP，版本号为 V2.6。

b. 编写控制程序。使用置位复位指令编写的控制程序 Main[OB1] 如图 2-9 所示。上电后，由于 I124.0 有输入，程序段 2 中的 I124.0 常闭触点断开，为启动做准备。

在程序段 1 中，当按下启动按钮 SB1 时，I124.1 常开触点接通，Q124.0 置位为"1"并保持，电动机启动连续运行。

在程序段 2 中，当按下停止按钮 SB2（I124.2 常开触点接通）或出现过载（I124.0 常闭触点接通）时，Q124.0 复位为"0"，电动机停止。

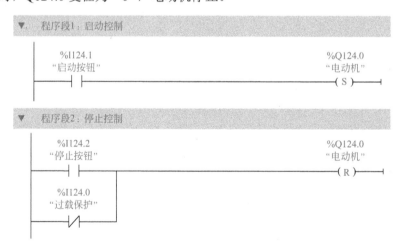

图 2-9　使用置位复位指令编写的控制程序

③ 使用置位复位触发器编程

a. PLC 硬件组态。打开项目视图，点击■按钮，新建一个项目，命名为"实例 2-3"。然后双击"添加新设备"，添加 PLC 为 CPU314C-2DP，版本号为 V2.6。

b. 编写控制程序。使用置位复位触发器编写的控制程序 Main[OB1] 如图 2-10 所示。上电后，由于 I124.0 有输入，I124.0 的常闭触点断开，为启动做准备。

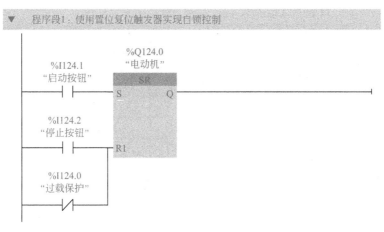

图 2-10　使用置位复位触发器编写的控制程序

当按下启动按钮 SB1 时，I124.1 常开触点接通，Q124.0 置位为"1"，电动机连续运行。

当按下停止按钮 SB2（I124.2 常开触点接通）或出现过载（I124.0 常闭触点接通）时，Q124.0 复位为"0"，电动机停止。

[实例3] 电动机的点动与自锁控制

扫一扫，看视频

（1）控制要求

① 当按下点动按钮时，电动机通电运转；松开点动按钮后，电动机断电停止。

② 当按下启动按钮时，电动机通电运转。

③ 当按下停止按钮或电动机发生过载故障时，电动机断电停止。

④ 当发生过载时，报警指示灯亮。

（2）控制线路

① 控制线路接线　点动与自锁控制线路如图 2-11 所示。一般启动按钮使用绿色按钮，停止按钮使用红色按钮，点动按钮使用黄色按钮。

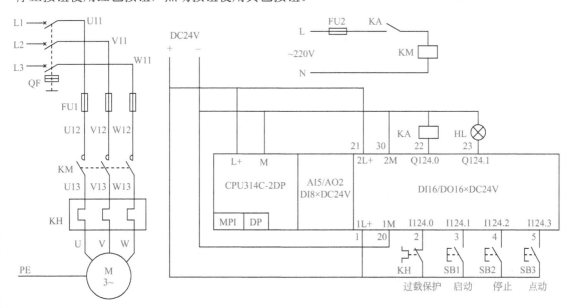

图 2-11　点动与自锁控制线路

② I/O 端口分配　PLC 的 I/O 端口分配见表 2-3。

表 2-3　[实例 3] 的 I/O 端口分配

输入端口			输出端口		
输入点	输入器件	作用	输出点	输出器件	控制对象
I124.0	KH 常闭触点	过载保护	Q124.0	KA	通过接触器 KM 控制电动机
I124.1	SB1 常开触点	启动	Q124.1	HL	过载指示灯
I124.2	SB2 常开触点	停止			
I124.3	SB3 常开触点	点动			

（3）相关知识

—|NOT|—是取反逻辑运算结果（RLO）的符号。如果该指令输入的信号状态为"1"，则指令输出的信号状态为"0"；如果该指令输入的信号状态为"0"，则输出的信号状态为"1"。

（4）控制程序

① PLC 硬件组态　打开项目视图，点击按钮，新建一个项目，命名为"实例 3"。然后双击"添加新设备"，添加 PLC 为 CPU314C-2DP，版本号为 V2.6。

② 编写控制程序　点动与自锁控制程序 Main[OB1] 如图 2-12 所示。上电后，由于 I124.0有输入，程序段 1、2、4 中的 I124.0 的常开触点接通，为启动做准备。

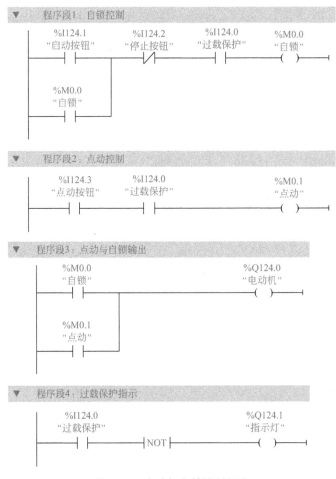

图 2-12　点动与自锁控制程序

a. 自锁控制。在程序段 1 中，当按下启动按钮 SB1 时，I124.1 常开触点接通，M0.0 线圈通电自锁，程序段 3 中的 M0.0 常开触点接通，Q124.0 线圈通电，电动机连续运行。

当按下停止按钮 SB2（I124.2 常闭触点断开）或发生过载（I124.0 常开触点断开）时，M0.0 线圈失电，自锁解除，程序段 3 中的 M0.0 常开触点断开，Q124.0 线圈失电，电动机停止。

b. 点动控制。当按下点动按钮 SB3 时，程序段 2 中的 I124.3 常开触点接通，M0.1 线圈通电，程序段 3 中的 M0.1 常开触点接通，Q124.0 线圈通电，电动机启动；当松开点动按钮 SB3 时，M0.1 线圈失电，程序段 3 中 M0.1 常开触点断开，Q124.0 线圈断电，电动机停止。

c. 过载保护。正常运行时，I124.0 有输入，其常开触点接通，—|NOT|— 前的逻辑运算结果为"1"，则指令输出的信号状态为"0"，Q124.1 没有输出，指示灯熄灭。

当出现过载时，KH 常闭触点断开，I124.0 没有输入，程序段 1 和程序段 2 中的 I124.0 常开触点断开，电动机停止。同时，程序段 4 中的 I124.0 常开触点断开，—|NOT|— 前的逻辑运算结果为"0"，则指令输出的信号状态为"1"，Q124.1 线圈通电，指示灯亮。

［实例4］　电动机的正反转控制

扫一扫，看视频

（1）控制要求

为了减轻正反转换向瞬间电流对电动机的冲击，适当延长变换过程，控制要求如下。

① 当按下正转按钮时，先停止反转，延缓片刻松开正转按钮，电动机正转。

② 当按下反转按钮时，先停止正转，延缓片刻松开反转按钮，电动机反转。

③ 当按下停止按钮或电动机发生过载故障时，电动机断电停止。

（2）控制线路

① 控制线路接线　电动机正反转控制线路如图 2-13 所示。将主电路中三相电源线中的任意两根进行对调，就可以实现电动机的反转，图中是通过接触器 KM2 的主触头实现第 1 相和第 3 相对调。为防止正反转接触器同时通电造成三相电源短路，正反转接触器必须采取硬件联锁措施。

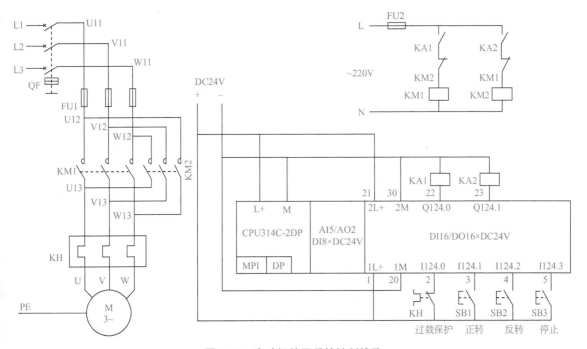

图 2-13　电动机的正反转控制线路

② I/O 端口分配　PLC 的 I/O 端口分配见表 2-4。

表 2-4　［实例 4］的 I/O 端口分配

输入端口			输出端口		
输入点	输入器件	作用	输出点	输出器件	控制对象
I124.0	KH 常闭触点	过载保护	Q124.0	KA1	控制电动机正转
I124.1	SB1 常开触点	正转	Q124.1	KA2	控制电动机反转
I124.2	SB2 常开触点	反转			
I124.3	SB3 常开触点	停止			

（3）相关知识

—|P|—是扫描操作数信号的上升沿指令。当该触点上面的位由"0"变为"1"（上升沿）时，该触点接通一个扫描周期。该触点下面的位为边沿存储位，用来存储上一次扫描时该触点上面的位的状态。通过比较上面的位的当前状态与上一次扫描的状态，来检测信号的上升沿。

—|N|—是扫描操作数信号的下降沿指令。当该触点上面的位由"1"变为"0"（下降沿）时，该触点接通一个扫描周期。该触点下面的位为边沿存储位，用来存储上一次扫描时该触点上面的位的状态。通过比较上面的位的当前状态与上一次扫描的状态，来检测信号的下降沿。

扫描操作数信号的上升沿和下降沿指令的应用如图 2-14 所示。程序段 1 为上升沿的应用，I0.0 为上面位，M0.2 为下面位。当 M0.0 和 M0.1 为"1"时，在 I0.0 的上升沿，上升沿指令的输出为"1"，Q0.0 置位为"1"。

程序段 2 为下降沿的应用，I0.1 为上面位，M0.5 为下面位。当 M0.3 和 M0.4 为"1"时，在 I0.1 的下降沿，下降沿指令的输出为"1"，Q0.0 复位为"0"。

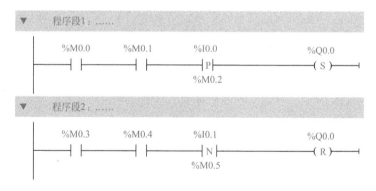

图 2-14　扫描操作数信号的上升沿和下降沿指令的应用

（4）控制程序

① PLC 硬件组态　打开项目视图，点击 按钮，新建一个项目，命名为"实例 4"。然后双击"添加新设备"，添加 PLC 为 CPU314C-2DP，版本号为 V2.6。

② 编写控制程序　电动机正反转控制程序 Main[OB1] 如图 2-15 所示。上电后，由于 I124.0 有输入，程序段 1、2 中的 I124.0 常开触点接通，为启动做准备。

a. 正转启动。按下正转按钮 SB1，程序段 1 中 I124.1 的下降沿指令输出为"0"，电动机不会正转；当松开按钮 SB1 时，在 I124.1 的下降沿，下降沿指令输出为"1"，Q124.0 线圈通电自锁，电动机正转。

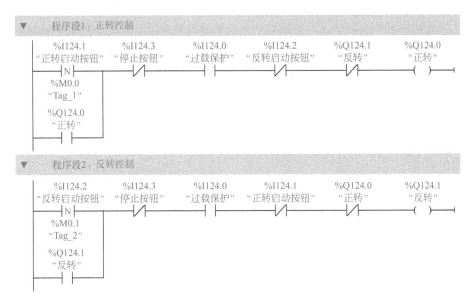

图 2-15　电动机正反转控制程序

b. 正转转反转。按下反转按钮 SB2，程序段 1 中 I124.2 常闭触点断开，电动机正转停止，程序段 2 中 I124.2 的下降沿指令输出为"0"，电动机不会反转；当松开按钮 SB2 时，在 I124.2 的下降沿，下降沿指令输出为"1"，Q124.1 线圈通电自锁，电动机反转。电动机反转转正转的道理也是一样。

c. 停止。按下停止按钮 SB3 时，程序段 1 和程序段 2 中的 I124.3 常闭触点断开，Q124.0、Q124.1 线圈断电，解除自锁，电动机停止。

d. 过载保护。热继电器 KH 的常闭触点接入 I124.0，在未发生过载情况时，I124.0 有输入，程序段 1 和程序段 2 中的 I124.0 常开触点闭合，为正常运行提供条件；当电动机发生过载时，I124.0 没有输入，程序段 1 和程序段 2 中的 I124.0 常开触点断开，Q124.0、Q124.1 线圈断电，电动机停止。

e. 双重联锁。在梯形图程序中，程序段 1 中的 I124.1 下降沿指令和程序段 2 中的 I124.1 常闭触点构成联锁，程序段 1 中的 I124.2 常闭触点和程序段 2 中的 I124.2 下降沿指令构成联锁，这两个联锁称为机械联锁；程序段 1 中的 Q124.1 常闭触点和程序段 2 中的 Q124.0 常闭触点构成电气联锁。

[实例5]　工作台的自动往返控制

（1）控制要求

有些生产机械，要求工作台在一定的行程内能自动往返运动，以实现对工件的连续加工。如图 2-16 所示的磨床工作台，在磨床机身上安装了 4 个行程开关 SQ1 ～ SQ4。其中，SQ1、SQ2 用来自动换向，当工作台运动到换向位置时，挡铁撞击行程开关，使其触点动作，电动机自动换向，使工作台自动往返运动；SQ3、SQ4 用作终端限位保护，以防止 SQ1、SQ2 损坏时，工作台越过极限位置而造

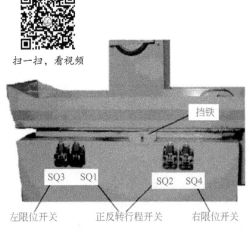

扫一扫，看视频

图 2-16　磨床工作台

成事故。

（2）控制线路

① 控制线路接线　工作台自动往返控制线路如图 2-17 所示，工作台往返实质上是电动机的正反转，为防止正反转接触器同时通电造成三相电源短路，必须采取硬件联锁措施。

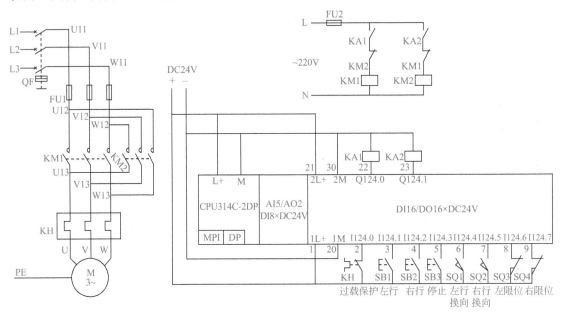

图 2-17　工作台自动往返控制线路

② I/O 端口分配　PLC 的 I/O 端口分配见表 2-5。

表 2-5　[实例 5] 的 I/O 端口分配

输入端口			输出端口		
输入点	输入器件	作用	输出点	输出器件	控制对象
I124.0	KH 常闭触点	过载保护	Q124.0	KA1	工作台左行
I124.1	SB1 常开触点	左行启动	Q124.1	KA2	工作台右行
I124.2	SB2 常开触点	右行启动			
I124.3	SB3 常开触点	停止			
I124.4	SQ1 常开触点	左行换向			
I124.5	SQ2 常开触点	右行换向			
I124.6	SQ3 常闭触点	左限位			
I124.7	SQ4 常闭触点	右限位			

（3）相关知识

P_TRIG 是扫描 RLO（逻辑运算结果）的信号上升沿指令。该指令用来比较 CLK 输入端的信号状态与保存在边沿存储位（该指令下面的位）中上一次查询的信号状态。如果该指令检测到 RLO 从"0"变为"1"，则说明出现了一个信号上升沿。如果检测到上升沿，该指令输出的信号状态为"1"。

N_TRIG 是扫描 RLO 的信号下降沿指令。该指令用来比较 CLK 输入端的信号状态与保存在边沿存储位（该指令下面的位）中上一次查询的信号状态。如果该指令检测到 RLO 从"1"变为"0"，则说明出现了一个信号下降沿。如果检测到下降沿，则该指令输出的信号状

态为 "1"。

扫描 RLO 上升沿和下降沿指令的应用如图 2-18 所示。程序段 1 为 P_TRIG 指令的应用，M0.0 为其边沿存储位。在 I0.0 的上升沿，P_TRIG 指令的输出为 "1"，Q0.0 置位。

程序段 2 为 N_TRIG 指令的应用，M0.1 为其边沿存储位。在 I0.1 的下降沿，N_TRIG 指令的输出为 "1"，Q0.0 复位。

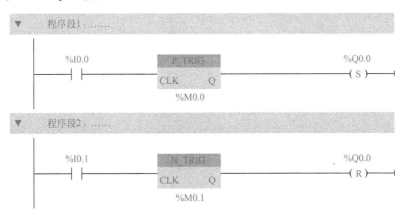

图 2-18　扫描 RLO 上升沿和下降沿指令的应用

（4）控制程序

① PLC 硬件组态　打开项目视图，点击按钮，新建一个项目，命名为 "实例 5"。然后双击 "添加新设备"，添加 PLC 为 CPU314C-2DP，版本号为 V2.6。

② 编写控制程序　工作台自动往返控制程序 Main[OB1] 如图 2-19 所示。上电后，由于 I124.0 有输入，程序段 1、2 中的 I124.0 常开触点接通；左右端限位 SQ3 和 SQ4 均为常闭触点，因此 I124.6 和 I124.7 常开触点闭合，为启动做准备。

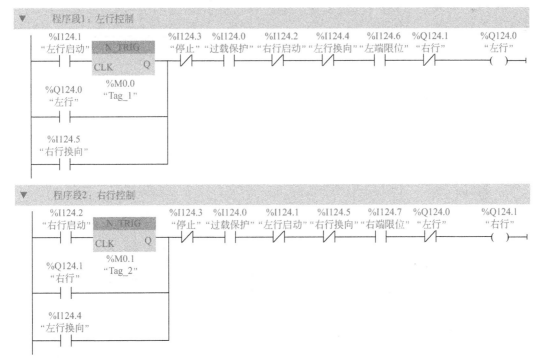

图 2-19　工作台自动往返控制程序

a. 左行启动。按下左行按钮 SB1，程序段 1 中 I124.1 常开触点闭合，下降沿指令的输出为"0"，电动机不会正转左行，程序段 2 中的 I124.1 常闭触点断开，停止右行；当松开按钮 SB1 时，在 I124.1 的下降沿，下降沿指令的输出为"1"，Q124.0 线圈通电自锁，电动机正转左行。

b. 左行换向。当工作台左行到换向位置 SQ1 时，撞击行程开关 SQ1，程序段 1 中的 I124.4 常闭触点断开，Q124.0 线圈断电，左行停止。同时程序段 2 中的 I124.4 常开触点闭合，Q124.1 线圈通电自锁，电动机反转右行，然后自动往返行走。右行启动及换向道理也是一样。

c. 停止。按下停止按钮 SB3 时，程序段 1 和程序段 2 中的 I124.3 常闭触点断开，Q124.0、Q124.1 线圈断电，解除自锁，工作台停止。

d. 过载保护。当电动机发生过载时，I124.0 没有输入，程序段 1 和程序段 2 中的 I124.0 常开触点断开，Q124.0、Q124.1 线圈断电，工作台停止。

e. 左右端限位。当工作台左行到左行换向位置时，左行换向行程开关 SQ1 出现故障导致不能换向，工作台会继续左行。当撞击左行限位开关 SQ3 时，I124.6 没有输入，程序段 1 中的 I124.6 常开触点断开，Q124.0 线圈断电，左行停止，起到安全保护作用。右端限位道理一样。

[实例6] 电动机的反接制动控制

扫一扫，看视频

（1）控制要求

① 当按下启动按钮时，电动机运转。

② 当按下停止按钮时，电动机反接制动，转速迅速下降而停止。

③ 当电动机转速接近于零时，速度开关自动切断电源，防止电动机反转。

（2）控制线路

① 控制线路接线　电动机反接制动控制线路如图 2-20 所示，运转接触器 KM1 和反接制动接触器 KM2 必须采取硬件联锁。R 为反接制动电阻，以减小反接时产生的冲击电流。

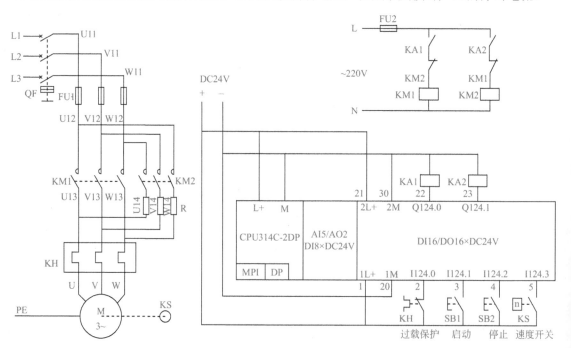

图 2-20　电动机反接制动控制线路

速度开关 KS 有正转动作和反转动作的触点各一组，每组又各有一个常闭触点和一个常开触点。当电动机启动后，与电动机机械连接的速度开关 KS 转速超过其动作值 140r/min 时，其常开触点闭合，I124.3 有输入，为反接制动作准备；当电动机停止时进行反接制动，使电动机转速迅速下降，当转速下降到 KS 释放转速即 100r/min 时，KS 常开触点断开，I124.3 无输入，要切断电源，防止电动机反转。

② I/O 端口分配　PLC 的 I/O 端口分配见表 2-6。

表 2-6　[实例 6] 的 I/O 端口分配

输入端口			输出端口		
输入点	输入器件	作用	输出点	输出器件	控制对象
I124.0	KH 常闭触点	过载保护	Q124.0	KA1	电动机运转
I124.1	SB1 常开触点	启动	Q124.1	KA2	反接制动
I124.2	SB2 常开触点	停止			
I124.3	KS 常开触点	速度开关			

（3）控制程序

① PLC 硬件组态　打开项目视图，点击按钮，新建一个项目，命名为"实例 6"。然后双击"添加新设备"，添加 PLC 为 CPU314C-2DP，版本号为 V2.6。

② 编写控制程序　电动机反接制动控制程序 Main[OB1] 如图 2-21 所示。上电后，由于 I124.0 有输入，程序段 1 中的 I124.0 常闭触点断开，为启动做准备。

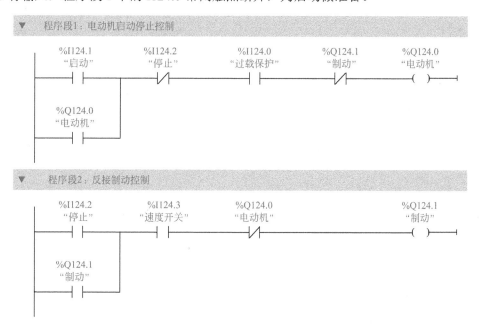

图 2-21　电动机反接制动控制程序

a. 启动控制。当按下启动按钮 SB1 时，程序段 1 中的 I124.1 常开触点闭合，Q124.0 通电自锁，电动机启动运转；程序段 2 中的 Q124.0 常闭触点断开，禁止反接制动。当速度超过速度开关 KS 的动作值时，速度开关的常开触点 KS 闭合，I124.3 有输入，程序段 2 中的 I124.3 常开触点闭合，为反接制动做准备。

b. 停止时的反接制动。当按下停止按钮 SB2 时，程序段 1 中的 I124.2 常闭触点断开，

Q124.0 线圈失电，自锁解除；程序段 2 中的 I124.2 常开触点接通，Q124.0 常闭触点接通，Q124.1 线圈通电自锁，进行反接制动。当电动机转速下降到速度开关的释放转速时，速度开关 KS 的常开触点断开，I124.3 没有输入，程序段 2 中的 I124.3 常开触点断开，Q124.1 线圈失电，自锁解除，电动机停止，反接制动结束。

2.2　定时器指令

扫一扫，看视频

[实例 7]　电动机的 Y- △ 降压启动控制

（1）控制要求

① 当按下启动按钮时，电动机绕组 Y 形连接，降压启动；6s 后，电动机绕组自动转为 △ 形连接，全压运转。

② 当按下停止按钮或电动机发生过载故障时，电动机断电停止。

（2）控制线路

① 控制线路接线　电动机 Y- △ 降压启动控制线路如图 2-22 所示，KM1 为电源接触器，KM2 为 Y 形接触器，KM3 为 △ 形接触器。电动机启动时，KM1 和 KM2 的主触头闭合，电动机绕组连接为 Y 形启动。启动完成后，KM2 主触头断开，KM3 主触头闭合，电动机绕组由 Y 形换接为 △ 形运行。KM2 和 KM3 主触头不能同时闭合，否则会造成三相电源短路，所以 Y 形接触器 KM2 和 △ 形接触器 KM3 必须采取硬件联锁。

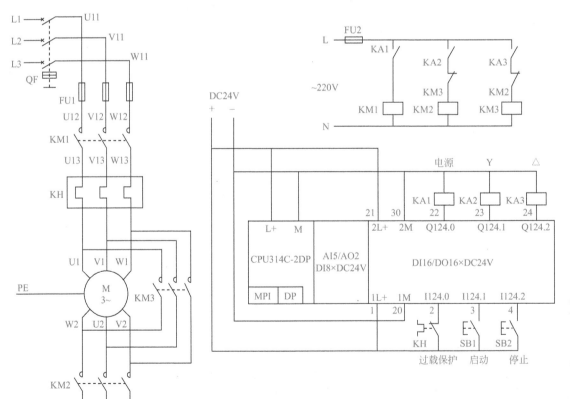

图 2-22　电动机 Y- △ 降压启动控制线路

② I/O 端口分配　PLC 的 I/O 端口分配见表 2-7。

表 2-7　[实例 7]的 I/O 端口分配

输入端口			输出端口		
输入点	输入器件	作用	输出点	输出器件	控制对象
I124.0	KH 常闭触点	过载保护	Q124.0	KA1	电源
I124.1	SB1 常开触点	启动	Q124.1	KA2	Y 形
I124.2	SB2 常开触点	停止	Q124.2	KA3	△形

（3）相关知识

S7-300 定时器共有 256 个 S5 定时器，可以分为脉冲 S5 定时器、扩展脉冲 S5 定时器、接通延时 S5 定时器、保持接通延时定时器、断开延时定时器。

定时器指令是通过定时时钟更新定时器字。当 CPU 运行时，按以时间基准指定的时间间隔为单位，将设定的时间值递减一个单位，直至时间值等于 0。定时器字的表示方法有两种，一种是 BCD 格式，一种是 S5 时间格式，具体请参见数据类型有关内容。

① S_PULSE（脉冲 S5 定时器）、—(SP)—（脉冲 S5 定时器线圈）　脉冲 S5 定时器的应用如图 2-23（a）所示，定时器 T0 的设置值为 W#16#1050，表示时间基准为 100ms，定时时间为 5s；Q 为定时器的状态输出；BI 为当前时间值的二进制编码；BCD 为当前时间值的 BCD 编码。如果启动输入端 S（I0.0）的信号状态由"0"变为"1"（RLO 的上升沿），定时器 T0 启动。只要 I0.0 为"1"，定时器 T0 延时到指定的 5s 时间。在延时期间，输出端 Q 有输出，Q0.0 线圈通电；当延时时间到，Q 无输出，Q0.0 线圈断电。

如果定时器 T0 在达到预定时间前，I0.0 断开，定时器停止，Q 无输出；如果 I0.0 重新接通，定时器 T0 重新延时。

在定时器 T0 运行期间，如果复位输入端 R（I0.1）为"1"，则定时器复位。

其输入输出时序图如图 2-23（b）所示。由脉冲 S5 定时器线圈实现相同功能的程序如图 2-23（c）所示。

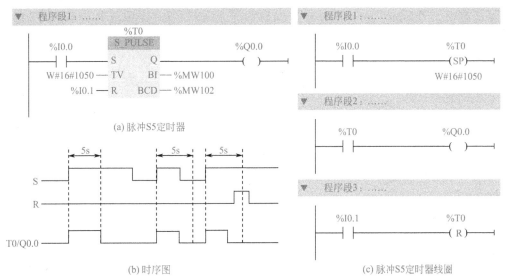

(a) 脉冲S5定时器

(b) 时序图

(c) 脉冲S5定时器线圈

图 2-23　脉冲 S5 定时器的应用

② S_PEXT（扩展脉冲 S5 定时器）、—(SE)—（扩展脉冲 S5 定时器线圈）　扩展脉冲 S5 定时器的应用如图 2-24（a）所示，定时器 T10 设置为 S5 时间，时间值为 5s；Q 为定时器的状态输出；BI 为当前时间值的二进制编码；BCD 为当前时间值的 BCD 编码。

如果启动输入端 S（I0.0）的信号状态由"0"变为"1"（RLO 的上升沿），定时器 T10 启动。不管 I0.0 是否断开，定时器 T10 都继续延时到指定的 5s 时间。在延时期间，输出端 Q 有输出，Q0.1 线圈通电；当延时时间到，Q 无输出，Q0.1 线圈断电。

如果定时器 T10 延时时间未到断开 I0.0，再接通，则会重新启动定时器 T10。

如果 I0.1 为"1"，则定时器复位。

其输入输出时序图如图 2-24（b）所示。由扩展脉冲 S5 定时器线圈实现相同功能的程序如图 2-24（c）所示。

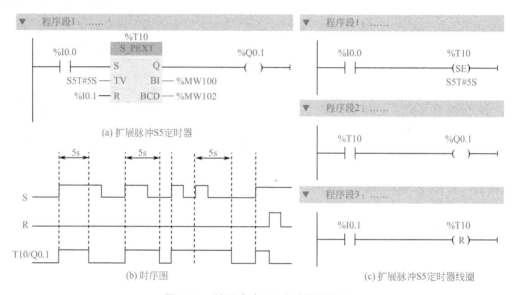

图 2-24　扩展脉冲 S5 定时器的应用

③ S_ODT（接通延时 S5 定时器）、—(SD)—（接通延时 S5 定时器线圈）　接通延时 S5 定时器的应用如图 2-25（a）所示，定时器 T1 设置为 S5 时间，时间值为 5s；Q 为定时器的状态输出，BI 为当前时间值的二进制编码，BCD 为当前时间值的 BCD 编码。

如果启动输入端 S（I0.0）有一个上升沿，定时器 T1 启动。只要输入端 I0.0 为"1"，T1 就以 TV 指定的时间值 5s 运行。定时器 T1 达到指定时间 5s 且 I0.0 仍然为"1"，则输出端 Q 的状态为"1"。

如果定时器运行期间 I0.0 由"1"变为"0"，定时器将停止，输出端 Q 的状态也变为"0"。I0.0 重新接通，T1 重新开始延时。

如果复位输入端 R（I0.1）为"1"，则定时器复位。

其输入输出时序图如图 2-25（b）所示。由接通延时 S5 定时器线圈实现相同功能的程序如图 2-25（c）所示。

④ S_ODTS（保持接通延时 S5 定时器）、—(SS)—（保持接通延时 S5 定时器线圈）　保持接通延时 S5 定时器的应用如图 2-26（a）所示，定时器 T1 设置为 S5 时间，时间值为 5s；Q 为定时器的状态输出，BI 为当前时间值的二进制编码，BCD 为当前时间值的 BCD 编码。

如果启动输入端 S（I0.0）有一个上升沿，定时器 T1 启动。不管 I0.0 是否断开，定时器都将继续运行。

如果定时器在达到指定时间 5s 前，I0.0 从"0"变为"1"，则定时器将重新触发。定时器 T1 达到指定时间 5s，则输出端 Q 的状态为"1"。

如果复位输入端 R（I0.1）为"1"，则定时器复位。

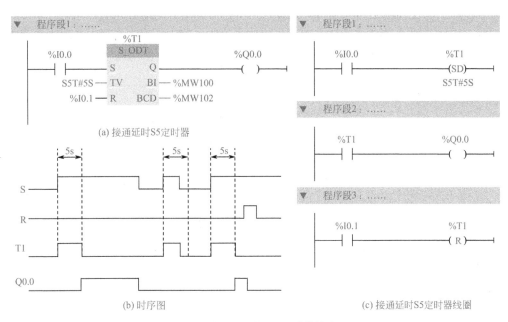

(a) 接通延时S5定时器

(b) 时序图

(c) 接通延时S5定时器线圈

图 2-25 接通延时 S5 定时器的应用

其输入输出时序图如图 2-26（b）所示。由保持接通延时 S5 定时器线圈实现相同功能的程序如图 2-26（c）所示。

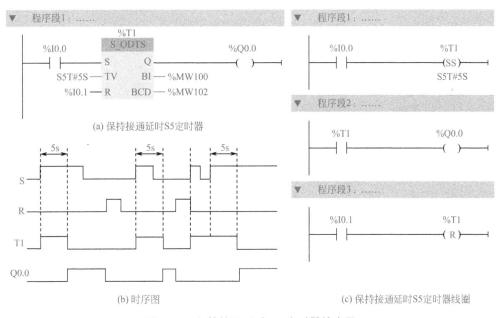

(a) 保持接通延时S5定时器

(b) 时序图

(c) 保持接通延时S5定时器线圈

图 2-26 保持接通延时 S5 定时器的应用

⑤ S_OFFDT（断开延时 S5 定时器）、—(SF)—（断开延时 S5 定时器线圈） 断开延时 S5 定时器的应用如图 2-27（a）所示，定时器 T1 设置为 S5 时间，时间值为 5s；Q 为定时器的状态输出，BI 为当前时间值的二进制编码，BCD 为当前时间值的 BCD 编码。

如果启动输入端 S（I0.0）为"1"，T1 的 Q 端有输出，则 Q0.0 为"1"。

如果 I0.0 由"1"变为"0"，则定时器启动。定时器延时期间，Q0.0 仍为"1"。当定时器 T1 延时到指定时间 5s 时，T1 的 Q 端复位，Q0.0 变为"0"。

如果定时器在达到指定时间 5s 前，I0.0 从"0"变为"1"，Q0.0 仍为"1"。

如果复位输入端 R（I0.1）为"1"，则定时器复位。

其输入输出时序图如图 2-27（b）所示。由断开延时 S5 定时器线圈实现相同功能的程序如图 2-27（c）所示。

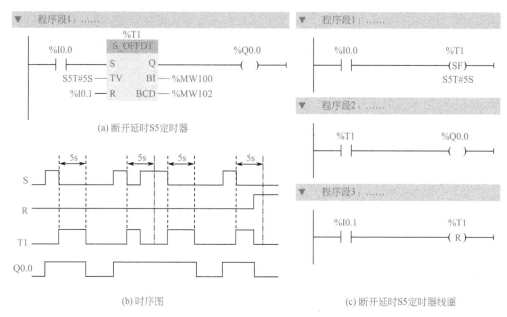

图 2-27　断开延时 S5 定时器的应用

（4）控制程序

① PLC 硬件组态　打开项目视图，点击 按钮，新建一个项目，命名为"实例7"。然后双击"添加新设备"，添加 PLC 为 CPU314C-2DP，版本号为 V2.6。

② 编写控制程序　Y-△降压启动控制程序 Main[OB1] 如图 2-28 所示。上电后，由于 I124.0 有输入，程序段 1 中的 I124.0 常开触点接通，为启动做准备。

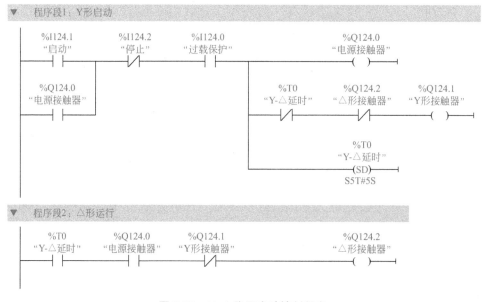

图 2-28　Y-△降压启动控制程序

　　a. Y 形启动。在程序段 1 中，当按下启动按钮 SB1 时，I124.1 常开触点接通，电源接触器 Q124.0 线圈通电自锁，同时 Y 形接触器 Q124.1 线圈和 T0 线圈通电，电动机 Y 形启动，T0 开始延时。

　　b. △形运行。在程序段 2 中，由于电源接触器和 Y 形接触器通电，所以 Q124.0 常开触点接通、Q124.1 常闭触点断开。当定时器 T0 延时 5s 时间到，程序段 1 中的 T0 常闭触点断开，Q124.1 线圈断电。程序段 2 中的 Q124.1 常闭触点接通，T0 常开触点接通，Q124.2 线圈通电，电动机△形运行。

　　c. 停止。当按下停止按钮 SB2（I124.2 常闭触点断开）或过载（I124.0 常开触点断开）时，Q124.0 线圈断电，解除自锁，同时程序段 2 中的 Q124.2 线圈断电，电动机停止。

［实例 8］ 电动机的能耗制动控制

扫一扫，看视频

（1）控制要求

① 当按下启动按钮时，电动机运转。

② 当按下停止按钮或出现过载故障时，电动机能耗制动 4s 停止。

（2）控制线路

① 控制线路接线　电动机能耗制动控制线路如图 2-29 所示，KM1 为电动机运转接触器，KM2 为能耗制动接触器。电动机运行时，KM1 主触头接通；电动机停止时，KM1 主触头断开，KM2 主触头接通进行能耗制动，延时 4s 后，KM2 主触头断开，能耗制动结束，电动机停止。KM1 和 KM2 不能同时通电，所以必须采取硬件联锁。TC 为 380V/24～36V 降压变压器，VC 为整流器，R 为限流电阻，可调整制动力矩的强弱。

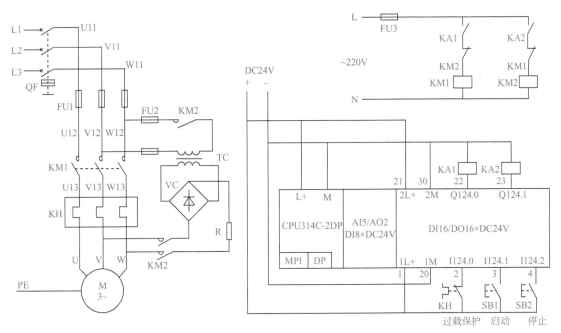

图 2-29　电动机能耗制动控制线路

② I/O 端口分配　PLC 的 I/O 端口分配见表 2-8。

（3）控制程序

① PLC 硬件组态　打开项目视图，点击⬚按钮，新建一个项目，命名为"实例 8"。然后双击"添加新设备"，添加 PLC 为 CPU314C-2DP，版本号为 V2.6。

表 2-8　[实例 8]的 I/O 端口分配

输入端口			输出端口		
输入点	输入器件	作用	输出点	输出器件	控制对象
I124.0	KH 常闭触点	过载保护	Q124.0	KA1	电动机运行
I124.1	SB1 常开触点	启动	Q124.1	KA2	能耗制动
I124.2	SB2 常开触点	停止			

② 编写控制程序　电动机能耗制动控制程序 Main[OB1]如图 2-30 所示。上电后，由于 I124.0 有输入，程序段 1 中的 I124.0 的常开触点接通，为启动做准备。

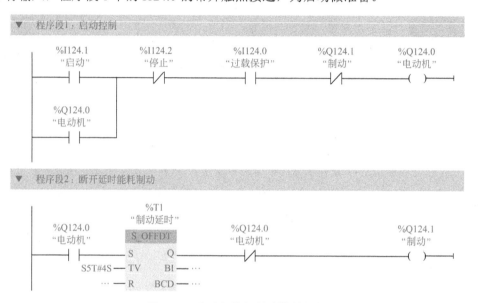

图 2-30　电动机能耗制动控制程序

a. 启动控制。当按下启动按钮 SB1 时，程序段 1 中的 I124.1 常开触点闭合，Q124.0 线圈通电自锁，电动机启动运行；程序段 2 中 T1 通电，Q124.0 常闭触点断开，联锁 Q124.1 不能通电。

b. 停止或过载时的能耗制动。当按下停止按钮 SB2 或发生过载时，程序段 1 中的 I124.2 常闭触点断开或 I124.0 常开触点断开，Q124.0 线圈失电，自锁解除，电动机脱离电源；程序段 2 中的 Q124.0 常开触点断开，断开延时定时器 T1 开始延时，Q124.0 常闭触点接通，由于 T1 的 Q 输出端为"1"，Q124.1 线圈通电，开始能耗制动。T1 延时 4s 后，T1 的 Q 输出端复位，Q124.1 线圈失电，电动机能耗制动结束。

◀[实例 9]▶　三台电动机的顺序启动控制与报警

扫一扫，看视频

（1）控制要求

某生产设备有三台电动机，分别为电动机 M1、M2 和 M3，其控制要求如下。

① 当按下启动按钮时，M1 启动；当 M1 运行 4s 后，M2 启动；当 M2 运行 5s 后，M3 启动。

② 当按下停止按钮时，三台电动机同时停止。

③ 在启动过程中，指示灯 HL 常亮，表示"正在启动中"；启动过程结束后，指示灯 HL 熄灭。当某台电动机出现过载故障时，全部电动机均停止，指示灯 HL 闪烁，表示"出

现过载故障"。

（2）控制线路

① 控制线路接线　三台电动机顺序启动与报警控制线路如图 2-31 所示，主电路略。

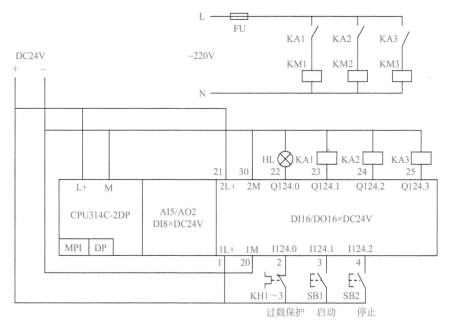

图 2-31　三台电动机顺序启动与报警控制线路

② I/O 端口分配　PLC 的 I/O 端口分配见表 2-9。

表 2-9　［实例 9］的 I/O 端口分配

输入端口			输出端口		
输入点	输入器件	作用	输出点	输出器件	控制对象
I124.0	KH1 ~ KH3 常闭触点	过载保护	Q124.0	HL	启动/过载报警指示
I124.1	SB1 常开触点	启动	Q124.1	KA1	电动机 M1
I124.2	SB2 常开触点	停止	Q124.2	KA2	电动机 M2
			Q124.3	KA3	电动机 M3

（3）相关知识

IEC 定时器可分为生成脉冲 TP、接通延时 TON 和关断延时 TOF，设定时间要使用 IEC 时间，不能使用 S5 时间。

① 生成脉冲 TP　生成脉冲 TP 指令的应用如图 2-32（a）所示，MD100 为其当前时间值。如果启动输入端 IN（I0.0）的信号状态由 "0" 变为 "1"（RLO 的上升沿），定时器启动。定时器启动时，以预设的时间 PT（4s）开始计时。无论后续输入信号的状态如何变化，都将输出 Q 置为 4s。正在计时时，即使检测到新的信号上升沿，输出 Q 的信号状态也不会受到影响。其时序图如图 2-32（b）所示。

② 接通延时 TON　接通延时 TON 定时器如图 2-33（a）所示，MD100 为其当前时间值。

如果启动输入端 IN（I0.0）有一个上升沿，定时器启动。只要输入端 I0.0 为 "1"，定时器就以 PT 指定的时间值 4s 运行。定时器达到指定时间 4s 且 I0.0 仍然为 "1"，则输出端 Q 的状态为 "1"。

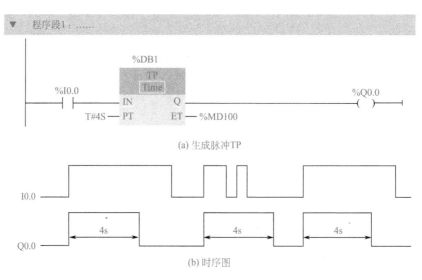

(a) 生成脉冲TP

(b) 时序图

图 2-32　生成脉冲 TP 指令的应用

如果定时器运行期间 I0.0 由"1"变为"0"，定时器将停止，输出端 Q 的状态也变为"0"。其输入输出时序图如图 2-33（b）所示。

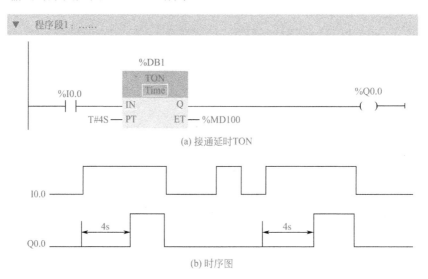

(a) 接通延时TON

(b) 时序图

图 2-33　接通延时 TON 的应用

③ 关断延时 TOF　关断延时 TOF 的应用如图 2-34（a）所示，MD100 为其当前时间值。如果启动输入端 IN（I0.0）为"1"，TOF 的 Q 输出端为"1"，则 Q0.0 为"1"。

如果 I0.0 由"1"变为"0"，则定时器启动。定时器延时期间，Q 输出端保持为"1"，则 Q0.0 为"1"。如果 I0.0 由"0"变为"1"，Q0.0 仍保持为"1"。当定时器延时到指定时间 4s 时，Q 输出端复位，Q0.0 变为"0"。

其输入输出时序图如图 2-34（b）所示。

（4）控制程序

① PLC 硬件组态　打开项目视图，点击 按钮，新建一个项目，命名为"实例 9"。然后双击"添加新设备"，添加 PLC 为 CPU314C-2DP，版本号为 V2.6。

为了在电动机过载时使指示灯闪烁，需要用到秒脉冲信号。可以使用时钟存储器产生占

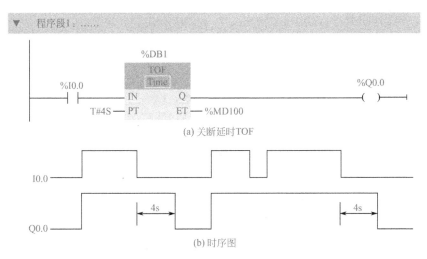

图 2-34　关断延时 TOF 的应用

空比为 50% 的方波信号。在设备视图中，点击 CPU 的"属性"→"常规"→"时钟存储器"，选中时钟存储器，在存储器字节后输入 10，表示用 MB10 存储脉冲。MB10 的每一位对应一个脉冲，对应关系见表 2-10，在程序中使用 M10.5 来产生秒脉冲信号。

表 2-10　存储器字节的位对应的脉冲

位	MB10							
	7	6	5	4	3	2	1	0
周期/s	2	1.2	1	0.8	0.5	0.4	0.2	0.1

② 编写控制程序　三台电动机顺序启动控制程序 Main[OB1] 如图 2-35 所示。

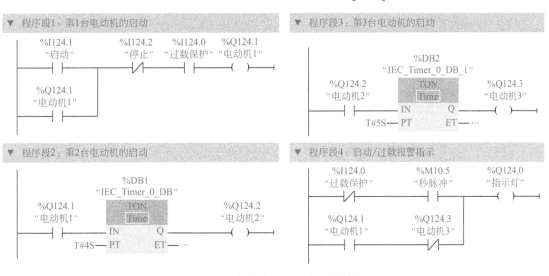

图 2-35　三台电动机顺序启动控制程序

a. 开机准备。当 PLC 处于程序运行状态时，由于输入 I124.0 端子外接的是热继电器 KH1 ～ KH3 的常闭触点，所以 I124.0 有输入，程序段 1 中的 I124.0 常开触点闭合，程序段 4 中的 I124.0 常闭触点断开，为启动做好准备。

b. 顺序启动。当按下启动按钮 SB1 时，程序段 1 中的 I124.1 常开触点闭合，Q124.1 线圈通电自锁，电动机 M1 启动。

程序段 2 中的 Q124.1 常开触点接通，IEC 定时器通电延时。延时 4s 后，定时器 Q 输出端为 "1"，Q124.2 线圈通电，电动机 M2 启动。

程序段 3 中的 Q124.2 常开触点接通，IEC 定时器通电延时。延时 5s 后，定时器 Q 输出端为 "1"，Q124.3 线圈通电，电动机 M3 启动，完成 3 台电动机顺序启动过程。

c. 启动 / 过载报警指示。在程序段 4 中，当出现过载时，I124.0 没有输入，其常闭触点接通，M10.5 为秒脉冲信号，Q124.0 线圈每秒通电一次，指示灯闪烁，对过载进行报警指示。

在启动过程中，Q124.1 常开触点接通，Q124.0 线圈通电，指示灯常亮，表示正在启动过程中。启动完成后，Q124.3 常闭触点断开，Q124.0 线圈失电，指示灯熄灭。

d. 停止。当按下停止按钮SB2时，程序段 1 中的 I124.2 常闭触点断开，Q124.1 线圈断电，解除自锁。同时两个 IEC 定时器断电，Q 输出端为 "0"，使 Q124.2、Q124.3 线圈断电，三台电动机同时停止。

e. 过载保护。当任一台电动机发生过载时，I124.0 断电，程序段 1 中 I124.0 的常开触点断开，Q124.1 线圈断电，两个 IEC 定时器同时断电，使 Q124.2、Q124.3 线圈断电，三台电动机同时停止。

2.3 计数器指令

扫一扫，看视频

[实例 10] 使用单按钮实现电动机的启动 / 停止控制

（1）控制要求

① 用单按钮来实现电动机运转和停止两种控制功能：第一次按下按钮时，电动机通电运转；第二次按下按钮时，电动机断电停止。

② 当电动机发生过载故障时，电动机断电停止。

（2）控制线路

① 控制线路接线　使用单按钮实现电动机的启动 / 停止控制线路如图 2-36 所示。用单

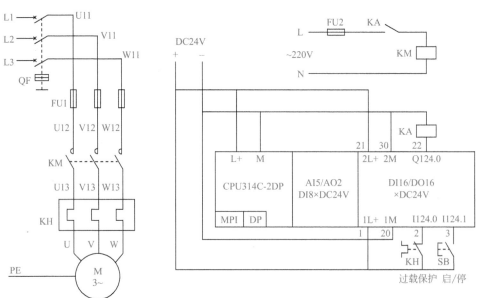

图 2-36　使用单按钮实现电动机的启动 / 停止控制线路

按钮控制可以节省 PLC 的输入点，减小控制台面积。单按钮用于电动机启动/停止控制时不能使用红色或绿色按钮，只能使用黑、白或灰色按钮。

② I/O 端口分配　PLC 的 I/O 端口分配见表 2-11。

表 2-11　[实例 10] 的 I/O 端口分配

输入端口			输出端口		
输入点	输入器件	作用	输出点	输出器件	控制对象
I124.0	KH 常闭触点	过载保护	Q124.0	KA	电动机
I124.1	SB 常开触点	启动/停止			

（3）相关知识

S7-300 有 256 个 S5 计数器，地址范围是 C0～C255。如果计数器当前值大于零，则输出 Q 的状态为 "1"。计数器的设定值以 BCD 码进行表示，范围是 0～999，如 C#100 表示设定值为 100。

S5 计数器指令包括 S_CUD（加/减计数器）、S_CU（加计数器）、S_CD（减计数器）、—(SC)—（设置计数器值线圈）、—(SU)—（加计数器线圈）、—(SD)—（减计数器线圈）。

① S_CUD（加/减计数器）　加/减计数器的应用如图 2-37（a）所示，计数器 C0 的 CU 为加计数输入端，CD 为减计数输入端，S 为设定值输入端，PV 为设定值，R 为复位输入端，Q 为计数器状态，CV 为计数器当前值，CV_BCD 为 BCD 格式的计数器当前值。

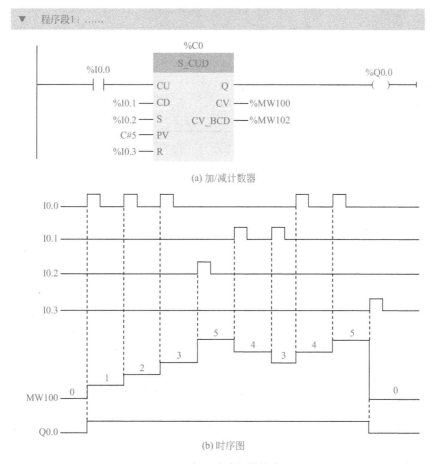

(a) 加/减计数器

(b) 时序图

图 2-37　加/减计数器的应用

如果 I0.0 从 "0" 变为 "1"，计数器 C0 的当前值加 1（最大到 999），只要 C0 的当前值大于 0，输出 Q 就为 "1"，Q0.0 线圈就通电。

如果 I0.1 从 "0" 变为 "1"，计数器 C0 的当前值减 1（最小到 0）。

如果 I0.2 从 "0" 变为 "1"，将 PV 设定值（C#5）送入 C0 的当前值。

如果 I0.3 从 "0" 变为 "1"，计数器 C0 复位。

其输入输出时序图如图 2-37（b）所示。

② S_CU（加计数器） 加计数器的应用如图 2-38（a）所示，计数器 C0 的 CU 为加计数输入端，S 为设定值输入端，PV 为设定值，R 为复位输入端，Q 为计数器状态，CV 为计数器当前值，CV_BCD 为 BCD 格式的计数器当前值。

如果 I0.0 从 "0" 变为 "1"，计数器 C0 的当前值加 1（最大到 999），只要 C0 的当前值大于 0，输出 Q 就为 "1"，Q0.0 线圈就通电。

如果 I0.1 从 "0" 变为 "1"，将 PV 设定值（C#5）送入 C0 的当前值。

如果 I0.2 从 "0" 变为 "1"，计数器 C0 复位。

其输入输出时序图如图 2-38（b）所示。

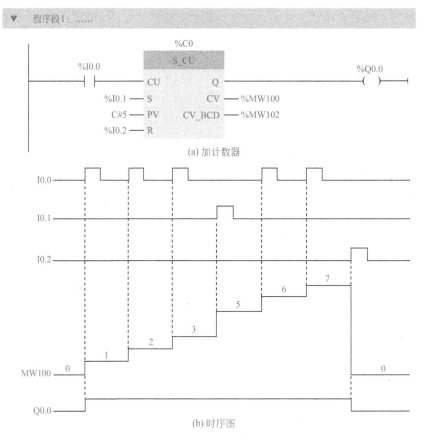

图 2-38 加计数器的应用

③ S_CD（减计数器） 减计数器的应用如图 2-39（a）所示，计数器 C0 的 CD 为减数输入端，S 为设定值输入端，PV 为设定值，R 为复位输入端，Q 为计数器状态，CV 为计数器当前值，CV_BCD 为 BCD 格式的计数器当前值。

如果 I0.1 从 "0" 变为 "1"，将 PV 设定值（C#3）送入 C0 的当前值。

如果 I0.0 从 "0" 变为 "1"，计数器 C0 的当前值减 1（最小到 0），只要 C0 的当前值大于 0，输出 Q 就为"1"，Q0.0 线圈就通电。

如果 I0.2 从"0"变为"1"，计数器 C0 复位。

其输入输出时序图如图 2-39（b）所示。

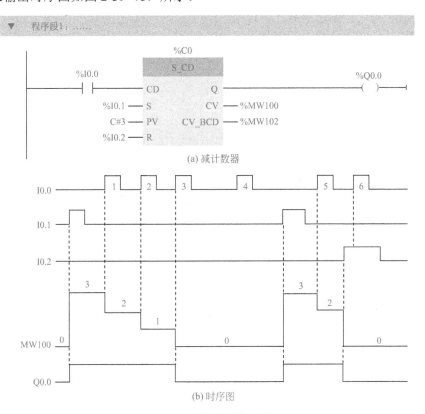

(a) 减计数器

(b) 时序图

图 2-39 减计数器的应用

④ —(SC)—（设置计数器值线圈）、—(SU)—（加计数器线圈）、—(SD)—（减计数器线圈） 设置计数器值线圈、加计数器线圈和减计数器线圈的应用如图 2-40 所示。

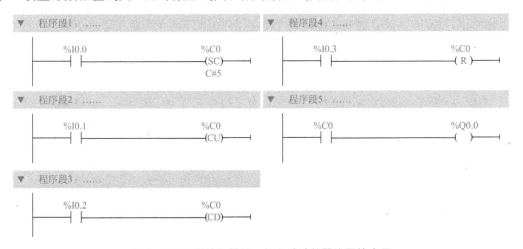

图 2-40 设置计数器值、加和减计数器线圈的应用

在程序段 1 中，如果 I0.0 从"0"变为"1"，将 PV 设定值（C#5）送入 C0 的当前值。

在程序段 2 中，如果 I0.1 从"0"变为"1"，计数器 C0 的当前值加 1（最大到 999）。

在程序段 3 中，如果 I0.2 从 "0" 变为 "1"，计数器 C0 的当前值减 1（最小到 0）。

在程序段 4 中，如果 I0.3 从 "0" 变为 "1"，计数器 C0 复位。

在程序段 5 中，只要 C0 的当前值大于 0，Q0.0 线圈就通电。

⑤ IEC 计数器 IEC 计数器有加计数器 CTU、减计数器 CTD 和加减计数器 CTUD，处于监视状态的 IEC 计数器的应用如图 2-41 所示。

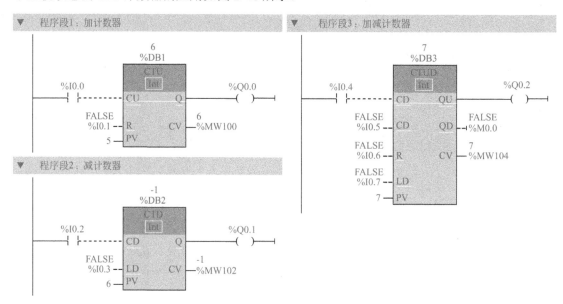

图 2-41 处于监视状态的 IEC 计数器的应用

a. 加计数器 CTU。程序段 1 为加计数器 CTU 的应用。CU 为加计数输入端，R 为复位输入端，PV 为设定值，Q 为输出端，CV 为计数当前值。

如果 CU 的信号状态（I0.0）从 "0" 变为 "1"（信号上升沿），则计数器的当前值加 1，最大到 32767。

如果计数器的当前值 CV（MW100）大于或等于设定值 PV（5），则将输出 Q 的信号状态置位为 "1"，Q0.0 线圈通电。在其他任何情况下，输出 Q 的信号状态均为 "0"。

如果输入 R 的信号状态（I0.1）变为 "1" 时，当前值 MW100 清零，输出 Q 被复位为 "0"，Q0.0 线圈断电。

b. 减计数器 CTD。程序段 2 为减计数器 CTD 的应用。CD 为减计数输入端，LD 为装载输入端，PV 为设定值，Q 为输出端，CV 为计数当前值。

如果输入 CD 的信号状态（I0.2）从 "0" 变为 "1"（信号上升沿），则计数器的当前值 CV（MW102）减 1，最小到 -32768。

如果计数器的当前值 CV 小于或等于 "0"，则 Q 输出的信号状态将置位为 "1"，Q0.1 线圈通电。在其他任何情况下，输出 Q 的信号状态均为 "0"。

输入 LD 的信号状态（I0.3）变为 "1" 时，将设定值 PV 装载到计数器的当前值 CV（即将 6 送入 MW102）。

c. 加减计数器 CTUD。程序段 3 为加减计数器 CTUD 的应用。CU 为加计数输入端，CD 为减计数输入端，R 为复位输入端，LD 为装载输入端，PV 为设定值，QU 为加计数状态输出端，QD 为减计数状态输出端，CV 为计数当前值。

如果输入 CU 的信号状态（I0.4）从 "0" 变为 "1"（信号上升沿），则计数器的当前值 CV 加 1，最大到 32767。如果输入 CD 的信号状态（I0.5）从 "0" 变为 "1"（信号上升沿），则计数器的当前值 CV 减 1，最小到 −32768。如果在一个程序周期内，输入 CU 和 CD 都出现信号上升沿，则输出 CV 的当前计数器值保持不变。

如果计数器的当前值 CV 大于或等于设定值 PV（即 MW104 的值大于等于 7），则将输出 QU 的信号状态置位为"1"，Q0.2 线圈通电。在其他任何情况下，输出 QU 的信号状态均为"0"。如果当前计数器值 CV 小于或等于"0"，则 QD 输出的信号状态将置位为"1"，则 M0.0 为"1"。

如果输入 R 的信号状态（I0.6）变为"1"时，将计数器的当前值 CV 清零。

如果输入 LD 的信号状态（I0.7）变为"1"时，将设定值 PV 装载到当前值 CV（即将 7 送入 MW104）。

（4）控制程序

① PLC 硬件组态　打开项目视图，点击 按钮，新建一个项目，命名为"实例 10"。然后双击"添加新设备"，添加 PLC 为 CPU314C-2DP，版本号为 V2.6。

② 编写控制程序　单按钮实现电动机的启动 / 停止控制程序 Main[OB1] 如图 2-42 所示。上电后，由于 I124.0 有输入，I124.0 的常闭触点断开，为启动做准备。

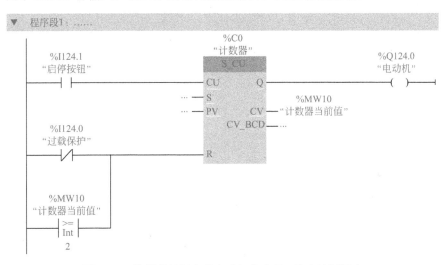

图 2-42　使用单按钮实现电动机的启动 / 停止控制程序

a. 启动。当 PLC 进入程序运行状态时，C0 的当前值为 0。当第 1 次按下按钮时，C0 当前计数值为 1，Q 有输出，Q124.0 线圈通电，电动机启动运转。

b. 停止。第 2 次按下按钮，C0 的当前值 MW10 为 2，满足 MW10≥2，C0 被复位，Q 没有输出，Q124.0 线圈断电，电动机停止。

c. 过载保护。如果发生电动机过载，则热继电器 KH 常闭触点断开，I124.0 没有输入。程序中 I124.0 常闭触点接通，使 C0 复位，Q 没有输出，Q124.0 线圈断电，电动机停止，起到过载保护作用。

2.4　比较器指令

 实例 11　传送带工件计数控制

扫一扫，看视频

（1）控制要求

用如图 2-43 所示的传送带输送 20 个工件，用光电传感器计数。当计件数量小于 15 时，指示灯常亮；当计件数量等于或大于 15 时，指示灯闪烁；当计件数量为 20 时，10s 后传送带停止，同时指示灯熄灭。

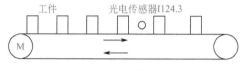

图 2-43　传送带工作台

（2）控制线路

① 控制线路接线　传送带工件计数控制线路如图 2-44 所示，将光电传感器的发光部分接 DC24V+ 与 1M 之间，光电开关输出接 I124.3 与 DC24V+ 之间。工件经过光电传感器时反射光线，光电开关导通。

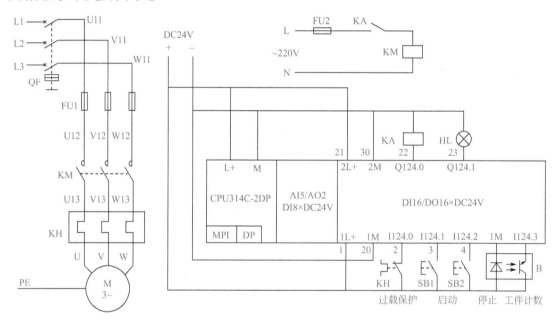

图 2-44　传送带工件计数控制线路

② I/O 端口分配　PLC 的 I/O 端口分配见表 2-12。

表 2-12　［实例 11］的 I/O 端口分配

输入端口			输出端口		
输入点	输入器件	作用	输出点	输出器件	控制对象
I124.0	KH常闭触点	过载保护	Q124.0	KA	电动机
I124.1	SB1常开触点	启动	Q124.1	HL	指示灯
I124.2	SB2常开触点	停止			
I124.3	B光电开关	计数			

（3）相关知识

触点比较指令是对两个操作数进行比较，如果满足比较条件，该触点接通；如果不满足，该触点断开。触点比较指令按比较方式不同分为 CMP==（相等）、CMP<>（不等）、CMP>=（大于等于）、CMP<=（小于等于）、CMP>（大于）和 CMP<（小于）。

触点比较指令的数据类型有字节（Byte，8位）、字（Word，16位）、双字（DWord，32位）、整数（Int，16位）、双整数（DInt，32位）、实数（Real，32位）和时间（Time，32位），可以从指令框的"???"下拉列表中选择该指令的数据类型。

处于监视状态下的触点比较指令如图2-45所示，程序段1是对两个字节的相等比较，MB10和MB11中的数据不相等，不满足比较条件，该触点断开，Q0.0线圈失电。

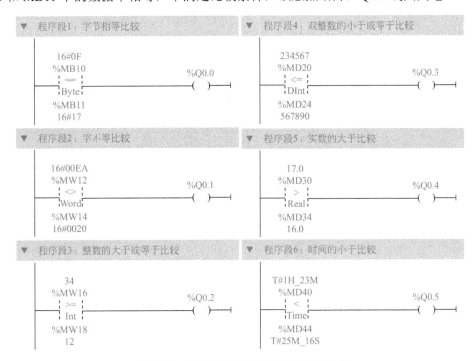

图2-45　处于监控状态下的触点比较指令

程序段2是对两个字的不等比较，MW12和MW14中的数据不相等，满足比较条件，该触点接通，Q0.1线圈通电。

程序段3是对两个整数的大于或等于比较，MW16中的数据大于或等于MW18中的数据，满足比较条件，该触点接通，Q0.2线圈通电。

程序段4是对两个双整数的小于等于比较，MD20中的数据小于或等于MD24中的数据，满足比较条件，该触点接通，Q0.3线圈通电。

程序段5是对两个实数的大于比较，MD30中的数据大于MD34中的数据，满足比较条件，该触点接通，Q0.4线圈通电。

程序段6是对两个时间的小于比较，MD40中的时间数据大于MD44中的时间数据，不满足比较条件，该触点断开，Q0.5线圈失电。

（4）控制程序

① PLC硬件组态　打开项目视图，点击🔳按钮，新建一个项目，命名为"实例11"。然后双击"添加新设备"，添加PLC为CPU314C-2DP，版本号为V2.6。

为了使指示灯闪烁，需要用到秒脉冲信号。可以使用时钟存储器产生占空比为50%的方波信号，在设备视图中，点击CPU→"属性"→"常规"→"时钟存储器"，选中时钟存储器，在存储器字节后输入0，表示用MB0存储脉冲，M0.5产生秒脉冲信号。

② 编写控制程序　根据传送带控制线路和控制要求编写的控制程序Main[OB1]如图2-46所示。

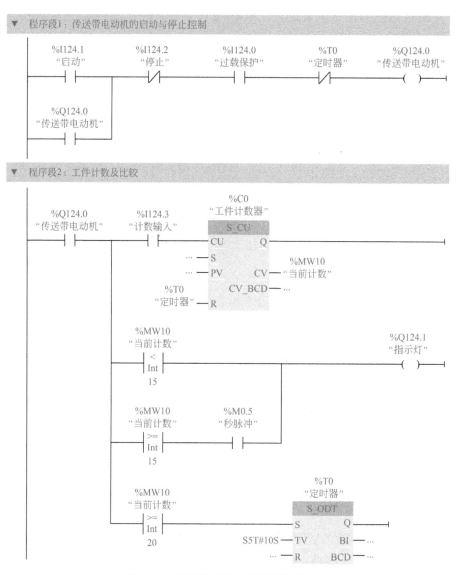

图 2-46　处于传送带工件计数控制程序

上电后，由于 I124.0 连接的是 KH 的常闭触点，所以 I124.0 有输入，程序段 1 中的 I124.0 常开触点闭合，为启动做准备。

a. 启动。在程序段 1 中，当按下启动按钮 SB1，I124.1 常开触点接通，Q124.0 线圈通电自锁，传送带电动机启动运行。

b. 工件计数。在程序段 2 中，当传送带电动机运行时，Q124.0 常开触点接通，工件每次经过光电传感器时，光电开关接通 1 次，I124.3 常开触点闭合 1 次，C0 的当前值（MW10）加 1；MW10<15 时，Q124.1 线圈一直通电，指示灯常亮；MW10 ≥ 15 时，指示灯每秒闪烁 1 次；MW10 ≥ 20 时，定时器 T0 延时 10s。延时 10s 时间到，计数器 C0 复位，程序段 1 中 T0 常闭断开，传送带电动机停止。

c. 停止或过载。在程序段 1 中，当按下停止按钮 SB2（I124.2 常闭触点断开）或发生过载（I124.0 常开触点断开）时，Q124.0 线圈失电，自锁解除，传送带电动机停止。同时计数器 C0 停止计数，当前值保持不变。下一次启动时，在 C0 当前值基础上继续计数。

[实例 12]　设备运行密码与报警

（1）控制要求

某一重要设备运行时有密码保护，密码一为"3"，密码二为"2"。当按顺序正确输入密码时，设备可正常启动；当输入密码错误时，报警灯秒周期闪烁，并且锁机 1min。

（2）控制线路

① 控制线路接线　设备运行密码与报警控制线路如图 2-47 所示。

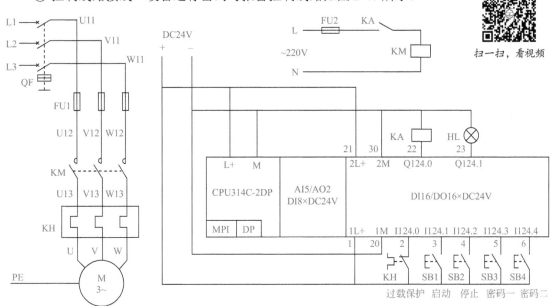

扫一扫，看视频

图 2-47　设备运行密码与报警控制线路

② I/O 端口分配　PLC 的 I/O 端口分配见表 2-13。

表 2-13　[实例 12] 的 I/O 端口分配

输入端口			输出端口		
输入点	输入器件	作用	输出点	输出器件	控制对象
I124.0	KH常闭触点	过载保护	Q124.0	KA	电动机
I124.1	SB1常开触点	启动	Q124.1	HL	报警指示灯
I124.2	SB2常开触点	停止			
I124.3	SB3常开触点	设置密码一			
I124.4	SB4常开触点	设置密码二			

（3）控制程序

① PLC 硬件组态　打开项目视图，点击 按钮，新建一个项目，命名为"实例 12"。然后双击"添加新设备"，添加 PLC 为 CPU314C-2DP，版本号为 V2.6。

为了使指示灯闪烁，需要用到秒脉冲信号。可以使用时钟存储器产生占空比为 50% 的方波信号，在设备视图中，点击 CPU → "属性" → "常规" → "时钟存储器"，选中时钟存储器，在存储器字节后输入 0，表示用 MB0 存储脉冲，M0.5 产生秒脉冲信号。

② 编写控制程序　设备运行密码与报警控制程序 Main[OB1] 如图 2-48 所示。上电后，由于 I124.0 连接的是 KH 的常闭触点，所以 I124.0 有输入，程序段 3 中的 I124.0 常开触点

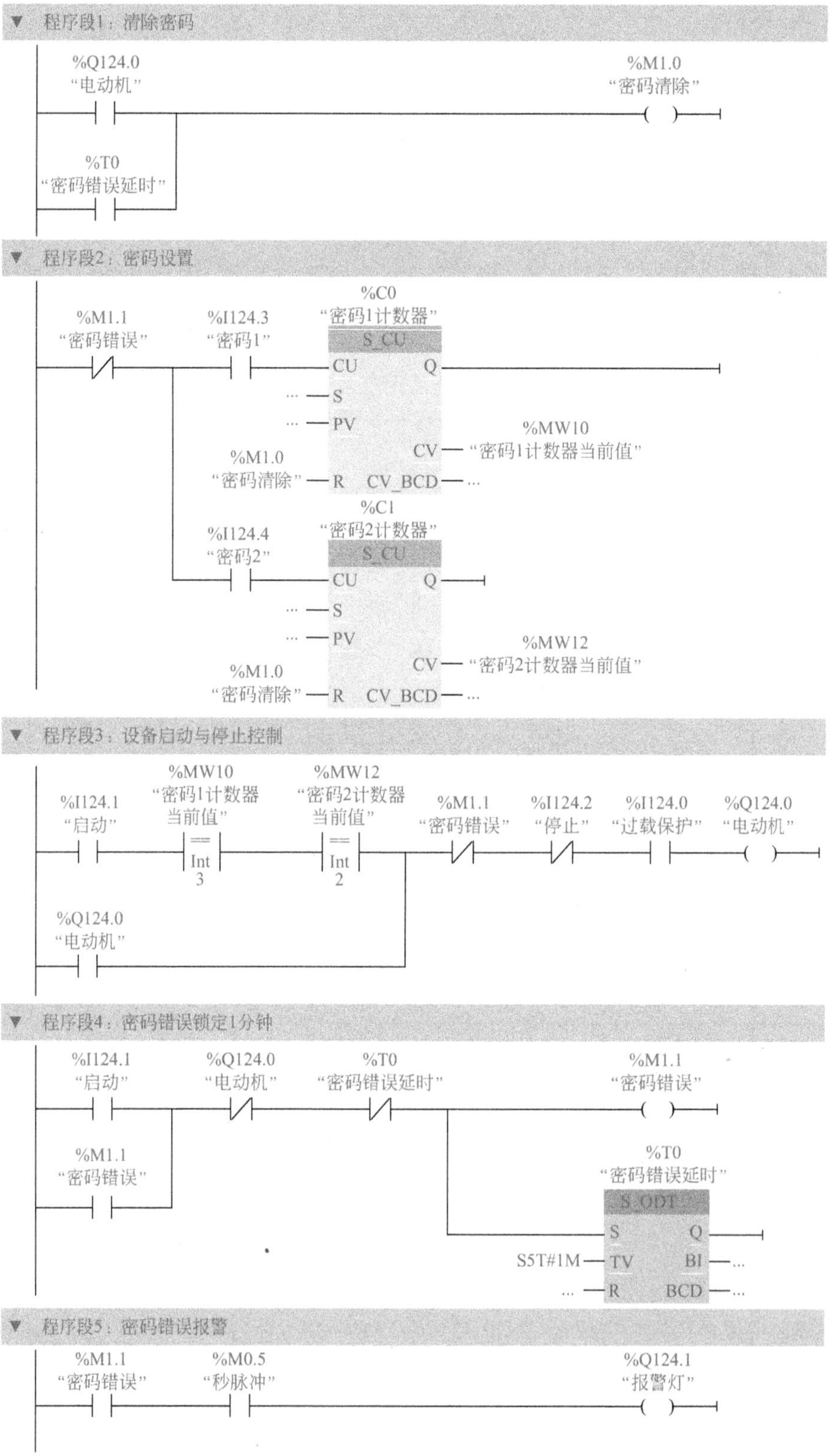

图 2-48　设备运行密码与报警控制程序

闭合，为启动做准备。

a.设置密码正确时启动。在程序段2中，当密码一按钮SB3按下3次时，C0的当前值MW10为3；当密码二按钮SB4按下2次时，C1的当前值MW12为2。

在程序段3中，MW10等于3，MW12等于2，当按下启动按钮SB1时，I124.1常开触点接通，Q124.0线圈通电自锁，电动机启动运行。

在程序段1中，电动机运行，Q124.0常开触点接通，M1.0线圈通电，在程序段2中，C0和C1复位，清除密码。

b.设置密码错误时启动。在程序段2中，如果设置密码错误，C0的当前值MW10不等于3或C1的当前值MW12不等于2。

在程序段3中，当按下启动按钮SB1（I124.1常开触点接通）时，Q124.0线圈不会通电。

在程序段4中，当按下启动按钮SB1（I124.1常开触点接通）时，密码错误标志M1.1线圈会通电自锁，同时T0延时1min。

在程序段5中，由于M1.1常开触点接通，Q124.1线圈每秒通电1次，指示灯闪烁。

在程序段2中，M1.1常闭触点断开，禁止输入密码。

在程序段3中，M1.1常闭触点断开，禁止启动电动机。

在程序段4中，T0延时1min时间到，T0常闭触点断开，M1.1断电解除自锁。同时使程序段1中清除密码标志M1.0线圈通电。在程序段2中，C0和C1复位，可以重新输入密码进行启动。

c.停止或过载。在程序段3中，当按下停止按钮SB2（I124.2常闭触点断开）或发生过载（I124.0常开触点断开）时，设备电动机停止。

2.5 数学函数指令

[实例13] 多挡位功率调节控制

扫一扫，看视频

（1）控制要求

某加热器有7个功率挡位，分别是0.5kW、1kW、1.5kW、2kW、2.5kW、3kW和3.5kW。要求每按一次功率增加按钮SB1，功率上升1挡；每按一次功率减少按钮SB2，功率下降1挡；按停止按钮SB3，加热停止。

（2）控制线路

① 控制线路接线　多挡位功率调节控制线路如图2-49所示。图中使用了0.5kW、1kW、2kW的加热器，分别由KM1～KM3进行控制。

② I/O端口分配　PLC的I/O端口分配见表2-14。

表2-14　[实例13]的I/O端口分配

输入端口			输出端口		
输入点	输入器件	作用	输出点	输出器件	控制对象
I124.0	SB1常开触点	功率增加	Q124.0	KA1	0.5kW加热
I124.1	SB2常开触点	功率减少	Q124.1	KA2	1kW加热
I124.2	SB3常开触点	停止加热	Q124.2	KA3	2kW加热

（3）相关知识

常用的数学函数指令有ADD（加）、SUB（减）、MUL（乘）、DIV（除）、MOD（求余数）、

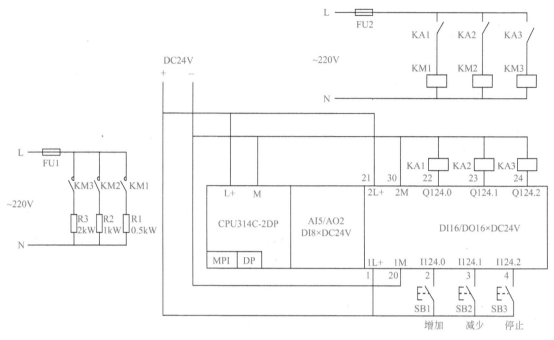

图 2-49 多挡位功率调节控制线路

NEG（符号取反）、ABS（求绝对值）、MIN（求最小值）、MAX（求最大值）、LIMIT（限制值），只能对整数、双整数和实数这些数据类型进行运算，可以从指令框的 "???" 下拉列表中选择该指令的数据类型。

处于监视状态下的数学函数指令如图 2-50 所示。

程序段 1 为整数的加法运算，将 IN1 加上 IN2，结果存放到 OUT 指定的单元。

程序段 2 为双整数的减法运算，将 IN1 减去 IN2，结果存放到 OUT 指定的单元。

程序段 3 为实数的乘法运算，将 IN1 乘以 IN2，结果存放到 OUT 指定的单元。

程序段 4 为实数的除法运算，将 IN1 除以 IN2，结果存放到 OUT 指定的单元。

程序段 5 为双整数的求余数运算，将 IN1 除以 IN2，将其余数存放到 OUT 指定的单元。

程序段 6 为整数的符号取反运算，将 IN 的符号取反，结果存放到 OUT 指定的单元。

程序段 7 为实数的求绝对值运算，将 IN 取绝对值，结果存放到 OUT 指定的单元。

程序段 8 为整数的求最小值运算，取 IN1、IN2 和 IN3 的最小值，结果存放到 OUT 指定的单元。

程序段 9 为双整数的求最大值运算，取 IN1、IN2 和 IN3 的最大值，结果存放到 OUT 指定的单元。

程序段 10 为实数的限制值运算，MN 为最小值，MX 为最大值，IN 为输入。如果 IN 在 MN 和 MX 之间，将 IN 存放到 OUT 指定的单元；如果 IN 小于 MN，将 MN 存放到 OUT 指定的单元；如果 IN 大于 MX，将 MX 存放到 OUT 指定的单元。

（4）控制程序

① PLC 硬件组态　打开项目视图，点击█按钮，新建一个项目，命名为 "实例 13"。然后双击 "添加新设备"，添加 PLC 为 CPU314C-2DP，版本号为 V2.6。

② 编写控制程序　在项目树中，双击 "添加新块"，选中组织块 OB 的启动（startup）下的 COMPLETE RESTART [OB100]，编写的多挡位功率调节控制的初始化程序（OB100）如图 2-51（a）所示。在初始化程序 OB100 中，调节数据 MW10 清零，最小值 MW20 设为 0，

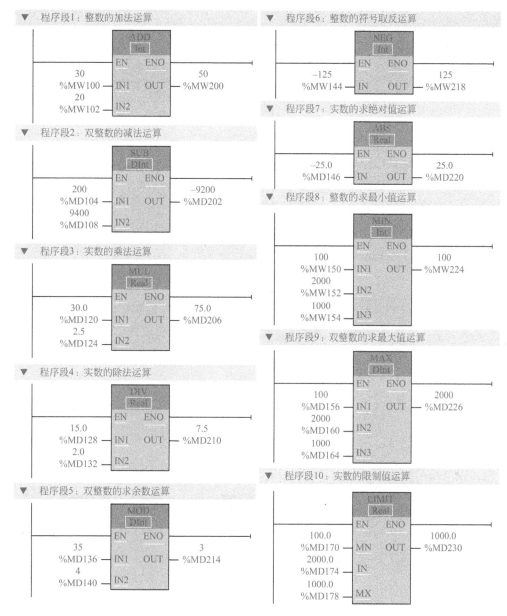

图 2-50 监视下的数学函数指令

最大值 MW30 设为 7。

主程序（OB1）如图 2-51（b）所示，控制过程如下。

a. 增加功率。在程序段 1 中，当按下功率增加按钮 SB1 时，在 I124.0 的上升沿（不使用上升沿指令会执行多次加 1 运算），MW10 加 1，其最低位 M11.0 状态为"1"，程序段 4 中的 M11.0 常开触点闭合，Q124.0 线圈通电，KA1 通电动作，通过 KM1 以 0.5kW 进行加热。以后每按一次按钮 SB1，KM1 ～ KM3 按加 1 规律通电动作，直到 KM1 ～ KM3 全部通电为止，最大加热功率为 3.5kW。

b. 减小功率。在程序段 2 中，每按一次减小功率按钮 SB2，在 I124.1 的上升沿（不使用上升沿指令会执行多次减 1 运算），MW10 减 1，KM1 ～ KM3 按减 1 规律动作，直到 KM1 ～ KM3 全部断电为止。

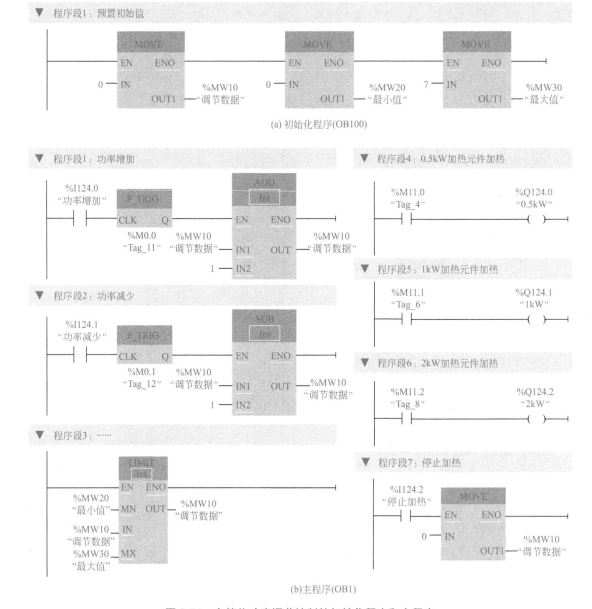

图 2-51　多挡位功率调节控制的初始化程序和主程序

c. 限制。在程序段 3 中，限制 MW10 中的数据在 0 ～ 7 之间。

d. 停止。在程序段 7 中，当按下停止按钮 SB3（I124.2 常开触点接通）时，将 0 送到 MW10，KM1 ～ KM3 同时断电，停止加热。

2.6　转换操作类指令

[实例 14] 圆面积计算

（1）控制要求

要求用输入圆的半径（整数）计算输出圆的面积（实数）。

扫一扫，看视频

（2）相关知识

转换值指令 CONV 可以将 Int（整数）转换为 DInt（双整数）或 Bcd16（16 位 BCD 码），将 DInt 转换为 Real（实数）或 Bcd32（32 位 BCD 码），将 Bcd16 转换为 Int，将 Bcd32 转换为 DInt。可以从指令框的"???"下拉列表中选择该指令的数据类型。求平方运算 SQR 是对实数求平方值。

处于监视状态下的 CONV 指令和 SQR 指令如图 2-52 所示。

程序段 1 中，将双整数 MD100 转换为实数存放到 MD104，将双整数 MD108 转换为 Bcd32 存放到 MD112。

程序段 2 中，对实数 MD120 进行平方运算，结果保存到 MD124。

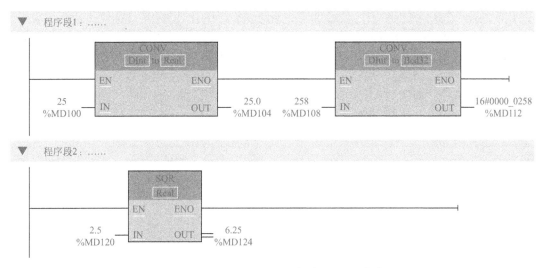

图 2-52　监视下的 CONV 指令和 SQR 指令

（3）控制程序

① PLC 硬件组态　打开项目视图，点击 ⬚ 按钮，新建一个项目，命名为"实例 14"。然后双击"添加新设备"，添加 PLC 为 CPU314C-2DP，版本号为 V2.6。

② 编写控制程序　处于监视状态下的圆周面积计算的程序 Main[OB1] 如图 2-53 所示。

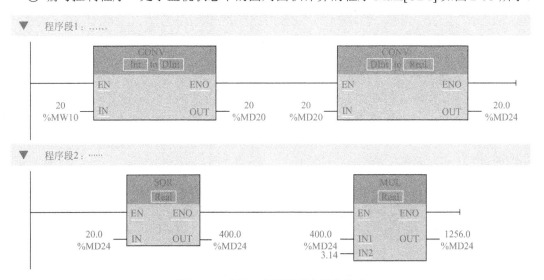

图 2-53　监视下的圆周面积计算程序

在程序段 1 中，将圆周半径 MW10（整数）先转换为双整数，然后再转换为实数。

在程序段 2 中，对半径（实数）进行求平方运算，然后再乘以 3.14，所求的圆面积保存在 MD24 中。

[实例 15] 厘米值与英寸值的转换

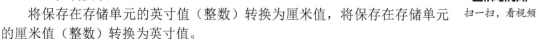

扫一扫，看视频

（1）控制要求

将保存在存储单元的英寸值（整数）转换为厘米值，将保存在存储单元的厘米值（整数）转换为英寸值。

（2）相关知识

转换类操作指令 CONV 前面已经讲述，除此以外，还有 ROUND（实数四舍五入取整）、CEIL（实数向上取整）、FLOOR（实数向下取整）、TRUNC（截尾取整），处于监视状态下的 ROUND、CEIL、FLOOR 和 TRUNC 指令的应用如图 2-54 所示。

在程序段 1 中，将实数 MD10（3.567）四舍五入取整，保存到 MD20（4）中。

在程序段 2 中，将实数 MD10（3.567）向上取整，保存到 MD30（4）中。

在程序段 3 中，将实数 MD10（3.567）向下取整，保存到 MD40（3）中。

在程序段 4 中，将实数 MD10（3.567）截尾取整，保存到 MD50（3）中。

图 2-54　监视状态下的转换指令的应用

（3）控制程序

① PLC 硬件组态　打开项目视图，点击■按钮，新建一个项目，命名为"实例 15"。然后双击"添加新设备"，添加 PLC 为 CPU314C-2DP，版本号为 V2.6。

② 编写控制程序　处于监视状态下的厘米值与英寸值的转换程序如图 2-55 所示。

在程序段 1 中，将英寸值 MW10（整数）先转换为双整数，然后再转换为实数。

在程序段 2 中，将英寸值（实数）乘以 2.54，然后四舍五入取整，转换后的厘米值保存在 MD20 中。

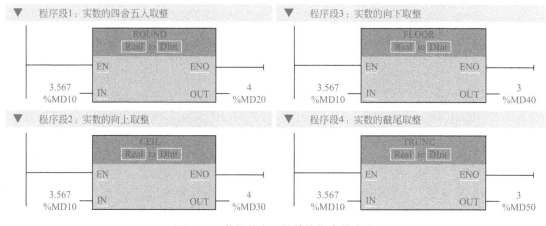

▼ 程序段2：英寸值乘以2.54，然后四舍五入取整

```
              MUL                              ROUND
             Real                           Real to Dint
      EN          ENO                    EN              ENO
5.0                          12.7   12.7
%MD16                        %MD16   %MD16                      13
"Tag_7"  IN1   OUT           "Tag_7" "Tag_7"  IN   OUT   %MD20
                                                        "换算后的厘米值"
2.54    IN2
```

▼ 程序段3：厘米值转换为双整数后再转换为实数

```
              CONV                             CONV
            Int to Dint                     Dint to Real
      EN          ENO                    EN              ENO
9                            9       9                         9.0
%MW30                        %MD32   %MD32                     %MD36
"厘米值"  IN    OUT          "Tag_9" "Tag_9"  IN   OUT   "Tag_10"
```

▼ 程序段4：厘米值除以2.54，然后四舍五入取整

```
              DIV                              ROUND
             Real                           Real to Dint
      EN          ENO                    EN              ENO
9.0                         3.543307  3.543307
%MD36                       %MD36     %MD36                      4
"Tag_10" IN1  OUT          "Tag_10"  "Tag_10" IN   OUT   %MD40
                                                        "换算后的英寸值"
2.54    IN2
```

图 2-55　监视状态下的厘米值与英寸值转换程序

在程序段 3 中，将厘米值 MW30（整数）先转换为双整数，然后再转换为实数。

在程序段 4 中，将厘米值（实数）除以 2.54，然后四舍五入取整，转换后的英寸值保存在 MD40 中。

2.7　移动操作指令

◀[实例 16]▶　用移动指令实现 Y- △降压启动控制

扫一扫，看视频

（1）控制要求

应用移动操作指令设计三相交流电动机 Y- △降压启动控制线路和程序，并具有启动 / 报警指示，指示灯在启动过程中亮，启动结束时灭。如果发生电动机过载，停机并且灯光报警。

（2）控制线路

① 控制线路接线　用移动指令实现 Y- △降压启动控制线路如图 2-56 所示，KM1 为电源接触器，KM2 为 Y 形接触器，KM3 为△形接触器。电动机启动时，KM1 和 KM2 的主触头闭合，电动机绕组连接为 Y 形启动。启动完成后，KM2 主触头断开，KM3 主触头闭合，电动机绕组由 Y 形换接为△形运行。KM2 和 KM3 主触头不能同时闭合，否则会造成三相电源短路，所以 Y 形接触器 KM2 和△形接触器 KM3 必须采取硬件联锁。

② I/O 端口分配　PLC 的 I/O 端口分配见表 2-15。

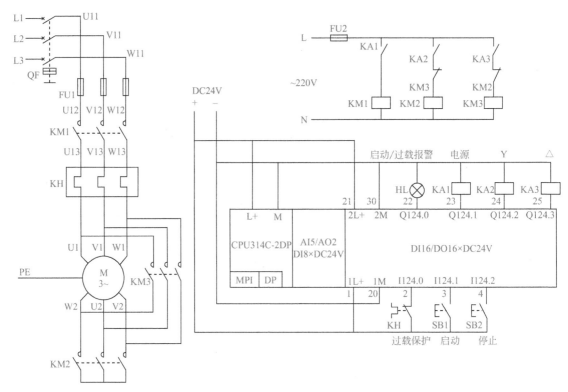

图 2-56　Y- △降压启动控制线路

表 2-15　［实例 16］的 I/O 端口分配

输入端口			输出端口		
输入点	输入器件	作用	输出点	输出器件	控制对象
I124.0	KH 常闭触点	过载保护	Q124.0	HL	启动/过载报警指示
I124.1	SB1 常开触点	启动	Q124.1	KA1	电源
I124.2	SB2 常开触点	停止	Q124.2	KA2	Y 形
			Q124.3	KA3	△形

（3）相关知识

移动操作指令最常用的是 MOVE，它是把 IN 输入指定的值传送到 OUT1 指定的地址中，可以传送 8 位、16 位或 32 位的基本数据类型，IN 和 OUT1 的数据类型最好一致。如果 IN 和 OUT1 数据类型不一致，比如输入 IN 数据类型的位长度超出输出 OUT1 数据类型的位长度，则输入数据的高位会丢失；如果 IN 输入数据类型的位长度小于 OUT1 输出数据类型的位长度，则用零填充传送目标值中多出来的有效位。

（4）控制程序

① PLC 硬件组态　打开项目视图，点击▇按钮，新建一个项目，命名为"实例 16"。然后双击"添加新设备"，添加 PLC 为 CPU314C-2DP，版本号为 V2.6。

② 编写控制程序　用移动指令实现 Y- △降压启动控制的程序 Main[OB1] 如图 2-57 所示。程序中使用了两个定时器 T0 和 T1。T0 用于电动机从 Y 形启动到△形运转的时间控制，时间为 10s。T1 用于 KM2 与 KM3 之间动作延时控制，以防止两个接触器同时工作，避免触点间电弧短路，时间为 1s。在生产中，T0 和 T1 的延时时间应根据实际工作情况设定。其工

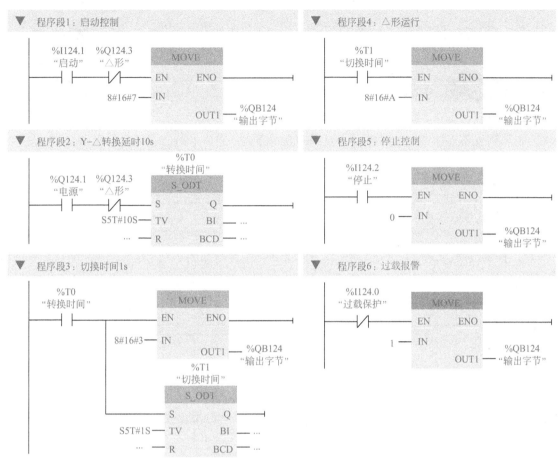

图 2-57　用移动指令实现 Y- △降压启动控制程序

作原理如下。

a. Y 形启动，延时 10s。在程序段 1 中，当按下启动按钮 SB1 时，I124.1 常开触点接通，将 B#16#7 传送到 QB124，Q124.2、Q124.1 为"1"，KA2 和 KA1 线圈通电，其常开触点闭合，则 Y 形接触器 KM2 和电源接触器 KM1 通电，电动机 Y 形启动。Q124.0 为"1"，指示灯 HL 通电亮，表示正在启动。在程序段 1 中，串联 Q124.3 常闭触点是为了保证在△形运行时不会重新启动。在程序段 2 中，Q124.1 常开触点接通，使定时器 T0 通电延时 10s。

b. Y 形分断，等待 1s。在程序段 3 中，T0 延时时间到，T0 常开触点接通，将 B#16#3 传送到 QB124，Q124.1 和 Q124.0 保持为"1"，电源接触器 KM1 保持通电，指示灯 HL 保持通电亮。Q124.2 为"0"，Y 形接触器 KM2 断电。同时使定时器 T1 通电延时 1s。

c.△形运转。在程序段 4 中，T1 延时时间到，T1 常开触点接通，将"B#16#A"传送到 QB124，Q124.1 和 Q124.3 为"1"，电源接触器 KM1 保持通电，△形接触器 KM3 通电，电动机△形连接运转；Q124.0 为"0"，指示灯熄灭，启动完成。

d. 停止。在程序段 5 中，当按下停止按钮 SB2 时，I124.2 常开触点接通，将"0"传送到 QB124，Q124.0 ~ Q124.3 全部为"0"，电动机断电停止。

e. 过载保护。在正常情况下，热继电器 KH 的常闭触点接通，I124.0 有输入，程序段 6 中的 I124.0 常闭触点断开，不执行移动指令；当发生过载时，热继电器常闭触点分断，I124.0 没有输入，I124.0 常闭触点闭合，将"1"传送到 QB124，Q124.3 ~ Q124.1 全部为"0"，电动机断电停止。Q124.0 为"1"，指示灯 HL 亮，进行过载报警。

2.8 程序控制操作指令

◁[实例17]▷ 手动/自动工作方式的选择

（1）控制要求

在调试设备工艺参数的时候，需要手动操作方式；在生产时，需要自动操作方式。这就要在程序中编排两段程序，一段程序用于调试工艺参数，另一段程序用于生产自动控制。

手动操作方式：按启动按钮SB1，电动机运转；按停止按钮SB2，电动机停止。

自动操作方式：按启动按钮SB1，电动机连续运转1min后，自动停止；按停止按钮SB2，电动机立即停止。

（2）控制线路

① 控制线路接线　手动/自动工作方式选择控制线路如图2-58所示。

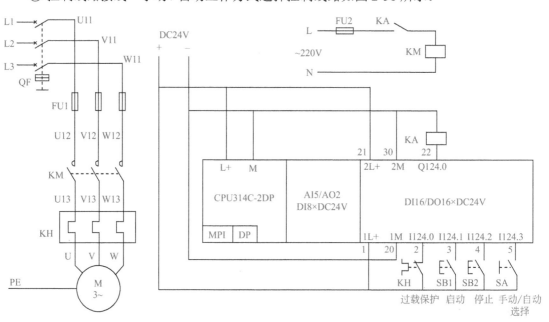

图2-58　手动/自动工作方式选择控制线路

② I/O端口分配　PLC的I/O端口分配见表2-16。

表2-16　[实例17]的I/O端口分配

输入端口			输出端口		
输入点	输入器件	作用	输出点	输出器件	控制对象
I124.0	KH常闭触点	过载保护	Q124.0	KA	电动机
I124.1	SB1常开触点	启动			
I124.2	SB2常开触点	停止			
I124.3	SA常开触点	自动/手动选择			

（3）相关知识

① —(JMP)—（RLO为"1"跳转）、—(JMPN)—（RLO为"0"跳转）、LABEL（跳转标

签）跳转指令只能在块内跳转，比如，当 JMP 指令的输入（RLO）为"1"时，只能跳转到本块内指定的标号处，标号由 LABEL 指定，标号的首字符不能为数字。

② —(CALL)—（不带参数调用函数 FC）、—(RET)—（有条件退出块）　函数调用指令CALL 位于"其他指令"下，用于调用没有参数传递的函数（FC）。只有当 CALL 线圈的输入（RLO）为"1"时才执行调用。

RET（返回）指令用于有条件地退出块。

③ —(OPN)—（打开全局数据块）、—(OPNI)—（打开背景数据块）　OPN 指令用于打开全局数据块，OPNI 指令用于打开背景数据块，是一种对数据块的无条件调用，打开数据块后，可以直接访问该数据块。

跳转指令、函数调用指令和打开数据块指令的应用如图 2-59 所示。在项目树中，点击"程序块"→"添加新块"，可以添加函数 FC1、数据块 DB1 和 DB2。

跳转指令的应用为图 2-59（a）的程序段 1 ～ 3。当 I0.0 常开触点未接通时，执行程序段 2 →程序段 3；当 I0.0 常开触点接通时，跳过程序段 2，直接执行程序段 3。

函数调用指令的应用为图 2-59（a）的程序段 4 和图 2-59（b）。当 I0.6 常开触点接通时，调用函数 FC1。在 FC1 中，I0.4 常开触点未接通时，执行程序段 1 ～ 3 后返回；当 I0.4 常开触点接通时，执行完程序段 1 ～ 2 后，直接返回，不再执行程序段 3。

打开数据块指令的应用为图 2-59（a）的程序段 5 ～ 7。在程序段 5 中，打开数据块DB1［图 2-59（c）］，在程序段 6 中可以直接调用 DB1 的 DBX0.0；如果没有打开数据块［如图 2-59（d）的 DB2］，必须使用 DB2.DBX0.0 的全称。

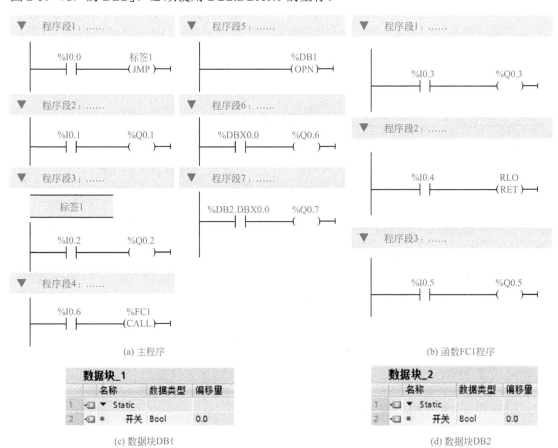

(a) 主程序　　(b) 函数FC1程序　　(c) 数据块DB1　　(d) 数据块DB2

图 2-59　跳转指令、函数调用指令和打开数据块指令的应用

DB2.DBX0.0 是位的名称，DB2.DBB0 是字节的名称，DB2.DBW0 是字的名称，DB2.DBD0 是双字的名称。

（4）控制程序

① PLC 硬件组态　打开项目视图，点击 按钮，新建一个项目，命名为"实例 17"。然后双击"添加新设备"，添加 PLC 为 CPU314C-2DP，版本号为 V2.6。

② 编写控制程序　手动 / 自动工作方式选择控制程序 Main[OB1] 如图 2-60 所示。上电后，由于 I124.0 连接的是 KH 的常闭触点，所以 I124.0 有输入，程序段 3 中的 I124.0 的常开触点闭合，为启动做准备。

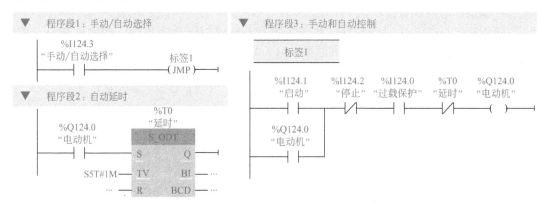

图 2-60　手动 / 自动工作方式选择控制程序

a. 自动工作方式。当 SA 处于断开状态时，程序段 1 中的 I124.3 常开触点断开，不执行"JMP 标签 1"指令语句，执行程序段 2 和 3。

在程序段 3 中，当按下启动按钮 SB1 时，I124.1 常开触点接通，Q124.0 线圈通电自锁，电动机启动；当按下停止按钮 SB2（I124.2 常闭触点断开）或出现过载（I124.0 常开触点断开）时，Q124.0 线圈断电，自锁解除，电动机停止。

在程序段 2 中，电动机运行时，Q124.0 常开接通，T0 延时 1min。延时时间到，程序段 3 中 T0 常闭触点断开，Q124.0 线圈断电，自锁解除，电动机停止。

b. 手动工作方式。当 SA 处于接通状态时，程序段 1 中的 I124.3 常开触点闭合，执行"JMP 标签 1"指令语句，跳过程序段 2，执行程序段 3。

2.9　字逻辑运算指令

扫一扫，看视频

〖实例 18〗 指示灯的控制

（1）控制要求

有 8 盏指示灯，当按下按钮 SB1 时，偶数灯亮；当按下按钮 SB2 时，奇数灯亮；当按下按钮 SB3 时，HL0 ～ HL3 灯亮；当按下按钮 SB4 时，HL4 ～ HL7 灯亮。

（2）控制线路

① 控制线路接线　指示灯的控制线路如图 2-61 所示。

② I/O 端口分配　PLC 的 I/O 端口分配见表 2-17。

（3）相关知识

字逻辑运算是对字或双字进行逻辑运算，可以从指令框的"???"下拉列表中选择该指令的数据类型。

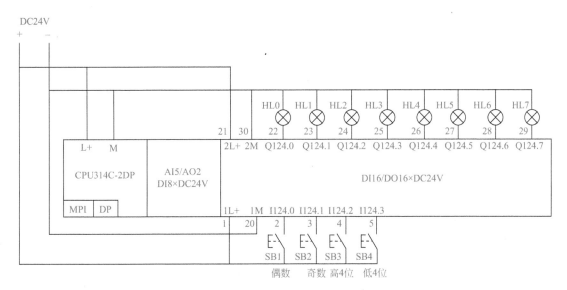

图 2-61　指示灯的控制线路

表 2-17　［实例 18］的 I/O 端口分配

输入端口			输出端口		
输入点	输入器件	作用	输出点	输出器件	控制对象
I124.0	SB1 常开触点	偶数灯亮	Q124.0 ～ Q124.7	HL0 ～ HL7	8 个指示灯
I124.1	SB2 常开触点	奇数灯亮			
I124.2	SB3 常开触点	高 4 位灯亮			
I124.3	SB4 常开触点	低 4 位灯亮			

① AND（"与"运算）　执行该指令时，按二进制位对齐，逐位对 IN1 和 IN2 进行逻辑"与"运算，有"0"出"0"，全"1"出"1"，运算结果从 OUT 输出。如 2#1101_0011_1010_1100 与 2#1010_0101_1100_0101 相"与"，结果为 2#1000_0001_1000_0100，如图 2-62（a）所示。

② OR（"或"运算）　执行该指令时，按二进制位对齐，逐位对 IN1 和 IN2 进行逻辑"或"运算，有"1"出"1"，全"0"出"0"，运算结果从 OUT 输出。如 2#1101_0011_1010_1100 与 2#1010_0101_1100_0101 相"或"，结果为 2#1111_0111_1110_1101，如图 2-62（b）所示。

③ XOR（"异或"运算）　执行该指令时，按二进制位对齐，逐位对 IN1 和 IN2 进行逻辑"异或"运算，相异出"1"，相同出"0"，运算结果从 OUT 输出。如 2#1101_0011_1010_1100 与 2#1010_0101_1100_0101 相"异或"，结果为 2#0111_0110_0110_1001，如图 2-62（c）所示。

④ INV（"取反"运算）　执行该指令时，逐位对 IN 进行"取反"运算，运算结果从 OUT 输出。如对 2#1101_0011_1010_1100 进行"取反"运算，结果为 2#0010_1100_0101_0011，如图 2-62（d）所示。

（4）控制程序

① PLC 硬件组态　打开项目视图，点击按钮，新建一个项目，命名为"实例 18"。然后双击"添加新设备"，添加 PLC 为 CPU314C-2DP，版本号为 V2.6。

② 编写控制程序　指示灯的控制程序 Main[OB1] 如图 2-63 所示。

在程序段 1 中，当偶数灯按钮 SB1 按下时，I124.0 常开触点接通，将 W#16#00FF 与 W#16#0055 按位相"与"，结果存放到 MW10（W#16#0055），取 MW10 的低 8 位（MB11）送入 QB124，偶数灯亮。

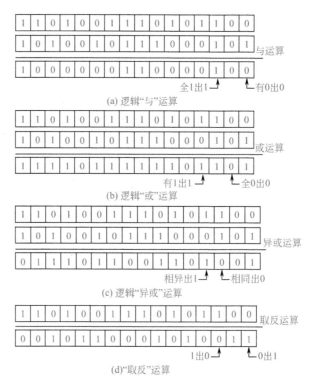

图 2-62 逻辑运算

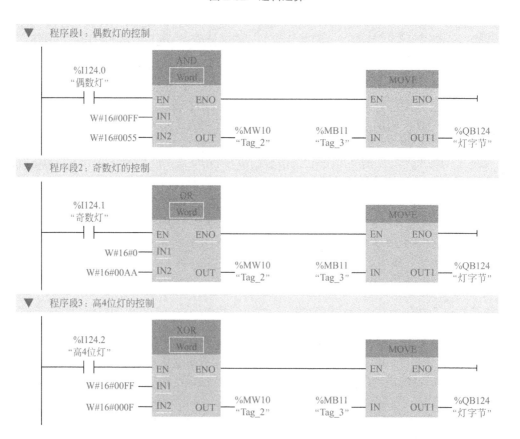

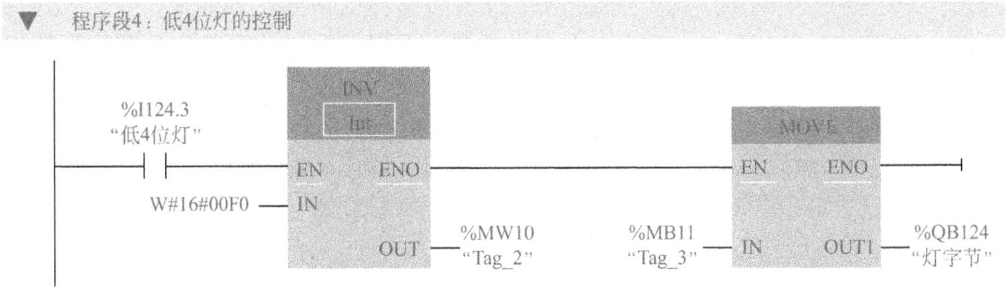

▼　程序段4：低4位灯的控制

图 2-63　指示灯控制程序

在程序段 2 中，当奇数灯按钮 SB2 按下时，I124.1 常开触点接通，将 W#16#0 与 W#16#00AA 按位相"或"，结果存放到 MW10（W#16#00AA），取 MW10 的低 8 位（MB11）送入 QB124，奇数灯亮。

在程序段 3 中，当高 4 位灯按钮 SB3 按下时，I124.2 常开触点接通，将 W#16#00FF 与 W#16#000F 按位相"异或"，结果存放到 MW10（W#16#00F0），取 MW10 的低 8 位（MB11）送入 QB124，高 4 位灯亮。

在程序段 4 中，当低 4 位灯按钮 SB4 按下时，I124.3 常开触点接通，将 W#16#00F0 按位"取反"，结果存放到 MW10（W#16#FF0F），取 MW10 的低 8 位（MB11）送入 QB124，低 4 位灯亮。

2.10　移位指令

扫一扫，看视频

[实例 19]　多台电动机的顺序启动控制

（1）控制要求

某台设备有 8 台电动机，为了减小电动机同时启动对电源的影响，利用位移指令实现间隔 10s 的顺序启动控制。按下停止按钮时，电动机同时停止工作。为了满足控制要求，需要 2 个输入点用于启动和停止，8 个输出点接 8 个 KA 线圈控制 8 台电动机。其控制线路比较简单，不再给出，输入 / 输出端口的分配见表 2-18。

表 2-18　[实例 19] 的 I/O 端口分配

输入端口			输出端口		
输入点	输入器件	作用	输出点	输出器件	控制对象
I124.0	SB1 常开触点	启动	Q124.0 ～ Q124.7	KA1 ～ KA8	通过接触器 KM 控制 8 台电动机
I124.1	SB2 常开触点	停止			

（2）相关知识

① SHL（左移指令）　SHL 可以对字（Word）或双字（DWord）进行左移操作，从指令框的 "???" 下拉列表中选择该指令的数据类型。当使能输入端 EN 有效时，SHL 指令将 IN 输入端的数据按二进制向左移动 N 位，低位补 "0"，高位抛出，结果存放到 OUT 指定的单元。

② SHR（右移指令）　SHR 可以对字（Word）、双字（DWord）、整数（Int）或双整数（DInt）进行右移操作，从指令框的 "???" 下拉列表中选择该指令的数据类型。对字或双字操作：当使能输入端 EN 有效时，SHR 指令将 IN 输入端的数据按二进制向右移动 N 位，高位补 "0"，低位抛出，结果存放到 OUT 指定的单元。对整数或双整数操作：当 IN 输入端

为正数时，SHR 指令将 IN 输入端的数据按二进制向右移动 N 位，高位补 "0"，低位抛出，结果存放到 OUT 指定的单元；当 IN 输入端为负数时，SHR 指令将 IN 输入端的数据按二进制向右移动 N 位，高位补 "1"，低位抛出，结果存放到 OUT 指定的单元。

③ ROL（循环左移指令） ROL 只能对双字（DWord）进行循环左移操作，从指令框的 "???" 下拉列表中选择该指令的数据类型。当使能输入端 EN 有效时，ROL 指令将 IN 输入端的数据按二进制向左循环移动 N 位，最高 N 位移动到最低 N 位，结果存放到 OUT 指定的单元。

④ ROR（循环右移指令） ROR 只能对双字（DWord）进行循环右移操作，从指令框的 "???" 下拉列表中选择该指令的数据类型。当使能输入端 EN 有效时，ROR 指令将 IN 输入端的数据按二进制向右循环移动 N 位，最低 N 位移动到最高 N 位，结果存放到 OUT 指定的单元。

在使用移位指令时，EN 端要用脉冲输入。这是由于 CPU 扫描速度很快，如果 EN 输入端未及时断开，会造成多次移位。输入移位指令的应用程序如图 2-64（a）所示，图 2-64（b）为移位前监视的数据，图 2-64（c）为移位后监视的数据。

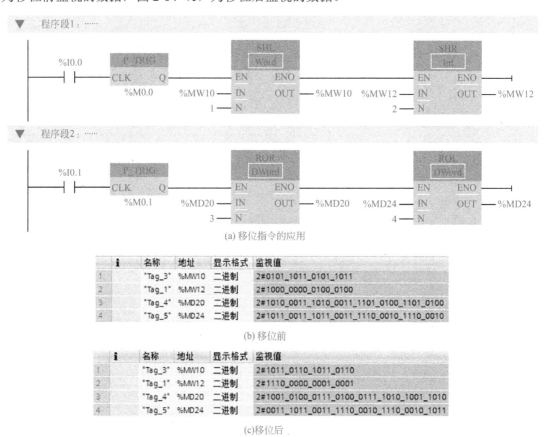

图 2-64　移位指令的应用

程序段 1，在 I0.0 的上升沿，将 MW10（2#0101_1011_0101_1011）向左移动 1 位保存到 MW10（2#1011_0110_1011_0110）中；将 MW12（负整数 −32700，2#1000_0000_0100_0100）向右移动 2 位，高位补 "1"，保存到 MW12（2#1110_0000_0001_0001）中。

程序段 2，在 I0.1 的上升沿，MD20 循环右移 3 位，最低 3 位移到最高 3 位，保存到 MD20 中；将 MD24 循环左移 4 位，最高 4 位移动到最低 4 位，保存到 MD24 中。

（3）控制程序

① PLC 硬件组态 打开项目视图，点击 按钮，新建一个项目，命名为"实例 19"。然后双击"添加新设备"，添加 PLC 为 CPU314C-2DP，版本号为 V2.6。

② 编写控制程序 多台电动机顺序启动控制程序如图 2-65 所示。

a. 开机初始化。在项目树中，双击"添加新块"，选中组织块 OB 的启动（startup）下的 COMPLETE RESTART [OB100]，添加一个组织块 OB100。编写的初始化程序 OB100 如图 2-65（a）所示，开机初始化，将字 W#16#1 送入 MW10。

b. 主程序。主程序如图 2-65（b）所示。

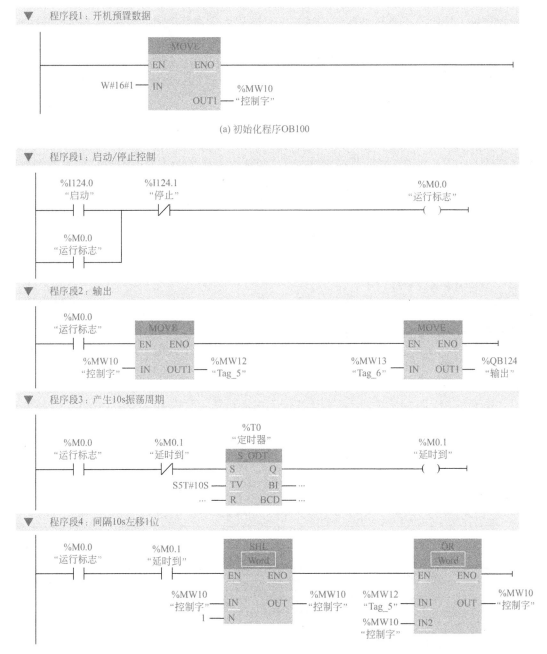

图 2-65

程序段5：停止时预置数据

(b) 主程序

图 2-65　多台电动机顺序启动控制程序

在程序段 1 中，当按下启动按钮 SB1 时，I124.0 常开触点接通，位存储器 M0.0 线圈通电自锁。

在程序段 2 中，启动时，M0.0 常开触点闭合，将 MW10（2#0000_0000_0000_0001）转存到 MW12，取 MW12 的低 8 位（MB13）的数据传送到 QB124，Q124.0 为 "1"，第 1 台电动机启动。

在程序段 3 中，启动时，M0.0 常开触点闭合，T0 产生周期为 10s 的振荡，每隔 10s，M0.1 线圈通电 1 次。

在程序段 4 中，每 10s 使数据 MW10 左移 1 位（2#0000_0000_0000_0010），然后与 MW12（2#0000_0000_0000_0001）进行相或，结果（2#0000_0000_0000_0011）传送到 MW10，通过程序段 2 控制第 2 台电动机启动，依次类推，直到 8 台电动机全部启动。

在程序段 5 中，按下停止按钮 SB2，I124.1 常开触点接通，QB124 清零，所有电动机都停止，同时将 1 送入 MW10，恢复初始值。

2.11　其他操作指令

扫一扫，看视频

[实例 20]　生产线的控制

（1）控制要求

某生产线由两台电动机拖动，通过选择开关可以选择全部启停或单独启停。当选择开关断开时，电动机 M1 和 M2 可以一起启动或停止；当选择开关接通时，M1、M2 可以单独启动与停止。

（2）控制线路

① 控制线路接线　生产线控制线路如图 2-66 所示，主电路略。

② I/O 端口分配　PLC 的 I/O 端口分配见表 2-19。

表 2-19　[实例 20] 的 I/O 端口分配

输入端口			输出端口		
输入点	输入器件	作用	输出点	输出器件	控制对象
I124.0	SB1 常开触点	全启/M1 单独启动	Q124.0	KA1	电动机 M1
I124.1	SB2 常开触点	全停/M1 单独停止	Q124.1	KA2	电动机 M2
I124.2	SA 常开触点	全部/单独选择			
I124.3	SB3 常开触点	M2 启动			
I124.4	SB4 常开触点	M2 停止			

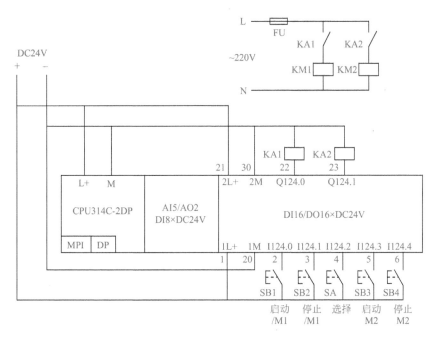

图 2-66　生产线控制线路

（3）相关知识

① —| |—（获取状态位）、—| / |—（获取取反的状态位）　状态位操作指令可以查询 BR（二进制结果位）、OV（数值溢出位）、OS（数值溢出保存位）、UO（数学函数结果无效位）、==0（数学函数结果等于 0）、<>0（数学函数结果不等于 0）、>=0（数学函数结果大于或等于 0）、<=0（数学函数结果小于或等于 0）、>0（数学函数结果大于 0）、<0（数学函数结果小于 0）的信号状态。满足查询要求后，指令的信号状态为"1"；如果未满足查询要求，则指令的信号状态为"0"。可以通过双击指令，从指令的下列列表中选择相应符号，来定义要查询的状态位。

处于监视状态下的状态位操作指令如图 2-67 所示。程序段 1 中 37×（-8175）=-302475，超出了整数范围（-32768 ～ +32767）；程序段 2 中的数值溢出位 OV 为"1"，Q0.0 线圈通电；程序段 5 中的小于等于 0 位为"1"，Q0.3 线圈通电；程序段 7 中的小于 0 位为"1"，线圈 Q0.5 线圈通电；程序段 8 中的不等于 0 位为"1"，Q0.6 线圈通电。

在程序段 9 中，MD34=16#FFFF FFFF 超出了能处理的小数点范围，UO 的状态为"1"；程序段 10 中的 UO 常开触点接通，Q1.0 线圈通电。

在程序段 11 中，当 I0.0 常开触点接通时，SAVE 指令将 I0.0 状态保存到 BR 位中；程序段 12 中的 BR 为"1"，Q1.1 线圈会通电。

在程序段 13 中，前面有数值溢出，保存到 OS，故 OS 常开触点接通，Q1.2 线圈通电。

② —(MCR<)—（打开 MCR 区域）、—(MCR>)—（关闭 MCR 区域）、—(MCRA)—（启用 MCR 区域）、—(MCRD)—（禁用 MCR 区域）

a. —(MCRA)—（启用 MCR 区域）：激活主控继电器功能。在该命令后，可以使用—(MCR<)—和—(MCR>)—编程 MCR 区域。使用主控继电器功能要先用此指令进行激活。

b. —(MCR<)—（打开 MCR 区域）：当前主控区域开始，最多有 8 个嵌套。

c. —(MCR>)—（关闭 MCR 区域）：当前主控区域关闭。—(MCR<)—指令和—(MCR>)—指令必须成对出现，距离最近的构成一对，不能有交叉现象。

d. —(MCRD)—（禁用 MCR 区域）：该命令后，不能编程 MCR 区域。

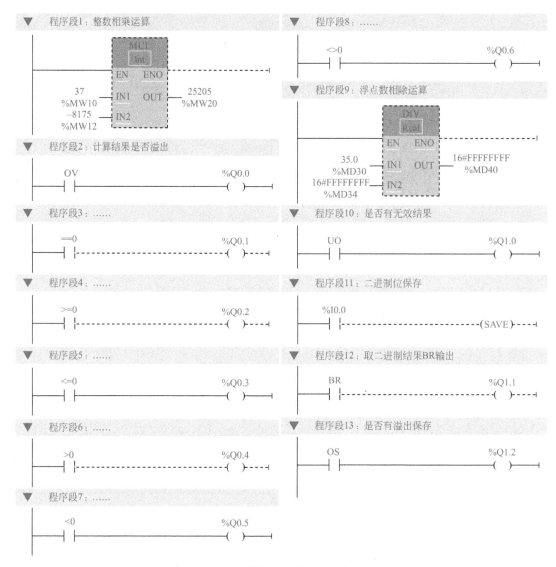

图 2-67　状态位操作指令的应用

③ SET（置位位数组）、RESET（复位位数组）　SET 指令将从 S_BIT 开始的 N 个位置"1"；RESET 指令是将从 S_BIT 开始的 N 个位复位为"0"。

主控指令和置位复位位数组指令的应用如图 2-68 所示。程序段 2 ～ 7 为一级主控区域，程序段 4 ～ 6 为二级嵌套区域。

在程序段 1 中，激活主控区域，后面可以用主控指令编程。

在程序段 2 中，当 I0.0 常开触点接通时，启用一级主控区域。如果 I0.0 常开触点没有接通，无论 I0.1 和 I0.3 的状态如何，Q0.2 ～ Q0.7 的状态均保持不变。

在程序段 3 中，当 I0.1 常开触点接通时，将 Q0.2 开始的 6 个位（Q0.2 ～ Q0.7）置位为"1"。

在程序段 4 中，当 I0.2 常开触点接通时，启用二级嵌套主控区域。如果 I0.2 的常开触点没有接通，无论 I0.3 的状态如何，都不能对 Q0.2 ～ Q0.7 进行复位操作。

在程序段 5 中，在 I0.2 常开触点接通的情况下，当 I0.3 常开触点接通时，将 Q0.2 开始的 6 个位（Q0.2 ～ Q0.7）复位为"0"。

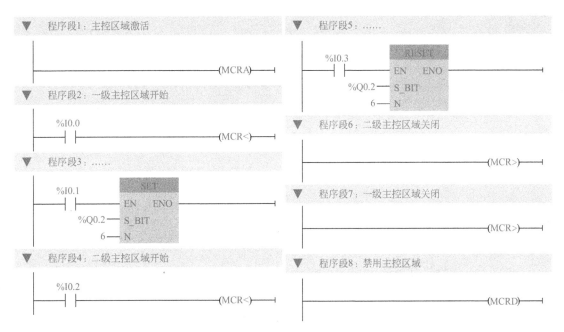

图 2-68　主控指令和置位复位位数组指令的应用

在程序段 6 中，关闭二级嵌套主控区域。

在程序段 7 中，关闭一级主控区域。

在程序段 8 中，禁止主控区域编程。在后面的程序中，不能编程主控区域。

（4）控制程序

① PLC 硬件组态　打开项目视图，点击按钮，新建一个项目，命名为"实例 20"。然后双击"添加新设备"，添加 PLC 为 CPU314C-2DP，版本号为 V2.6。

② 编写控制程序　生产线控制程序 Main[OB1] 如图 2-69 所示。

a. 全启全停。当选择开关 SA 未接通时，程序段 2 中 I124.2 常闭触点接通，启用程序段 2～5 的主控区域，程序段 6～9 为非活动区域。在程序段 3 中，当按下按钮 SB1 时，I124.0 常开触点接通，将 M0.0 开始的 2 个位（M0.0～M0.1）置位为"1"。在程序段 11 中，M0.0 常开触点接通，线圈 Q124.0 通电，电动机 M1 启动。在程序段 12 中，M0.1 常开触点接通，线圈 Q124.1 通电，电动机 M2 启动。

在程序段 4 中，当按下按钮 SB2 时，I124.1 常开触点接通，将 M0.0 开始的 2 个位（M0.0～M0.1）复位为"0"，电动机 M1、M2 同时停止。

b. 单独启停。当选择开关 SA 接通时，程序段 2 中 I124.2 常闭触点断开，程序段 6 中 I124.2 常开触点接通，程序段 2～5 为非活动区域，启用程序段 6～9 的主控区域。

在程序段 7 中，当按下按钮 SB1 时，I124.0 常开触点接通，M0.2 线圈通电自锁。在程序段 11 中，M0.2 常开触点接通，线圈 Q124.0 通电，电动机 M1 启动。

在程序段 7 中，当按下按钮 SB2 时，I124.1 常闭触点断开，M0.2 线圈断电，自锁解除。程序段 11 中的 M0.2 常开触点断开，Q124.0 线圈断电，电动机 M1 停止。

在程序段 8 中，当按下按钮 SB3 时，I124.3 常开触点接通，M0.3 线圈通电自锁。在程序段 12 中，M0.3 常开触点接通，线圈 Q124.1 通电，电动机 M2 启动。

在程序段 8 中，当按下按钮 SB4 时，I124.4 常闭触点断开，M0.3 线圈断电，自锁解除。程序段 12 中的 M0.3 常开触点断开，Q124.1 线圈断电，电动机 M2 停止。

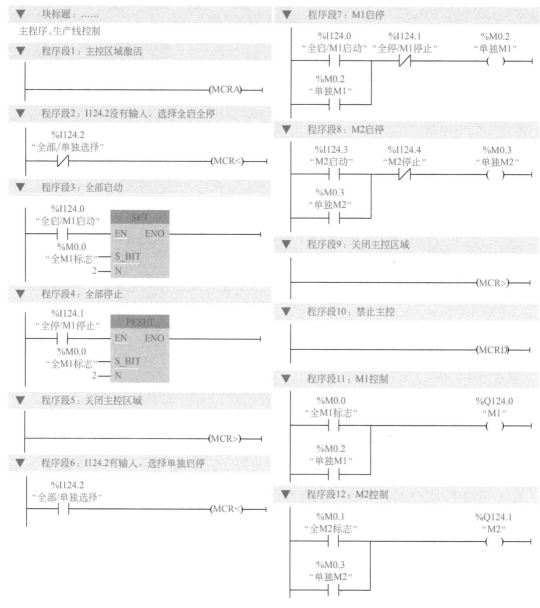

图 2-69　生产线控制程序

[实例 21]　停车场空闲车位数码显示

扫一扫，看视频

（1）控制要求

某停车场最多可停 50 辆车，用两位数码管显示空闲车位的数量。用出 / 入传感器检测进出停车场的车辆数目，每进一辆车停车场空闲车位数量减 1，每出一辆车空闲车位数量增 1。空闲车位的数量大于 5 时，入口处绿灯亮，允许入场；小于或等于 5 时，绿灯闪烁，提醒待进场车辆将满场；等于 0 时，红灯亮，禁止车辆入场。

（2）控制线路

① 控制线路接线　用 PLC 控制的停车场空闲车位数码显示电路如图 2-70 所示，两线式入口传感器 IN 连接 I124.0，出口传感器 OUT 连接 I124.1，与传感器并联的按钮 SB1 和

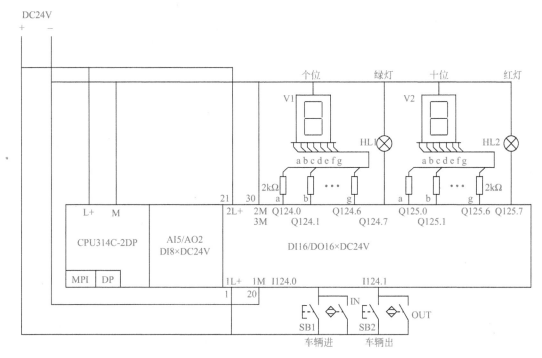

图 2-70　停车场空闲车位数码显示控制线路

SB2 用来调整空闲车位显示数量。两位共阴极数码管的公共端 V- 连接外部直流电源 24V 的负极，个位数码管 a ~ g 段连接输出端 Q124.0 ~ Q124.6，十位数码管 a ~ g 段连接输出端 Q125.0 ~ Q125.6，数码管各段限流电阻为 2kΩ。绿、红信号灯分别连接输出端 Q124.7 和 Q125.7。

② I/O 端口分配　PLC 的 I/O 端口分配见表 2-20。

表 2-20　[实例 21]的 I/O 端口分配

输入端口			输出端口		
输入点	输入器件	作用	输出点	输出器件	控制对象
I124.0	SB1 常开触点	减少手动调整	Q124.6 ~ Q124.0	数码管 V1	个位数码显示
	入口传感器 IN	检测入场车辆	Q124.7	指示灯 HL1	绿灯，允许信号
I124.1	SB2 常开触点	增加手动调整	Q125.6 ~ Q125.0	数码管 V2	十位数码显示
	出口传感器 OUT	检测出场车辆	Q125.7	指示灯 HL2	红灯，禁止信号

（3）相关知识

① BCD 码　BCD 码是从二进制的最低位起每 4 位为一组，高位不足 4 位补 0，每组表示 1 位十进制数。BCD 码与二进制数的表面形式相同，但概念完全不同，虽然在一组 BCD 码中，每位的进位也是二进制，但组与组之间的进位则是十进制。如十进制 2345 的 BCD 码为 16#2345。

② 七段数码管　七段数码管可以显示数字 0 ~ 9，十六进制数字 A ~ F。如图 2-71 所示为发光二极管组成的七段数码管外形和内部结构，七段数码管分共阳极结构和共阴极结构。以共阴极数码管为例，当 a、b、c、d、e、f 段接高电平发光，g 段接低电平不发光时，显示数字"0"；当七段均接高电平发光时，则显示数字"8"。表 2-21 列出十进制数码与七段显示电平和显示代码的逻辑关系。

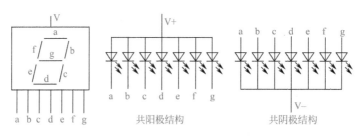

图 2-71 七段数码管

表 2-21 十进制数码与七段显示电平和显示代码的逻辑关系

十进制数码		七段显示电平							16进制显示代码
十进制表示	二进制表示	g	f	e	d	c	b	a	
0	0000	0	1	1	1	1	1	1	16#3F
1	0001	0	0	0	0	1	1	0	16#06
2	0010	1	0	1	1	0	1	1	16#5B
3	0011	1	0	0	1	1	1	1	16#4F
4	0100	1	1	0	0	1	1	0	16#66
5	0101	1	1	0	1	1	0	1	16#6D
6	0110	1	1	1	1	1	0	1	16#7D
7	0111	0	0	0	0	1	1	1	16#07
8	1000	1	1	1	1	1	1	1	16#7F
9	1001	1	1	0	0	1	1	1	16#67

③ SEG 指令 SEG 指令用于将所指定源字（IN）的四个十六进制数都转换为七段码。如将 16#2345 转换为七段码 16#5B4F 666D，16 进制的每一位都转换为对应的七段码。

（4）控制程序

① PLC 硬件组态 打开项目视图，点击▓按钮，新建一个项目，命名为"实例21"。然后双击"添加新设备"，添加 PLC 为 CPU314C-2DP，版本号为 V2.6。

为了使指示灯闪烁，需要用到秒脉冲信号。在设备视图中，点击 CPU → "属性" → "常规" → "时钟存储器"，选中时钟存储器，在存储器字节后输入 1，表示用 MB1 存储脉冲，M1.5 产生秒脉冲信号。

② 编写控制程序 停车场空闲车位数码显示程序如图 2-72 所示。

a. 开机初始化。在项目树中，双击"添加新块"，选中组织块 OB 的启动（startup）下的 COMPLETE RESTART [OB100]，添加一个组织块 OB100。编写的初始化程序 OB100 如图 2-72（a）所示，开机时，设置空闲车位数量初值为 50。

b. 主程序。主程序如图 2-72（b）所示。

(a) 初始化程序OB100

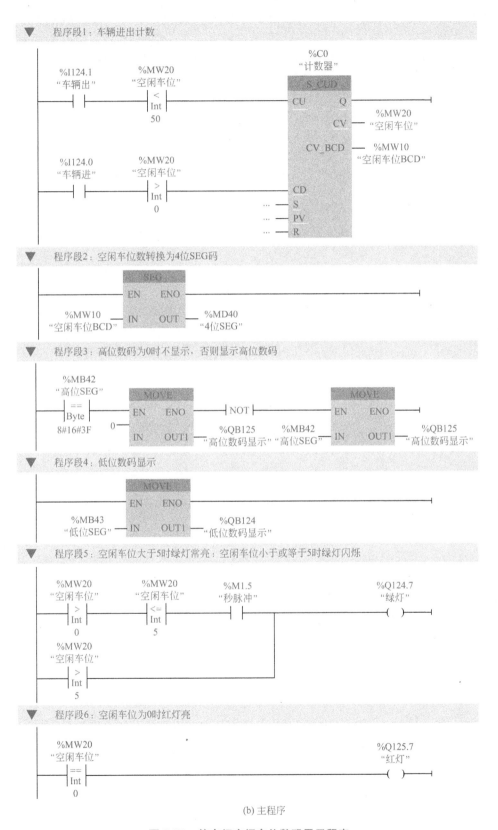

(b) 主程序

图 2-72 停车场空闲车位数码显示程序

在程序段 1 中，计数器 C0 的当前值 MW20 为空闲车位数量，空闲车位 MW20 大于 0 时，每进 1 车，空闲车位数量减 1，使空闲车位数量最小为 0，不出现负数；空闲车位 MW20 小于 50 时，每出 1 车，空闲车位数量加 1，使空闲车位数量不会超出最大值 50。

在程序段 2 中，将空闲车位 BCD（MW10）由 SEG 指令转换为七段显示码保存到 MD40 中。其中，MB43 为个位，MB42 为十位。

在程序段 3 中，当十位 BCD 码（MB42）为 0（七段码 16#3F）时，将 0 送入 QB125，不显示十位的 0；否则，将 MB42 送入 QB125，显示对应的十位数字。

在程序段 4 中，将 MB43 送入 QB124，显示对应的个位数字。

在程序段 5 中，当空闲车位数量大于 0 且小于或等于 5 时，绿灯闪烁；当空闲车位数量大于 5 时，绿灯常亮。

在程序段 6 中，当空闲车位数量等于 0 时，红灯亮。

第3章 S7-300 PLC 提高实例

3.1 组织块（OB）

扫一扫，看视频

[实例 22] 应用时间中断实现电动机的周期控制

（1）控制要求

当按下启动按钮时，经过 5min 电动机启动运行，再经过 5min 电动机停止，这样周而复始。当按下停止按钮或发生过载时，电动机立即停止。

（2）控制线路

① 控制线路接线　应用时间中断实现电动机周期控制的线路如图 3-1 所示。

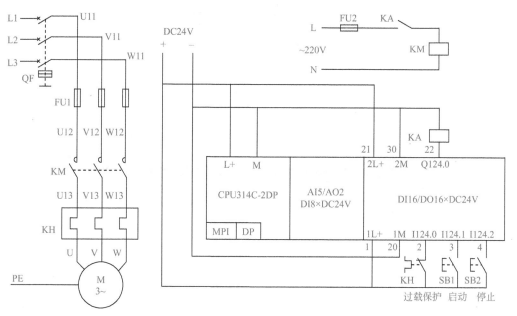

图 3-1　应用时间中断实现电动机周期控制的线路

② I/O 端口分配　PLC 的 I/O 端口分配见表 3-1。

表 3-1　[实例 22] 的 I/O 端口分配

输入端口			输出端口		
输入点	输入器件	作用	输出点	输出器件	控制对象
I124.0	KH 常闭触点	过载保护	Q124.0	KA	电动机
I124.1	SB1 常开触点	启动			
I124.2	SB2 常开触点	停止			

（3）相关知识

S7-300 PLC 的程序分为系统程序和用户程序。系统程序是协调 PLC 内部事务的程序，与控制对象特定的任务无关，不需要用户编写。

用户程序是由用户根据控制对象特定的任务，使用编程软件编写的程序，下载到 CPU 中可以实现特定的控制任务。用户程序由组织块（organization block，OB）、函数（function，FC）、函数块（function block，FB）、数据块（data block，DB）和一些系统功能指令组成。组织块 OB1 为用户程序的主程序，OB1 以外的组织块 OB 为用户程序的中断程序或报警程序。

时间中断组织块（OB10 ～ OB17）可以单次、每分钟、每小时、每天、每周、每月、每年或月末中断。注意，并不是所有的 CPU 都可处理 OB10 ～ OB17，S7-300 系列只可处理 OB10。

要启用时间中断，必须先设置中断，然后将其激活。

① 组态时间中断并自动激活　在项目树中，双击"设备和网络"，进入设备视图，点击 CPU，在其属性页面下找到"时间中断"，如图 3-2（a）所示，设置每分钟一次，启动时间为 2018 年 8 月 22 日 17 点，选中激活。

在项目树中，双击"添加新块"，弹出如图 3-2（b）所示的画面，选中组织块 OB 的"Time interrupts"→"Time of day"→"TOD_INT0[OB10]"，在名称下可以输入时间中断的名称，在右边可以选择编程语言和 OB 编号，这里都使用默认，最后点击确定。

在项目树的程序块下，双击时间中断"TOD_INT0[OB10]"，打开程序编辑画面，编写每分钟加 2 程序，如图 3-2（c）所示。运行时，每分钟调用该中断程序，使 MW10 中的值加 2。

(a) 设置时间中断

(b) 添加新块

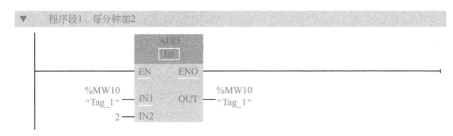

(c) 时间中断TOD_INT0[OB10]程序

图 3-2 设置中断并自动激活

② 通过编程设置时间中断并激活 展开"指令"→"扩展指令"→"中断",可以查看有关时间中断的指令有 QRY_TINT(时间中断状态查询)、SET_TINT(设置中断)、ACT_TINT(激活中断)、CAN_TINT(取消中断),其梯形图指令如图 3-3 所示。OB_NR 为组织块编号,在 S7-300 中,只能用 OB10,故编号为 10。如果在执行指令期间发生了错误,该指令的 RET_VAL(返回值)返回一个错误代码。

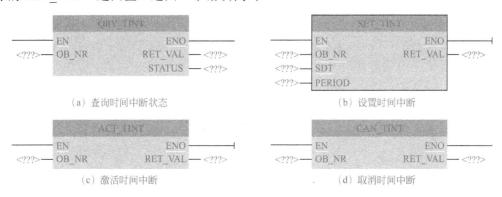

(a) 查询时间中断状态　　　　　　　　(b) 设置时间中断

(c) 激活时间中断　　　　　　　　(d) 取消时间中断

图 3-3 时间中断指令

时间中断状态查询指令 QRY_TINT 用于查询 OB_NR 的状态并保存到 STATUS 指定的状态字中,STATUS 各位的含义见表 3-2。

表 3-2 QRY_TINT 的 STATUS 各位含义

位	15～5	4		3	2		1		0	
值	0	1	0	0	1	0	1	0	1	0
含义		存在OB编号	不存在OB编号		已激活	未激活或已过去	禁用	启用	启动	运行

设置中断指令 SET_TINT 用来设置时间中断的起始日期时间 SDT 和时间间隔 PERIOD。起始日期时间包括年、月、日、时和分,忽略秒和毫秒;时间间隔 PERIOD 可以设置为 W#16#0000(单次)、W#16#0201(每分钟一次)、W#16#0401(每小时一次)、W#16#1001(每天一次)、W#16#1201(每周一次)、W#16#1401(每月一次)、W#16#1801(每年一次)、W#16#2001(月末)。

设置完时间中断后,要使用激活指令 ACT_TINT 对指定的中断 OB_NR 进行激活。

在不需要时间中断的时候,可以使用取消中断指令 CAN_TINT 取消指定的中断 OB_NR。

(4)控制程序

① PLC 硬件组态 打开项目视图,点击 按钮,新建一个项目,命名为"实例 22"。然后双击"添加新设备",添加 PLC 为 CPU314C-2DP,版本号为 V2.6。

② 编写控制程序 应用时间中断实现电动机周期控制的程序如图 3-4 所示。上电后，由于 I124.0 有输入，程序段 5 中的 I124.0 的常闭触点断开，为启动做准备。

a. 数据块。在项目树中，双击"添加新块"，添加一个数据块 DB1，建一个"系统日期时间"的静态变量，类型为 Date_And_Time，如图 3-4（a）所示。

b. 中断程序。在项目树的程序块下，双击"添加新块"，添加一个时间中断组织块 TOD_INT0[OB10]。双击时间中断"TOD_INT0[OB10]"，打开程序编辑画面，编写的时间

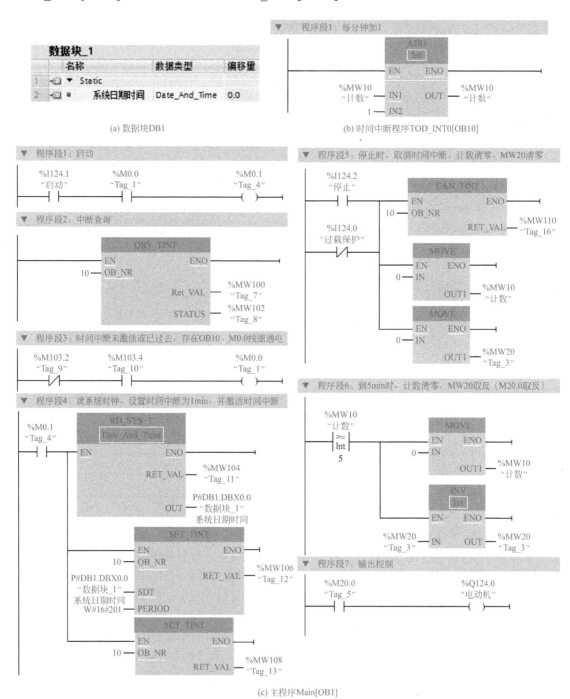

图 3-4 应用时间中断实现电动机周期控制的程序

中断程序 TOD_INT0[OB10] 如图 3-4（b）所示，每次中断，MW10 加 1。

c. 主程序。主程序如图 3-4（c）所示。在程序段 2 中，查询 OB10 的状态保存到 MW102；在程序段 3 中，如果时间中断未激活（M103.2="0"）且存在组织块 OB10（M103.4="1"），则 M0.0 线圈通电，程序段 1 中的 M0.0 常开触点接通。

当按下启动按钮 SB1 时，程序段 1 中的 I124.1 常开触点接通，M0.1 线圈通电，程序段 4 中 M0.1 常开触点接通，读取 PLC 系统的日期时间到 DB1 的 "系统日期时间" 中；设置时间中断的起始日期时间为 DB1 的 "系统日期时间"，时间间隔为每分钟一次（W#16#201）；并激活时间中断 OB10。

在程序段 6 中，当中断 5 次（MW10=5）时，时间为 5min，MW10 清零，MW20 取反（M20.0 由 "0" 变为 "1"）；在程序段 7 中，M20.0 常开触点接通，Q124.0 线圈通电，电动机启动运行。再经过 5min MW20 取反（M20.0 由 "1" 变为 "0"），电动机停止，如此重复。

在程序段 5 中，当按下停止按钮 SB2（I124.2 常开触点接通）或发生过载（I124.0 常闭触点接通）时，取消时间中断 OB10，MW10 和 MW20 清零，恢复初始值。

［实例 23］应用延时中断实现秒脉冲输出

扫一扫，看视频

（1）控制要求

应用延时中断实现周期为 1s 的定时，并在输出点 Q124.0 输出到负载。

（2）控制线路

应用延时中断实现秒脉冲输出的控制线路如图 3-5 所示。

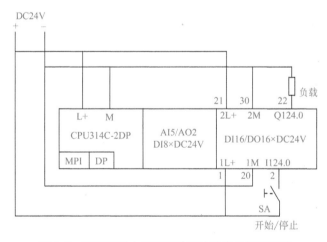

图 3-5　应用延时中断实现秒脉冲输出的控制线路

（3）相关知识

延时中断组织块（OB20 ～ OB23）是在指定延时后执行的组织块。注意，并不是所有的 CPU 都可处理 OB20 ～ OB23，CPU314 只可处理 OB20。

① 添加延时中断程序　在项目树中，双击 "添加新块"，选中组织块 OB 的 "Time interrupts" → "Time delay" → "DEL_INT0 [OB20]"，在名称下可以输入时间中断的名称，在右边可以选择编程语言和 OB 编号，这里都使用默认，最后点击确定。

② 延时中断指令　展开 "指令" → "扩展指令" → "中断"，可以查看有关延时中断的指令有 QRY_DINT（延时中断状态查询）、SRT_DINT（启动延时中断）、CAN_DINT（取消延时中断），其梯形图指令如图 3-6 所示。OB_NR 为组织块编号。如果在执行指令期间发生了错误，该指令的 RET_VAL（返回值）返回一个错误代码。

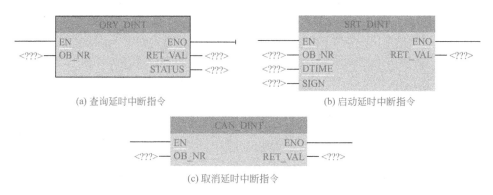

(a) 查询延时中断指令　　(b) 启动延时中断指令

(c) 取消延时中断指令

图 3-6　延时中断指令

延时中断状态查询指令 QRY_DINT 用于查询 OB_NR 的延时中断状态，将其保存到 STATUS 指定的状态字中，STATUS 各位的含义见表 3-3。

表 3-3　QRY_DINT 的 STATUS 各位含义

位	15～5	4		3	2		1		0	
值	0	1	0	0	1	0	1	0	1	0
含义		存在OB编号	不存在OB编号		已启用	未激活或已完成	禁用	启用	启动	运行

启动延时中断 SRT_DINT 中的参数 DTIME 为延时时间值，数据类型为 Time，范围为 1～60000ms；参数 SIGN 用来表示一个用于标识延时中断起始处的标识符，数据类型为 Word。

取消延时中断 CAN_DINT 可以用来取消已启动的延时中断。

（4）控制程序

① PLC 硬件组态　打开项目视图，点击 按钮，新建一个项目，命名为"实例 23"。然后双击"添加新设备"，添加 PLC 为 CPU314C-2DP，版本号为 V2.6。

② 编写控制程序　应用延时中断实现秒脉冲输出的控制程序如图 3-7 所示。

a. 延时中断程序。在项目树中，双击"添加新块"，添加一个延时中断组织块 DEL_INT0 [OB20]。双击延时中断"DEL_INT0 [OB20]"，打开程序编辑画面，编写的延时中断程序如图 3-7（a）所示。产生延时中断时调用该程序，当 Q124.0 为"0"时，Q124.0 线圈通电，输出高电平；当 Q124.0 为"1"时，Q124.0 线圈断电，输出低电平。

b. 主程序。秒脉冲输出的主程序如图 3-7（b）所示。

在程序段 1 中，查询 OB20 的状态保存到 MW102。

在程序段 2 中，如果时间中断未激活或已完成（M103.2="0"）且存在组织块 OB20（M103.4="1"），则 M0.0 线圈通电，程序段 3 中的 M0.0 常开触点接通。

在程序段 3 中，当接通启动／停止开关 SA 时，I124.0 常开触点接通，启动延时中断，延时中断时间为 500ms。延时期间，程序段 2 中的 M103.2 常闭触点断开，M0.0 线圈断电。

延时时间到，调用延时中断程序 OB20，Q124.0 线圈为"1"，输出高电平；同时，程序段 2 中的 M103.2 常闭触点接通，M0.0 线圈重新通电，M0.0 常开触点接通，重新启动延时中断，再延时 500ms。

延时时间到，调用 OB20，由于 Q124.0 为"1"，其常闭触点断开，Q124.0 线圈为"0"，输出低电平。如此重复。

当断开开关 SA 时，停止输出秒脉冲。

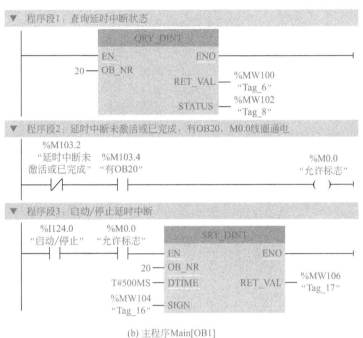

(a) 延时中断程序DEL_INT0[OB20]

(b) 主程序Main[OB1]

图 3-7　应用延时中断实现秒脉冲输出的控制程序

扫一扫，看视频

[实例24]　**应用循环中断实现彩灯控制**

（1）控制要求

应用循环中断实现彩灯每秒循环左移一位或每秒循环右移一位。为了满足控制要求，需要 3 个输入点用于启动、停止和左移 / 右移，8 个输出点接 8 个彩灯。当左移 / 右移选择开关接通时左移，否则右移。其控制线路比较简单，不再给出，I/O 端口的分配见表 3-4。

表 3-4　[实例24]的 I/O 端口分配

输入端口			输出端口		
输入点	输入器件	作用	输出点	输出器件	控制对象
I124.0	SB1常开触点	启动	Q124.0 ～ Q124.7	HL1 ～ HL8	8个彩灯
I124.1	SB2常开触点	停止			
I124.2	SA常开触点	左移 / 右移选择			

（2）相关知识

循环中断组织块（OB30 ～ OB38）是按指定的时间间隔调用的组织块。注意，并不是所有的 CPU 都有循环中断组织块 OB30 ～ OB38，如 CPU314 中只有 OB35。

在项目树中，双击"设备和网络"，进入设备视图，点击CPU，在其属性页面下找到"循环中断"，如图 3-8 所示，设置中断时间间隔为 1000ms。

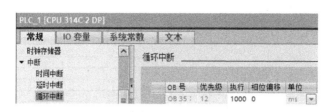

图 3-8　循环中断设置

在项目树中，双击"添加新块"，选中组织块 OB 的"Time interrupts"→"Cyclic"→"CYC_INT5 [OB35]"，在名称下可以输入循环中断的名称，在右边可以选择编程语言和 OB 编号，这里都使用默认，最后点击确定。

用户程序可以使用 EN_IRT（启用中断）指令来激活循环中断，使用 DIS_IRT（禁用中断）指令来取消激活循环中断。展开"指令"→"扩展指令"→"中断"，可以找到这两个指令。启用和禁用中断指令的梯形图如图 3-9 所示，参数 MODE 为字节类型，当 MODE=0 时，启用所有新发生的中断和异步错误事件；当 MODE=1 时，启用属于指定中断类别的新发生事件；当 MODE=2 时，启用指定中断的所有新发生事件。参数 OB_NR 为组织块编号。如果在执行指令期间发生了错误，该指令的 RET_VAL（返回值）返回一个错误代码。

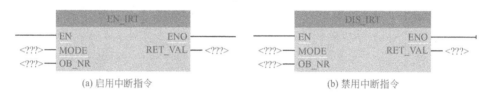

图 3-9　启用和禁用中断指令

（3）控制程序

① PLC 硬件组态　打开项目视图，点击■按钮，新建一个项目，命名为"实例 24"。然后双击"添加新设备"，添加 PLC 为 CPU314C-2DP，版本号为 V2.6。点击 CPU，在其属性页面下找到"循环中断"，设置中断时间间隔为 1000ms。

② 编写控制程序　应用循环中断实现彩灯控制程序如图 3-10 所示。

a. 初始化程序 OB100。在项目树中，双击"添加新块"，选中组织块 OB 的启动（startup）下的 COMPLETE RESTART [OB100]，添加一个组织块 OB100。编写的初始化程序 OB100 如图 3-10（a）所示。开机，将 MB10 的初始值置为 3。

b. 中断程序 OB35。在项目树中，双击"添加新块"，添加一个循环中断 CYC_INT5 [OB35]，编写的循环中断程序 CYC_INT5[OB35] 如图 3-10（b）所示。用 I124.2 控制移位方向，I124.2 为"1"时彩灯循环左移，为"0"时彩灯循环右移。S7-300 中的循环移位只有双字移位，而 MB10 是 MD10 的最高字节。在程序段 1 中，MD10 每次循环左移 1 位后，MB10 的最高位 M10.7 被移动到 M13.0。为了实现 MB10 的循环移位，移位后如果 M13.0 为"1"，将 MB10 的最低位 M10.0 置"1"；反之，M10.0 复位。

在程序段 2 中，MD10 每次循环右移 1 位后，MB10 的最低位 M10.0 被移动到 M11.7。为了实现 MB10 的循环移位，移位后如果 M11.7 为"1"，将 MB10 的最高位 M10.7 置"1"；反之，M10.7 复位。

在程序段 3 中，用 MOVE 指令将 MB10 的值传送到 QB124，用 QB124 控制 8 位彩灯。

c. 主程序。主程序 OB1 如图 3-10（c）所示。在程序段 1 中，当 I124.0 常开触点接通时，启用循环中断 OB35 的所有新发生事件（MODE=2）。在程序段 2 中，当 I124.1 常开接通时，禁用循环中断 OB35 的所有新发生事件。

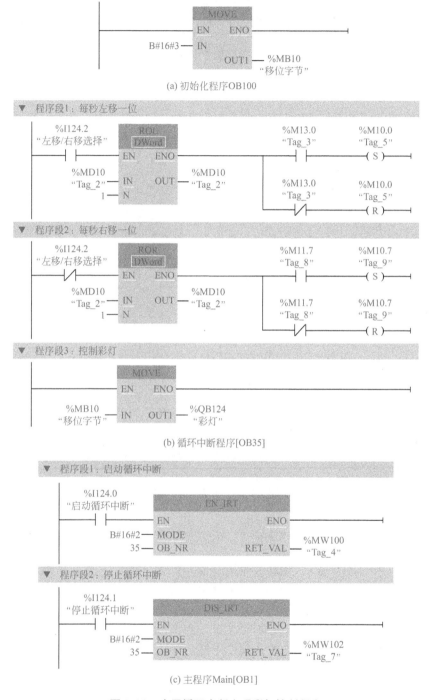

(a) 初始化程序OB100

(b) 循环中断程序[OB35]

(c) 主程序Main[OB1]

图 3-10　应用循环中断实现彩灯控制程序

[实例 25]　应用硬件中断实现电动机连续运转控制

（1）控制要求

① 当按下启动按钮时，电动机通电运转。

扫一扫，看视频

② 当按下停止按钮或电动机发生过载故障时，电动机断电停止。

（2）控制线路

① 控制线路接线　应用硬件中断实现电动机连续运转控制线路如图 3-11 所示。

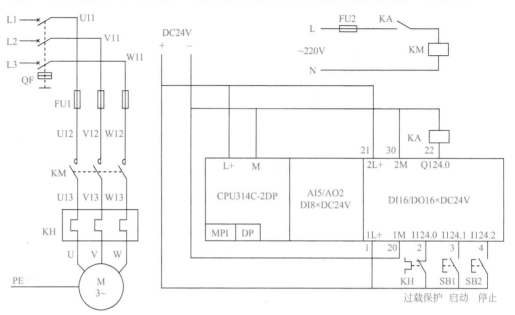

图 3-11　应用硬件中断实现电动机连续运转控制线路

② I/O 端口分配　PLC 的 I/O 端口分配见表 3-5。

表 3-5　[实例 25] 的 I/O 端口分配

输入端口			输出端口		
输入点	输入器件	作用	输出点	输出器件	控制对象
I124.0	KH 常闭触点	过载保护	Q124.0	KA	电动机
I124.1	SB1 常开触点	启动			
I124.2	SB2 常开触点	停止			

（3）相关知识

硬件中断组织块（OB40 ~ OB47）是对具有中断能力的数字量信号模块（SM）、通信模块（CP）和功能模块（FM）信号变化进行中断相应。注意，并不是所有的 CPU 都可处理 OB40 ~ OB47，如 CPU314 中只有 OB40。

对具有中断能力的数字量信号模块（SM），使用 TIA Portal 软件对硬件组态时，可以通过选择输入信号的上升沿或下降沿触发硬件中断，如图 3-12 所示。如果不选择复选框的任意一个，输入信号就不会触发该硬件中断；如果同时选中这两个复选框，在该输入信号的上升沿和下降沿均产生一个硬件中断。

在项目树中，双击"添加新块"，选中组织块 OB 的"Hardware interrupts"→"HW_INT0 [OB40]"，在名称下可以输入时间中断的名称，在右边可以选择编程语言和 OB 编号，这里都使用默认，最后点击确定。

在组织块 OB40（HW_INT0）的块接口参数表中，变量 OB40_MDL_ADDR 存放的是触发中断模块的起始地址，数据类型为 Word；变量 OB40_POINT_ADDR 存放的是该模块的位地址，数据类型为 DWord，其中位 0 ~ 23 对应硬件中断通道 0 ~ 23（I124.0 ~ I124.7、

图 3-12　硬件中断的选择

I125.0 ～ I125.7、I126.0 ～ I126.7），如果某一通道组态了中断并产生中断，该通道对应的位为"1"。比如，通道 8 组态了上升沿中断，对应的是在 I125.0 的上升沿触发一个中断，则变量 OB40_POINT_ADDR 的第 8 位为"1"。

在该实例中，I124.0 连接的是热继电器 KH 的常闭触点，当 KH 常闭触点断开（下降沿）时产生一个中断，故硬件中断通道 0 选下降沿；I124.1 和 I124.2 连接的是常开触点，当接通（上升沿）时产生一个中断，故硬件中断通道 1 和 2 选上升沿。

（4）控制程序

① PLC 硬件组态　打开项目视图，点击 按钮，新建一个项目，命名为"实例 25"。然后双击"添加新设备"，添加 PLC 为 CPU314C-2DP，版本号为 V2.6。

② 编写控制程序　在项目树中，双击"添加新块"，选中组织块 OB 的硬件中断（hardware interrupts）下的"HW_INT0 [OB40]"，添加一个硬件中断组织块 OB40。编写的应用硬件中断实现电动机连续运转控制的程序"HW_INT0[OB40]"如图 3-13 所示，主程序不编写。

在程序段 1 中，当触发中断时，读取产生中断的模块起始地址 OB40_MDL_ADDR 到MW104，读取该模块触发中断点的地址 OB40_POINT_ADDR 到 MD100。

在程序段 2 中，如果 MW104 等于 124 且 MD100 等于 DW#16#1，表示 I124.0 的下降沿触发中断（发生了过载，KH 常闭触点断开），使 Q124.0 复位，电动机停止。

在程序段 3 中，如果 MW104 等于 124 且 MD100 等于 DW#16#2，表示 I124.1 的上升沿触发中断（启动按钮 SB1 按下），使 Q124.0 置位，电动机启动。

在程序段 4 中，如果 MW104 等于 124 且 MD100 等于 DW#16#4，表示 I124.2 的上升沿触发中断（停止按钮 SB2 按下），使 Q124.0 复位，电动机停止。

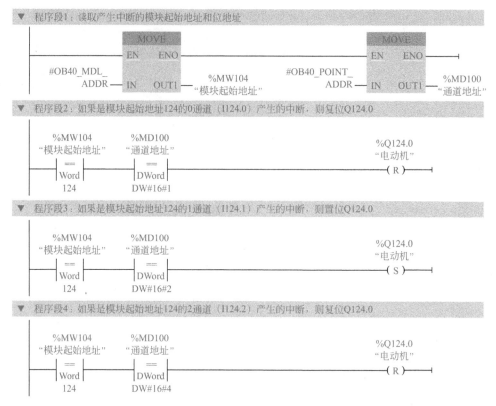

图 3-13　应用硬件中断实现电动机连续运转控制的程序

3.2　函数、函数块和数据块（FC、FB 和 DB）

[实例 26]　应用函数（FC）实现两组电动机顺序启动控制

扫一扫，看视频

（1）控制要求

有两组电动机，每组两台，均要求当按下启动按钮时第一台启动，经过 5s，第二台启动；当按下停止按钮时，同时停止。当发生过载时，两组电动机同时停止。

（2）控制线路

① 控制线路接线　应用函数实现两组电动机顺序启动控制线路如图 3-14 所示。

② I/O 端口分配　PLC 的 I/O 端口分配见表 3-6。

表 3-6　[实例 26] 的 I/O 端口分配

输入端口			输出端口		
输入点	输入器件	作用	输出点	输出器件	控制对象
I124.0	KH1～4 常闭触点	过载保护	Q124.0	KA1	第一组电动机 M1
I124.1	SB1 常开触点	第一组启动	Q124.1	KA2	第一组电动机 M2
I124.2	SB2 常开触点	第一组停止	Q124.2	KA3	第二组电动机 M3
I124.3	SB3 常开触点	第二组启动	Q124.3	KA4	第二组电动机 M4
I124.4	SB4 常开触点	第二组停止			

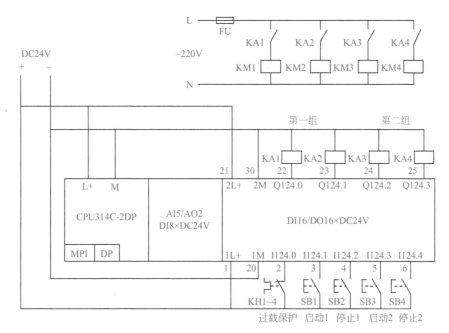

图 3-14　应用函数实现两组电动机顺序启动控制线路

（3）相关知识

函数（FC）是用户自己编写的程序模块，可以被其他程序块（OB、FB、FC）调用。与其他编程语言"函数"类似，FC 也具有参数，以名称的方式给出的参数称为形参（局域变量）；在调用时给形参赋予的实际值称为实参。函数不分配存储区，局域变量保存在局部堆栈中，当函数调用结束时，使用的变量要丢失。

① 无参数传递的函数调用　打开项目视图，点击 按钮，新建一个项目，命名为"实例 26-1"。然后双击"添加新设备"，添加 PLC 为 CPU314C-2DP，版本号为 V2.6。

在"项目树"下，双击"添加新块"，选择"函数 FC"，名称填写为"启动/停止"，编程语言为梯形图 LAD，默认编号为 1（FC1），然后点击确定，添加一个"启动/停止"的函数。

启动/停止函数 [FC1] 编写的程序如图 3-15（a）所示，在"项目树"下，将编写好的"启动/停止 [FC1]"拖放到主程序中，如图 3-15（b）所示。这种编程方法只是将部分逻辑程序块放到函数中，显然比较啰嗦。

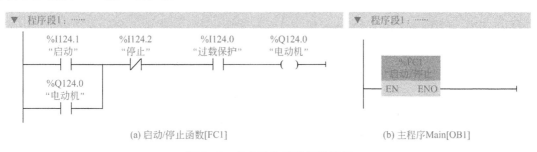

(a) 启动/停止函数[FC1]　　　　　　　　　　　(b) 主程序Main[OB1]

图 3-15　无参数传递的函数调用

② 带参数传递的函数调用　组态硬件完成后，添加一个新块"启动/停止（带参数）[FC1]"，打开 FC1 的编程界面，通过点击 或 可以隐藏/显示接口参数表。在表中，可以定义输入、输出等参数符号和数据类型，本例定义的接口参数表如图 3-16 所示，由于要用到 motor1 的常开触点进行自锁，因此 motor1 作为输入/输出参数。

启动/停止（带参数）				
	名称	数据类型	偏移量	默认值
1	▼ Input			
2	start	Bool		
3	stop	Bool		
4	guozai	Bool		
5	timer	Timer		
6	▼ Output			
7	motor2	Bool		
8	▼ InOut			
9	motor1	Bool		
10	▼ Temp			
11	<新增>			
12	▼ Constant			
13	延时时间	S5Time		S5T#5s
14	▼ Return			
15	启动/停止（带参数）	Void		

图 3-16　FC1 的接口参数表

FC 的接口参数表里有 Input（输入参数）、Output（输出参数）、InOut（输入/输出参数）、Temp（临时数据）、Constant（常数）、Return（返回值）。

Input 是将实参数据传递到被调用的块中进行处理。

Output 是将处理结果传递到调用的块中。

InOut 是将数据传递到被调用块进行处理，处理完成后，将处理结果传递到调用的块中。

Temp 是块的本地数据，处理完成并关闭块后，临时数据就不存在了。

Return 为返回值。

（4）控制程序

① PLC 硬件组态　打开项目视图，点击 按钮，新建一个项目，命名为"实例 26-2"。然后双击"添加新设备"，添加 PLC 为 CPU314C-2DP，版本号为 V2.6。

② 编写控制程序　应用函数实现两组电动机顺序启动控制程序如图 3-17 所示。

a. 启动/停止（带参数）函数。启动/停止（带参数）函数如图 3-17（a）所示。在程序段 1 中，当调用该函数时，"#guozai"的实参为过载保护 I124.0，上电时，I124.0 有输入，传递到该函数，故"#guozai"的常开触点预先接通。当"#start"常开触点接通时，"#motor1"线圈通电自锁，第一台电动机启动，同时接通延时定时器"#timer"线圈通电，以常数"#延时时间"（S5T#5S）延时。在程序段 2 中，"#timer"延时时间到，其常开触点接通，"#motor2"线圈通电，第二台电动机启动。

b. 主程序。主程序如图 3-17（b）所示。在程序段 1 中，输入第一组电动机控制的实参；在程序段 2 中输入第二组电动机控制的实参。

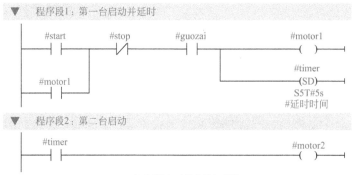

(a) 启动/停止（带参数）函数

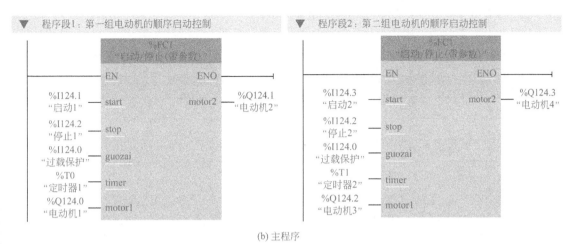

图 3-17 应用函数实现两组电动机顺序启动控制程序

[实例 27] 应用函数块（FB）实现电动机 Y-△ 降压启动

扫一扫，看视频

（1）控制要求

① 当按下启动按钮时，电动机绕组 Y 形连接降压启动，6s 后电动机绕组自动转为△形连接全压运转。

② 当按下停止按钮或电动机发生过载故障时，电动机断电停止。

（2）控制线路

① 控制线路接线 电动机 Y-△ 降压启动控制线路如图 3-18 所示，Y 形和△形接触器必须采取硬件联锁。

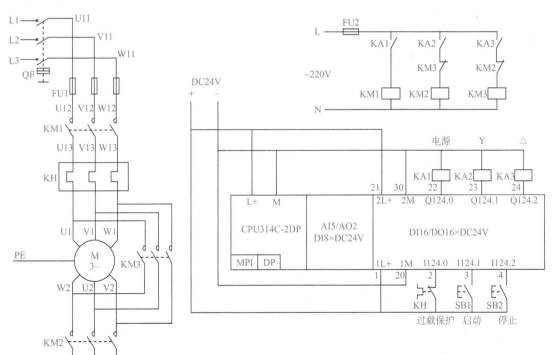

图 3-18 电动机 Y-△ 降压启动控制线路

② I/O 端口分配　PLC 的 I/O 端口分配见表 3-7。

表 3-7　[实例 27] 的 I/O 端口分配

输入端口			输出端口		
输入点	输入器件	作用	输出点	输出器件	控制对象
I124.0	KH 常闭触点	过载保护	Q124.0	KA1	电源
I124.1	SB1 常开触点	启动	Q124.1	KA2	Y 形
I124.2	SB2 常开触点	停止	Q124.2	KA3	△形

（3）相关知识

函数块（FB）也是用户自己编写的程序模块，FB 也具有形参，可以被其他程序块（OB、FB、FC）调用。FB 和 FC 的区别在于，FB 具有自己的存储区（数据块 DB），FB 执行完后，这个数据块仍然存在；而 FC 没有自己的存储区，FC 执行完后，数据块就不存在了。

数据块（DB）是用户定义的数据存储区域。DB 可以是属于某个 FB 的数据块，只能由这个 FB 使用，称为背景数据块；也可以是全局数据块，可以供 OB、FC、FB 共同使用。

① 添加新块　组态硬件完成后，在"项目树"下，双击"添加新块"，弹出的画面如图 3-19 所示。选择"函数块 FB"，名称填写为"Y-△降压启动"，编程语言为梯形图 LAD，默认编号为 1（FB1），然后点击确定，添加一个"Y-△降压启动"的函数块。

图 3-19　添加新块

② 函数块 FB

a. 块接口变量。打开"Y-△降压启动 [FB1]"的编程界面，通过点击▲或▼可以隐藏 / 显示接口参数表。本例定义的接口参数表如图 3-20 所示，FB 的接口参数表里有 Input（输入参数）、Output（输出参数）、InOut（输入 / 输出参数）、Static（静态参数）、Temp（临时数据）、Constant（常数）。在表中，可以定义输入、输出等参数符号和数据类型，由于在主程序中要用到 Y 形接触器和△形接触器的触点，因此将它们作为输入 / 输出参数。定义完变量之后，点击快捷菜单编译图标进行编译，编译之后，偏移量下会出现偏移量地址，然后可以编写程序。

Y-△降压启动								
		名称	数据类型	偏移量	默认值		在 HMI ...	设置值
1	▼	Input						
2	■	启动	Bool	0.0	false		☑	
3	■	停止	Bool	0.1	false		☑	
4	■	过载	Bool	0.2	false		☑	
5	■	定时器	Timer	2.0	0		☑	
6	▼	Output						
7	■	电源接触器	Bool	4.0	false		☑	
8	▼	InOut						
9	■	Y形接触器	Bool	6.0	false		☑	
10	■	△形接触器	Bool	6.1	false		☑	
11	▼	Static						
12	■	Y-△切换时间	S5Time	8.0	S5T#0ms		☑	☐
13	▼	Temp						
14	■	<新增>						
15	▼	Constant						
16	■	<新增>						

图 3-20　FB1 接口参数

b.编写 FB 程序。编写 FB 程序可以使用拖拽的方法，如图 3-21 所示，选中程序段 1 中的水平线，分别点击收藏夹中的┤├、┤/├，将位逻辑运算中的(s)拖放到水平线上，然后在┤/├后点击➡打开分支，再将(s)拖放到相应位置。将接口参数中 Input 下的变量"启动"拖拽到┤├上的地址域中，将 InOut 下的变量"△形接触器"拖放到┤/├上的地址域中，将"电源接触器"和"Y 形接触器"拖放到(s)上的地址域中，以下类似。编写好的 FB 程序如图 3-23（a）所示。

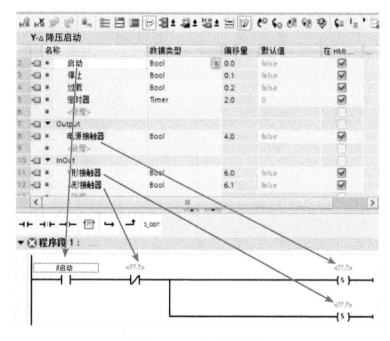

图 3-21　FB 程序的编写

c.主程序的编写。在主程序 OB1 中，从项目树中将已经编写程序完成的"Y- △降压启动 [FB1]"函数块拖放到编辑区域时，会弹出如图 3-22 所示的调用选项对话框，点击确定，保存为数据块"Y- △降压启动 _DB[DB1]"的，该数据块的接口参数与 FB1 的接口参数是一样的，只供 FB1 使用。然后选中 PLC 的默认变量表，从详细视图中将变量拖放到对应位置的地址域中即可。编写好的程序如图 3-23（b）所示。

图 3-22　FB1 的背景数据块

（4）控制程序

① PLC 硬件组态　打开项目视图，点击 ⬚ 按钮，新建一个项目，命名为"实例 27"。然后双击"添加新设备"，添加 PLC 为 CPU314C-2DP，版本号为 V2.6。

② 编写控制程序　应用函数块（FB）实现电动机 Y-△降压启动控制程序如图 3-23 所示。

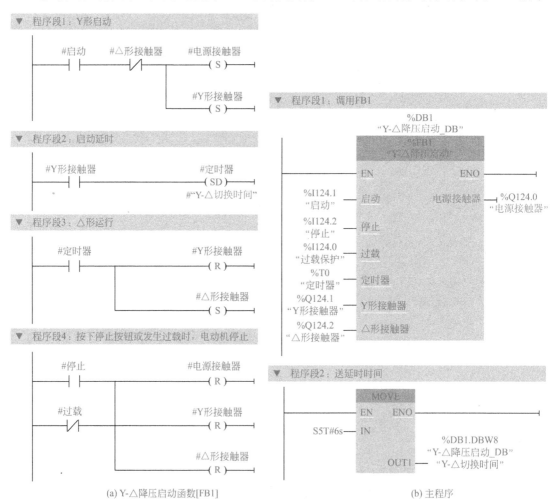

(a) Y-△降压启动函数[FB1]　　　　　　　　　　　(b) 主程序

图 3-23　应用函数块（FB）实现电动机 Y-△降压启动控制程序

a. Y-△降压启动函数块[FB1]。Y-△降压启动函数块[FB1]如图3-23（a）所示。在程序段1中，当变量"#启动"常开触点接通时，"#电源接触器"和"#Y形接触器"置位，电动机Y形启动。

在程序段2中，电动机Y形启动时，"#Y形接触器"常开触点接通，"#定时器"以静态变量"#Y-△切换时间"设定的时间进行延时。

在程序段3中，"#定时器"延时时间到，其常开触点接通，"#Y形接触器"复位，"#△形接触器"置位，电动机切换为△形运行。

在程序段4中，当"#停止"常开触点接通或"#过载"常闭触点接通（上电时，I124.0为"1"，该常闭触点是断开的）时，"#电源接触器""#Y形接触器"和"#△形接触器"同时复位，电动机停止。

b. 主程序。Y-△降压启动主程序如图3-23（b）所示。在程序段1中，调用函数块"Y-△降压启动[FB1]"，其背景数据块为"Y-△降压启动_DB[DB1]"，并赋予相对应的实参。

在程序段2中，将时间常数送入DB1的静态变量"Y-△切换时间"，时间为6s。

[实例28] 应用多重背景数据块实现两台电动机 Y-△降压启动

扫一扫，看视频

（1）控制要求

应用多重背景数据块实现两台电动机 Y-△降压启动控制，控制要求如下。

① 当按下水泵启动按钮时，水泵电动机Y形启动，经过5s，转换为△形运行；当按下水泵停止按钮或水泵过载时，水泵电动机停止。

② 当按下油泵启动按钮时，油泵电动机Y形启动，经过10s后，转换为△形运行；当按下油泵停止按钮或油泵过载时，油泵电动机停止。

③ 当水泵和油泵电动机运行时，指示灯亮。

（2）控制线路

① 控制线路接线 应用多重背景数据块实现两台电动机 Y-△降压启动控制线路如图3-24所示，主电路略，Y形和△形接触器必须采取硬件联锁。

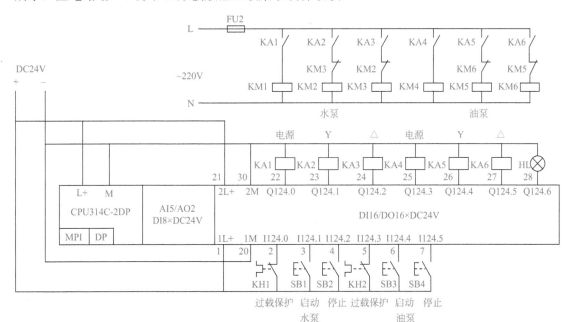

图 3-24 应用多重背景数据块实现两台电动机 Y-△降压启动控制线路

② I/O 端口分配　PLC 的 I/O 端口分配见表 3-8。

表 3-8　[实例 28] 的 I/O 端口分配

输入端口			输出端口		
输入点	输入器件	作用	输出点	输出器件	控制对象
I124.0	KH1 常闭触点	水泵过载保护	Q124.0	KA1	水泵电源
I124.1	SB1 常开触点	水泵启动	Q124.1	KA2	水泵 Y 形
I124.2	SB2 常开触点	水泵停止	Q124.2	KA3	水泵△形
I124.3	KH2 常闭触点	油泵过载保护	Q124.3	KA4	油泵电源
I124.4	SB3 常开触点	油泵启动	Q124.4	KA5	油泵 Y 形
I124.5	SB4 常开触点	油泵停止	Q124.5	KA6	油泵△形
			Q124.6	HL	指示灯

（3）控制程序

① PLC 硬件组态　打开项目视图，点击■按钮，新建一个项目，命名为"实例 28"。然后双击"添加新设备"，添加 PLC 为 CPU314C-2DP，版本号为 V2.6。

② 编写控制程序

a. 添加函数块"Y-△降压启动 [FB1]"。硬件组态完成后，在"项目树"下，双击"添加新块"，选择"函数块 FB"，名称填写为"Y-△降压启动"，编程语言为梯形图 LAD，默认编号为 1（FB1），然后点击确定，添加一个"Y-△降压启动"的函数块。

在"Y-△降压启动 [FB1]"函数块中，定义 FB1 的接口参数，如图 3-25（a）所示。可以使用前述的拖拽的方法编写程序，编写的程序如图 3-25（b）所示。在程序段 1 中，当变量"# 启动"常开触点接通时，"# 电源接触器"和"#Y 形接触器"置位，电动机 Y 形启动。

在程序段 2 中，电动机 Y 形启动时，"#Y 形接触器"常开触点接通，"# 定时器"以静态变量"#Y-△切换时间"设定的时间进行延时。

在程序段 3 中，"# 定时器"延时时间到，其常开触点接通，"#Y 形接触器"复位，"# △形接触器"置位，电动机切换为△形运行。

在程序段 4 中，当"#停止"常开触点接通或"#过载"常闭触点接通时，"# 电源接触器""#Y 形接触器"和"# △形接触器"同时复位，电动机停止。

b. 添加函数块"水泵油泵 [FB2]"。在"项目树"下，双击"添加新块"，选择"函数块 FB"，名称填写为"水泵油泵"，编程语言为梯形图 LAD，默认编号为 2（FB2），然后点击确定，添加一个"水泵油泵 [FB2]"的函数块。

在"水泵油泵 [FB2]"函数块中，从项目树中将"Y-△降压启动 [FB1]"函数块拖放到编辑区域中程序段 1 的横线上，自动弹出如图 3-26 所示的对话框，选择"多重背景 DB"，输入名称"水泵"，点击确定，在接口参数的 Static 下会自动生成一个"水泵"的多重背景数据，数据类型为"Y-△降压启动"，FB2 的接口参数如图 3-27（a）所示；用同样的方法，生成一个"油泵"的多重背景数据，数据类型也为"Y-△降压启动"。

点击 PLC 的默认变量表，从详细视图中将对应的变量拖放到 FB2 程序编辑器的对应地址域中，编写的 FB2 程序如图 3-27（b）所示，程序段 1 为水泵的 Y-△降压启动控制，程序段 2 为油泵的 Y-△降压启动控制，在程序段 3 中，当水泵和油泵启动完成，输出完成状态标志。

c. 主程序。在 OB1 中，将"水泵油泵 [FB2]"函数块拖放到编辑区域后，会自动弹出"调用选项"对话框，只有"单个实例 DB"选项，点击确定，生成一个"水泵油泵 _DB[DB1]"

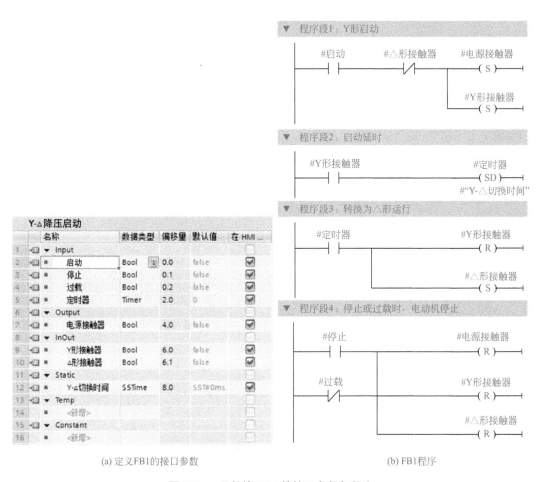

(a) 定义FB1的接口参数　　　　　　　　　　　(b) FB1程序

图 3-25　函数块 FB1 的接口参数与程序

图 3-26　多重背景 DB

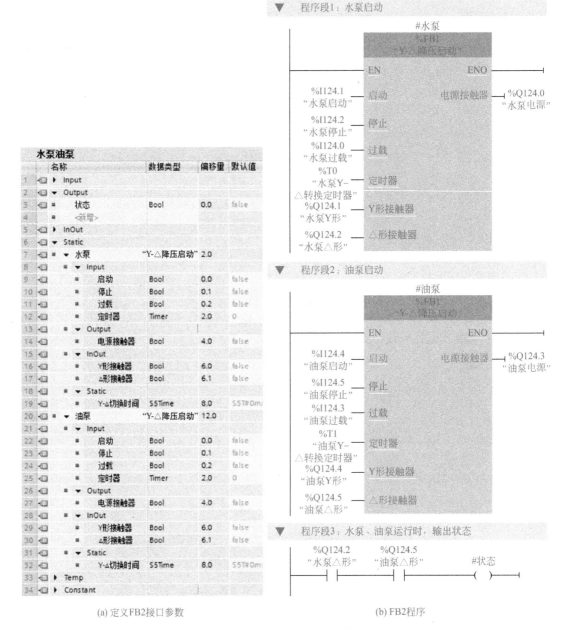

图 3-27　函数块 FB2 的接口参数与程序

　　的数据块，该数据块的接口参数与 FB2 的接口参数是一样的。主程序 OB1 如图 3-28 所示，点击 PLC 的默认变量表，从详细视图中将变量"运行状态"拖放到"状态"后的地址域中。从项目树中点击"水泵油泵_DB[DB1]"数据块，详细视图中将显示该数据块的变量，将"水泵"下的"Y-△切换时间"拖放到对应的地址域中，将"油泵"下的"Y-△切换时间"拖放到对应的地址域中。

　　在程序段 1 中，直接调用"水泵油泵"函数块，运行状态输出到 Q124.6，控制指示灯的亮与灭。

　　在程序段 2 中，分别传送水泵和油泵的 Y-△降压启动时间。

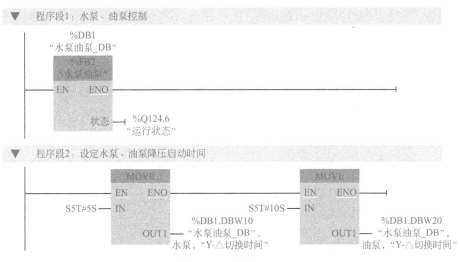

图 3-28　主程序 OB1

3.3　日期和时间指令

[实例 29]　作息时间定时控制

扫一扫，看视频

（1）控制要求

单位作息响铃时间分别为 8:00、11:50、14:20、18:30，周六、周日不响铃，响铃时间为 1min。

（2）相关知识

① 日期时间数据　日期时间的数据类型为 Data_And_Time（DT），占用 8 个字节，以 BCD 码格式存储年、月、日、时、分、秒、毫秒和星期。日期时间的存储格式见表 3-9，其中毫秒的存储占用第 6 个字节和第 7 个字节的高 4 位，第 7 个字节的低 4 位为星期，1～7 分别为星期日～星期六。

表 3-9　日期时间的存储格式

偏移量	0	1	2	3	4	5	6	7	
								高4位	低4位
存储内容	年	月	日	时	分	秒	毫秒		星期
举例（16进制）	18	8	26	9	30	57	300		1

② 日期时间指令　展开"指令"→"扩展指令"→"日期和时间"，可以查看日期时间指令。比较时间变量指令 T_COMP 的梯形图如图 3-29（a）所示。将日期时间格式的 IN1 与 IN2 进行比较，满足比较条件，OUT 输出为"1"；不满足时输出为"0"。比较条件可以通过指令框中的下拉列表进行选择，有 EQ（等于）、NE（不等于）、GE（大于等于）、LE（小于等于）、GT（大于）和 LT（小于）。

转换时间并提取指令 T_CONV 的梯形图如图 3-29（b）所示。可以将 DT（Date_And_Time）、S5TIME 和 Time 数据类型转换为 Date、Int、TOD（Time_Of_Day）、Time 或 S5TIME 数据类型。可以从指令框中"???"的下拉列表中选择转换前和转换后的数据类型。

组合时间指令 T_COMBINE 的梯形图如图 3-29（c）所示。可以将数据类型为 Date（日期）和 TOD（时间）的数据组合为数据格式 DT（日期时间）的数据。

写系统日期时间指令 WR_SYS_T 的梯形图如图 3-29（d）所示。可以将日期时间写入到 CPU，然后，CPU 的时钟从设定的时间和日期开始运行。

读系统日期时间指令 RD_SYS_T 的梯形图如图 3-29（e）所示。可以读取 CPU 时钟的当前日期和时间到 OUT 指定的日期时间单元中。

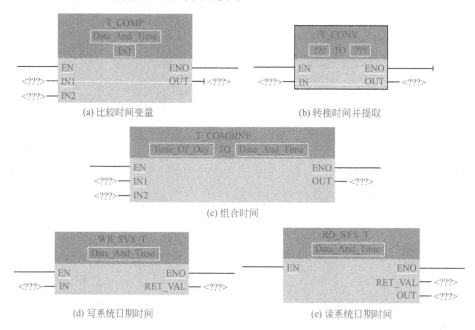

图 3-29　日期时间指令

（3）控制程序

① PLC 硬件组态　打开项目视图，点击 按钮，新建一个项目，命名为"实例 29"。然后双击"添加新设备"，添加 PLC 为 CPU314C-2DP，版本号为 V2.6。

② 编写控制程序

a. 数据块 DB1。在"项目树"下，通过"添加新块"添加一个数据块 DB（默认 DB1），填入变量名称，选择数据类型，如图 3-30（a）所示，最后点击编译图标 进行编译。

b. 日期时间比较函数 FC1。在"项目树"下，通过"添加新块"添加一个函数 FC（默认 FC1），接口参数中填入变量名称，选择数据类型，如图 3-30（b）所示。

日期时间比较函数 FC1 程序如图 3-31 所示。在程序段 1 中，将主程序中读取的系统"＃日期"和第 1 次响铃时间"＃第 1 次时间"（8:00）组合为"＃第 1 日期时间"，然后与"系统日期时间"进行比较。如果小于"系统日期时间"，"＃第 1 次"为"1"。当到 8:00 时，"＃第 1 次"变为"0"，在其下降沿开始响铃。

在程序段 2 中，将系统日期和第 2 次响铃时间"＃第 2 次时间"（11:50）组合为"＃第 2 日期时间"，然后将"＃第 1 日期时间"与"系统日期时间"进行比较，如果"＃第 1 日期时间"大于"系统日期时间"，"＃第 2 段 1"为"1"；将"＃第 2 日期时间"与"系统日期时间"进行比较，如果"＃第 2 日期时间"小于"系统日期时间"，"＃第 2 段 2"为"1"。

在程序段 3 中，如果"＃第 2 段 1"为"1"（大于 8:00）且"＃第 2 段 2"为"1"（小于 11:50），即在 8:00 ～ 11:50 之间，则"＃第 2 次"为"1"。当到 11:50 时，"＃第 2 次"变为"0"，在其下降沿开始响铃。

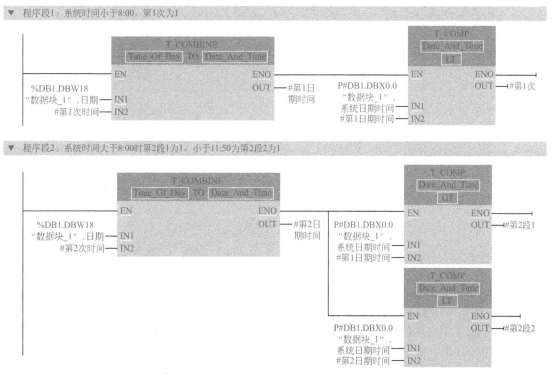

日期时间比较			
	名称	数据类型	偏移量
1	▼ Input		
2	第1次时间	Time_Of_Day	
3	第2次时间	Time_Of_Day	
4	第3次时间	Time_Of_Day	
5	第4次时间	Time_Of_Day	
6	▼ Output		
7	第1次	Bool	
8	第2次	Bool	
9	第3次	Bool	
10	第4次	Bool	
11	▶ InOut		
12	▼ Temp		
13	第1日期时间	Date_And_Time	0.0
14	第2日期时间	Date_And_Time	8.0
15	第3日期时间	Date_And_Time	16.0
16	第4日期时间	Date_And_Time	24.0
17	第2段1	Bool	32.0
18	第2段2	Bool	32.1
19	第3段1	Bool	32.2
20	第3段2	Bool	32.3
21	第4段1	Bool	32.4
22	第4段2	Bool	32.5
23	▶ Constant		
24	▶ Return		

数据块_1			
	名称	数据类型	偏移量
1	▼ Static		
2	系统日期时间	Date_And_Time	0.0
3	修改日期时间	Date_And_Time	8.0
4	星期	Int	16.0
5	日期	Date	18.0

(a) 数据块DB1　　　　　　　　(b) 日期时间比较FC1接口参数

图 3-30　数据块与 FC1 接口参数

图 3-31

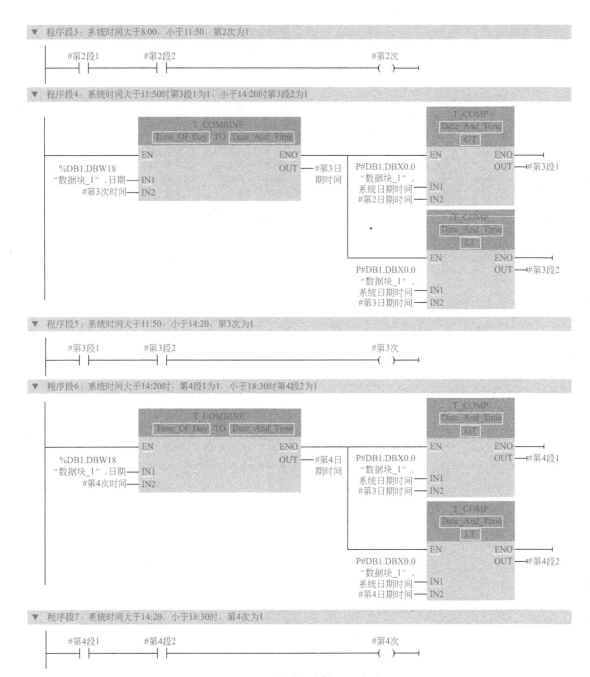

▼ 程序段3：系统时间大于8:00，小于11:50，第2次为1

▼ 程序段4：系统时间大于11:50时第3段1为1，小于14:20时第3段2为1

▼ 程序段5：系统时间大于11:50，小于14:20，第3次为1

▼ 程序段6：系统时间大于14:20时，第4段1为1，小于18:30时第4段2为1

▼ 程序段7：系统时间大于14:20，小于18:30时，第4次为1

图 3-31　日期时间比较 FC1 程序

程序段 4 ~ 5 为第 3 次响铃，程序段 6 ~ 7 为第 4 次响铃，与程序段 2 ~ 3 类似，请自行分析。

c. 主程序 OB1。主程序 OB1 如图 3-32 所示。在程序段 1 中，读取系统日期时间到数据块 DB1 的变量"系统日期时间"中。

在程序段 2 中，提取"系统日期时间"中的星期到数据块 DB1 的变量"星期"中。

在程序段 3 中，提取"系统日期时间"中的时间到数据块 DB1 的变量"日期"中。

在程序段 4 中，如果"星期"大于或等于 2 且小于或等于 6（即星期一到星期五），调用日期时间比较函数 FC1。

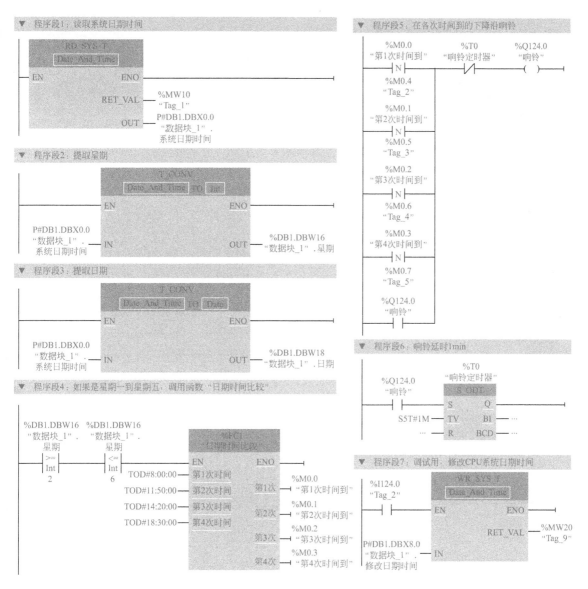

图 3-32　主程序 OB1

在程序段 5 中，如果在 M0.0 的下降沿（8:00 到），Q124.0 线圈通电自锁，开始响铃。M0.1（11:50）、M0.2（14:20）、M0.3（18:30）与 M0.0（8:00）一样。

在程序段 6 中，响铃时（Q124.0 常开触点接通），T0 延时 1min。延时时间到，程序段 5 中的 T0 常闭触点断开，Q124.0 线圈断电，自锁解除，响铃结束。

在程序段 7 中，调试时不可能长时间等待，可以通过变量监控改变"修改日期时间"中的日期时间数据，然后接通 I124.0，将"修改日期时间"中的数据写入到 CPU 中。

（4）调试

在项目树中，双击"监控与强制表"下的"添加新监控表"，添加一个"监控表_1"。点击 PLC 的"数据块_1[DB1]"，从详细视图中将"系统日期时间"和"修改日期时间"分别复制到监控表中，如图 3-33 所示。

点击启用监视按钮，在"修改日期时间"后的修改值下输入"DT#2018-11-19-07:59:50"，然后点击修改按钮，进行修改，接通 I124.0 将修改值写入 PLC 系统时间，经过 10s（8:00 到），

图 3-33 程序调试

可以看到 Q124.0 有输出 1min，表示响铃 1min。

其他响铃时间的调试与此类似。

扫一扫，看视频

[实例 30] 路灯亮灭定时控制

（1）控制要求

路灯（若干个）由接在 PLC 输出点 Q124.0 和 Q124.1 的接触器各控制一半，不同季节开关灯时间见表 3-10。

表 3-10 路灯开关灯时间

季节（月份）	全开灯时间	关一半灯时间	全关灯时间
夏季（6～8月）	19:00	00:00	06:00
冬季（12～翌年2月）	17:10	00:00	07:10
春秋季（3～5月、9～11月）	18:10	00:00	06:30

（2）控制线路

路灯亮灭定时控制线路如图 3-34 所示，由 KM1 控制一组灯，由 KM2 控制另一组灯。

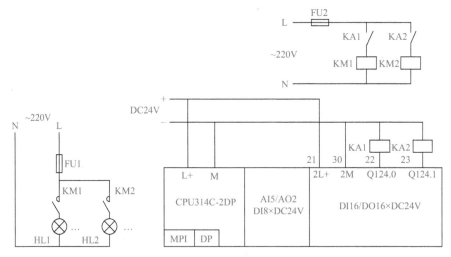

图 3-34 路灯亮灭定时控制线路

（3）控制程序

① PLC 硬件组态　打开项目视图，点击 ⚙ 按钮，新建一个项目，命名为"实例 30"。然后双击"添加新设备"，添加 PLC 为 CPU314C-2DP，版本号为 V2.6。

② 编写控制程序

a. 数据块 DB1。在"项目树"下，通过"添加新块"添加一个数据块 DB（默认 DB1），填入变量名称，选择数据类型，如图 3-35（a）所示，最后点击编译图标 🔧 进行编译。

b. 函数FC1。在"项目树"下，通过"添加新块"添加一个函数FC（默认FC1），接口参数中填入变量名称，选择数据类型，如图3-35（b）所示。

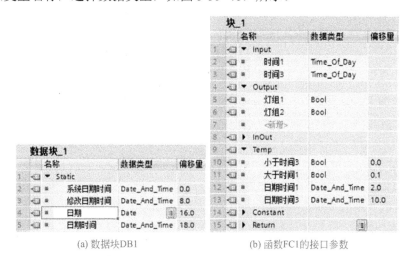

(a) 数据块DB1　　　　　　　　　(b) 函数FC1的接口参数

图 3-35　数据块与 FC1 接口参数

函数 FC1 程序如图 3-36 所示。在程序段 1 中，提取"系统日期时间"的日期到 DB1 的变量"日期"。

在程序段 2 中，将变量"日期"和"＃时间 3"组合为"＃日期时间 3"，然后与"系统日期时间"进行比较。如果系统日期时间小于"＃日期时间 3"，表示已经过了 0 点，则"＃小于时间 3"为"1"。程序段 4 中的"＃小于时间 3"常开触点闭合，"＃灯组 1"线圈通电，一组灯亮，"＃灯组 2"线圈不通电，表示过了 0 点，一组灯亮。

在程序段 3 中，将变量"日期"和"＃时间 1"组合为"＃日期时间 1"，然后将"＃日期时间 1"与"系统日期时间"进行比较，如果大于，则"＃大于时间 1"为"1"，表示到了晚上需要亮两组灯。程序段 4 和 5 中的"＃大于时间 1"的常开触点都闭合，"＃灯组 1"和"＃灯组 2"线圈都通电，两组灯都亮。

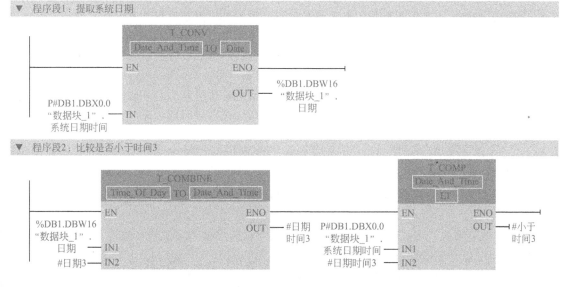

图 3-36

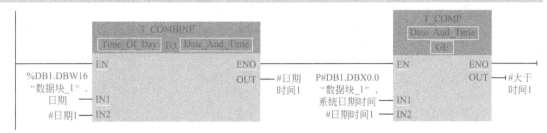

图 3-36 函数 FC1 程序

当天亮时，"系统日期时间"大于"# 日期时间 3"，若比较条件都不满足，程序段 4 和 5 中的常开触点都不会接通，"# 灯组 1"和"# 灯组 2"线圈都不通电，两组灯都熄灭。

c. 主程序 OB1。主程序 OB1 如图 3-37 所示。在程序段 1 中，读取系统日期时间到"系统日期时间"。

在程序段 2 中，传送月份到 MW10 的低 8 位（MB11）中，如果是 6 ~ 8 月（夏季），则 M0.0 线圈通电；如果是 3 ~ 5 月或 9 ~ 11 月（春秋季），则 M0.1 线圈通电。

在程序段 3 中，如果是其余月份（冬季），则 M0.2 线圈通电。

在程序段 4 中，如果是夏季，按设定的时间调用 FC1，控制灯组 1 和灯组 2。

在程序段 5 中，如果是春秋季，按设定的时间调用 FC1，控制灯组 1 和灯组 2。

在程序段 6 中，如果是冬季，按设定的时间调用 FC1，控制灯组 1 和灯组 2。

在程序段 7 中，调试时不可能长时间等待，可以通过变量监控修改系统日期时间，然后接通 I124.0，将日期时间写入 CPU 中。

（4）调试

在项目树中，双击"监控与强制表"下的"添加新监控表"，添加一个"监控表 _1"。点击 PLC 的"数据块 _1[DB1]"，从详细视图中将"系统日期时间"和"修改日期时间"分别拖放到监控表中，如图 3-38 所示。

调试以夏季为例，点击启用监视按钮 ，在"修改日期时间"后的修改值下输入"DT#2018-06-19-18:59:55"，然后点击修改按钮 进行修改，接通 I124.0 将修改值写入 PLC 系统时间，经过 5s（19:00 到），可以看到 Q124.0 和 Q124.1 同时有输出，灯组 1 和灯组 2 同时亮。

在修改值下输入"DT#2018-06-19-23:59:55"，然后点击修改按钮 进行修改，接通 I124.0 将修改值写入 PLC 系统时间，经过 5s（00:00 到），可以看到只有 Q124.0 有输出，亮一组灯。

在修改值下输入"DT#2018-06-19-5:59:55"，然后点击修改按钮 进行修改，接通 I124.0 将修改值写入 PLC 系统时间，经过 5s（6:00 到），可以看到 Q124.0 和 Q124.1 都没有

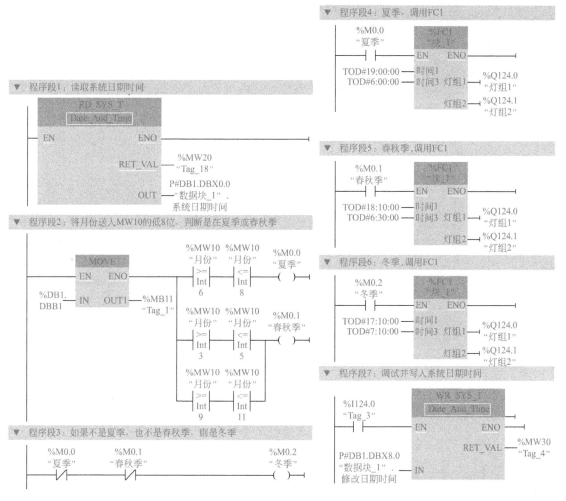

图 3-37　主程序 OB1

图 3-38　程序调试

输出，灯组 1 和灯组 2 都熄灭。

冬季和春秋季的调试与此类似。

3.4　集成计数功能

[实例 31]　应用高速计数指令实现位置测量

扫一扫，看视频

（1）控制要求

某单向旋转机械上连接了一个 A/B 两相正交脉冲增量旋转编码器，计数脉冲的个数就表示旋转轴的位置。编码器旋转一圈产生 1000 个 A/B 相脉冲和 1 个复位脉冲（C 相或 Z 相），要求在 180°（500 个脉冲）～ 288°（800 个脉冲）之间指示灯亮，其余位置指示灯熄灭。

（2）控制线路

① 控制线路接线　应用高速计数器指令实现位置测量的控制线路如图 3-39 所示。由于欧姆龙旋转编码器为 NPN 输出，低电平有效，所以要加上 2kΩ 的上拉电阻。

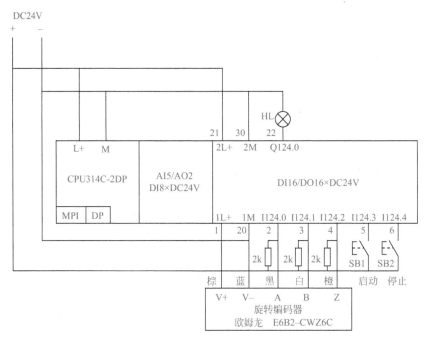

图 3-39　应用高速计数器指令实现位置测量的控制线路

② I/O 端口分配　PLC 的 I/O 端口分配见表 3-11。

表 3-11　［实例 31］的 I/O 端口分配

输入端口			输出端口		
输入点	输入器件	作用	输出点	输出器件	控制对象
I124.0	旋转编码器 A 相	A 相脉冲	Q124.0	HL	指示灯
I124.1	旋转编码器 B 相	B 相脉冲			
I124.2	旋转编码器 Z 相	零位脉冲			
I124.3	SB1 常开触点	启动			
I124.4	SB2 常开触点	停止			

（3）相关知识

① 功能 I/O 地址分配　S7-300 CPU314C-2DP 属于紧凑型 PLC，集成了 24 个数字量输入点和 16 个数字量输出点。这些 I/O 点除用作普通开关量，还具有高速计数输入和脉冲输出功能，可以用于高速计数、脉冲输出、频率测量、定位控制。可以连接最多 4 通道高速计数或频率测量输入（最高计数频率为 60kHz）与 4 通道脉宽调制的脉冲输出（最高输出脉冲频率为 2.5kHz），信号 I/O 地址分配见表 3-12。

② 集成计数器的配置　在硬件组态完成后，点击 CPU，在"属性"→"常规"下，展开"计数"，根据计数器的实际接线，选择通道 0 ～ 3，如图 3-40 所示。

表 3-12　CPU314C-2DP 的信号 I/O 地址分配

引脚	端子	功能设定		
		高速计数	频率测量	脉冲输出
1	1L+	开关量输入DC24V电源		
2	DI+0.0	通道0：A相输入（两相），或计数脉冲输入（脉冲+方向）		—
3	DI+0.1	通道0：B相输入（两相），或计数方向输入（脉冲+方向）		—
4	DI+0.2	通道0：计数控制信号（硬件门）		通道0：输出控制信号（硬件门）
5	DI+0.3	通道1：A相输入（两相），或计数脉冲输入（脉冲+方向）		—
6	DI+0.4	通道1：B相输入（两相），或计数方向输入（脉冲+方向）		—
7	DI+0.5	通道1：计数控制信号（硬件门）		通道1：输出控制信号（硬件门）
8	DI+0.6	通道2：A相输入（两相），或计数脉冲输入（脉冲+方向）		—
9	DI+0.7	通道2：B相输入（两相），或计数方向输入（脉冲+方向）		—
10		—		
11		—		
12	DI+1.0	通道2：计数控制信号（硬件门）		通道2：输出控制信号（硬件门）
13	DI+1.1	通道3：A相输入（两相），或计数脉冲输入（脉冲+方向）		—
14	DI+1.2	通道3：B相输入（两相），或计数方向输入（脉冲+方向）		—
15	DI+1.3	通道3：计数控制信号（硬件门）		通道3：输出控制信号（硬件门）
16	DI+1.4	通道0：计数锁存信号		—
17	DI+1.5	通道1：计数锁存信号		—
18	DI+1.6	通道2：计数锁存信号		—
19	DI+1.7	通道3：计数锁存信号		—
20	1M	电源0V（接地）		
21	2L+	开关量输入DC24V电源		
22	DO+0.0	—	—	通道0：脉冲输出
23	DO+0.1	—	—	通道1：脉冲输出
24	DO+0.2	—	—	通道2：脉冲输出
25	DO+0.3	—	—	通道3：脉冲输出
30	2M	电源0V（接地）		

　　操作模式可以选择"连续计数""单次计数""周期计数""频率测量""脉冲宽度调制"。

　　连续计数又称无限计数，在加计数方式下，当计数值达到上限 $2^{31}-1$ 后，再输入加脉冲，计数值自动变为下限 -2^{31}；在减计数方式下，当计数器达到下限 -2^{31} 后，再输入减脉冲，计数值自动变为上限 $2^{31}-1$。

　　单次计数与所设定的"主计数方向"有关。当选择"主计数方向"为"无"时，计数器将从预置值开始加/减计数。

　　当选择"主计数方向"为"向前"时，计数器将从预置值开始加计数。当计数值等于"结束值 -1"时，计数值自动置"预置值"，同时停止计数。计数的重新启动，必须等到计数控制输入信号的上升沿出现。

　　当选择"主计数方向"为"向后"时，计数器将从预置值开始减计数。当计数值等于"1"

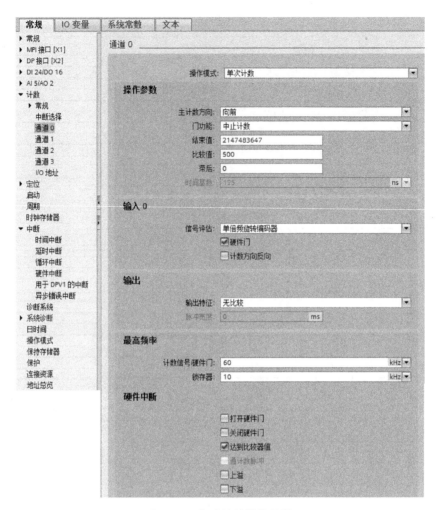

图 3-40 集成计数器的配置

时，计数值自动置"预置值"，同时停止计数。计数的重新启动，必须等到计数控制输入信号的上升沿出现。

门功能可以选择"中止计数"或"中断计数"。门功能关闭后重启，"中止计数"则停止计数；"中断计数"则继续计数。

信号评估可以选择"脉冲和方向"或"单倍频旋转编码器""双倍频旋转编码器""四倍频旋转编码器"。

计数器受门功能控制，门功能有外部控制输入（硬件门）和内部软件控制信号（软件门），当选择"硬件门"时，必须硬件门与软件门同时接通才能计数。增量型旋转编码器输出的 Z 相脉冲（每转到 0° 时断开一次）接硬件门，每转断开一次，计数器当前值清零。

计数方向可以通过选择框选择是否需要改变计数器的计数方向。

输出特征可以选择"无比较""计数器值≥比较值""计数器值≤比较值""达到比较值时输出脉冲"。当选择"达到比较值时输出脉冲"时，可以选择脉冲宽度。

硬件中断有"打开硬件门""关闭硬件门""达到比较器值""上溢""下溢"。

③ 集成计数器指令 在"指令"下，展开"工艺"→"300C 功能"，可以找到"COUNT"指令。将 COUNT 指令拖放到程序编辑器的编辑区域，其梯形图如图 3-41 所示。COUNT 指令的输入 / 输出变量见表 3-13。

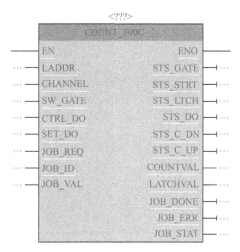

图 3-41 COUNT 指令

表 3-13 COUNT 指令的输入/输出变量

变量符号	变量类型	数据类型	说明	输入范围	默认值
LADDR	输入	Word	集成计数器 I/O 地址	与 CPU 有关	W#16#300（768）
CHANNEL	输入	Int	计数器通道号	0～3	0
SW_GATE	输入	Bool	软件门	0/1	0
CTRL_DO	输入	Bool	数据比较使能输入	0/1	0
SET_DO	输入	Bool	数据比较结果直接置位输入	0/1	0
JOB_REQ	输入	Bool	计数器读/写请求（上升沿有效）	0/1	0
JOB_ID	输入	Word	计数器读/写代码 W#16#0000：无读/写动作 W#16#0001：写入现行计数值 W#16#0002：写入计数预置值 W#16#0004：写入计数比较值 W#16#0008：写入滞后值 W#16#0010：写入结果输出脉冲宽度 W#16#0082：读计数预置值 W#16#0084：读比较值 W#16#0088：读滞后值 W#16#0090：读结果输出脉冲宽度 读/写的数值在 JOB_VAL 中	W#16#0000～W#16#0090	W#16#0000
JOB_VAL	输入	DInt	读/写数据存储器	$-2^{31}\sim2^{31}-1$	0
STS_GATE	输出	Bool	内部控制门状态输出	0/1	0
STS_STRT	输出	Bool	计数控制输入（硬件门）状态输出	0/1	0
STS_LTCH	输出	Bool	锁存信号状态输出	0/1	0
STS_DO	输出	Bool	比较结果状态输出	0/1	0
STS_C_DN	输出	Bool	实际计数方向为"减计数"	0/1	0
STS_C_UP	输出	Bool	实际计数方向为"加计数"	0/1	0
COUNTVAL	输出	DInt	实际计数值	$-2^{31}\sim2^{31}-1$	0
LATCHVAL	输出	DInt	锁存的计数值	$-2^{31}\sim2^{31}-1$	0
JOB_DONE	输出	Bool	JOB_ID 动作执行完成	0/1	1
JOB_ERR	输出	Bool	JOB_ID 动作执行错误	0/1	0
JOB_STAT	输出	Word	JOB_ERR 错误代码	0～W#16#FFFF	0

在计数器的数据读/写动作执行时，要先在 JOB_ID 中输入所需要的动作代码，在 JOB_VAL 中输入所需要的数据，最后使 JOB_REQ 为"1"。通过输出变量 JOB_DONE、JOB_ERR、JOB_STAT 可以查询指令的执行情况。

（4）控制程序

① PLC 硬件组态　打开项目视图，点击 按钮，新建一个项目，命名为"实例 31"。然后双击"添加新设备"，添加 PLC 为 CPU314C-2DP，版本号为 V2.6。

点击 CPU，在"属性"→"常规"下，展开"计数"，点击计数下的"中断选择"，选择"诊断和过程"。点击通道 0，选择操作模式为"单次计数"，操作参数中主计数方向为"向前"，输入 0 选择"单倍频旋转编码器"，选中"硬件门"，硬件中断选择"达到比较器值"。

在"计数"下，点击"I/O 地址"，可以看到输入地址的起始地址为 768，结束地址为783。即通道 0 地址为 768，通道 1 地址为 772，通道 2 地址为 776，通道 3 地址为 780。中断 OB 编号为 40。

② 编写控制程序　应用高速计数器指令实现位置测量的程序如图 3-42 所示。

a. 硬件中断程序 OB40。硬件中断程序 OB40 如图 3-42（a）所示。在程序段 1 中，当计数到比较值 500 时，产生硬件中断，使 Q124.0 置"1"，指示灯亮；将比较值 800 送入 MD10，

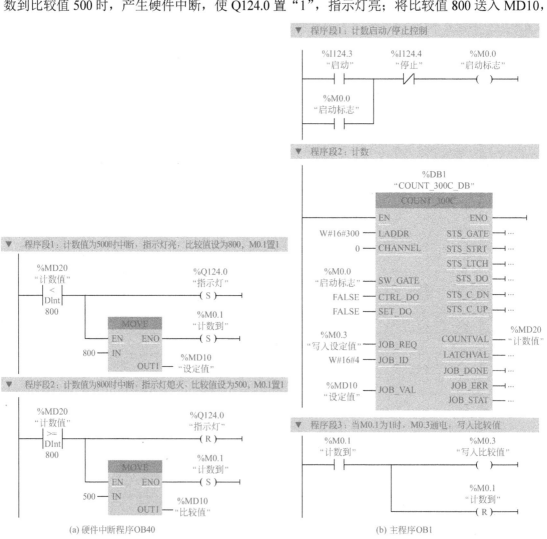

图 3-42　应用高速计数器指令实现位置测量的程序

置位 M0.1。

在程序段 2 中，当计数到比较值 800 时，产生硬件中断，使 Q124.0 复位，指示灯熄灭；将比较值 500 送入 MD10，置位 M0.1。

b. 主程序 OB1。主程序 OB1 如图 3-42（b）所示。在程序段 1 中，可以启（I124.3）/停（I124.4）计数器。

在程序段 2 中，计数器的地址为 W#16#300（768），通道号为 0，M0.0 为软件门启动控制，M0.3 为写入比较值控制，W#16#4 为写入代码（比较值），MD10 为比较值，MD20 为计数值。

在程序段 3 中，中断后，比较值改变（M0.1 为"1"），M0.3 线圈通电，写入比较值，然后 M0.1 复位。

［实例 32］　应用频率测量指令实现速度测量

扫一扫，看视频

（1）控制要求

与电动机同轴的测量轴安装一个增量型旋转编码器，该编码器每转输出 1000 个 A/B 相正交脉冲，控制要求如下。

① 当按下启动按钮时，电动机 M 启动，对电动机转速进行测量，测量转速保存到MW100 中。

② 当按下停止按钮时，电动机 M 停止。

（2）控制线路

① 控制线路接线　应用频率测量指令实现速度测量的控制线路如图 3-43 所示。

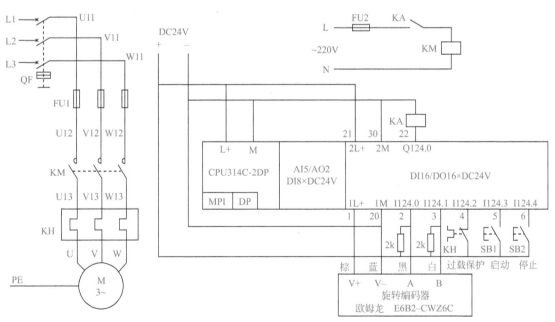

图 3-43　应用频率测量指令实现速度测量的控制线路

② I/O 端口分配　PLC 的 I/O 端口分配见表 3-14。

（3）相关知识

① 集成计数器的配置　在硬件组态完成后，点击 CPU，在"属性"→"常规"下，展开"计数"，根据计数器的实际接线，选择通道 0～3，如图 3-44 所示（本例的配置）。

133

表 3-14　[实例 32] 的 I/O 端口分配

输入端口			输出端口		
输入点	输入器件	作用	输出点	输出器件	控制对象
I124.0	旋转编码器A相	A相脉冲	Q124.0	KA	电动机
I124.1	旋转编码器B相	B相脉冲			
I124.2	KH常闭触点	过载保护			
I124.3	SB1常开触点	启动			
I124.4	SB2常开触点	停止			

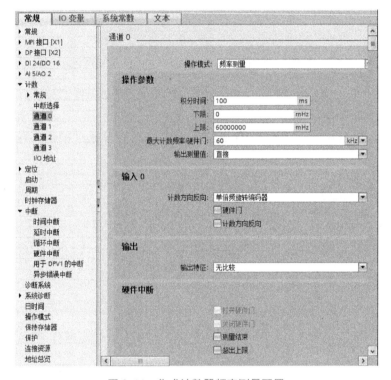

图 3-44　集成计数器频率测量配置

操作模式选择"频率测量"。

积分时间是频率测量的积分时间，单位为 ms，允许范围为 10 ～ 10000。

下限为输入频率比较的下限频率值，单位为 mHz，允许范围为 0 ～ 59999999。

上限为输入频率比较的上限频率值，单位为 mHz，允许范围为 0 ～ 60000000。

最大计数频率为 60kHz（CPU314C）。

输出测量值可以选择"直接"或"平均"。

计数方向反向可以选择"脉冲和方向"或"单倍频旋转编码器""双倍频旋转编码器""四倍频旋转编码器"。

当选择"硬件门"时，必须硬件门与软件门同时接通才能计数。本例只使用软件门，所以不选择"硬件门"。

计数方向可以通过选择框选择是否需要改变计数器的计数方向。

输出特征可以选择"无比较""超出限值时设置""超出上限时设置""超出下限时设置"。

硬件中断有"打开硬件门""关闭硬件门""测量结束""超出上限""超出下限"。

② 频率测量指令　在"指令"下，展开"工艺"→"300C 功能"，可以找到"FREQUENC"指令。将 FREQUENC 指令拖放到程序编辑器的编辑区域，其梯形图如图 3-45 所示。FREQUENC 指令的输入 / 输出变量见表 3-15。

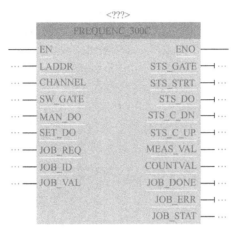

图 3-45　FREQUENC 指令

表 3-15　FREQUENC 指令的输入 / 输出变量

变量符号	变量类型	数据类型	说明	输入范围	默认值
LADDR	输入	Word	集成计数器 I/O 地址	与 CPU 有关	W#16#300（768）
CHANNEL	输入	Int	计数器通道号	0～3	0
SW_GATE	输入	Bool	软件门	0/1	0
MAN_DO	输入	Bool	手动控制使能输入	0/1	0
SET_DO	输入	Bool	数据比较结果直接置位输入	0/1	0
JOB_REQ	输入	Bool	频率测量读 / 写请求（上升沿有效）	0/1	0
JOB_ID	输入	Word	频率测量读 / 写代码 W#16#0000：无读 / 写动作 W#16#0001：写入频率下限 W#16#0002：写入频率上限 W#16#0004：写入积分时间 W#16#0081：读下限 W#16#0082：读上限 W#16#0084：读积分时间 读 / 写的数值在 JOB_VAL 中	W#16#0000～W#16#0084	W#16#0000
JOB_VAL	输入	DInt	读 / 写数据存储器	-2^{31}～$2^{31}-1$	0
STS_GATE	输出	Bool	内部门状态输出	0/1	0
STS_STRT	输出	Bool	硬件门状态输出	0/1	0
STS_DO	输出	Bool	比较结果状态输出	0/1	0
STS_C_DN	输出	Bool	实际计数方向为"减计数"	0/1	0
STS_C_UP	输出	Bool	实际计数方向为"加计数"	0/1	0
MEAS_VAL	输出	DInt	当前频率值	0～$2^{31}-1$	0
COUNTVAL	输出	DInt	实际计数值	-2^{31}～$2^{31}-1$	0
JOB_DONE	输出	Bool	JOB_ID 动作执行完成	0/1	1
JOB_ERR	输出	Bool	JOB_ID 动作执行错误	0/1	0
JOB_STAT	输出	Word	JOB_ERR 错误代码	0～W#16#FFFF	0

在频率测量参数的读 / 写动作执行时，要先在 JOB_ID 中输入所需要的动作代码，在 JOB_VAL 中输入所需要的数据，最后使 JOB_REQ 为 "1"。通过输出变量 JOB_DONE、JOB_ERR、JOB_STAT 可以查询指令的执行情况。

（4）控制程序

① PLC 硬件组态　打开项目视图，点击██按钮，新建一个项目，命名为 "实例 32"。然后双击 "添加新设备"，添加 PLC 为 CPU314C-2DP，版本号为 V2.6。

点击 CPU，在 "属性"→"常规" 下，展开 "计数"，点击通道 0，选择操作模式为 "频率测量"，输入 0 的计数方向为 "单倍频旋转编码器"。

在 "计数" 下，点击 "I/O 地址"，可以看到输入地址的起始地址为 768，结束地址为 783。即通道 0 地址为 768，通道 1 地址为 772，通道 2 地址为 776，通道 3 地址为 780。

② 编写控制程序　应用频率测量指令实现速度测量的控制程序 OB1 如图 3-46 所示。

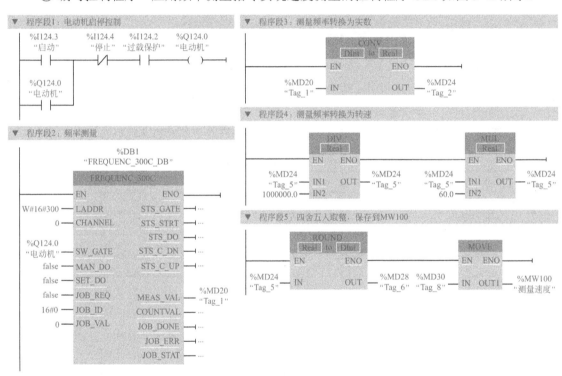

图 3-46　应用频率测量指令实现速度测量的控制程序 OB1

在程序段 1 中，I124.2 常开触点为过载保护输入，预先接通。当按下启动按钮 SB1 时，I124.3 常开触点接通，Q124.0 线圈通电自锁，电动机启动运行。

在程序段 2 中，应用频率测量指令测量频率。地址为 W#16#300（768），通道号为 0，当电动机运行时（Q124.0 为 "1"），接通软件门，开始测量频率。频率的测量值（MEAS_VAL）保存到 MD20 中（单位 mHz）。

在程序段 3 中，频率测量值 MD20 转换为实数（Real）保存在 MD24。

在程序段 4 中，由于频率测量值的单位为 mHz，旋转编码器每转输出 1000 个脉冲，MD24 除以 1000 转换为单位 Hz，再除以 1000，换算为单位 r/s，因此将 MD24 除以 1000000；然后乘以 60 换算为转速（单位 r/min）。

在程序段 5 中，将 MD24 四舍五入取整，存放到 MD28，取 MD28 的低位字（MW30）送入 MW100。

[实例33] 步进电动机的速度控制

扫一扫，看视频

（1）控制要求

① 当按下启动按钮时，步进电动机以设定转速（0 ～ 300r/min）运行。

② 按下停止按钮时，步进电动机停止。

（2）控制线路

① 控制线路接线　步进电动机的速度控制线路如图 3-47 所示。步进驱动器的 PUL+/−表示步进脉冲信号输入正端 / 负端，使用电源电压 DC24V 时，限流电阻为 2kΩ。步进驱动器的电源电压可以为 DC20 ～ 50V，这里使用了 DC36V。

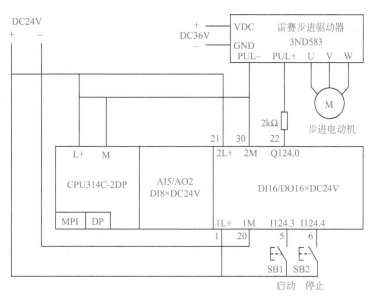

图 3-47　步进电动机的速度控制线路

② I/O 端口分配　PLC 的 I/O 端口分配见表 3-16。

表 3-16　[实例 33] 的 I/O 端口分配

输入端口			输出端口		
输入点	输入器件	作用	输出点	输出器件	控制对象
I124.3	SB1 常开触点	启动	Q124.0	PUL+	步进驱动器
I124.4	SB2 常开触点	停止			

（3）相关知识

① 步进驱动器　雷赛 3ND583 的三相步进驱动器的供电电压为 DC20 ～ 50V，典型值为 36V。具有 8 挡细分和静止时自动半流功能。

步进驱动器 3ND583 的工作方式设置开关与外部接线端如图 3-48 所示，外部接线端的功能说明见表 3-17。

步进驱动器 3ND583 的细分设置分为 8 挡，见表 3-18。设置 SW6、SW7、SW8 全为 OFF 状态，即选择细分步数为 10000 步 / 圈。

步进驱动器 3ND583 输出相电流设置分为 16 挡，见表 3-19。设置 SW1、SW2、SW3、SW4 为 OFF、OFF、ON、ON 状态，即输出相电流为 4.9A。

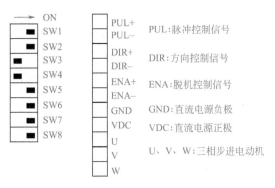

图 3-48 3ND583 的工作方式设置开关与外部接线端

表 3-17 步进驱动器外部接线端功能说明

接线端	功 能 说 明
PUL+	脉冲信号（5V）输入/输出端，脉冲的数量、频率与步进电动机的角位移、转速成比例
PUL−	
DIR+	方向电平信号（5V）输入/输出端，电平的高低决定电动机的旋转方向
DIR−	
ENA+	制动信号（5V）输入/输出端
ENA−	
U、V、W	步进电动机三相电源输出端
VDC	驱动器直流电源输入端正极
GND	驱动器直流电源输入端负极

表 3-18 细分设置

序号	细分/（步/圈）	SW6	SW7	SW8
1	200	ON	ON	ON
2	400	OFF	ON	ON
3	500	ON	OFF	ON
4	1000	OFF	OFF	ON
5	2000	ON	ON	OFF
6	4000	OFF	ON	OFF
7	5000	ON	OFF	OFF
8	10000	OFF	OFF	OFF

表 3-19 输出相电流设置

序号	相电流/A	SW1	SW2	SW3	SW4
1	1.5	OFF	OFF	OFF	OFF
2	1.8	ON	OFF	OFF	OFF
3	2.1	OFF	ON	OFF	OFF
4	2.3	ON	ON	OFF	OFF

续表

序号	相电流/A	SW1	SW2	SW3	SW4
5	2.6	OFF	OFF	ON	OFF
6	2.9	ON	OFF	ON	OFF
7	3.2	OFF	ON	ON	OFF
8	3.5	ON	ON	ON	OFF
9	3.8	OFF	OFF	OFF	ON
10	4.1	ON	OFF	OFF	ON
11	4.4	OFF	ON	OFF	ON
12	4.6	ON	ON	OFF	ON
13	4.9	OFF	OFF	ON	ON
14	5.2	ON	OFF	ON	ON
15	5.5	OFF	ON	ON	ON
16	6.0	ON	ON	ON	ON

② 步进驱动器的 DIP 设置 根据步进电动机驱动扭矩的大小及每转步数可以对 DIP 开关进行设置，具体设置见表 3-20。SW1 ～ SW4 用于设置驱动器的输出相电流（有效值），表中选择驱动器输出相电流为 3.2A；SW5 用于选择有无半流功能，所谓半流功能是指无步进脉冲 500ms 后，驱动器输出电流自动降为额定输出电流的 70%，用来防止电动机发热，选择 OFF 表示有半流功能；SW6 ～ SW8 用来选择每转步数，这里选择 ON、OFF、ON 表示 500，即 500 个脉冲步进电动机旋转一圈。

表 3-20 步进驱动器 DIP 设置

SW1	SW2	SW3	SW4	SW5	SW6	SW7	SW8
OFF	ON	ON	OFF	OFF	ON	OFF	ON

③ 集成计数器的配置 在硬件组态完成后，点击 CPU，在"属性"→"常规"下，展开"计数"，根据计数器的实际接线，选择通道 0 ～ 3，如图 3-49 所示。

操作模式选择"脉冲宽度调制"（PWM）。

输出格式可以选择脉冲宽度参数 OUTP_VAL 的设定方式，当选择"千分率"时，数据范围为 0 ～ 1000；当选择"S7 模拟值"时，数据范围为 0 ～ 27648。

时间基数是脉冲输出参数的时间基本单位，可以选择 0.1ms 或 1ms。

接通延时是指脉冲输出启动到实际脉冲输出之间的延迟时间，延时范围为 0 ～ 65535，单位为时间基数。

周期时间（T）是 PWM 脉冲宽度与脉冲间的间隔时间之和。周期的设定范围为 4 ～ 65535（0.1ms）或 1 ～ 65535（1ms）。

最小脉冲宽度是 PWM 脉冲输出为"1"的保持时间。设定范围为 2 ～ $T/2$（时间基数为 0.1ms）或 0 ～ $T/2$（时间基数为 1ms）。

输入信号选择只有"硬件门"，通过选择框选择是否使用脉冲输出控制的外部输入（硬件门）信号。

滤波器频率为硬件门输入的滤波频率。

硬件中断有"打开硬件门"，可以选择中断方式为硬件门打开中断。

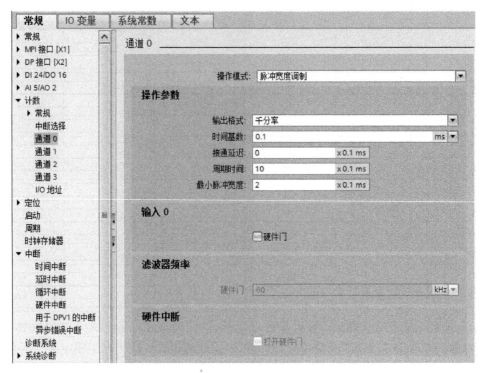

图 3-49　集成脉冲宽度调制输出的配置

④ 脉冲输出指令　在"指令"下，展开"工艺"→"300C 功能"，可以找到"脉冲"指令。将"脉冲"指令拖放到程序编辑器的编辑区域，其梯形图如图 3-50 所示，输入 / 输出变量见表 3-21。

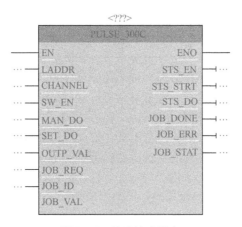

图 3-50　脉冲输出指令

表 3-21　脉冲输出指令的输入 / 输出变量

变量符号	变量类型	数据类型	说明	输入范围	默认值
LADDR	输入	Word	集成脉冲输出I/O地址	与CPU有关	W#16#300（768）
CHANNEL	输入	Int	脉冲输出通道号	0 ～ 3	0
SW_GATE	输入	Bool	软件门	0/1	0
MAN_DO	输入	Bool	手动控制使能输入	0/1	0

续表

变量符号	变量类型	数据类型	说明	输入范围	默认值
SET_DO	输入	Bool	数据比较结果直接置位输入	0/1	0
OUTP_VAL	输入	Int	脉冲宽度	0 ~ 1000 或 0 ~ 27648	0
JOB_REQ	输入	Bool	脉冲输出读/写请求（上升沿有效）	0/1	0
JOB_ID	输入	Word	频率测量读/写代码 W#16#0000：无读/写动作 W#16#0001：写脉冲周期 W#16#0002：写输出延时 W#16#0004：写最小脉冲宽度值 W#16#0081：读脉冲周期 W#16#0082：读输出延时 W#16#0084：读最小脉冲宽度值 读/写的数值在JOB_VAL中	W#16#0000 ~ W#16#0084	W#16#0000
JOB_VAL	输入	DInt	读/写数据存储器	$-2^{31} \sim 2^{31}-1$	0
STS_EN	输出	Bool	内部门状态输出	0/1	0
STS_STRT	输出	Bool	硬件门状态输出	0/1	0
STS_DO	输出	Bool	脉冲状态输出	0/1	0
JOB_DONE	输出	Bool	JOB_ID动作执行完成	0/1	1
JOB_ERR	输出	Bool	JOB_ID动作执行错误	0/1	0
JOB_STAT	输出	Word	JOB_ERR错误代码	0 ~ W#16#FFFF	0

在脉冲输出参数的读/写动作执行时，要先在 JOB_ID 中输入所需要的动作代码，在 JOB_VAL 中输入所需要的数据，最后使 JOB_REQ 为"1"。通过输出变量 JOB_DONE、JOB_ERR、JOB_STAT 可以查询指令的执行情况。

（4）控制程序

① PLC 硬件组态 打开项目视图，点击 按钮，新建一个项目，命名为"实例33"。然后双击"添加新设备"，添加 PLC 为 CPU314C-2DP，版本号为 V2.6。

点击 CPU，在"属性"→"常规"下，展开"计数"，点击通道0，选择操作模式为"脉冲宽度调制"，输出格式选择"千分率"，时间基数为 0.1ms。

在"计数"下，点击"I/O地址"，可以看到输出地址的起始地址为768，结束地址为783。即通道0地址为768（从 Q124.0 输出脉冲），通道1地址为772（从 Q124.1 输出脉冲），通道2地址为776（从 Q124.2 输出脉冲），通道3地址为780（从 Q124.3 输出脉冲）。

② 编写控制程序 步进电动机的速度控制程序 OB1 如图 3-51 所示。

在程序段1中，当按下启动按钮 SB1 时，I124.3 常开触点接通，启动标志 M0.0 线圈通电自锁。

在程序段2中，M0.0 为"1"，软件门接通，开始输出脉冲。其中，地址为 W#16#300（768），通道号为0，输出脉冲宽度为500（选择了"千分率"，此时为1000的一半，即占空比为50%），写入脉冲周期请求信号 M0.1，写入代码 W#16#1（写入脉冲周期），脉冲周期为 MD20。

在程序段3中，运行时（M0.0 常开触点接通），将设定速度 MW100 转换为实数，除以60换算为每秒转速（单位 r/s）保存到 MD106；由于步进驱动器设定为每转500个脉冲，所以每秒需要 MD106×500 个脉冲。而 1s 为10000个时间基准单位（0.1ms），所以输出脉冲周期应为 10000÷（MD106×500）=20÷MD106，最后四舍五入取整保存到 MD20（周期值，单位 0.1ms）。由于 PLC 输出脉冲频率最高为 2.5kHz，步进驱动器设定为每转500个脉冲，

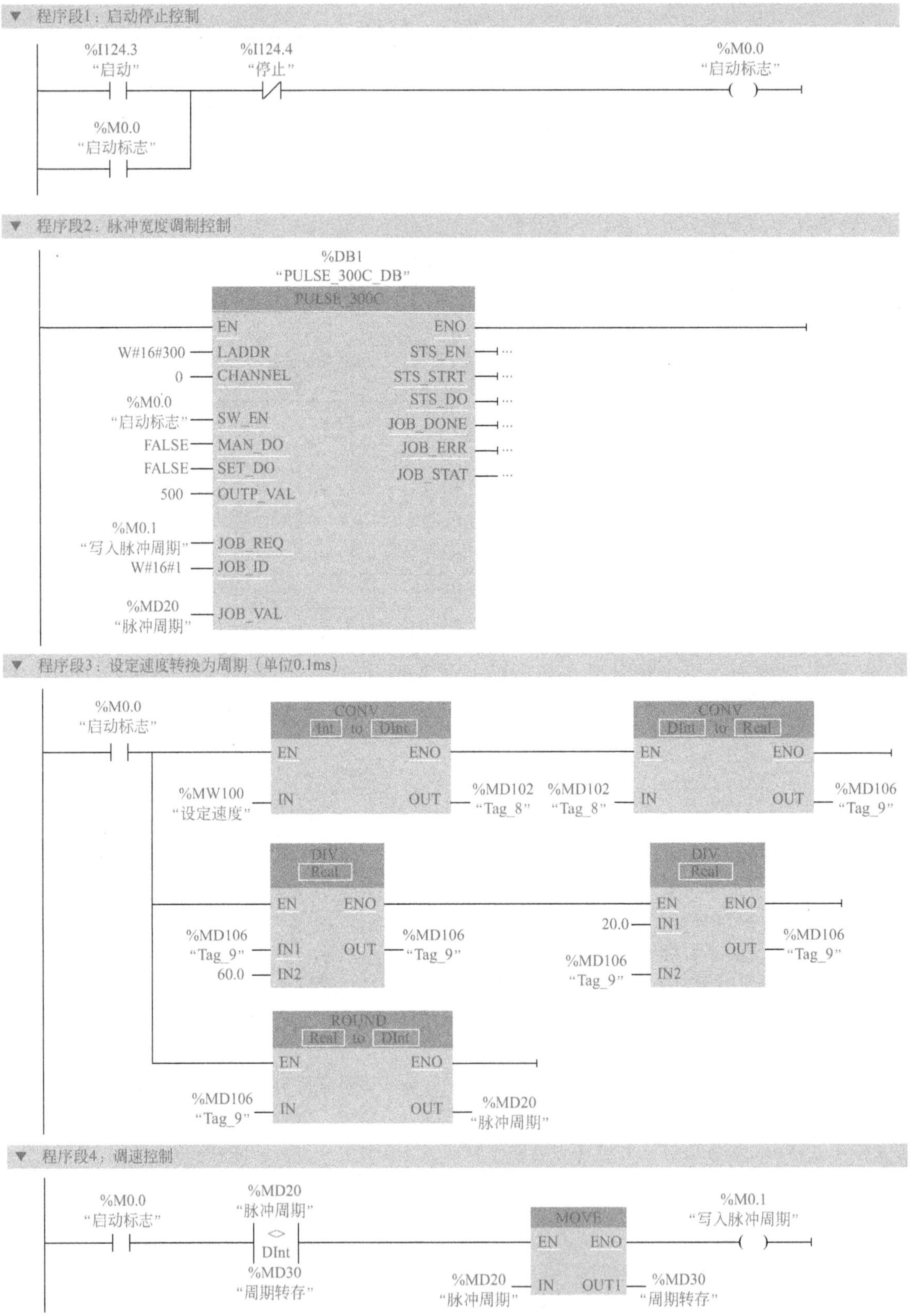

▼ 程序段1：启动停止控制

```
%I124.3          %I124.4                                              %M0.0
"启动"           "停止"                                               "启动标志"
 ┤├──────────────┤/├──────────────────────────────────────────────────( )
%M0.0
"启动标志"
 ┤├
```

▼ 程序段2：脉冲宽度调制控制

```
                        %DB1
                   "PULSE_300C_DB"
                      PULSE_300C
              ┌────────────────────────┐
 ─────────────┤ EN                 ENO ├──────────────────────────────
   W#16#300 ──┤ LADDR           STS_EN ├─ ...
          0 ──┤ CHANNEL        STS_STRT ├─ ...
      %M0.0                      STS_DO ├─ ...
    "启动标志"──┤ SW_EN         JOB_DONE ├─ ...
      FALSE ──┤ MAN_DO         JOB_ERR ├─ ...
      FALSE ──┤ SET_DO         JOB_STAT ├─ ...
        500 ──┤ OUTP_VAL              │
      %M0.1                           │
  "写入脉冲周期"──┤ JOB_REQ             │
     W#16#1 ──┤ JOB_ID                │
      %MD20                           │
   "脉冲周期" ──┤ JOB_VAL              │
              └────────────────────────┘
```

▼ 程序段3：设定速度转换为周期（单位0.1ms）

```
%M0.0
"启动标志"
 ┤├──┬──────────┌──────────────┐                 ┌──────────────┐
    │           │   CONV       │                 │   CONV       │
    │           │ Int to DInt  │                 │ DInt to Real │
    │           │  EN     ENO  ├──               │  EN     ENO  ├──
    │  %MW100   │              │ %MD102  %MD102  │              │ %MD106
    │ "设定速度"─┤ IN     OUT ├─"Tag_8" "Tag_8"─┤ IN     OUT ├─"Tag_9"
    │           └──────────────┘                 └──────────────┘
    │           ┌──────────────┐                 ┌──────────────┐
    │           │   DIV        │                 │   DIV        │
    │           │   Real       │                 │   Real       │
    ├───────────┤ EN     ENO   ├──               ┤ EN     ENO   ├──
    │  %MD106   │              │ %MD106   20.0 ──┤ IN1          │ %MD106
    │ "Tag_9"──┤ IN1    OUT  ├─"Tag_9"  %MD106  │       OUT  ├─"Tag_9"
    │    60.0 ──┤ IN2         │        "Tag_9"──┤ IN2         │
    │           └──────────────┘                 └──────────────┘
    │           ┌──────────────┐
    │           │   ROUND      │
    │           │ Real to DInt │
    └───────────┤ EN     ENO   ├──
       %MD106   │              │ %MD20
      "Tag_9"──┤ IN     OUT  ├─"脉冲周期"
                └──────────────┘
```

▼ 程序段4：调速控制

```
%M0.0          %MD20                                          %M0.1
"启动标志"      "脉冲周期"                                    "写入脉冲周期"
 ┤├───────────┤ <> ├──────────────┌──────────┐─────────────────( )
              %MD30               │  MOVE    │
             "周期转存"     ──────┤ EN   ENO ├──
              DInt          %MD20 │          │ %MD30
                          "脉冲周期"─┤ IN  OUT1├─"周期转存"
                                    └──────────┘
```

图 3-51 步进电动机的速度控制程序 OB1

所以最高只能调速到 5r/s（即 300r/min）。

在程序段 4 中，运行时（M0.0 常开触点接通），当设定速度发生变化（即周期值发生变化）时，将周期值转存到 MD30，M0.1 线圈通电；在程序段 2 中，M0.1 为 "1"，将 MD20 写入。

调试时，可以建立一个监控表，监视和修改 MW100 的值（0 ～ 300），可以看到步进电动机速度的变化。

3.5　模拟量输入 / 输出

扫一扫，看视频

[实例 34]　用模拟量输入实现压力测量

（1）控制要求

风机向管道送风，压力传感器测量管道的压力，量程为 0 ～ 10000Pa，输出的信号是直流 0 ～ 10V，其控制要求如下。

① 将测量压力保存到 MW100 中，便于显示。

② 当压力大于 8000Pa 时，HL1 指示灯亮，同时风机停止送风，否则熄灭。

③ 当压力小于 7500Pa 时，风机自动启动。

④ 当压力小于 3000Pa 时，HL2 指示灯亮，否则熄灭。

（2）控制线路

① 控制线路接线　用模拟量输入实现压力测量的控制线路如图 3-52 所示。

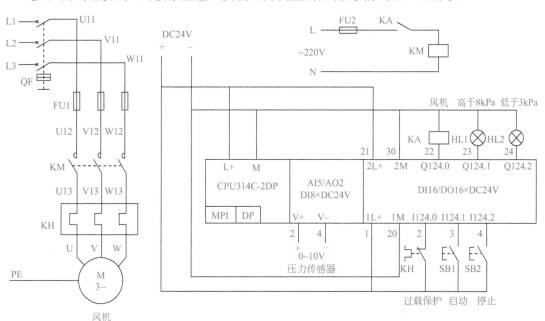

图 3-52　用模拟量输入实现压力测量的控制线路

② I/O 端口分配　PLC 的 I/O 端口分配见表 3-22。

（3）相关知识

① 模拟量输入量程与模拟值　S7-300 CPU314C-2DP 集成了 5 通道模拟量输入（AI0 ～ AI4，分辨率为 12 位），其中 AI0 ～ AI3 可以接受模拟量电压或电流输入。电压与电流输入分为

表 3-22　[实例 34]的 I/O 端口分配

输入端口			输出端口		
输入点	输入器件	作用	输出点	输出器件	控制对象
I124.0	KH 常闭触点	过载保护	Q124.0	KA	风机
I124.1	SB1 常开触点	启动	Q124.1	HL1	高于 8kPa 指示灯
I124.2	SB2 常开触点	停止	Q124.2	HL2	低于 3kPa 指示灯

单极性和双极性，表 3-23 给出了双极性模拟量与模拟值之间的对应关系，其中最重要的关系是双极性模拟量量程的上、下限分别对应模拟值 27648 和 −27648，也就是 −10 ~ 10V（或 −20 ~ 20mA）对应模拟值为 −27648 ~ 27648。

表 3-23　双极性模拟量输入与模拟值的对应关系

范围	输入量程		模拟值	
	±10V	±20mA	十进制	十六进制
上溢	11.851V	23.70mA	32767	7FFF
	11.759V	23.52mA	32512	7F00
上溢警告	11.759V	23.52mA	32511	7EFF
	10V	20mA	27649	6C01
正常范围	10V	20mA	27648	6C00
	0V	0mA	0	0
	−10V	−20mA	−27648	9400
下溢警告	−10V	−20mA	−27649	93FF
	−11.759V	−23.52mA	−32512	8100
下溢	−11.759V	−23.52mA	−32513	80FF
	−11.851V	−23.70mA	−32768	8000

表 3-24 给出了单极性模拟量与模拟值之间的对应关系，其中最重要的关系是单极性模拟量量程的上、下限分别对应模拟值 27648 和 0，也就是 0 ~ 10V（或 0 ~ 20mA、4 ~ 20mA）对应的模拟值为 0 ~ 27648。

表 3-24　单极性模拟量输入与模拟值之间的对应关系

范围	量程			模拟值	
	0 ~ 10V	0 ~ 20mA	4 ~ 20mA	十进制	十六进制
上溢	11.852V	23.70mA	22.96mA	32767	7FFF
	11.759V	23.52mA	22.81mA	32512	7F00
上溢警告	11.759V	23.52mA	22.81mA	32511	7EFF
	10V	20mA	20mA	27649	6C01
正常范围	10V	20mA	20mA	27648	6C00
	0V	0mA	4mA	0	0
下溢警告	不支持负值	0mA	4mA	−1	FFFF
		−3.52mA	1.185mA	−4864	ED00
下溢		−3.52mA	1.185mA	−4865	ECFF
		−23.70mA	−14.963mA	−32768	8000

② 模拟量输入接线 模拟量输入的接线如图 3-53 所示。模拟量输入通道 0（CH0）占用端子 2～4，通道 1（CH1）占用端子 5～7，通道 2（CH2）占用端子 8～10，通道 3（CH3）占用端子 11～13。模拟量输入应使用屏蔽双绞线电缆连接模拟量信号，这样会减少干扰。如果模拟量输入是电压信号，可以连接到 CH0 的 2（+）和 4（-）；如果模拟量输入是电流信号，可以连接到 CH0 的 3（+）和 4（-）。

（4）控制程序

① PLC 硬件组态 打开项目视图，点击 按钮，新建一个项目，命名为"实例 34"。然后双击"添加新设备"，添加 PLC 为 CPU314C-2DP，版本号为 V2.6。

在"设备视图"组态页面，依次点击 PLC→"属性"→"常规"→"AI5/AO2"→"输入"，可以选择各通道的测量类型（禁用、电压、电流）和测量范围（电压为 0～10V、-10～10V，电流为 0～20mA、4～20mA、-20～20mA），如图 3-54（a）所示。本例选择通道 0 的测量类型为"电压"，测量范围为"0～10V"。

模拟量输入组态的默认地址如图 3-54（b）所示，通道 0（AI0）～通道 4（AI4）对应的地址为 AI752～AI760（即 IW752:P～IW760:P）。本

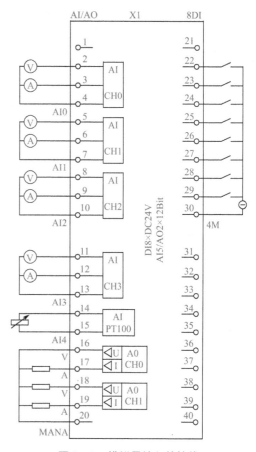

图 3-53 模拟量输入的接线

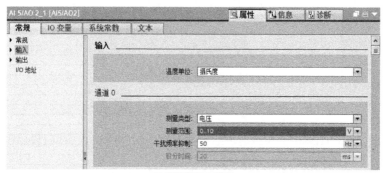

(a) 模拟量输入组态

(b) 模拟量输入地址

图 3-54 模拟量输入组态

例使用的是通道 0，故地址为 IW752:P。

② 编写控制程序　用模拟量输入实现压力测量的控制主程序 OB1 如图 3-55 所示。

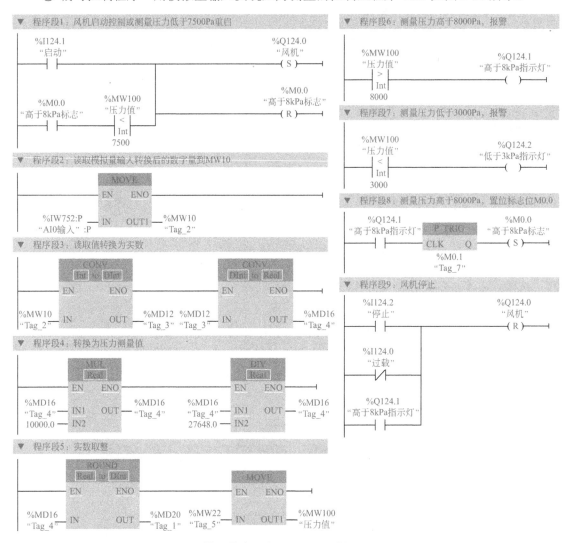

图 3-55　用模拟量输入实现压力测量的控制主程序 OB1

a. 风机启动。由于 I124.0 接入的是热继电器 KH 的常闭触点，所以 I124.0 上电时有输入，程序段 9 中 I124.0 常闭触点断开，为风机启动做准备。

在程序段 1 中，当按下启动按钮 SB1 时，I124.1 常开触点接通，Q124.0 置位，风机启动。

在程序段 2 中，读取模拟量输入转换后的测量值（外设地址 IW752:P）到 MW10，范围是 0～27648。在编写程序时，直接输入 PIW752，默认变量表中自动生成地址为 IW752 的变量，修改名称为 "AI0 输入" 即可。

在程序段 3 中，将 MW10 先转换为双整数，然后再转换为实数保存到 MD16。

在程序段 4 中，测量值 0～27648 与压力 0～10000Pa 呈线性关系，可以将 MD16 乘以 10000，然后除以 27648 换算为压力测量值。

在程序段 5 中，将换算后的压力测量值 MD16 取整保存到 MD20，取 MD20 的低位字（MW22）送到 MW100，MW100 即是压力测量值。

在程序段 6 中，当压力值大于 8000Pa 时，Q124.1 线圈通电，指示灯亮，高于 8000Pa 报警。

在程序段7中，当压力值小于3000Pa时，Q124.2线圈通电，指示灯亮，低于3000Pa报警。

在程序段8中，当压力值大于8000Pa时，置位标志位为M0.0。

b.停止。在程序段9中，当按下停止按钮SB2(I124.2常开触点接通)、发生过载(I124.0常闭触点接通)或压力大于8000Pa时，Q124.0复位，风机停止。

c.压力低于7500Pa风机重新启动。当压力大于8 000Pa风机停止时，程序段1中的M0.0常开触点接通。当压力低于7500Pa时，Q124.0重新置位，风机重新启动，同时复位标志位为M0.0。

[实例 35] 用模拟量输入实现温度的测量与控制

（1）控制要求

某维纶生产线需要对烘仓温度进行控制，温度检测使用铂电阻PT100，控制要求如下。

① 温度控制范围为 200～250℃。

② 当按下启动按钮时，生产线和加热同时启动。

③ 将测量温度保存到 MW100，便于显示。

④ 当温度大于 250℃时，HL1 指示灯亮，同时停止加热；否则熄灭。

⑤ 当温度低于 200℃时，HL2 指示灯亮，同时启动加热；否则熄灭。

⑥ 当温度超出 300℃时，生产线停止，同时停止加热。

⑦ 当按下停止按钮时，生产线和加热同时停止。

（2）控制线路

① 控制线路接线　用模拟量输入实现温度的测量与控制线路如图 3-56 所示。

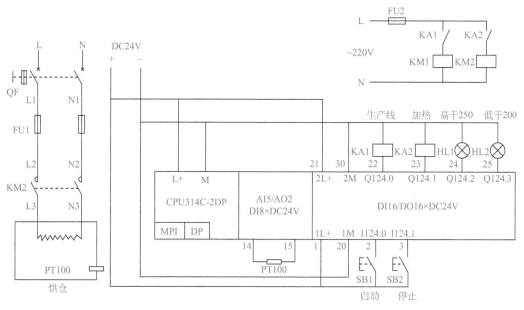

图 3-56　用模拟量输入实现温度的测量与控制线路

② I/O 端口分配　PLC 的 I/O 端口分配见表 3-25。

（3）相关知识

S7-300 CPU314C-2DP 集成了 5 通道模拟量输入（AI0～AI4，分辨率 12 位），AI4 为电阻传感器输入，接线端子为 14、15，可以连接具有两个接线端子的标称电阻为 600Ω 的电阻传感器或 2 线制的热敏电阻 PT100（标准范围 –200～850℃）。

表 3-25 [实例 35] 的 I/O 端口分配

输入端口			输出端口		
输入点	输入器件	作用	输出点	输出器件	控制对象
I124.0	SB1 常开触点	启动	Q124.0	KA1	生产线
I124.1	SB2 常开触点	停止	Q124.1	KA2	加热
			Q124.2	HL1	高于 250℃指示灯
			Q124.3	HL2	低于 200℃指示灯

当连接标称电阻 600Ω 的电阻传感器时，电阻阻值与模拟值之间的对应关系见表 3-26，其中最重要的关系是阻值量程的上、下限分别对应模拟值 27648 和 0，也就是 0 ～ 600Ω 对应模拟值为 0 ～ 27648。

表 3-26 600Ω 电阻传感器的阻值与模拟值对应关系

范围	量程	模拟值	
	600Ω	十进制	十六进制
上溢	711.09Ω	32767	7FFF
	705.56Ω	32512	7F00
上溢警告	705.53Ω	32511	7EFF
	600.02Ω	27649	6C01
正常范围	600Ω	27648	6C00
	0Ω	0	0

当连接 2 线制的热敏电阻 PT100（标准范围 –200 ～ 850℃）测量温度时，可以测量摄氏度、华氏度或开尔文，测量温度与模拟值的对应关系见表 3-27，其中最重要的是测温范围 –200 ～ 850℃（摄氏度）对应的模拟值为 –2000 ～ 8500，分辨率为 0.1℃；–328 ～ 1562 ℉（华氏度）对应的模拟值为 –3280 ～ 15620，分辨率为 0.1℉；73.2 ～ 1123.2K（开尔文）对应的模拟值为 732 ～ 11232，分辨率为 0.1K。

表 3-27 PT100 的测量温度与模拟值的对应关系

范围	温度/℃	模拟值		温度/℉	模拟值		温度/K	模拟值	
	–200 ～ 850℃	十进制	十六进制	–328 ～ 1562	十进制	十六进制	73.2 ～ 1123.2	十进制	十六进制
上溢	>1000.0	32767	7FFF	>1832.0	32767	7FFF	>1273.2	32767	7FFF
上溢警告	1000.0	10000	2710	1832.0	18320	4790	1273.2	12732	31BC
	850.1	8501	2135	1562.1	15621	3D05	1123.3	11233	2BE1
正常范围	850.0	8500	2134	1562.0	15620	3D04	1123.2	11232	2BE0
	–200.0	–2000	F 830	–328.0	–3280	F330	73.2	732	2DC
下溢警告	–200.1	–2001	F82F	–328.1	–3281	F32F	73.1	731	2DB
	–243.0	–2430	F682	–405.4	–4054	F02A	30.2	302	12E
下溢	<–243.0	–32768	8000	<–405.4	–32768	8000	<30.2	–32768	8000

（4）控制程序

① PLC 硬件组态 打开项目视图，点击 ▨ 按钮，新建一个项目，命名为"实例 35"。然后双击"添加新设备"，添加 PLC 为 CPU314C-2DP，版本号为 V2.6。

用热敏电阻 PT100 测量温度时，在"设备视图"组态页面，依次点击"AI5/AO2"→

"属性"→"常规"→"输入","温度单位"可以选择"摄氏度""华氏度"和"开尔文",这里选择"摄氏度";在通道4中,选择热敏电阻(线性,2线制),如图3-57(a)所示。

模拟量输入组态的默认地址如图3-57(b)所示,通道4的输入地址为AI760(即IW760:P)。

(a) 输入通道组态

(b) 输入通道地址

图3-57 热敏电阻测温组态

② 编写控制程序 用模拟量输入实现温度的测量与控制程序OB1如图3-58所示。铂热电阻PT100的测量范围为-200～850℃,对应的数字量是-2000～+8500,所测得的数字

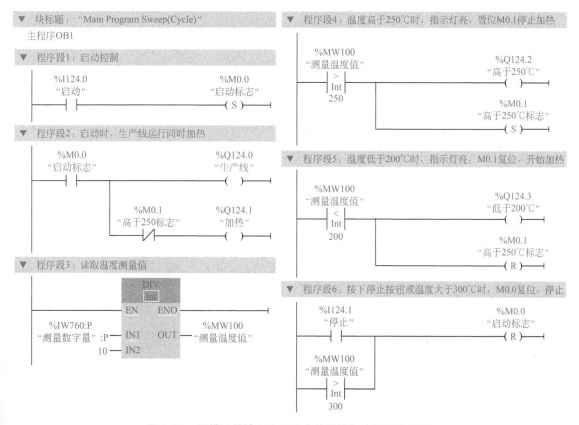

图3-58 用模拟量输入实现温度的测量与控制程序 OB1

量除以 10 可以换算成所测的温度。

a. 启动。在程序段 1 中，当按下启动按钮 SB1 时，I124.0 常开触点接通，M0.0 置位。

在程序段 2 中，M0.0 为 "1" 时，Q124.0 线圈通电，生产线启动。同时，Q124.1 线圈通电，开始加热。

在程序段 3 中，将所测得的测量值（IW760:P）除以 10 送入 MW100，即为测量温度值。

b. 停止加热与重新加热。在程序段 4 中，当测量温度高于 250℃时，Q124.2 线圈通电，指示灯亮，温度高于 250℃报警。同时，M0.1 置位。程序段 2 中 M0.1 常闭触点断开，Q124.1 线圈断电，停止加热。

在程序段 5 中，当测量温度低于 200℃时，Q124.3 线圈通电，指示灯亮，温度低于 200℃报警。同时，M0.1 复位。程序段 2 中 M0.1 常闭触点重新接通，Q124.1 线圈重新通电，开始加热。

c. 停止。在程序段 6 中，当按下停止按钮 SB2（I124.1 常开触点接通）或测量温度高于 300℃时，M0.0 复位，生产线和加热同时停止。

 [实例 36] 用模拟量输出实现电压输出

扫一扫，看视频

（1）控制要求

① 每按一次电压增大按钮，输出电压增加 0.1V。

② 每按一次电压减少按钮，输出电压减少 0.1V。

③ 输出电压高于 9V，指示灯 HL1 亮；低于 1V，指示灯 HL2 亮。

④ 输出电压用电压表监视。

（2）控制线路

① 控制线路接线　用模拟量输出实现电压输出的控制线路如图 3-59 所示。

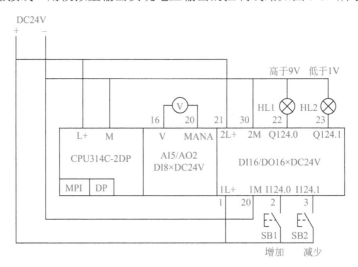

图 3-59　用模拟量输出实现电压输出的控制线路

② I/O 端口分配　PLC 的 I/O 端口分配见表 3-28。

（3）相关知识

① 模拟量输出的模拟值与输出量程　S7-300 CPU314C-2DP 集成了 2 通道模拟量输入（AO0 ～ AO1，分辨率为 12 位），输出类型可以是电压或电流输出，分为单极性和双极性。表 3-29 给出了双极性模拟输出值与输出量程之间的对应关系，其中最重要的关系是双极性模拟输出值 -27648 ～ 27648 对应的输出量程为 -10 ～ 10V（或 -20mA ～ 20mA）。

表 3-28　[实例 36]的 I/O 端口分配

输入端口			输出端口		
输入点	输入器件	作用	输出点	输出器件	控制对象
I124.0	SB1 常开触点	增加	Q124.0	HL1	高于 9V 指示灯
I124.1	SB2 常开触点	减少	Q124.1	HL2	低于 1V 指示灯

表 3-29　双极性模拟输出值与输出量程的对应关系

范围	输出模拟值		输出量程	
	十进制	十六进制	±10V	±20mA
上溢	32767	7FFF	11.851V	23.70mA
	32512	7F00	11.759V	23.52mA
上溢警告	32511	7EFF	11.759V	23.52mA
	27649	6C01	10V	20mA
正常范围	27648	6C00	10V	20mA
	0	0	0V	0mA
	−27648	9400	−10V	−20mA
下溢警告	−27649	93FF	−10V	−20mA
	−32512	8100	−11.759V	−23.52mA
下溢	−32513	80FF	−11.759V	−23.52mA
	−32768	8000	11.851V	−23.70mA

表 3-30 给出了单极性模拟输出值与输出量程之间的对应关系，其中最重要的关系是单极性模拟输出值 0 ~ 27648 对应的模拟量输出为 0 ~ 10V（或 0 ~ 20mA、4 ~ 20mA）。

表 3-30　单极性模拟输出值与输出量程对应关系

范围	输出模拟值		输出量程		
	十进制	十六进制	0 ~ 10V	0 ~ 20mA	4 ~ 20mA
上溢	32767	7FFF	11.852V	23.70mA	22.96mA
	32512	7F00	11.759V	23.52mA	22.81mA
上溢警告	32511	7EFF	11.759V	23.52mA	22.81mA
	27649	6C01	10V	20mA	20mA
正常范围	27648	6C00	10V	20mA	20mA
	0	0	0V	0mA	4mA

② 模拟量输出接线　模拟量输出的接线如图 3-53 所示。模拟量输出通道 0（CH0）的端子 16 输出电压，端子 17 输出电流；通道 1（CH1）的端子 18 输出电压，端子 19 输出电流，端子 20 为模拟量输出的参考电位。

（4）控制程序

① PLC 硬件组态　打开项目视图，点击 ▣ 按钮，新建一个项目，命名为"实例 36"。然后双击"添加新设备"，添加 PLC 为 CPU314C-2DP，版本号为 V2.6。

在"设备视图"组态页面，依次点击 AI5/AO2 →"属性"→"常规"→"输出"，可以选择各通道的输出类型（禁用、电压、电流）和输出范围（电压为 0 ~ 10V、−10 ~ 10V，电流为 0 ~ 20mA、4 ~ 20mA、−20 ~ 20mA），如图 3-60（a）所示，本例选择通道 0 的输出类型为"电压",输出范围为"0~10V"。

模拟量输出组态的默认地址如图 3-60(b)所示,通道 0(AO0)~通道 1(AO1)对应的地址为 AQ752~AQ754(即 QW752:P~QW754:P)。本例使用的是通道 0,故地址为 QW752:P。

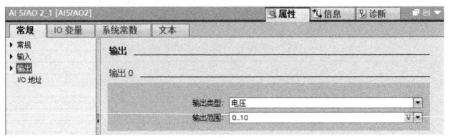

(a) 模拟量输出类型和范围

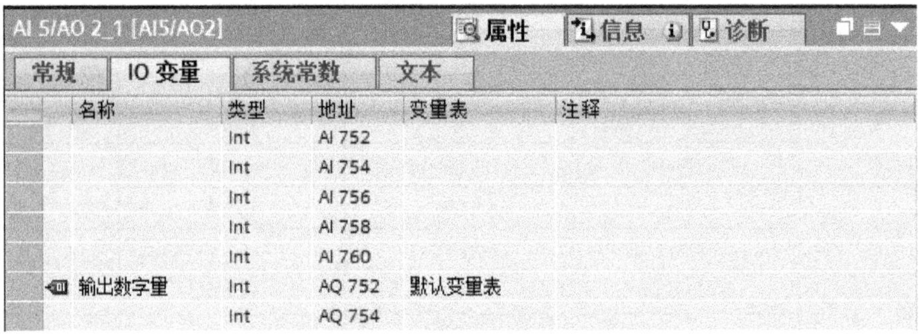

(b) 模拟量输出地址

图 3-60 电压模拟量输出组态

② 编写控制程序

a. 数据块 DB1。在项目树中,双击"添加新块",添加一个数据块 DB1,在 DB1 中输入变量名称,选择数据类型,如图 3-61 所示。0~10V 模拟量输出对应的数字量为 0~27648,故"上限"为 27648.0,"下限"为 0.0;"9V"对应的值为 27648×0.9=24883.2,"1V"对应的值为 27648×0.1=2764.8。最后点击编译图标 🔛 进行编译。

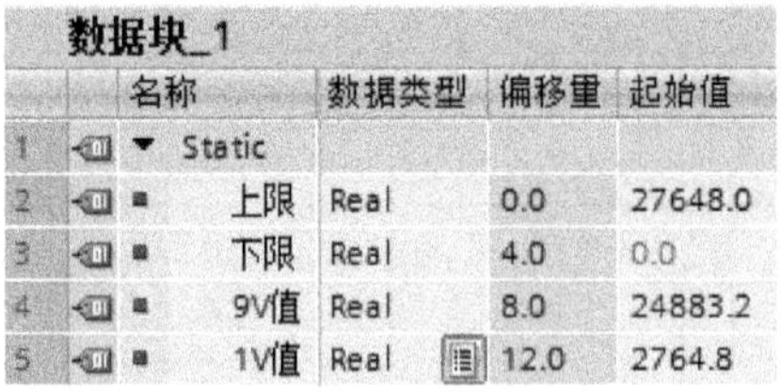

		名称		数据类型	偏移量	起始值
1	◀□	▼ Static				
2	◀□	■	上限	Real	0.0	27648.0
3	◀□	■	下限	Real	4.0	0.0
4	◀□	■	9V值	Real	8.0	24883.2
5	◀□	■	1V值	Real	12.0	2764.8

数据块_1

图 3-61 数据块 DB1

b. 主程序 OB1。主程序如图 3-62 所示。每按一次增加或减少按钮,输出电压增加或减少 0.1V,其对应的数字变化为 27648.0÷10.0×0.1=276.48。

在程序段 1 中,每按一次增加按钮 SB1,I124.0 常开触点接通,在其上升沿,MD10 增加 276.48。

在程序段 2 中,每按一次减少按钮 SB2,I124.1 常开触点接通,在其上升沿,MD10 减少 276.48。

在程序段 3 中,MD10 四舍五入取整送到 MD14,取 MD14 的低位字(MW16)送入

QW752:P，输出电压值。

在程序段 4 中，限定 MD10 的范围在 0.0 ～ 27648.0 之间。

在程序段 5 中，当输出电压高于 9V 时，Q124.0 线圈通电，高于 9V 指示灯亮。

在程序段 6 中，当输出电压低于 1V 时，Q124.1 线圈通电，低于 1V 指示灯亮。

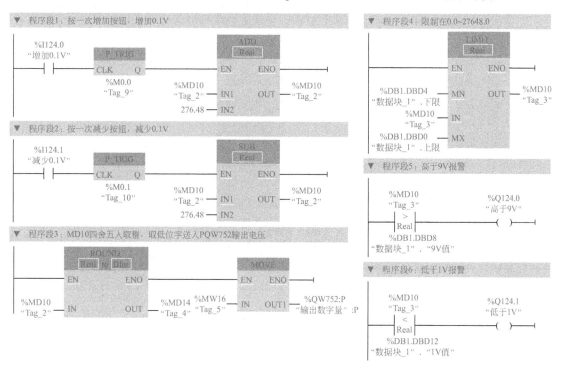

图 3-62　用模拟量输出实现电压输出的控制程序 OB1

3.6　PID 控制

扫一扫，看视频

[实例 37]　恒压供水系统的 PID 控制

（1）控制要求

有一个水箱需要维持一定的水位，该水箱的水以变化的速度流出，这就需要一个用变频器控制的电动机拖动水泵供水。当出水量增大时，变频器输出频率提高，使电动机提速，增加供水量；反之电动机降速，减少供水量，始终维持水位不变化。该系统也称为恒压供水系统。

压力传感器测量管道的压力，量程为 0 ～ 100kPa，输出的信号是 DC0 ～ 10V，液位范围是 0 ～ 10m。其控制要求如下。

① 按下启动按钮，水泵电动机启动送液，根据设定的液位进行恒压控制。

② 当变频器出现故障时，HL 指示灯亮，否则熄灭。

③ 按下停止按钮，水泵停止。

④ 按下手动按钮，可以使水泵点动运行。

（2）控制线路

① 控制线路接线　恒压供水系统的 PID 控制线路如图 3-63 所示。

② I/O 端口分配　PLC 的 I/O 端口分配见表 3-31。

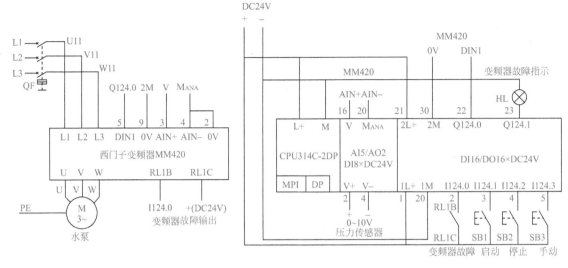

图 3-63　恒压供水系统的 PID 控制线路

表 3-31　[实例 37] 的 I/O 端口分配

输入端口			输出端口		
输入点	输入器件	作用	输出点	输出器件	控制对象
I124.0	变频器故障输出	变频器故障	Q124.0	变频器 DIN1	水泵
I124.1	SB1 常开触点	启动	Q124.1	HL	变频器故障指示
I124.2	SB2 常开触点	停止			
I124.3	SB3 常开触点	手动			

③ 变频器参数的设置　变频器的参数设置见表 3-32，变频器接线与参数设置请参见变频器有关内容。

表 3-32　[实例 37] 的变频器参数设置

序号	参数代号	出厂值	设置值	说　明
1	P0010	0	30	调出出厂设置参数
2	P0970	0	1	恢复出厂值（恢复时间大约为60s）
3	P0003	1	3	参数访问专家级
4	P0010	0	1	1—启动快速调试
5	P0100	0	0	工频选择：工频选择0表示50Hz
6	P0304	400	380	电动机额定电压（V）
7	P0305	1.90	0.35	电动机额定电流（A）
8	P0307	0.75	0.06	电动机额定功率（kW）
9	P0310	50.00	50.00	电动机额定频率（Hz）
10	P0311	1395	1430	电动机额定速度（r/min）
11	P0700	2	2	2—外部数字端子控制
12	P1000	2	2	频率设定通过外部模拟量给定
13	P1080	0.00	0.00	电动机最小频率（Hz）

序号	参数代号	出厂值	设置值	说　明
14	P1082	50.00	50.00	电动机最大频率（Hz）
15	P1120	10.00	1.00	加速时间（s）
16	P1121	10.00	1.00	减速时间（s）
17	P3900	0	1	结束快速调试
18	P0003	1	2	参数访问级：2—扩展级
19	P0701	1	1	DIN1为正转/停车控制
20	P0756	0	0	单极性电压输入（0～10V）

注：表中电动机参数为380V、0.35A、0.06kW、1430r/min，请按照电动机实际参数进行设置。

（3）相关知识

① PID控制　在过程控制中，按偏差的比例（P）、积分（I）和微分（D）进行控制的PID控制器（亦称PID调节器）是应用最广泛的一种自动控制器。它具有原理简单、易于实现、适用面广、控制参数相互独立、参数选定比较简单、调整方便、结构改变灵活（如可为PI调节、PD调节等）等优点。

PID控制器就是根据系统的误差，利用比例、积分、微分计算出控制量来进行控制。当被控对象的结构和参数不能完全掌握，或得不到精确的数学模型、控制理论的其他技术难以采用时，系统控制器的结构和参数必须依靠经验和现场调试来确定，这时应用PID控制技术最为方便。即当我们不完全了解一个系统和被控对象，或不能通过有效的测量手段来获得系统参数时，最适合采用PID控制技术。

a. 比例（P）控制。比例控制是一种最简单的控制方式，其控制器的输出与输入误差信号成比例关系。当仅有比例控制时系统输出存在稳态误差。

b. 积分（I）控制。在积分控制中，控制器的输出与输入误差信号的积分成正比关系。对一个自动控制系统，如果在进入稳态后存在稳态误差，则称这个控制系统是有稳态误差的或简称有差系统。为了消除稳态误差，在控制器中必须引入"积分项"。积分项对误差的运算取决于时间的积分，随着时间的增加，积分项会增大。这样，即便误差很小，积分项也会随着时间的增加而加大，它推动控制器的输出增大，使稳态误差进一步减小，直到等于零。因此，采用比例+积分（PI）控制器，可以使系统在进入稳态后无稳态误差。

c. 微分（D）控制。在微分控制中，控制器的输出与输入误差信号的微分（即误差的变化率）成正比关系。自动控制系统在克服误差的调节过程中可能会出现振荡甚至失稳。其原因是存在较大的惯性组件或滞后组件，具有抑制误差的作用，其变化总是落后于误差的变化。解决的办法是使抑制误差的作用的变化"超前"，即在误差接近零时，抑制误差的作用就应该是零。这就是说，在控制器中仅引入"比例"项往往是不够的，比例项的作用仅是放大误差的幅值，而目前需要增加的是"微分项"，它能预测误差变化的趋势。这样，具有比例+微分（PD）的控制器就能够提前使抑制误差的控制作用等于零，甚至为负值，从而避免被控量的严重超调，所以对有较大惯性或滞后的被控对象，比例+微分（PD）控制器能改善系统在调节过程中的动态特性。

控制系统一般包括开环控制系统和闭环控制系统。开环控制系统是指被控对象的输出（被控制量）对控制器的输出没有影响，在这种控制系统中，不依赖将被控制量反送回来以形成任何闭环回路。闭环控制系统的特点是系统被控对象的输出（被控制量）会反送回来影响控制器的输入，形成一个或多个闭环。闭环控制系统有正反馈和负反馈，若反馈信号与系统给定值信号极性相反，则称为负反馈；若极性相同，则称为正反馈。一般闭环控制系统均采用负反馈，又称负反馈控制系统。可见，闭环控制系统性能远优于开环控制系统。

PID 就是应用最广泛的闭环控制器。如图 3-64 所示系统是恒压供水的 PID 闭环控制系统，设定液位设定值（标准化）为期望值，闭环控制器的反馈值通过压力传感器测得，并经 A/D 变换转换为数字量（标准化）；目标设定值与压力传感器的反馈信号相减，其差 e 送入 PID 控制器，经比例、积分、微分运算，得到叠加的一个数字量；该数字量经过上限、下限限位处理后进行 D/A 变换，输出一个电流信号去控制水泵变频器的输出频率，并进而控制水泵的转速，以控制水泵的输出流量。

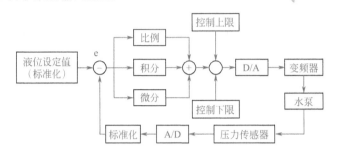

图 3-64　恒压供水的 PID 闭环控制系统

比例调节器对于偏差是即时反应的，一旦偏差产生，调节器立即产生控制作用，使被控量朝着减小偏差的方向变化，控制作用的强弱取决于比例系数。比例调节器虽然简单快速，但是对于具有自平衡性的控制对象存在静差。加大比例系数可以减小静差，但过大的比例系数可能导致系统动荡而处于闭环不稳定状态。

为了消除比例调节器中的残存的静差，可以在比例调节的基础上加入积分调节。积分时间长，则积分作用弱；反之积分作用强。积分时间越长，消除静差越慢，但可以减小超调，提高系统的稳定性。但它的不足之处在于积分作用存在滞后特性，积分控制作用太强会使控制的动态性能变差，以至于系统不稳定。

加入积分调节环节，虽然减小了静差，但是降低了系统的响应速度。加入微分环节，能显示出误差的变化趋势，将有助于减小超调，克服系统振荡，使系统趋于稳定，能改善系统的动态性能。它的缺点是对干扰同样敏感，使系统抑制干扰的能力降低。根据不同的控制对象适当地整定 PID 的三个参数，可以获得比较满意的控制效果。实践证明，这种参数整定的过程，实际上是对比例、积分、微分三部分控制作用的折中。

② 缩放指令与 PID 指令

a. 缩放指令。"SCALE"（缩放）指令和 "UNSCALE"（未缩放）指令是在 "基本指令" 的 "转换操作" 下，指令框图如图 3-65（a）和（b）所示。

SCALE 指令是将参数 IN 上的整数（双极性 $-27648 \sim +27648$，单极性 $0 \sim 27648$）线性转换为介于上下限值（LO_LIM ～ HI_LIM）之间的实数，结果在参数 OUT 中输出。SCALE（缩放）指令按以下公式进行计算。

$$OUT=[((FLOAT(IN)-K1)/(K2-K1))\times(HI\_LIM-LO\_LIM)]+LO\_LIM$$

UNSCALE（未缩放）指令是将介于上下限值（LO_LIM ～ HI_LIM）之间的实数 IN 转换为整数（双极性 $-27648 \sim +27648$，单极性 $0 \sim 27648$），结果在参数 OUT 中输出。UNSCALE（未缩放）指令按以下公式进行计算。

$$OUT=[((IN-LO\_LIM)/(HI\_LIM-LO\_LIM)\times(K2-K1)]+K1$$

SCALE（缩放）指令和 UNSCALE（未缩放）指令的 BIPOLAR（极性）信号状态决定常数 "K1" 和 "K2" 的值。当 BIPOLAR 为 "1"（双极性）时，常数 K1 的值为 -27648.0，K2 的值 +27648.0；当 BIPOLAR 为 "0"（单极性）时，常数 K1 的值为 0.0，K2 的值为 +27648.0。

　　b. PID 指令。依次展开指令下的"工艺"→"PID 控制"→"PID 基本函数",可以找到 PID 指令"CONT_C",其指令框图如图 3-65(c)所示。CONT_C 指令的输入 / 输出变量见表 3-33。

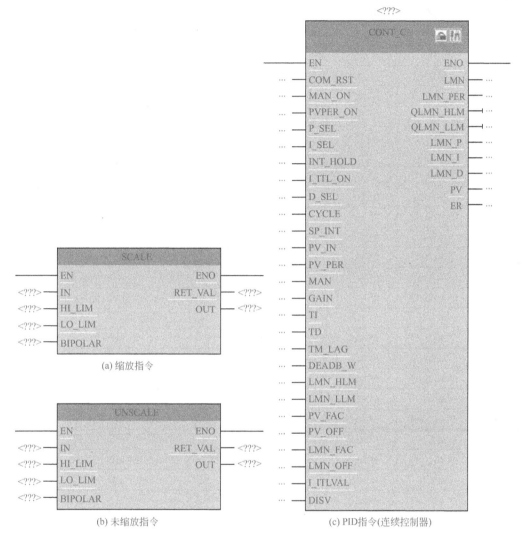

图 3-65　缩放指令和 PID 指令

表 3-33　CONT_C 指令的输入 / 输出变量

输入/输出	变　量	数据类型	默认值	说　明
输入	COM_RST	BOOL	FALSE	为"1"时,重启 PID,复位 PID 内部参数
	MAN_ON	BOOL	TRUE	为"1"时控制循环中断,直接将 MAN 的值送入 LMN
	PVPER_ON	BOOL	FALSE	为"1"时使用 I/O 输入的过程变量
	P_SEL	BOOL	TRUE	为"1"时,打开比例 P 操作
	I_SEL	BOOL	TRUE	为"1"时,打开积分 I 操作
	INT_HOLD	BOOL	FALSE	为"1"时,积分输出被冻结
	I_ITL_ON	BOOL	FALSE	为"1"时,I_ITLVAL 作为积分初值
	D_SEL	BOOL	FALSE	为"1"时,打开微分 D 操作

续表

输入/输出	变 量	数据类型	默认值	说 明
输入	CYCLE	TIME	T#1s	采样时间
	SP_INT	REAL	0.0	PID给定值，范围−100%～+100%
	PV_IN	REAL	0.0	过载变量输入，范围−100%～+100%
	PV_PER	WORD	W#16#0000	I/O格式的过程变量输入
	MAN	REAL	0.0	手动值，范围−100%～+100%
	GAIN	REAL	2.0	比例增益，用于指定控制器放大率
	TI	TIME	T#20s	积分时间
	TD	TIME	T#10s	微分时间
	TM_LAG	TIME	T#2s	微分操作的延迟时间
	DEADB_W	REAL	0.0	死区宽度
	LMN_HLM	REAL	100.0	PID控制器输出上限
	LMN_LLM	REAL	0.0	PID控制器输出下限
	PV_FAC	REAL	1.0	"过程值因子"输入与过程值相乘
	PV_OFF	REAL	0.0	"过程值偏移量"输入与过程值相加
	LMN_FAC	REAL	1.0	"调节值因子"输入与调节值相乘
	LMN_OFF	REAL	0.0	"调节值偏移量"输入与过程值相加
	I_ITLVAL	REAL	0.0	积分操作的初始值
	DISV	REAL	0.0	允许的扰动量
输出	LMN	REAL	0.0	PID控制器输出值
	LMN_PER	WORD	W#16#0000	I/O格式的输出值
	QLMN_HLM	BOOL	FALSE	PID输出值超出上限
	QLMN_LLM	BOOL	FALSE	PID输出值超出下限
	LMN_P	REAL	0.0	PID输出值中的比例成分
	LMN_I	REAL	0.0	PID输出值中的积分成分
	LMN_D	REAL	0.0	PID输出值中的微分成分
	PV	REAL	0.0	标准化的过程变量输出
	ER	REAL	0.0	死区处理后的误差输出

（4）控制程序

① PLC硬件组态　打开项目视图，点击 ![按钮] 按钮，新建一个项目，命名为"实例37"。然后双击"添加新设备"，添加PLC为CPU314C-2DP，版本号为V2.6。

硬件组态完成之后，将模拟量输入通道0（AI0）组态为电压输入，范围为0～10V，测量值地址为"AI752"（IW752:P）；将模拟量输出通道0（AO0）组态为电压输出，范围为0～10V，输出值地址为"AQ752"（QW752:P）。组态后的默认地址如图3-66所示。

② 编写控制程序

a. 数据块。添加数据块DB1，如图3-67所示。预设输入设定值为7500mm，其上限为10000mm，下限为"0"；输入到PID控制器的过程值为0.0～100.0，比例增益5倍，积分时间为10s，微分时间为5s，缩放指令的极性为"0"，采样时间为150ms，PID控制器输出的调节值为0.0～100.0，手动调节取水泵频率的20%，可以输出10Hz的频率。

b. 主程序OB1。恒压供水系统的PID控制程序OB1如图3-68所示。

AI 5/AO 2_1 [AI5/AO2]

常规 | IO 变量 | 系统常数 | 文本

名称	类型	地址	变量表
测量值	Int	AI 752	默认变量表
	Int	AI 754	
	Int	AI 756	
	Int	AI 758	
	Int	AI 760	
输出值	Int	AQ 752	默认变量表
	Int	AQ 754	

图 3-66 模拟量输入 / 输出通道地址

数据块_1

	名称	数据类型	偏移量	启动值	保持性	在 HMI ...	设置值
1	▼ Static				☐	☐	☐
2	输入设定值	Int	0.0	7500	☑	☑	☐
3	输入设定值上限	Int	2.0	10000	☑	☑	☐
4	输入设定值下限	Int	4.0	0	☑	☑	☐
5	设定值	Real	6.0	0.0	☑	☑	☐
6	过程值上限	Real	10.0	100.0	☑	☑	☑
7	过程值下限	Real	14.0	0.0	☑	☑	☑
8	过程值	Real	18.0	0.0	☑	☑	☐
9	比例增益	Real	22.0	5.0	☑	☑	☑
10	积分时间	Time	26.0	t#10s	☑	☑	☑
11	微分时间	Time	30.0	T#5s	☑	☑	☑
12	极性	Bool	34.0	false	☑	☑	☑
13	采样时间	Time	36.0	T#150ms	☑	☑	☑
14	调节值	Real	40.0	0.0	☑	☑	☐
15	调节值上限	Real	44.0	100.0	☑	☑	☑
16	调节值下限	Real	48.0	0.0	☑	☑	☑
17	手动值	Real	52.0	20.0	☑	☑	☐
18	比例开关	Bool	56.0	1	☑	☑	☐
19	积分开关	Bool	56.1	1	☑	☑	☐
20	微分开关	Bool	56.2	1	☑	☑	☐

图 3-67 数据块 DB1

在程序段1中，当按下启动按钮SB1时，I124.1常开触点接通，运行标志位M1.0置“1”；在程序段 4 中，M1.0 常开触点接通，Q124.0 线圈通电，水泵启动运行。

在程序段 2 中，当按下停止按钮 SB2（I124.2 常开触点接通）或变频器发生故障（I124.0 常开触点接通）时，M1.0 复位，水泵停止。

在程序段 3 和程序段 4 中，当按下手动按钮 SB3 时，I124.3 常开触点接通，M0.4 和 Q124.0 线圈通电，OB35 中的 PID 程序进入手动操作，电动机以 10Hz（50Hz 的 20%）运行。

在程序段 5 中，当变频器发生故障时，I124.0 常开触点接通，Q124.1 线圈通电，故障指示灯 HL 亮。

在程序段 6 中，将整数的测量值 IW752:P(0 ～ 27648）缩放为实数的过程值（0.0 ～ 100.0），上限是过程值上限（地址 DB1.DBD10，值 100.0），下限为过程值下限（地址 DB1.DBD14，值 0.0），极性为单极性（“0”）。

在程序段 7 中，将实数的调节值（0.0 ～ 100.0）缩放为整数的输出值 QW752:P(0 ～ 27648）进行调速。极性为单极性（“0”）。

在程序段 8 中，限定输入设定值为 0.0 ～ 10000.0，转换为双整数保存在 MD10 中。

在程序段 9 中，将 MD10 转换为实数，然后除以 100.0，换算为 0.0 ～ 100.0，保存到“设定值”中，作为 PID 控制器的过程变量输入。

c. 循环中断程序 OB35。首先在 CPU 的循环中断中设置 OB35 的循环中断时间为 100ms，然后编写如图 3-69 所示的循环中断程序，DB2 作为“CONT_C”的背景数据块。

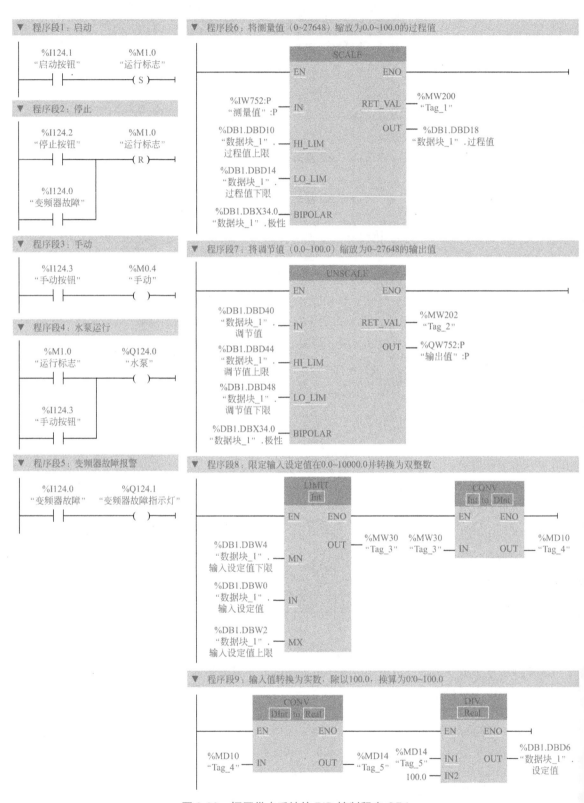

图 3-68 恒压供水系统的 PID 控制程序 OB1

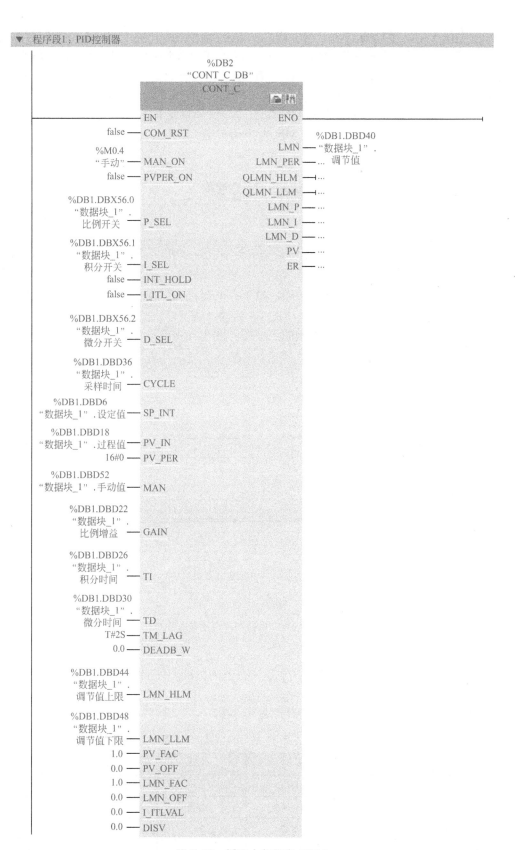

图 3-69　循环中断程序 OB35

在程序段 1 中，手动操作为"M0.4"，P_SEL 为"比例开关"，默认为"1"，具有比例作用；I_SEL 为"积分开关"，默认为"1"，具有积分作用；D_SEL 为"微分开关"，默认为"1"，具有微分作用。也就是具有比例（P）、积分（I）和微分（D）运算。CYCLE 为"采样时间"，已设为 150ms；设定值 SP_INT 和过程值 PV_IN，在主程序中已经算出；手动值 MAN 设为 20.0；比例增益 GAIN 为 5 倍；积分时间为 10s；微分时间为 5s；调节值上限和下限为 100.0 和 0.0；输出 LMN 为"调节值"，送到主程序中进行运算，对水泵进行调速。

3.7 用 S7 Graph 实现顺序控制

扫一扫，看视频

[实例 38] 应用单流程模式实现三台电动机的顺序启动控制

（1）控制要求

某设备有 3 台电动机，按下启动按钮，第 1 台电动机 M1 启动；运行 5s 后，第 2 台电动机 M2 启动；M2 运行 15s 后，第 3 台电动机 M3 启动；按下停止按钮或出现过载时，3 台电动机全部停机。三台电动机顺序启动控制的工序图如图 3-70 所示。

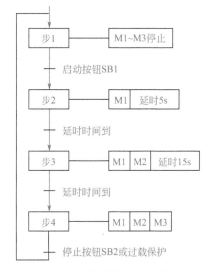

图 3-70 三台电动机的顺序启动控制工序图

（2）控制线路

① 控制线路接线 应用单流程模式实现三台电动机的顺序启动控制线路如图 3-71 所示，主电路略。

② I/O 端口分配 PLC 的 I/O 端口分配见表 3-34。

表 3-34 ［实例 38］的 I/O 端口分配

输入端口			输出端口		
输入点	输入器件	作用	输出点	输出器件	控制对象
I124.0	KH1 ～ KH3 常闭触点	过载保护	Q124.0	KA1	电动机 M1
I124.1	SB1 常开触点	启动	Q124.1	KA2	电动机 M2
I124.2	SB2 常开触点	停止	Q124.2	KA3	电动机 M3

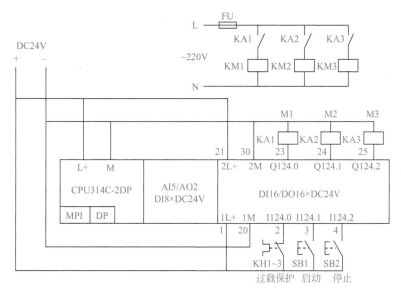

图 3-71　三台电动机的顺序启动控制线路

（3）控制程序

① PLC 硬件组态　打开项目视图，点击 按钮，新建一个项目，命名为"实例 38"。然后双击"添加新设备"，添加 PLC 为 CPU314C-2DP，版本号为 V2.6。

② 编写控制程序　在"项目树"下双击"添加新块"，添加一个函数块 FB，选择语言"GRAPH"，默认编号为 1（即 FB1），单击确定，打开如图 3-72 所示的编程界面。可以看到，在 FB1 中自动创建了第 1 个"步"（S1）和第 1 个"转换"（T1）。点击"步"的编号（比如 S1），可以进行更改步（比如改为 S2）；也可以更改步的名称（比如 Step1 改为 M1 ~ M3 停止）、转换的编号和名称。S7 Graph 界面由导航窗口、程序界面、步、转换条件、转换、动作表和顺控器工具条组成，顺控器工具条如图 3-73 所示。

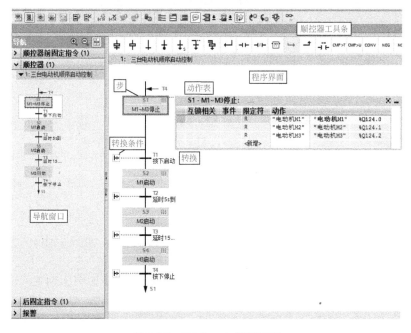

图 3-72　S7 Graph 编程界面

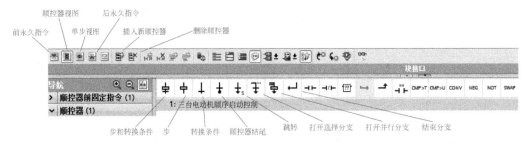

图 3-73　顺控器工具条

a. 插入"步"和"转换"。从工序图中看到，可以使用 4 个"步"来完成控制。单击"转换"T1，然后点击 ⌇ 按钮，可以插入一个"步"（S2）和"转换"（T2）。用同样的方法添加"步"S3、S4 和"转换"T3、T4。最后，点击"转换"T4，然后点击 ⌇ 按钮，选择"1"，表示跳转到"步"S1。

b. 编写动作表。点击"步"的 ▤ 按钮，可以展开动作表（再点击一次或点击右上角的 ━ 按钮，可以关闭）。在动作表中，点击"限定符"下的下拉列表，可以找到"限定符"指令，常用的"限定符"指令见表 3-35。

表 3-35　常用"限定符"指令

指令	动作描述
N	当该"步"为活动步时地址输出"1"；当该"步"为不活动步时地址输出"0"
S	当该"步"为活动步时地址输出"1"，并保持（置位）
R	当该"步"为活动步时地址输出"0"，并保持（复位）
D	格式：地址，T#XX；当该"步"为活动步时，开始计时（时间由 T#XX 指定），当延时时间到时，地址输出"1"；当该"步"为不活动步时地址输出"0"
L	格式：地址，T#XX；当该"步"为活动步时，地址输出"1"并开始计时（时间由 T#XX 指定），当延时时间到时，地址输出"0"；当该"步"为不活动步时地址输出"0"
ON	激活步
OFF	取消激活步

在动作表中编辑动作时，每一个动作包括"限定符"和"动作"。比如，在"限定符"的下拉列表中选择"R"，在右边"动作"下输入 Q124.0，表示当该"步"为活动步时 Q124.0 复位（输出为"0"）；在"限定符"下拉列表中选择"D"，在右边"动作"下输入"M0.0，T#5S"，表示当该"步"为活动步时，延时 5s，M0.0 输出"1"。按照同样的方法把每一步的动作表编写完整。

c. 编写转换条件。点击转换条件 ▣ 按钮，可以展开转换条件的编写界面；点击转换条件界面右上角的 ━ 按钮可以关闭。编写转换条件程序，可以使用 LAD（梯形图）编程语言。比如在转换条件 T1 中，点击工具条中的 ⊣⊢ 按钮就可以把常开触点放到转换指令里，点击 PLC 的默认变量表，从详细视图中将变量"启动"拖放到该常开触点的地址域中（或直接输入地址 I124.1），表示当按下启动按钮时，I124.1 常开触点接通，转换到下一个"步"。按照同样的方法把每一步的转换条件编写完整。

编写完成后，点击 ▣ 图标进行编译，编写完成的 Graph 程序如图 3-74 所示。

在步 S1 中，复位 Q124.0 ～ Q124.2，三台电动机同时停止。

在转换条件 T1 中，当按下启动按钮 SB1 时，I124.1 常开触点接通，转换到 S2。

在步 S2 中，Q124.0 置位，电动机 M1 启动，同时延时 5s。延时时间到，M0.0 为"1"。

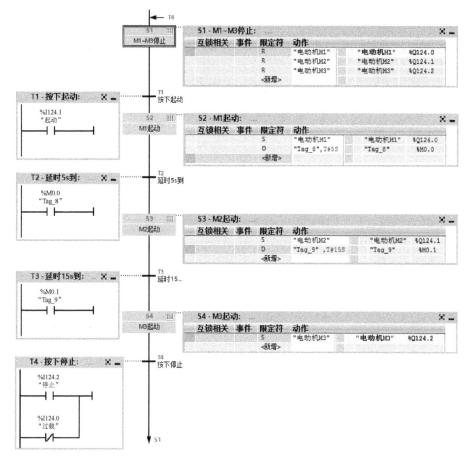

图 3-74　三台电动机顺序启动控制的 Graph 程序

在转换条件 T2 中，当 M0.0 为"1"时，转换到 S3。

在步 S3 中，Q124.1 置位，电动机 M2 启动，同时延时 15s。延时时间到，M0.1 为"1"。

在转换条件 T3 中，当 M0.1 为"1"时，转换到 S4。

在步 S4 中，Q124.2 置位，电动机 M3 启动。

在转换条件 T4 中，当按下停止按钮 SB2（I124.2 常开触点接通）或发生过载（I124.0 常闭触点接通）时，转换到步 S1，Q124.0 ～ Q124.2 同时复位，三台电动机同时停止。

最后，打开主程序 OB1，将"FB1"拖放到编辑区域，自动弹出"调用选项"（添加一个背景数据块），点击确定，程序就编写完成，可以运行。

③ 使用程序调试　前面编写的程序已经可以自动运行，但在编写程序时如果有错误，可以通过调试来找到错误。在 OB1 中调用 FB1 时，可以看到 FB1 有很多接口参数，FB1 的接口参数见表 3-36。

调试用的主程序 OB1 如图 3-75 所示。打开仿真器 PLCSIM（或实际的 PLC），将整个项目下载到 CPU 中。在 PLCSIM 界面打开 IB124、QB124、MB0、MB1 和 MB2，将 CPU 运行开关打到 RUN-P，如图 3-76 所示。

a. 自动模式调试。通断一次 M1.0，关闭 FB1 的顺控器，使所有的"步"都变为不活动的"步"。接通 M1.3 准备自动连续运行（M2.0 自动灯亮），通断一次 M1.1，激活 FB1 的顺控器，接通 I124.0（过载保护预先接通），通断一次 I124.1，可以看到三台电动机按照图 3-74 顺序启动。

表 3-36 FB1 的接口参数

输入参数	说明	数据类型	输出参数	说明	数据类型
OFF_SQ	关闭顺控器	Bool	S_OFF	取消激活 S_NO 中标识的步	Bool
INIT_SQ	将顺控器设置为初始状态	Bool	T_PUSH	允许在半自动模式下跳过转换条件	Bool
ACK_EF	确认所有的错误和故障	Bool	S_NO	步编号	Int
S_PREV	在 S_NO 输出参数中显示前导步	Bool	S_MORE	更多步，并可在 S_NO 中显示	Bool
S_NEXT	在 S_NO 输出参数中显示后续步	Bool	S_ACTIVE	在 S_NO 中显示的步是激活的	Bool
SW_AUTO	自动模式	Bool	ERR_FLT	互锁条件或监控条件组出错	Bool
SW_TAP	半自动/转换条件切换	Bool	AUTO_ON	当前为自动模式	Bool
SW_TOP	半自动/忽略转换条件	Bool	TAP_ON	已启用 SW_TAP 模式	Bool
SW_MAN	手动模式	Bool	TOP_ON	启用半自动模式/忽略转换条件	Bool
S_SEL	选择要在 S_NO 中输出的步	Int	MAN_ON	已启用手动模式	Bool
S_ON	激活 S_NO 中显示的步	Bool			

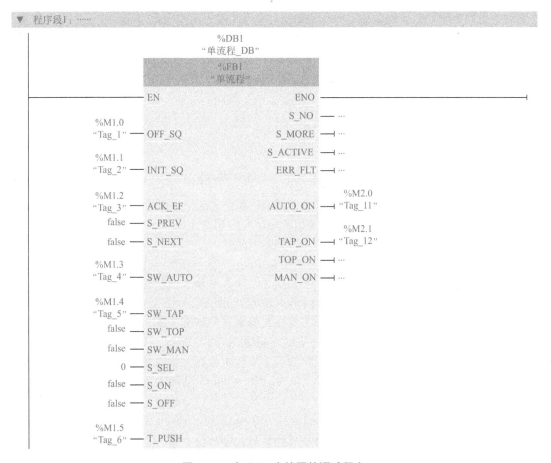

图 3-75 在 OB1 中编写的调试程序

b. 半自动模式调试。通断一次 M1.0，关闭 FB1 的顺控器，使所有的"步"都变为不活动的"步"。接通 M1.4 准备半自动运行（M2.1 半自动灯亮），通断一次 M1.1，激活 FB1 的顺控器，接通 I124.0（过载保护预先接通）。

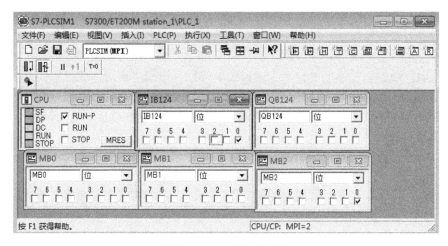

图 3-76　PLCSIM 界面

接通 I124.1，通断一次 M1.5，由"步"S1 转换到"步"S2，可以看到 Q124.0 灯亮，电动机 M1 启动，然后断开 I124.1。

当 M0.0 灯亮（延时 5s 到）时，再通断一次 M1.5，由"步"S2 转换到"步"S2，可以看到 Q124.0、Q124.1 灯亮，电动机 M2 启动。

当 M0.1 灯亮（延时 15s 到）时，再通断一次 M1.5，由"步"S3 转换到"步"S4，可以看到 Q124.0、Q124.1、Q124.2 灯亮，电动机 M3 启动。

接通 I124.2（停止）或断开 I124.0（过载），再通断一次 M1.5，由"步"S4 转换到"步"S1，可以看到 Q124.0、Q124.1、Q124.2 灯同时熄灭，三台电动机同时停止。

④ 使用 Graph 的"顺控器控制"工具调试

a. 自动调试模式。点击顺控器工具条中的启用监视图标 ⬚，使顺控器处于监视状态。点击右边的"测试"，展开"顺控器控制"，如图 3-77 所示。

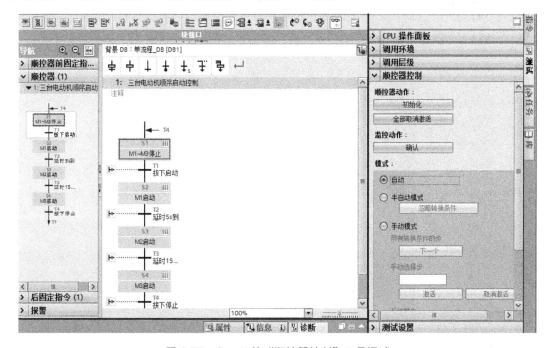

图 3-77　Graph 的"顺控器控制"工具调试

当点击"初始化"时，除了"步"S1被激活（初始步）外，其他的"步"将取消激活。

当点击"全部取消激活"时，所有步将取消激活，要重新启动顺控器，可以点击"初始化"重新启动顺控器，激活初始步。

点击"顺控器控制"下的"自动"前面的单选框，选择"自动"调试模式。点击"全部取消激活"，然后点击"初始化"，使顺控器处于初始步。在PLCSIM中，接通I124.0，通断一次I124.1，可以看到各步按照控制要求自动顺序执行，Q124.0～Q124.2顺序点亮，三台电动机顺序启动。

接通I124.2（停止）或断开I124.0（过载），可以看到Q124.0、Q124.1、Q124.2灯同时熄灭，三台电动机同时停止。

b. 半自动调试模式。在"顺控器控制"下选中"半自动模式"前面的单选框，点击"全部取消激活"，然后点击"初始化"，使顺控器处于初始步。在PLCSIM中，接通I124.0，每点击一次"忽略转换条件"，就会转换到下一步。

c. 手动调试模式。在"顺控器控制"下选中"手动模式"前面的单选框，点击"全部取消激活"，然后点击"初始化"，使顺控器处于初始步。在PLCSIM中，接通I124.0。接通I124.1，点击"下一个"，转换到"步"S2，然后断开I124.1；当M0.0灯亮时，点击"下一个"，转换到"步"S3；当M0.1灯亮时，点击"下一个"，转换到"步"S4；接通I124.2或断开I124.0，点击"下一个"，转换到"步"S1，一个动作周期结束。

也可以在"手动选择步"下输入步的编号，点击"激活"，直接激活该步；点击"取消激活"，可以取消激活该步。

[实例39] 应用选择流程模式实现运料小车控制

（1）控制要求

扫一扫，看视频

在多分支结构中，根据不同的转移条件来选择其中的某一个分支，就是选择流程模式。以图3-78所示的运料小车运送3种原料的控制为例，说明选择流程模式的应用。运料小车在装料处（I124.3限位）从a、b、c三种原料中选择一种装入，右行送料，自动将原料对应卸在A（I124.4限位）、B（I124.5限位）、C（I124.6限位）处，左行返回装料处。

图3-78　小车运料方式示意图

用开关I124.1、I124.0的状态组合选择在何处卸料。

I124.1、I124.0=2#11（即I124.1、I124.0均闭合），选择卸在A处。

I124.1、I124.0=2#10（即I124.1闭合、I124.0断开），选择卸在B处。

I124.1、I124.0=2#01（即I124.1断开、I124.0闭合），选择卸在C处。

（2）控制线路

① 控制线路接线　应用选择流程模式实现运料小车控制的线路如图3-79所示。

② I/O端口分配　PLC的I/O端口分配见表3-37。

（3）控制程序

① PLC硬件组态　打开项目视图，点击■按钮，新建一个项目，命名为"实例39"。然后双击"添加新设备"，添加PLC为CPU314C-2DP，版本号为V2.6。

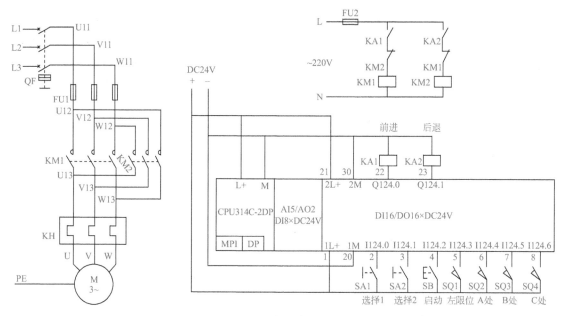

图 3-79　运料小车控制线路

表 3-37　[实例 39] 的 I/O 端口分配

输入端口			输出端口		
输入点	输入器件	作用	输出点	输出器件	控制对象
I124.0	SA1 常开触点	选择开关 1	Q124.0	KA1	小车前进
I124.1	SA2 常开触点	选择开关 2	Q124.1	KA2	小车后退
I124.2	SB 常开触点	启动按钮			
I124.3	SQ1 常开触点	左限位			
I124.4	SQ2 常开触点	A 处限位			
I124.5	SQ3 常开触点	B 处限位			
I124.6	SQ4 常开触点	C 处限位			

② 编写控制程序

a. 选择分支程序的编写。在"项目树"下双击"添加新块"，添加一个函数块 FB，选择语言"GRAPH"，默认编号为"1"（即 FB1），单击确定。可以看到，在 FB1 中自动创建了第 1 个"步"（S1）和第 1 个"转换"（T1）。单击"转换"T1，然后点击╈按钮，可以插入一个"步"（S2）。点击 S2 下的↓，然后点击╪按钮，可以添加一个分支；再在 S2 下点击一下，然后点击╪按钮，再添加一个分支；再在 S2 下点击一下，然后点击↓按钮，添加一个转换，这样就打开了三个分支。然后在三个分支下分别点击╈按钮，添加步和转换。在最后一个分支下，点击↓，然后点击结束分支按钮↵，可以将最后一个分支与第 2 个分支连接。然后点击第 2 个分支下端，再点击结束分支按钮↵，连接到第 1 个分支，三个分支就建立完成。最后，点击两次╈按钮，添加两个步和转换，再点击跳转按钮↓，选择"1"，跳转到 S1，整个图形已经编辑完成。

b. 编写动作和转换。在已经完成的图形中，分别完善动作和转换，完成的动作和转换如图 3-80 所示。

在步 S1 中，复位 Q124.0 和 Q124.1。

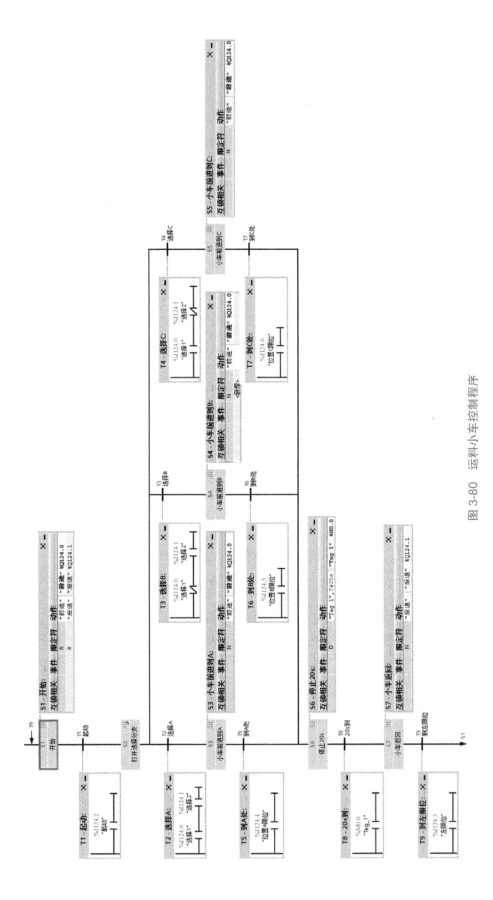

图3-80 运料小车控制程序

在转换 T1 中，当按下启动按钮 SB 时，转换到步 S2。

在步 S2 中，执行空操作。

在转换 T2 中，如果 I124.1 和 I124.0 为 2#11，选择第 1 个分支，到 A 处卸料；在转换 T3 中，如果 I124.1 和 I124.0 为 2#10 时，选择第 2 个分支，到 B 处卸料；在转换 T4 中，如果 I124.1 和 I124.0 为 2#01 时，选择第 3 个分支，到 C 处卸料。

在步 S3 中，当选择在 A 处卸料（I124.1 和 I124.0 为 2#11）时，该步激活，Q124.0 线圈通电，小车前进。到 A 处，撞击行程开关 I124.4，转换到步 S6，Q124.0 线圈断电，小车停在 A 处。

在步 S6 中，延时 20s，在 A 处卸料，延时时间到，M0.0 为 "1"，转换到步 S7。

在步 S7 中，该步激活时，Q124.1 线圈通电，小车后退。到装料处，撞击行程开关 I124.3，转换到步 S1，复位 Q124.0 和 Q124.1，小车停止，完成在 A 处卸料任务。

在 B 处和 C 处卸料与 A 处类似，请自行分析。

最后，打开主程序 OB1，将 "FB1" 拖放到编辑区域，自动弹出 "调用选项"（添加一个背景数据块），点击确定，程序就编写完成。

[实例 40] 应用并行流程模式实现交通信号控制

扫一扫，看视频

（1）控制要求

在多个分支结构中，当满足某个条件后使多个分支流程同时执行的多分支流程，称为并行结构流程。并行结构流程中，要等所有分支都执行完毕后，才能同时转移到下一个状态。以十字路口交通信号灯控制为例，东西方向信号灯为一分支，南北方向信号灯为另一分支，两个分支应同时工作。

交通信号灯一个周期（120s）的时序图如图 3-81 所示。南北信号灯和东西信号灯同时工作，0 ～ 50s 期间，南北信号绿灯亮，东西信号红灯亮；50 ～ 60s 期间，南北信号黄灯亮，东西信号红灯亮；60 ～ 110s 期间，南北信号红灯亮，东西信号绿灯亮；110 ～ 120s 期间，南北信号红灯亮，东西信号黄灯亮。

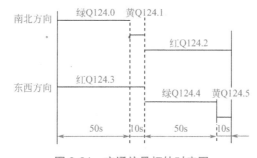

图 3-81 交通信号灯的时序图

（2）控制线路

① 控制线路接线 交通信号灯控制线路如图 3-82 所示。

② I/O 端口分配 PLC 的 I/O 端口分配见表 3-38。

（3）控制程序

① PLC 硬件组态 打开项目视图，点击 按钮，新建一个项目，命名为 "实例 40"。然后双击 "添加新设备"，添加 PLC 为 CPU314C-2DP，版本号为 V2.6。

② 编写控制程序

a. 并行分支程序的编写。在 "项目树" 下双击 "添加新块"，添加一个函数块 FB，选择

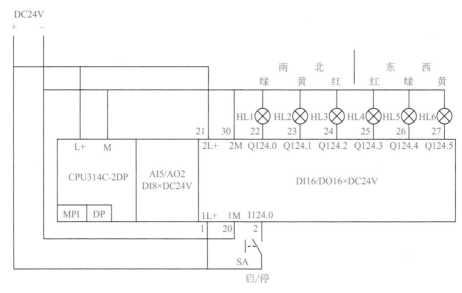

图 3-82　交通信号灯控制线路

表 3-38　［实例 40］的 I/O 端口分配

输入端口			输出端口		
输入点	输入器件	作用	输出点	输出器件	控制对象
I124.0	SA 常开触点	启动/停止	Q124.0	HL1	南北绿灯
			Q124.1	HL2	南北黄灯
			Q124.2	HL3	南北红灯
			Q124.3	HL4	东西红灯
			Q124.4	HL5	东西绿灯
			Q124.5	HL6	东西黄灯

语言"GRAPH"，默认编号为 1（即 FB1），单击确定。可以看到，在 FB1 中自动创建了第 1 个"步"S1 和第 1 个"转换"T1。单击"转换"T1，点击打开并行分支按钮 ，可以添加一个并行分支和"步"S2。在第 1 个并行分支下点击 按钮，添加"步"和"转换"S3 和 T2。在 T2 下再点击 按钮两次，添加 S4、T3 和 S5、T4。再在 S2 下点击一下，然后点击 按钮，添加一个"转换"T5。在 T5 下再点击 按钮两次，添加 S6、T6 和 S7、T7。最后在两个分支下点击 ，各添加一个"步"S8 和 S9。在第 2 个分支下，点击 ，然后点击结束分支按钮 ，可以将第 2 分支与第 1 分支连接。这样并行分支就建立完成。最后，点击 按钮，添加一个"转换"T8，再点击跳转按钮 ，选择"1"，跳转到 S1，整个图形已经编辑完成。

　　b. 编写动作和转换。在已经完成的图形中，分别完善动作和转换，完成的动作和转换如图 3-83 所示。

　　在步 S1 中，执行空操作。

　　在转换 T1 中，当接通启动开关 SA 时（I124.0 常开触点接通），转换到步 S3 和 S2。

　　南北方向：步 S3 被激活时，Q124.0 为"1"，绿灯亮，同时延时 50s。延时时间到，M0.0 为"1"，转换到 S4，Q124.1 为"1"，黄灯亮，同时延时 10s。延时时间到，M0.1 为"1"，转换到 S5，Q124.2 为"1"，红灯亮，延时 60s。延时时间到，M0.2 为"1"，转换到 S8，M0.6 为"1"。

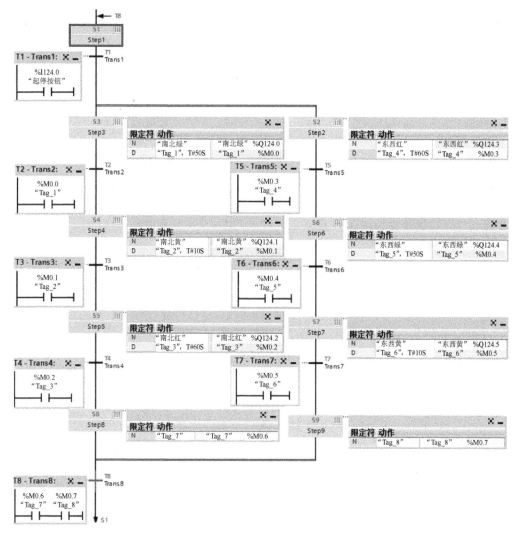

图 3-83 交通灯信号控制程序

东西方向：步 S2 激活时，Q124.3 为"1"，红灯亮，同时延时 60s。延时时间到，M0.3 为"1"，转换到 S6，Q124.4 为"1"，绿灯亮，同时延时 50s。延时时间到，M0.4 为"1"，转换到 S7，Q124.5 为"1"，黄灯亮，延时 10s。延时时间到，M0.5 为"1"，转换到 S9，M0.7 为"1"。

当 M0.6、M0.7 都为"1"时，转换到步 S1，一个亮灯周期结束。

最后，打开主程序 OB1，将"FB1"拖放到编辑区域，自动弹出"调用选项"（添加一个背景数据块），点击确定，程序就编写完成。

[实例 41] 多个顺控器实现交通信号控制

扫一扫，看视频

（1）控制要求

交通信号灯一个周期的时序图如图 3-84 所示。南北信号灯和东西信号灯同时工作，前 50s 期间，南北信号绿灯亮，东西信号红灯亮；50s 时间到，南北信号黄灯闪烁 3 次，东西信号红灯亮；后 40s 期间，南北信号红灯亮，东西信号绿灯亮；40s 时间到，南北信号红灯亮，东西信号黄灯闪烁 3 次。

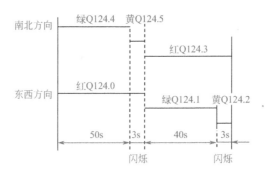

图 3-84　交通信号灯一个周期的时序图

（2）控制线路

交通信号灯控制线路如图 3-85 所示。

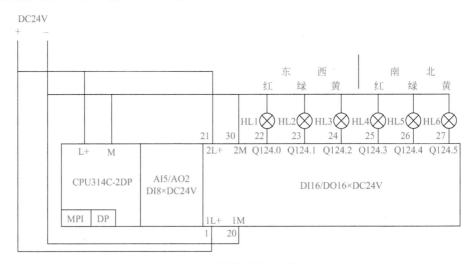

图 3-85　交通信号灯控制线路

（3）控制程序

① PLC 硬件组态　打开项目视图，点击按钮，新建一个项目，命名为"实例 41"。然后双击"添加新设备"，添加 PLC 为 CPU314C-2DP，版本号为 V2.6。

在设备视图中，点击 CPU →"属性"→"常规"→"时钟存储器"，选中时钟存储器，在存储器字节后输入 5，表示用 MB5 存储脉冲，M5.5 产生秒脉冲信号。

② 编写控制程序

a. 编写 3 次闪烁的函数。在"项目树"下双击"添加新块"，添加一个函数 FC，选择语言"LAD"，默认编号为 1（即 FC1），单击确定。编写的 3 次闪烁控制程序如图 3-86 所示。

在程序段 1 中，M5.5 为秒脉冲，当南北黄灯要闪烁时（M0.1 为"1"），Q124.5 线圈通断，南北黄灯闪烁，每闪烁一次，C0 加 1；当东西黄灯要闪烁时（M0.3 为"1"），Q124.2 线圈通断，东西黄灯闪烁。每闪烁一次，C0 加 1。

在程序段 2 中，C0 计数到 3，M0.4 为"1"，C0、Q124.0 ～ Q124.5 复位。

b. 插入顺控器。在"项目树"下双击"添加新块"，添加一个函数块 FB，选择语言"GRAPH"，默认编号为 1（即 FB1），单击确定。可以看到，在 FB1 中自动创建了第 1 个"步"（S1）和第 1 个"转换"（T1）。再点击 3 次按钮，添加 3 个步和转换。最后，点击跳转按钮，选择 1，跳转到 S1，顺控器 1 编辑完成。

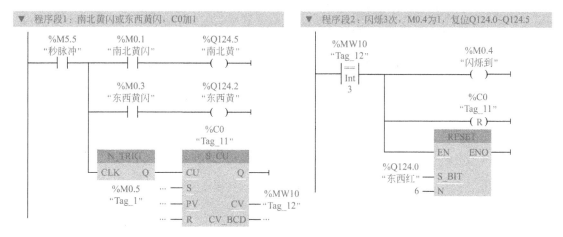

图 3-86 产生 3 次闪烁的函数 FC1

点击顺控器工具条中的插入顺控器按钮📘，插入一个顺控器 2，在该顺控器的步下点击✶，在点击顺控器工具条中的顺控器结尾按钮┻，顺控器控制结束。用同样的方法再添加一个顺控器 3。

c.编写顺控器的动作和转换。顺控器 2 的动作和转换如图 3-87（a）所示。当步 S5 激活时，Q124.0 为"1"，东西红灯亮。当步 S5 取消激活时，Q124.0 为"0"，转换 T5 中 Q124.0 常闭触点接通，顺控器 2 结束。

顺控器 3 的动作和转换如图 3-87（b）所示。当步 S6 激活时，Q124.3 为"1"，南北红灯亮。当步 S6 取消激活时，Q124.3 为"0"，转换 T6 中 Q124.3 常闭触点接通，顺控器 3 结束。

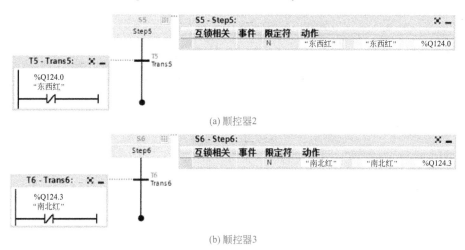

图 3-87 顺控器 2 和顺控器 3 的动作和转换

在顺控器 1 中，点击步 S1，再点击顺控器工具条中的单步视图按钮📘或双击 S1，可以进入单步视图。在 Interlock 下的互锁线圈前添加一个 Q124.3 的常闭触点，如图 3-88 所示，使 Q124.4（南北绿）和 Q124.3（南北红）构成互锁。用同样的方法，在步 S3 的 Interlock 下的互锁线圈前添加一个 Q124.0 的常闭触点，使 Q124.1（东西绿）和 Q124.0（东西红）构成互锁。

顺控器 1 的动作和转换如图 3-89 所示，在步 S1 和 S3 的左上角有一个 -(C)- 标志，表示该步设置了互锁。"Interlock"（互锁）的功能是当互锁条件不满足时，尽管 S1 是激活的，

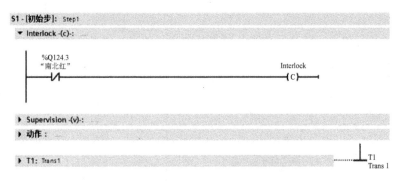

图 3-88　步 S1 的单步视图

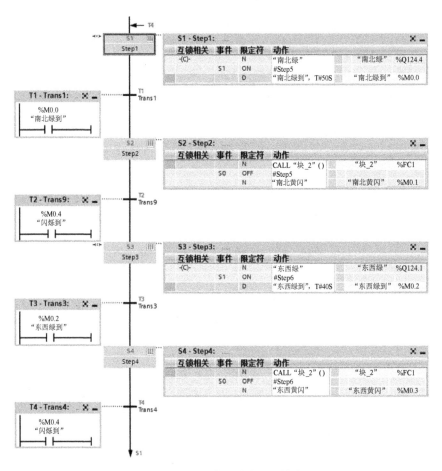

图 3-89　顺控器 1 的动作和转换

该步与互锁有关的动作也是没有输出的；只有当互锁条件满足，该步激活时，与互锁有关的功能才会执行。" -(C)- N Q124.4"表示当 S1 激活且南北红灯熄灭 Q124.3 为"0"，满足互锁时，南北绿灯 Q124.4 才为"1"（即南北绿灯才会亮）。如果 S1 激活，但南北红灯仍然在亮（Q124.3 为"1"），南北绿灯不会亮。S3 的互锁是同样的道理。

"S1 ON #Step5"表示当步 S1 激活瞬间，激活步 S5（即顺控器 2 中的 S5）。"S0 OFF #Step5"表示当步 S2 取消激活瞬间，取消激活步 S5。常用的事件指令如图 3-90 所示，动作表中常用的事件指令见表 3-39。

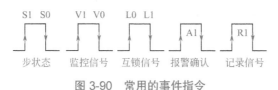

图 3-90　常用的事件指令

表 3-39　动作表中常用的事件指令

事件指令	事件描述	事件指令	事件描述
S1	该步激活瞬间	L0	该步互锁信号到达的瞬间
S0	该步取消激活瞬间	L1	该步互锁信号离去的瞬间
V1	该步发生监控错误瞬间	A1	确认报警信号
V0	该步监控错误消除瞬间	R1	到达的记录

在步 S1 的动作表中，可以从"Interlock"下的下拉列表中选择动作互锁-(C)-。在步 S2 中，将"项目树"下的"FC1"拖放到动作表中，该步激活时，直接调用"FC1"。

顺控器"1"的一个工作周期过程如下。

在步 S1 中，南北绿灯 Q124.4 与南北红灯 Q124.3 联锁，南北红灯熄灭时，南北绿灯亮。同时激活顺控器 2 中的步 S5(S1 ON #Step5)，使东西红灯 Q124.0 亮；延时 50s。延时时间到，M0.0 为"1"，转换到步 S2。

在步 S2 中，该步激活时，"南北黄闪"标志位 M0.1 为"1"，同时调用函数 FC1。在 FC1 中，使 Q124.5（南北黄灯）闪烁 3 次。闪烁 3 次到，M0.4 为"1"，步 S2 取消激活，转换到步 S3。在 S2 取消激活时，取消激活顺控器 2 中的 S5(S0 OFF #Step5)，关闭东西红灯。

在步 S3 中，东西绿灯 Q124.1 与东西红灯 Q124.0 联锁，东西红灯熄灭时，东西绿灯亮。同时激活顺控器 3 中的步 S6(S1 ON #Step6)，使南北红灯 Q124.3 亮；延时 40s。延时时间到，M0.2 为"1"，转换到步 S4。

在步 S4 中，该步激活时，"东西黄闪"标志位 M0.3 为"1"，同时调用函数 FC1。在 FC1 中，使 Q124.2（东西黄灯）闪烁 3 次。闪烁 3 次到，M0.4 为"1"，步 S4 取消激活，转换到步 S1。在 S4 取消激活时，取消激活顺控器 3 中的 S6(S0 OFF #Step6)，关闭南北红灯。

3.8　通信指令

[实例 42]　两台 S7-300 PLC 的 MPI 通信

扫一扫，看视频

（1）控制要求

有两台 S7-300 PLC，一台是客户机，一台是服务器。服务器控制客户机的电动机的 Y-△ 降压启动，客户机控制服务器的电动机的正反转。

（2）控制线路

① 控制线路接线　两台 S7-300 PLC 通过 MPI 通信实现交互控制的线路如图 3-91 所示，主电路略。如果使用自制 MPI 电缆，应将 DP 阳头的 3 和 3 相连、8 和 8 相连、外壳和屏蔽线连接。

② I/O 端口分配　MPI 通信 PLC 的 I/O 端口分配见表 3-40。

（3）相关知识

① MPI 通信

a. MPI 网络。MPI（multipoint interface）通信是当通信速率要求不高、通信数据量不大时，

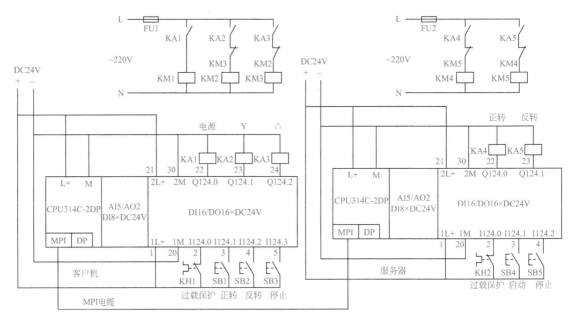

图 3-91　两台 S7-300 PLC 通过 MPI 通信实现交互控制的线路

表 3-40　［实例 42］的 I/O 端口分配

输入端口			输出端口		
输入点	输入器件	作用	输出点	输出器件	控制对象
客户机（地址2）					
I124.0	KH1 常闭触点	本地电动机过载保护	Q124.0	KA1	电源
I124.1	SB1 常开触点	服务器电动机正转	Q124.1	KA2	Y形
I124.2	SB2 常开触点	服务器电动机反转	Q124.2	KA3	△形
I124.3	SB3 常闭触点	服务器电动机停止			
服务器（地址4）					
I124.0	KH2 常闭触点	本地电动机过载保护	Q124.0	KA4	正转
I124.1	SB4 常开触点	客户机电动机启动	Q124.1	KA5	反转
I124.2	SB5 常开触点	客户机电动机停止			

可以采用的一种简单经济的通信方式。MPI 通信可以使用 PLC S7-200/300/400、操作面板 TP/OP 及上位机 MPI/PROFIBUS 通信卡（如 CP5512、CP5611、CP5613 等）进行数据交换。MPI 通信是 S7-300 默认的一种通信方式，通信速率可以设置为 19.2kbit/s 和 187.5kbit/s。如果 MPI 在硬件配置中设置为 PROFIBUS 接口，那么通信速率可以支持 19.2kbit/s ～ 12Mbit/s。

MPI 为 9 针 RS485 接口，站点间使用 PROFIBUS 连接器和 PROFIBUS 通信电缆连接，MPI 网络不支持光纤连接，一个 MPI 网络最多支持连接 32 个节点。通信速率为 187.5kbit/s 时，最大通信距离为 50m，可以使用中继器扩展通信距离。

b. MPI 通信方式。MPI 通信有 3 种通信方式：全局数据包（STEP7 支持，博途不再支持）通信方式、无组态连接通信方式和组态连接（S7-300 PLC 与 S7-400 PLC 或两台 S7-400 PLC 之间）通信方式。

无组态连接通信方式是 PLC 间不需要组态通信连接，在程序中直接调用通信函数，在赋值参数时指定通信方的 MPI 地址即可。这种通信方式适合 S7-300 PLC、S7-400 PLC、S7-200

PLC 之间进行相互通信。PLC 站点可以不在同一个项目下，发送和接收数据可以通过程序控制，灵活性强，最大通信数据量为 76 字节。无组态的通信方式有双边编程和单边编程方式。双边编程是本地与远程都要编写通信程序，发送方使用"X_SEND"发送数据，接收方使用"X_RCV"接收数据；单边编程是只在一方编写程序，就像客户机与服务器，编写通信程序的一方是客户机，不编写通信程序的一方是服务器。单边编程可以使用"X_PUT"发送数据，用"X_GET"接收数据。S7-200 PLC 只能作为服务器，S7-300/400 PLC 可以作为服务器或客户机。

组态连接通信方式是在硬件组态时建立站点之间的连接，然后在程序中调用相关函数块。这种通信方式适合 S7-300 PLC 与 S7-400 PLC 或两台 S7-400 PLC 之间的通信，S7-300 PLC 与 S7-400 PLC 通信时，只能进行单向通信，S7-300 PLC 作为一个数据服务器（不能调用通信函数块），S7-400 PLC 作为客户机调用函数块（PUT、GET）对 S7-300 PLC 的数据进行读写操作。在两台 S7-400 PLC 之间进行通信时，任意一个 PLC 都可以做服务器或客户机。

本例实现 S7-300 之间的 MPI 通信，使用无组态的单边通信编程方式。

② 通信指令　单边通信编程可以使用"X_PUT"和"X_GET"指令，打开"指令"→"通信"→"MPI 通信"，可以找到该指令。"X_PUT"指令格式如图 3-92（a）所示，参数说明见表 3-41。"X_GET"指令格式如图 3-92（b）所示，参数说明见表 3-42。

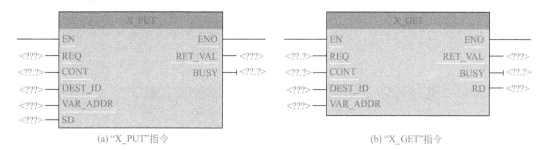

(a) "X_PUT"指令　　　　　　　　　　(b) "X_GET"指令

图 3-92　MPI 单边通信指令

表 3-41　"X_PUT"指令参数说明

参数	声明	数据类型	参数说明
REQ	Input	Bool	上升沿触发发送请求
CONT	Input	Bool	是否仍要保持与通信伙伴的连接，"1"为保持，"0"为不保持
DEST_ID	Input	Word	通信伙伴的 MPI 地址
VAR_ADDR	Input	ANY	指向伙伴 CPU 上用来写入数据的区域的引用
SD	Input	ANY	指向本地 CPU 上包含待发送数据的区域的引用，SD 必须与通信伙伴的参数 VAR_ADDR 具有相同的长度。SD 和 VAR_ADDR 的数据类型也必须相互匹配。发送区的容量最大为 76 个字节
RET_VAL	Return	Int	指令执行过程中，如果出错，则返回值将包含有相应的错误代码
BUSY	Output	Bool	"1"为正在发送；"0"为发送已完成，或不存在处于激活状态的发送操作

表 3-42　"X_GET"指令参数说明

参数	声明	数据类型	参数说明
REQ	Input	Bool	上升沿触发接收请求
CONT	Input	Bool	是否仍要保持与通信伙伴的连接，"1"为保持，"0"为不保持
DEST_ID	Input	Word	通信伙伴的 MPI 地址

续表

参数	声明	数据类型	参数说明
VAR_ADDR	Input	ANY	指向伙伴CPU上区域的引用,数据将从该区域读出
RET_VAL	Return	Int	指令执行过程中,如果出错,则返回值将包含有相应的错误代码
BUSY	Output	Bool	"1"为正在接收;"0"为接收已完成,或者没有激活的接收操作
RD	Output	ANY	指向接收区的引用,接收区RD不得小于通信伙伴上的读取区域VAR_ADDR,RD和VAR_ADDR的数据类型必须相互匹配,接收区的容量最大为76个字节

（4）控制程序

① 硬件组态　打开项目视图,点击 按钮,新建一个项目,命名为"实例42"。然后双击"添加新设备",添加 PLC 为 CPU314C-2DP,版本号为 V2.6,命名为"Client"。通过"项目树"下的"添加新设备",添加一个 CPU 314C-2DP,版本号为 V2.6,命名为"Server"。点击"Client"的 CPU,打开"属性"→"常规"→"时钟存储器",选中时钟存储器前的选择框,存储器字节填写"5",即使用 MB5 作为时钟存储器的字节。点击"网络视图"的"Client"的 MPI 图标 （MPI 接口的图标为黄色),打开"属性"→"常规"→"MPI 地址",点击"添加新子网",添加了一个"MPI_1"的子网,MPI 地址为 2,传输率为 187.5kbit/s。点击"Server"的 MPI 图标 ,点击"添加新子网",添加了一个"MPI_2"的子网,修改 MPI 地址为 4,传输率为 187.5kbis/s。然后点击"网络视图"下的显示地址图标 ,可以看到 MPI 网络的地址,如图 3-93 所示。特别注意,MPI 网络的地址一定要不同,传输率一定要相同。

图 3-93　硬件组态

② 编写控制程序

a. 客户机程序。编写的客户机程序如图 3-94 所示。上电时,I124.0 有输入,程序段 4 中的 I124.0 常闭触点预先断开,为启动做准备。

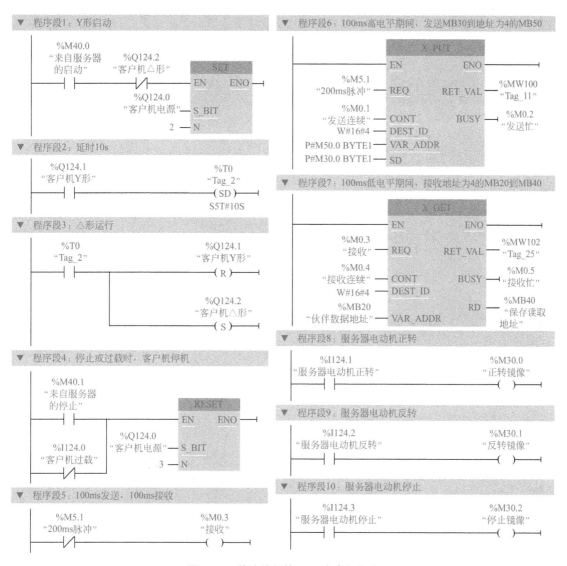

图 3-94　单边编程的 MPI 客户机程序

在程序段 1 中，当接收到来自服务器的启动信号时，M40.0 为 "1"，将 Q124.0 开始的两个位（Q124.0 和 Q124.1）置位，电源和 Y 形接触器接通，本地电动机 Y 形启动。

在程序段 2 中，在 Y 形启动时，T0 延时 10s。

在程序段 3 中，T0 延时时间到，复位 Q124.1，置位 Q124.2，本地电动机切换为△形运行。

在程序段 4 中，当接收到来自服务器的停止信号（M40.1 常开触点接通）或本地电动机发生过载（I124.0 常闭触点接通）时，将 Q124.0 开始的 3 个位（Q124.0 ～ Q124.2）复位，本地电动机停止。

在程序段 5 中，用周期为 200ms 的脉冲 M5.1 控制发送和接收。

在程序段 6 中，在 M5.1 的上升沿，触发发送请求。服务器的 MPI 地址为 4，发送数据 P#M30.0 BYTE 1（MB30）到服务器的 P#50.0 BYTE 1（MB50）。

在程序段 7 中，当 M5.1 为低电平时，M0.3 为 "1"。在 M0.3 的上升沿，触发接收请求。服务器的 MPI 地址为 4，服务器的数据地址为 MB20，保存到本地电动机的 MB40 中。

在程序段 8 中，当 I124.1 常开触点接通（SB1 按下）时，M30.0 为 "1"，使服务器电动机正转。

在程序段 9 中，当 I124.2 常开触点接通（SB2 按下）时，M30.1 为 "1"，使服务器电动机反转。

在程序段 10 中，当 I124.3 常开触点接通（SB3 按下）时，M30.2 为 "1"，使服务器电动机停止。

b. 服务器程序。单边编程的 MPI 服务器程序如图 3-95 所示。上电时，I124.0 有输入，程序段 1 和程序段 2 中的 I124.0 常开触点预先接通，为启动做准备。

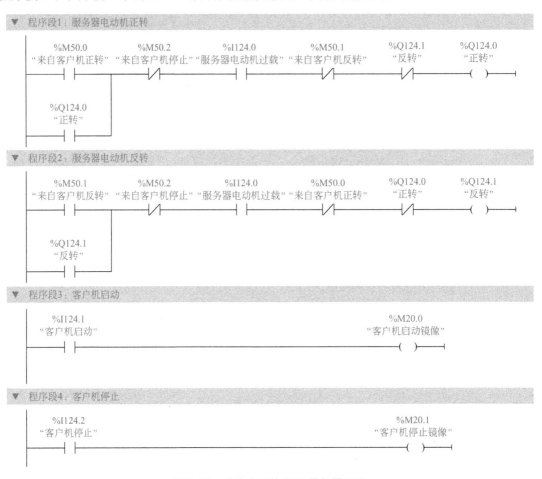

图 3-95　单边编程的 MPI 服务器程序

在程序段 1 中，当接收到来自客户机的正转信号时，M50.0 为 "1"，M50.0 的常开触点接通，Q124.0 线圈通电自锁，服务器电动机正转启动；当接收到来自客户机的停止信号（M50.2 为 "1"）或服务器电动机过载（I124.0 常开触点断开）时，Q124.0 线圈断电，自锁解除，服务器电动机停止。

在程序段 2 中，当接收到来自客户机的反转信号时，M50.1 为 "1"，M50.1 的常开触点接通，Q124.1 线圈通电自锁，服务器电动机反转；当接收到来自客户机的停止信号（M50.2 为 "1"）或服务器电动机过载（I124.0 常开触点断开）时，Q124.1 线圈断电，自锁解除，服务器电动机停止。

在程序段 3 中，当服务器的 I124.1 常开触点接通（启动客户机）时，M20.0 为 "1"，发送到客户机，使客户机的电动机 Y 形启动。

在程序段 4 中，当服务器的 I124.2 常开接通（停止客户机）时，M20.1 为"1"，发送到客户机，使客户机的电动机停止。

[实例 43] 两台 S7-300 PLC 的 Ethernet 通信

扫一扫，看视频

（1）控制要求

有两台 S7-300 PLC（CPU314C-2DP），一台配有 CP343-1（客户机），另一台配有 CP343-1（服务器），通过以太网通信实现客户机控制服务器电动机的启动 / 停止，服务器控制客户机电动机的启动 / 停止。

（2）控制线路

① 控制线路接线 两台 S7-300 PLC 通过 Ethernet 通信实现交互控制的线路如图 3-96 所示，主电路略。网线使用了交叉连接，即将一端的 1、2 连接到另一端的 3、6。

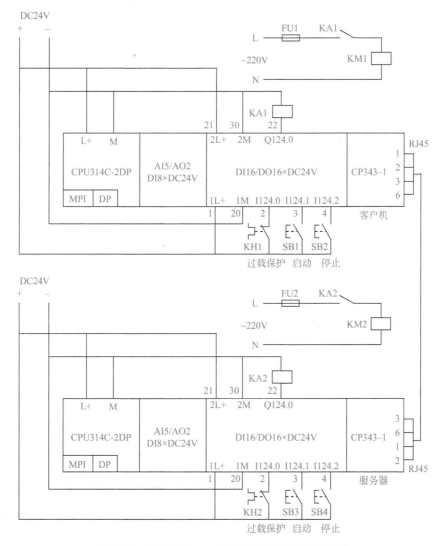

图 3-96 通过 Ethernet 通信实现交互控制的线路

② I/O 端口分配 PLC 的 I/O 端口分配见表 3-43。

表 3-43 ［实例 43］的 I/O 端口分配

输入端口			输出端口		
输入点	输入器件	作用	输出点	输出器件	控制对象
客户机（IP地址 192.168.0.1）					
I124.0	KH1 常闭触点	本地电动机过载保护	Q124.0	KA1	客户机电动机
I124.1	SB1 常开触点	服务器电动机启动			
I124.2	SB2 常开触点	服务器电动机停止			
服务器（IP地址 192.168.0.2）					
I124.0	KH2 常闭触点	本地电动机过载保护	Q124.0	KA2	服务器电动机
I124.1	SB3 常开触点	客户机电动机启动			
I124.2	SB4 常闭触点	客户机电动机停止			

（3）相关知识

① 工业以太网接口的种类　工业以太网应用于单元级、管理级网络，具有通信数据量大、站点多、通信距离长等特点。S7-300 PLC 的以太网接口种类有 CPU31X/CPU31XC-2DP/PN 集成 PROFINET 接口、CP343-1、CP343-1 Lean、CP343-1 Advanced、CP343-1 ERPC（千兆接口）。编程器或上位机有 CP1613/CP1623、CP1616/CP1604、商用以太网卡等。

② 工业以太网支持的通信协议与服务　西门子公司在工业以太网方面提供丰富的产品与技术，客户可以通过以太网模块获得一系列的通信服务，常用的通信功能简要介绍如下。

S5 兼容通信：ISO、TCP/IP、ISO-On-TCP 连接、TCP 连接以及 UDP 数据报服务（包括广播/多点传送）。可以通过 TCP、UDP 通信实现与第三方标准 TCP 通信设备进行数据交换。

S7 通信：S7 通信服务特别适合 S7 PLC 与 HMI 通信、S7-300 PLC 与 S7-400 PLC 通信、S7-400 PLC 之间的通信、S7-300/400 PLC 与 S7-1200 PLC 通信以及 S7-300/400 PLC 与 S7-200 PLC 之间的通信。所有的 S7 控制器都集成了用户程序可以读写数据的 S7 通信服务，在以太网、PROFIBUS 和 MPI 总线中都可以使用 S7 通信。在以太网上使用 S7 通信，实际上是通过 ISO 或 ISO-On-TCP 通信协议来实现的。

PG/OP 通信：PG/OP 通信通过 STEP7 软件下载程序和组态数据，用于运行测试和诊断功能，以及通过 HMI 设备监视和控制 PLC 内数据。

PROFINET 通信：PROFINET IO 适合模块化、分布式的应用，现场设备（IO-Devices）可以直接通过以太网进行连接，通过 TIA 博途软件将现场设备分配到一个 IO 控制器（IO-Controller）上。

③ 通信指令　依次展开"指令"→"通信"→"通信处理器"→"SIMATIC NET CP"，可以找到"AG_SEND"和"AG_RECV"指令。"AG_SEND"发送指令的梯形图如图 3-97（a）

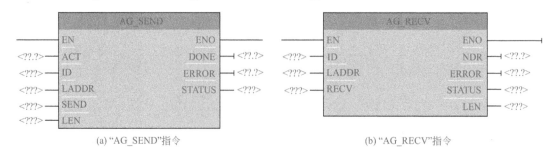

(a) "AG_SEND"指令　　　　　　(b) "AG_RECV"指令

图 3-97　单边通信指令

所示，指令参数说明见表3-44；"AG_RECV"接收指令的梯形图如图3-97（b）所示，指令
参数说明见表3-45。

表3-44　"AG_SEND"指令参数说明

参数	声明	数据类型	说　明
ACT	Input	Bool	如果在ACT=1时对指令进行调用，则会从SEND参数指定的传输数据区中发送LEN个字节
ID	Input	Int	在参数ID中指定的连接数
LADDR	Input	Word	模块起始地址
SEND	Input	ANY	指定地址和长度
LEN	Input	Int	发送的字节数目
DONE	Output	Bool	该状态参数指示是否无错完成作业
ERROR	Output	Bool	发送错误
STATUS	Output	Word	状态代码

表3-45　"AG_RECV"指令参数说明

参数	声明	数据类型	说　明
ID	Input	Int	在ID参数中指定ISO传输连接的连接数目
LADDR	Input	Word	模块起始地址
RECV	Input	ANY	指定地址和长度
NDR	Output	Bool	该参数指示是否接收了新数据
ERROR	Output	Bool	接收错误
STATUS	Output	Word	状态代码
LEN	Output	Int	接收字节数

（4）控制程序

① 组态 Ethernet 网络通信　打开项目视图，点击 按钮，新建一个项目，命名为"实例43"。然后双击"添加新设备"，添加 PLC 为 CPU314C-2DP（V2.6），命名为"Client"，在4 号槽上插入 CP343-1（V3.0）。点击 CPU，将循环中断设为 100ms。通过"项目树"下的"添加新设备"，添加一个 CPU 314C-2DP（V2.6），命名为"Server"，在 4 号槽上插入 CP343-1（V3.0）。点击 CPU，将循环中断设为 100ms。点击"网络视图"，点击 连接图标，在右边选择"TCP 连接"，拖动"Client"的 CP343-1 图标 （Ethernet 通信的图标为绿色）到"Server"的 CP343-1 图标 ，添加一个"TCP_连接_1"。然后点击"网络视图"下的显示地址图标 ，可以看到以太网的 IP 地址，如图3-98 所示。特别注意，以太网的 IP 地址一定要不同，并且要在同一个网段，子网掩码一定要相同。点击"TCP_连接_1"，在"属性"下的"本地ID"选项卡中可以看到本地 ID 为1。点击"Client"的 CP343-1，在"属性"下的"IO 地址"选项卡中可以看到输入起始地址为256，输出起始地址为256；点击"Server"的 CP343-1，在"属性"下的"IO 地址"选项卡中可以看到输入起始地址为256，输出起始地址为256。

② 编写控制程序

a. 客户机程序。编写的客户机循环中断程序 OB35 如图3-99（a）所示。每 100ms 中断一次，进行发送和接收。

在程序段 1 中，如果发送数据有变化，M0.0 为"1"，进行发送。发送 ID 为组态的本地ID（即 1），发送地址为模块的输出起始地址 W#16#100（即 256），发送数据为 MB10，长

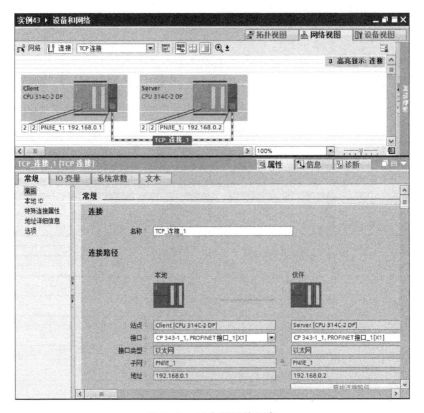

图 3-98　以太网通信组态

度 LEN 为 1 个字节。

在程序段 2 中，接收服务器的数据。接收 ID 为组态的本地 ID（即 1），接收地址为模块的输入起始地址 W#16#100（即 256），接收 1 个字节保存到 MB20。

编写的客户机主程序 OB1 如图 3-99（b）所示。上电时，过载保护 I124.0 有输入，程序段 4 中的 I124.0 常开触点接通，为启动做准备。

在程序段 1 中，当 I124.1 常开接通（SB1 按下）时，M10.0 为"1"，使服务器电动机启动。

在程序段 2 中，当 I124.2 常开接通（SB2 按下）时，M10.1 为"1"，使服务器电动机停止。

在程序段 3 中，如果数据 MB10 发生变化，转存到 MB12 中，M0.0 线圈通电，发送数据。

在程序段 4 中，当接收到来自服务器的启动信号（M20.0=1）时，本地电动机启动；当接收到来自服务器的停止信号（M20.1 为"1"）或本地电动机过载（I124.0 常开触点断开）时，本地电动机停止。

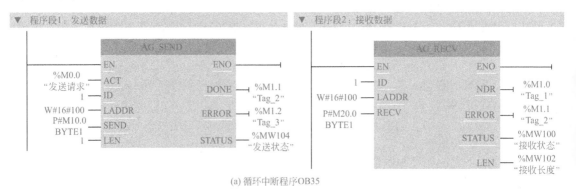

(a) 循环中断程序OB35

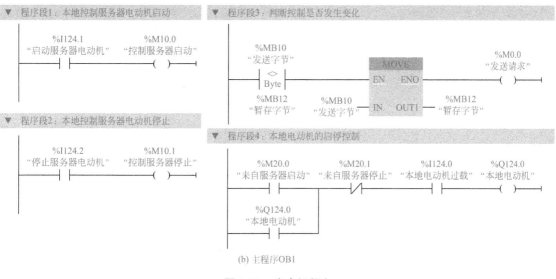

(b) 主程序OB1

图 3-99 客户机程序

b. 服务器程序。编写的服务器循环中断程序 OB35 如图 3-100（a）所示。每 100ms 中断一次，进行发送和接收。

在程序段 1 中，如果发送数据有变化，M0.0 为"1"，进行发送。发送 ID 为组态的本地 ID（即 1），发送地址为模块的输出起始地址 W#16#100（即 256），发送数据为 MB10，长度 LEN 为 1 个字节。

在程序段 2 中，接收客户机的数据。接收 ID 为组态的本地 ID（即 1），接收地址为模块的输入起始地址 W#16#100（即 256），接收 1 个字节保存到 MB20。

编写的服务器主程序 OB1 如图 3-100（b）所示。上电时，过载保护 I124.0 有输入，程序段 4 中的 I124.0 常开触点接通，为启动做准备。

在程序段 1 中，当 I124.1 常开接通（SB1 按下）时，M10.0 为"1"，使客户机电动机启动。

在程序段 2 中，当 I124.2 常开接通（SB2 按下）时，M10.1 为"1"，使客户机电动机停止。

在程序段 3 中，如果数据 MB10 发生变化，转存到 MB12 中，M0.0 线圈通电，发送数据。

在程序段 4 中，当接收到来自客户机的启动信号（M20.0=1）时，本地电动机启动；当接收到来自客户机的停止信号（M20.1 为"1"）或本地电动机过载（I124.0 常开触点断开）时，本地电动机停止。

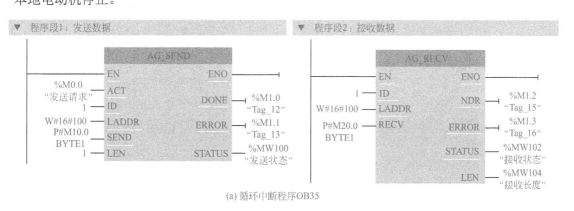

(a) 循环中断程序OB35

图 3-100

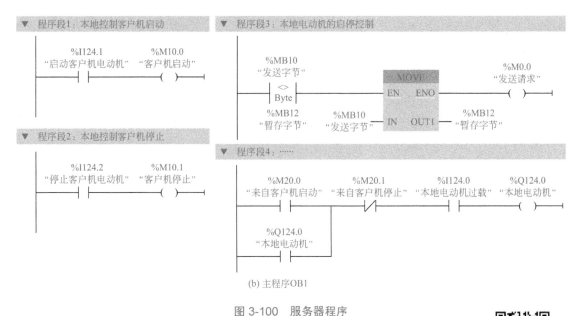

图 3-100　服务器程序

[实例 44]　两台 S7-300 PLC 的 PROFINET 通信

扫一扫，看视频

（1）控制要求

有两台 S7-300 PLC（CPU314C-2DP），一台配有 CP343-1（IO 控制器），另一台配有 CP343-1 Lean（IO 设备），通过 PROFINET 通信实现 IO 控制器控制 IO 设备电动机的启动 / 停止，IO 设备控制 IO 控制器电动机的启动 / 停止。

（2）控制线路

① 控制线路接线　两台 S7-300 PLC 通过 PROFINET 通信实现交互控制的线路如图 3-101 所示，主电路略。

② I/O 端口分配　PLC 的 I/O 端口分配见表 3-46。

（3）相关知识

PROFINET 由 PROFIBUS 国际组织（PROFIBUS International-PI）推出的新一代基于工业以太网的自动化总线标准。它是在原有工业以太网基础上开发的实时工业以太网，可以通过 PROFINET 通信服务直接连接现场设备。PROFINET 主要有两种应用方式：PROFINET IO 和 PROFINET CBA。

PROFINET CBA 适合分布式智能站点之间通信的应用。而 PROFINET IO 适合模块化分布式应用，与 PROFIBUS-DP 方式相似，在 RPOFIBUS-DP 应用中分为主站和从站，在 PROFINET IO 应用中有 IO 控制器和 IO 设备。

① PROFINET 通信模块　S7-300 PLC 以太网通信模块有 CP343-1Lean、CP343-1、CP343-1 Advanced，CP343-1 Lean 只能用于 IO 设备，CP343-1 的 1EX21 只能用于 IO 控制器，而 CP343-1 的 1EX30 可以用于 IO 控制器或 IO 设备（同时只能运行一种模式），CP343-1 Advanced 可同时运行两种模式。

② PROFINET 通信指令　常用的 PROFINET 通信指令有"PNIO_SEND"和"PNIO_RECV"，在"指令"→"通信"→"Simantic NET CP"→"PROFINET IO"下可以找到该指令。"PNIO_SEND"梯形图指令如图 3-102（a）所示，指令参数说明见表 3-47；"PNIO_RECV"梯形图指令如图 3-102（b）所示，指令参数见表 3-48。

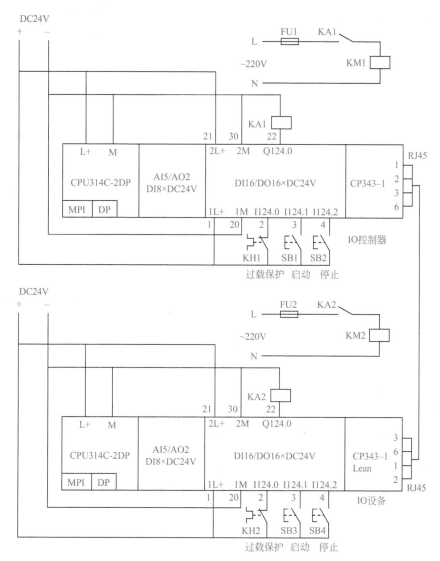

图 3-101　通过 PROFINET 通信实现交互控制的线路

表 3-46　[实例 44]的 I/O 端口分配

输入端口			输出端口		
输入点	输入器件	作用	输出点	输出器件	控制对象
客户机（IP 地址 192.168.0.1）					
I124.0	KH1 常闭触点	本地电动机过载保护	Q124.0	KA1	客户机电动机
I124.1	SB1 常开触点	服务器电动机启动			
I124.2	SB2 常开触点	服务器电动机停止			
服务器（IP 地址 192.168.0.2）					
I124.0	KH2 常闭触点	本地电动机过载保护	Q124.0	KA2	服务器电动机
I124.1	SB3 常开触点	客户机电动机启动			
I124.2	SB4 常闭触点	客户机电动机停止			

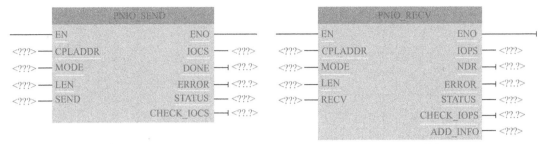

(a)"PNIO_SEND"指令   (b)"PNIO_RECV"指令

图 3-102　PROFINET 指令

表 3-47　"PNIO_SEND"指令参数说明

参数	声明	数据类型	取值范围	说　明
CPLADDR	Input	Word	—	模块起始地址
MODE	Input	Byte	X值：0YH—在IOCS中传送状态位；8YH—限制CHECK_IOCS中的组消息 Y值：X0H—IO控制器模式；X1H—IO设备模式	以XY形式（十六进制）指定：X—用于设置状态信息的传送；Y—用于指定IO控制器或IO设备CP模式
SEND	InOut	ANY	存储器位区或数据块区	指定地址和长度
LEN	Input	Int	数值>0	以字节为单位的将要传送的数据区的长度
DONE	Output	Bool	0—数据错误 1—接收的新数据	该参数指示是否无错完成该作业
ERROR	Output	Bool	0—无错误 1—错误	故障代码
STATUS	Output	Word	—	状态代码
CHECK_IOCS	Output	Bool	0—所有IOCS均设置为GOOD 1—至少一个IOCS设置为BAD	指示是否需要对IOCS状态区进行评估的辅助位
IOCS	Output	ANY	存储器位区或数据块区	每一用户数据字节传送一个状态位。长度信息取决于LEN参数中的长度（每字节一位）

表 3-48　"PNIO_RECV"指令参数说明

参数	声明	数据类型	取值范围	说　明
CPLADDR	Input	Word	—	模块起始地址
MODE	Input	Byte	X值：0Y—在IOCS中传送状态位；8Y—限制CHECK_IOCS中的组消息 Y值：X0—IO控制器模式；X1—IO设备模式	以XY形式（十六进制）指定：X—用于设置状态信息的传送；Y—用于指定IO控制器或IO设备
RECV	InOut	ANY	存储器位区或数据块区	指定地址和长度
LEN	Input	Int	数值>0	以字节为单位的将要传送的数据区的长度
NDR	Output	Bool	0—数据错误 1—接受的新数据	该参数指示是否无错完成该作业
ERROR	Output	Bool	0—无错误 1—错误	故障代码
STATUS	Output	Word	—	状态代码
CHECK_IOPS	Output	Bool	0—所有IOCS均设置为GOOD 1—至少一个IOCS设置为BAD	指示是否需要对IOCS状态区进行评估的辅助位

续表

参数	声明	数据类型	取值范围	说　明
IOPS	Output	ANY	存储器位区或数据块区	每一用户数据字节传送一个状态位。长度信息取决于RECV参数中的长度（每字节一位）
ADD_INFO	Output	Word	附加诊断信息	参数扩展

（4）控制程序

① 组态PROFINET网络通信　打开项目视图，点击▓按钮，新建一个项目，命名为"实例 44"。然后双击"添加新设备"，添加 PLC 为 CPU314C-2DP（V2.6），命名为"Controller"，在 4 号槽上插入 CP343-1（V3.0）。通过"项目树"下的"添加新设备"，添加一个 CPU 314C-2DP（V2.6），命名为"Device"，在 4 号槽上插入 CP343-1 Lean（V2.0）。点击"网络视图"，点击▓网络图标，拖动"Controller"的 CP343-1 图标▓（绿色）到"Device"的 CP343-1 Lean 图标▓，添加了一个"PN/IE_1"的子网。点击"Controller"的 CP343-1 图标▓，打开"属性"→"常规"→"以太网地址"，可以看到以太网子网为"PN/IE_1"，IP 地址为 192.168.0.1，子网掩码为 255.255.255.0。点击"Device"的 CP343-1 Lean 图标▓，可以看到以太网子网为"PN/IE_1"，IP 地址 192.168.0.2，子网掩码为 255.255.255.0。点击"Controller"的 CP343-1 图标▓，打开"属性"→"常规"→"操作模式"，选中"IO 控制器"。点击"Device"的 CP343-1 Lean 图标▓，选中"IO 设备"，在已分配的 IO 控制器后选择"Controller.CP 343-1_1.PROFINET 接口_1"，在传输区中添加"传输区_1"为 IO 控制器发送 10 个字节（Q200 ～ Q209）→ IO 设备；添加"传输区_2"为 IO 控制器接收 5 个字节（I200 ～ I204）← IO 设备。然后点击"网络视图"下的显示地址图标▓，可以看到以太网的 IP 地址，如图 3-103 所示。特别注意，以太网的 IP 地址一定要不同，并且要在同一个网段，子网掩码一定要相同。

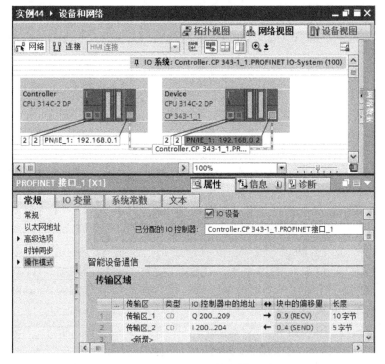

图 3-103　PROFINET 通信组态

② 编写控制程序

a. IO 控制器程序。编写的 IO 控制器程序如图 3-104 所示。上电时，程序段 3 中的过载保护输入端 I124.0 常开触点闭合，为启动做准备。

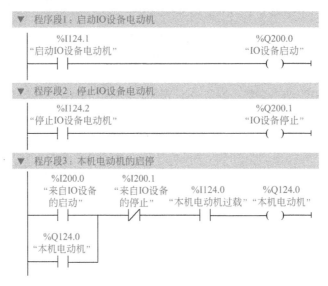

图 3-104 PROFINET IO 控制器程序

在程序段 1 中，当 I124.1 常开触点接通（SB1 按下）时，Q200.0 线圈为"1"，发送到 IO 设备，使 IO 设备电动机启动。

在程序段 2 中，当 I124.2 常开触点接通（SB2 按下）时，Q200.1 线圈为"1"，发送到 IO 设备，使 IO 设备电动机停止。

在程序段 3 中，当接收到来自 IO 设备的启动信号（I200.0 为"1"）时，Q124.0 线圈通电自锁，本地电动机启动；当接收到来自 IO 设备的停止信号（I200.1 为"1"）或本地电动机过载（I124.0 常开触点断开）时，Q124.0 线圈断电，自锁解除，本地电动机停止。

b. IO 设备程序。编写的 IO 设备程序如图 3-105 所示。上电时，程序段 5 中的过载保护输入端 I124.0 常开触点闭合，为启动做准备。

在程序段 1 中，当 I124.1 常开触点接通（SB3 按下）时，M10.0 线圈为"1"，使 IO 控制器电动机启动。

在程序段 2 中，当 I124.2 常开触点接通（SB4 按下）时，M10.1 线圈为"1"，使 IO 控制器电动机停止。

在程序段 3 中，CPLADDR 设为该 CP 模块的起始地址 W#16#100（即 256），MODE 设为 B#16#1（指定该 CP 模块为 IO 设备），SEND（发送）设为 P#M10.0 BYTE 5（从 MB10 开始的 5 个字节）。每一个字节的发送状态占用 IOCS 的一个位，故 IOCS 需要一个字节（P#M20.0 BYTE 1）。

在程序段 4 中，CPLADDR 设为该 CP 模块的起始地址 W#16#100（即 256），MODE 设为 B#16#1（指定该 CP 模块为 IO 设备），RECV（接收）设为 P#M30.0 BYTE 10，表示接收 10 个字节到从 MB30 开始的 10 个字节中。每一个字节的接收状态占用 IOPS 的一个位，故 IOPS 需要两个字节（P#M40.0 BYTE 2）。

在程序段 5 中，当接收到来自 IO 控制器的启动信号（M30.0 为"1"）时，Q124.0 线圈通电自锁，本地电动机启动；当接收到来自 IO 控制器的停止信号（M30.1 为"1"）或本地电动机过载（I124.0 常开触点断开）时，Q124.0 线圈断电，自锁解除，本地电动机停止。

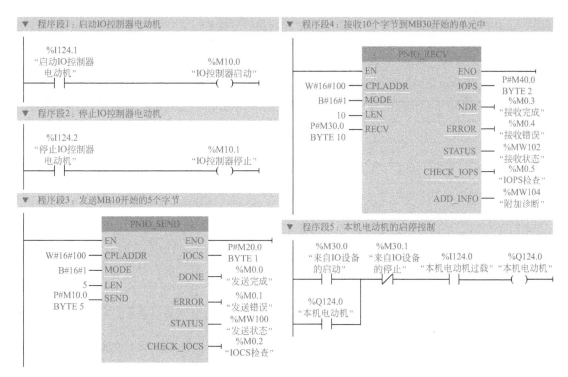

图 3-105　PROFINET IO 设备程序

扫一扫，看视频

[实例 45]　**两台 S7-300 PLC 集成 DP 口之间的 DP 通信**

（1）控制要求

有两台 S7-300 PLC，都有集成的 DP 口（比如 CPU314C-2DP），一台作为主站，一台作为从站，通过 PROFIBUS DP 通信实现以下控制要求。

① 主站电动机先启动，经过 10s，从站电动机启动。

② 主站和从站都有启动和停止按钮，都可以进行启动和停止。

③ 当按下停止按钮时，主站电动机和从站电动机同时停止。

④ 当主站电动机过载或从站电动机过载时，两台电动机同时停止。

（2）控制线路

① 控制线路接线　两台 S7-300 集成 DP 口之间的 DP 通信控制线路如图 3-106 所示，主

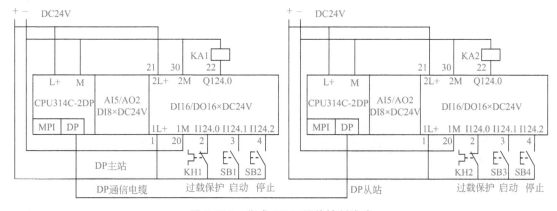

图 3-106　集成 DP 口通信控制线路

电路略。在制作 DP 通信电缆时，应将 DP 电缆的绿色线接入 DP 终端连接器进线端的 A1，将红色线接入 DP 终端连接器进线端的 B1，DP 终端连接器的电阻开关拨到"ON"。

② I/O 端口分配　PLC 的 I/O 端口分配见表 3-49。

表 3-49　[实例 45] 的 I/O 端口分配

输入端口			输出端口		
输入点	输入器件	作用	输出点	输出器件	控制对象
主站（地址 2）					
I124.0	KH1 常闭触点	主站过载保护	Q124.0	KA1	主站电动机
I124.1	SB1 常开触点	从站电动机启动			
I124.2	SB2 常开触点	从站电动机停止			
从站（地址 3）					
I124.0	KH2 常闭触点	从站过载保护	Q124.0	KA2	从站电动机
I124.1	SB3 常开触点	主站电动机启动			
I124.2	SB4 常闭触点	主站电动机停止			

（3）相关知识

PROFIBUS 总线技术是一种国际化、开放式的通信标准，它不依赖于设备生产商，是一种独立的总线标准，已被广泛地用于制造业自动化和过程自动化、楼宇、交通、电力等各行各业。使用 PROFIBUS 总线技术，可以方便地实现各种不同厂商的自动化设备及元器件之间的信息交换。PROFIBUS 现场总线由 PROFIBUS DP、PROFIBUS FMS 和 PROFIBUS PA 组成，DP 型用于分散外设间的高速传输，适合于加工自动化领域的应用；FMS 型为现场信息规范，适用于纺织、楼宇自动化、可编程控制器、低压开关等一般自动化；而 PA 型则是用于过程自动化的总线类型。其中又以 PROFIBUS DP 最为实用。PROFIBUS DP 的传输速率为 9.6kbit/s ～ 12Mbit/s，最大传输距离在 100 ～ 1000m。其传输介质可以是双绞线，也可以是光缆，最多可挂接 127 个站点。

PROFIBUS 现场总线是开放的，其通信协议是透明的，很多第三方设备都支持 PROFIBUS 通信。支持 PROFIBUS 协议的第三方设备都会有 GSD 文件，通常以 *.GSD 或 *.GSE 文件名出现，将此 GSD 文件安装到组态软件中就可以组态第三方设备从站的通信接口。

PROFIBUS 总线符合 EIA RS485 标准，是以半双工、异步、无间隙同步为基础的。在总线的终端配有终端电阻，如图 3-107（a）所示。连接头使用西门子的终端连接器，为 9 针的 D 形接头，如图 3-107（b）所示，针脚定义见表 3-50。连接器备有阳头和阴头，阳头插入总线站，阴头可以连接总线电缆。连接器中配有终端电阻，在使用时，第一个站和最后一个站的终端电阻开关拨到"ON"，中间站点的终端电阻拨到"OFF"。

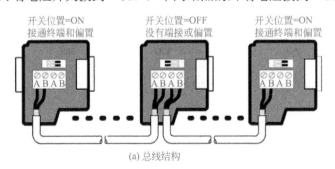

(a) 总线结构　　(b) DP用的9脚D形阳头

图 3-107　PROFIBUS 总线结构

表 3-50　PROFIBUS 接口针脚定义

针脚号	信号名称	含义	针脚号	信号名称	含义
1	SHIELD	屏蔽或保护地	6	VP	供电电压（+5V）
2	M24	24V输出电压地（辅助电源）	7	P24	+24V输出电压（辅助电源）
3	RXD/TXD-P	接收/发送数据－正（B线）	8	RXD/TXD-N	接收/发送数据－负（A线）
4	CNTR-P	方向控制信号－正	9	CNTR-N	方向控制信号－负
5	DGND	数据基准电位（5V地）			

　　PROFIBUS DP 从站可以是 ET200 系列的远程 I/O 站，也可以是一些智能从站，如带集成 DP 接口或 PROFIBUS 通信模块的 S7-300 站、S7-400 站（V3.0 以上）都可以作为 DP 的从站。在本例中，CPU314C-2DP 带有集成 DP 口，可以作为从站。

　　（4）控制程序

　　① 组态 PROFIBUS DP 网络通信　打开项目视图，点击 按钮，新建一个项目，命名为"实例 45"。然后双击"添加新设备"，添加 PLC 为 CPU314C-2DP（V2.6），命名为"PLC_1"。通过"项目树"下的"添加新设备"，添加一个 CPU 314C-2DP（V2.6），命名为"PLC_2"。点击"网络视图"，点击 网络图标，拖动"PLC_1"的 DP 图标 （DP 通信的接口图标为紫色）到"PLC_2"的 DP 图标 ，添加了一个"PROFIBUS_1"的子网。点击"PLC_1"的 DP 图标 ，打开"属性"→"常规"→"PROFIBUS 地址"，可以看到地址为 2，传输率为 1.5Mbit/s。点击"PLC_2"的 DP 图标 ，可以看到子网为"PROFIBUS_1"，地址为 3，传输率为 1.5Mbit/s。点击"PLC_1"的 DP 图标 ，打开"属性"→"常规"→"操作模式"，选中"主站"，使"PLC_1"作为主站。点击"PLC_2"的 DP 图标 ，选中"DP 从站"，在"分配的 DP 主站"后选择"PLC_1.DP 接口_1"，在传输区中添加"传输区_1"为主站发送 1 个字节（Q0）→从站的 I0（即 QB0 → IB0），可以通过长度修改字节个数；添加"传输区_2"为主站接收 1 个字节（I0）←从站的 Q0（即 IB0 ← QB0）。然后点击"网络视图"下的显示地址图标 ，可以看到 PROFIBUS 分配的地址，如图 3-108 所示。特别注意，

图 3-108　集成 DP 口通信组态

PROFIBUS 地址一定要不同（默认 0 为计算机，1 为人机界面，从 2 开始为 PLC），传输率一定要相同。

② 编写控制程序　在项目树中，通过双击"添加新块"，在主站和从站都添加组织块"I/O_FLT1[OB82]""RACK_FLT[OB86]"和"MOD_ERR[OB122]"，防止 DP 通信中断时 CPU 停机。

a. 主站程序。编写的主站控制主程序如图 3-109 所示。

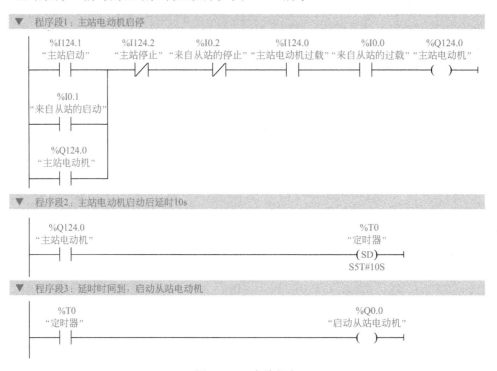

图 3-109　主站程序

在程序段 1 中，主站过载保护输入端 I124.0 为"1"且接收到来自从站的过载保护 I0.0 为"1"，为主站电动机启动做准备。当主站的 I124.1 常开触点接通（SB1 按下）或接收到来自从站的启动信号（I0.1 为"1"）时，Q124.0 线圈通电自锁，主站电动机启动。当按下主站停止按钮 SB2（I124.2 常闭触点断开）、接收到来自从站的停止信号（I0.2 为"1"）、主站电动机过载（I124.0 常开触点断开）、接收到从站电动机过载（I0.0 为"0"）时，Q124.0 线圈断电，自锁解除，主站电动机停止。

在程序段 2 中，主站电动机启动时（Q124.0 常开触点接通），T0 延时 10s。

在程序段 3 中，10s 延时到（T0 常开触点闭合），Q0.0 线圈通电，发送到从站，启动从站电动机。

b. 从站程序。编写的从站控制主程序如图 3-110 所示。

在程序段 1 中，正常运行时，由于 I124.0 连接热继电器 KH2 的常闭触点，所以 I124.0 常开触点接通，Q0.0 线圈通电，将"1"发送给主站；从站电动机过载时，I124.0 常开触点断开，将"0"发送给主站。

在程序段 2 中，当 I124.1 常开触点接通（启动按钮 SB3 按下）时，Q0.1 为"1"，将启动信号发送给主站。

在程序段 3 中，当 I124.2 常开触点接通（停止按钮 SB4 按下）时，Q0.2 为"1"，将停止信号发送给主站。

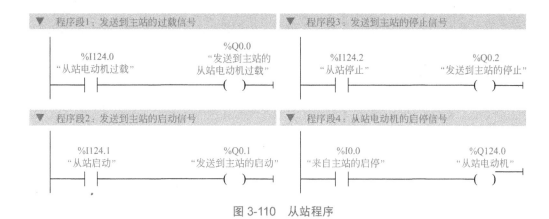

图 3-110 从站程序

在程序段 4 中，当接收到来自主站的启动信号（I0.0 为"1"）时，Q124.0 线圈通电，从站电动机启动运行。

[实例 46]　S7-300 PLC 集成 DP 口与 CP342-5 的 DP 通信

扫一扫，看视频

（1）控制要求

有两台 S7-300 PLC，一台为 CPU314C-2DP，具有集成的 DP 接口，作为主站；一台为 CPU314，配有 CP342-5，作为从站。通过 PROFIBUS DP 通信实现主站控制从站电动机的启动 / 停止，从站控制主站电动机的启动 / 停止。

（2）控制线路

① 控制线路接线　集成 DP 口与 CP342-5 的 DP 通信控制线路如图 3-111 所示，主电路略。DP 终端连接器的电阻开关拨到"ON"。

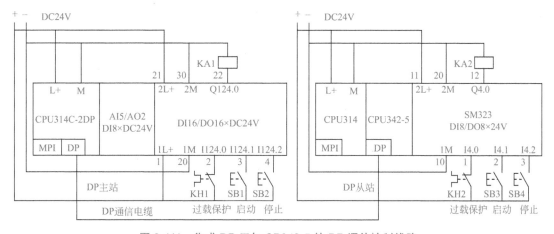

图 3-111　集成 DP 口与 CP342-5 的 DP 通信控制线路

② I/O 端口分配　PLC 的 I/O 端口分配见表 3-51。

（3）相关知识

① CP342-5 通信模块　CP342-5 是 S7-300 系列的 PROFIBUS 通信模块，带有 PROFIBUS 接口，可以组态为 PROFIBUS-DP 主站或从站，但不能同时作主站和从站，而且只能在 S7-300 PLC 的中央机架上使用，不能放在分布式从站上使用。使用 CP342-5 作为 DP 主站或从站时，其对应的通信 I/O 区域为虚拟通信区域，而不是 CPU 的 I/O 地址区域，无论做 DP 主站或 DP 从站都需要调用"DP_SEND"和"DP_RECV"。

表 3-51 ［实例 46］的 I/O 端口分配

输入端口			输出端口		
输入点	输入器件	作用	输出点	输出器件	控制对象
主站（地址 2）					
I124.0	KH1 常闭触点	主站过载保护	Q124.0	KA1	客户机电动机
I124.1	SB1 常开触点	从站电动机启动			
I124.2	SB2 常开触点	从站电动机停止			
从站（地址 3）					
I4.0	KH2 常闭触点	从站过载保护	Q4.0	KA2	服务器电动机
I4.1	SB3 常开触点	主站电动机启动			
I4.2	SB4 常闭触点	主站电动机停止			

② 通信指令　点击"指令"→"通信"→"通信处理器"→"SIMATIC NET CP"，可以找到编程使用的"DP_SEND"和"DP_RECV"指令。"DP_SEND"指令如图 3-112（a）所示，指令参数说明见表 3-52；"DP_RECV"指令如图 3-112（b）所示，指令参数说明见表 3-53。

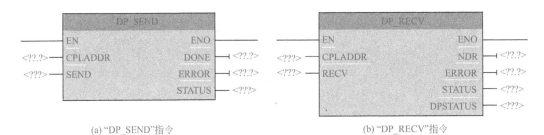

(a) "DP_SEND"指令　　　　　　　(b) "DP_RECV"指令

图 3-112　DP 通信指令

表 3-52　"DP_SEND"指令参数说明

参数	声明	数据类型	说　明
CPLADDR	Input	Word	模块起始地址
SEND	Input	ANY	指定地址和长度
DONE	Output	Bool	该状态参数指示是否无错完成作业
ERROR	Output	Bool	发送错误
STATUS	Output	Word	状态代码

表 3-53　"DP_RECV"指令参数说明

参数	声明	数据类型	说　明
CPLADDR	Input	Word	模块起始地址
RECV	Input	ANY	指定地址和长度
NDR	Output	Bool	是否接收新数据
ERROR	Output	Bool	接收错误
STATUS	Output	Word	状态代码
DPSTATUS	Output	Byte	DP 状态代码

（4）控制程序

① 组态 PROFIBUS DP 网络通信　打开项目视图，点击 ⚙ 按钮，新建一个项目，命名为"实例46"。然后双击"添加新设备"，添加 PLC 为 CPU314C-2DP(V2.6)，命名为"PLC_1"。通过"项目树"下的"添加新设备"，添加一个 CPU 314（V2.6），命名为"PLC_2"，在 4 号槽插入 CP342-5（V5.0）；在 5 号槽插入 SM323（DI8/DO8×24V），默认 I/O 地址为 IB4/QB4。点击"网络视图"，点击 🔗 网络图标，拖动"PLC_1"的 DP 图标▉（紫色）到"PLC_2"的 DP 图标▉，添加了一个"PROFIBUS_1"的子网。点击"PLC_1"的 DP 图标▉，打开"属性"→"常规"→"PROFIBUS 地址"，可以看到地址为 2，传输率为 1.5Mbit/s。点击"PLC_2"的 DP 图标▉，可以看到子网为"PROFIBUS_1"，地址为 3，传输率为 1.5Mbit/s。点击"PLC_1"的 DP 图标▉，打开"属性"→"常规"→"操作模式"，选中"主站"，使"PLC_1"作为主站。点击"PLC_2"的 DP 图标▉，选中"DP 从站"，在"分配的 DP 主站"后选择"PLC_1.DP 接口_1"，在传输区中添加"传输区_1"为主站发送 4 个字节（Q0～Q3）；添加"传输区_2"为主站接收 4 个字节（I0～I3）。点击从站"PLC_2"的"I/O 地址"，可以看到输入地址为 256～271，输出地址为 256～271。然后点击"网络视图"下的显示地址图标 🖥，可以看到 PROFIBUS 分配的地址，如图 3-113 所示。特别注意，PROFIBUS 地址一定要不同（默认 0 为计算机，1 为人机界面，从 2 开始为 PLC），传输率一定要相同。

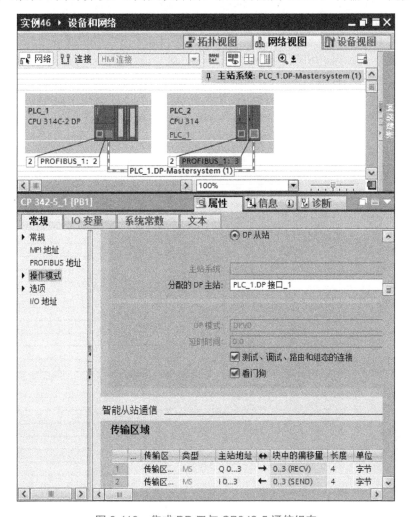

图 3-113　集成 DP 口与 CP342-5 通信组态

② 编写控制程序

a. 主站程序。主站 CPU 需要添加相关的组织块 OB82、OB86、OB122，以防止从站故障导致主站 CPU 停机。编写的主站控制程序如图 3-114 所示。上电时，程序段 3 中的过载保护输入端 I124.0 常开触点预先闭合，为启动做准备。

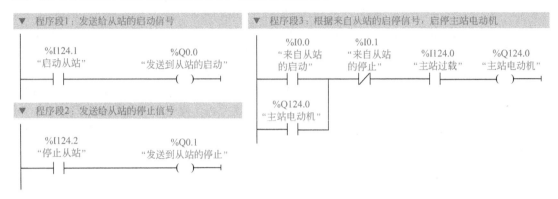

图 3-114　主站控制程序

在程序段 1 中，当按下主站的启动按钮 SB1（I124.1 常开触点接通）时，Q0.0 线圈通电，发送到从站，控制从站电动机启动。

在程序段 2 中，当按下主站的停止按钮 SB2（I124.2 常开触点接通）时，Q0.1 线圈通电，发送到从站，控制从站电动机停止。

在程序段 3 中，当接收到来自从站的启动信号（I0.0 为"1"）时，Q124.0 线圈通电自锁，主站电动机启动；当接收到来自从站的停止信号（I0.1 为"1"）或主站电动机过载（I124.0 常开触点断开）时，Q124.0 线圈断电，自锁解除，主站电动机停止。

b. 从站程序。编写的从站控制程序如图 3-115 所示。本例中使用 CP342-5 作为 DP 从站，地址的输出区在从站上要调用指令 DP_SEND，将从站的 MB10 ~ MB13 → 主站的

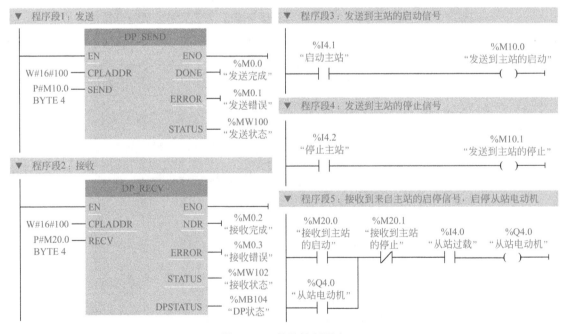

图 3-115　从站控制程序

IB0～IB3；地址的输入区在从站上要调用指令 DP_RECV，从站的 MB20～MB23 ← 主站的 QB0～QB3。组态完成后下载到 CPU 中，如果没有调用指令 DP_SEND 和 DP_RECV，CP342-5 的状态灯"BUSF"将闪烁。上电时，I4.0 连接热继电器 KH2 的常闭触点，故 I4.0 常开触点预先接通，为从站电动机启动做准备。

在程序段 1 中，CPLADDR 设为模块的输出起始地址 W#16#100（即 256），SEND（发送）设为 P#M10.0 BYTE 4，表示将 MB10～MB13 发送到主站（即发送到主站的 IB0～IB3）。

在程序段 2 中，CPLADDR 设为模块的输入起始地址 W#16#100（即 256），RECV 设为 P#M20.0 BYTE 4，表示将来自主站的数据（即 QB0～QB3）接收到地址 MB20～MB23 中。

在程序段 3 中，当 I4.1 常开触点接通（启动按钮 SB3 按下）时，M10.0 线圈通电，发送到主站，启动主站电动机。

在程序段 4 中，当 I4.2 常开触点接通（停止按钮 SB4 按下）时，M10.1 线圈通电，发送到主站，停止主站电动机。

在程序段 5 中，当接收到来自主站的启动信号（M20.0 为"1"）时，Q4.0 线圈通电自锁，从站电动机启动；当接收到来自主站的停止信号（M20.1 为"1"）或发生过载（I4.0 常开触点断开）时，Q4.0 线圈断电，自锁解除，从站电动机停止。

◀ [实例 47] S7-300 PLC 集成 DP 口与 ET200M 的 DP 通信

（1）控制要求

将 S7-300 PLC 作为主站，ET200M 作为从站，应用 PROFIBUS DP 通信实现如下控制。

① 从站电动机先启动，经过 5s，主站电动机启动。

② 主站和从站都有启动和停止按钮，都可以进行启动和停止。

③ 当按下停止按钮时，主站电动机和从站电动机同时停止。

④ 当主站电动机过载或从站电动机过载时，两台电动机同时停止。

扫一扫，看视频

（2）控制线路

① 控制线路接线　S7-300 PLC 与 ET200M 的 DP 通信控制线路如图 3-116 所示，DP 终端连接器的电阻开关拨到"ON"，主电路略。将 IM153-1 的 PROFIBUS 地址开关的 1 和 2 拨到"ON"，设为地址 3。

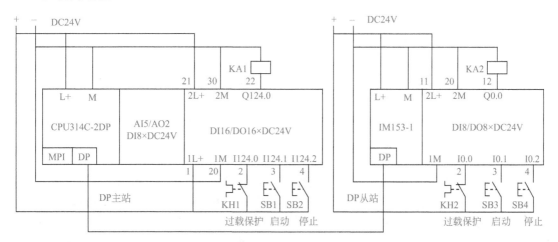

图 3-116　集成 DP 口与 ET200M 通信控制线路

② I/O 端口分配　PLC 的 I/O 端口分配见表 3-54。

表 3-54　[实例 47] 的 I/O 端口分配

输入端口			输出端口		
输入点	输入器件	作用	输出点	输出器件	控制对象
主站（地址 2）					
I124.0	KH1 常闭触点	主站过载保护	Q124.0	KA1	主站电动机
I124.1	SB1 常开触点	从站电动机启动			
I124.2	SB2 常开触点	从站电动机停止			
从站（地址 3）					
I0.0	KH2 常闭触点	从站过载保护	Q0.0	KA2	从站电动机
I0.1	SB3 常开触点	主站电动机启动			
I0.2	SB4 常闭触点	主站电动机停止			

（3）相关知识

ET200 系列是远程分布式 I/O 站点，为减少信号电缆的辐射，可以在远程设备附近根据不同的要求放置不同类型的远程 I/O 站点，如 ET200S、ET200M、ET200pro、ET200eco 等。

ET200S 是一款防护等级为 IP20，具有丰富的信号模块，同时支持电动机启动器、变频器、PROFIBUS 和 PROFINET 网络的分布式 I/O 系统。

ET200M 是一款高度模块化的分布式 I/O 系统，防护等级为 IP20，尤其适用于高密度且复杂的自动化任务；同时支持 PROFIBUS 和 PROFINET 现场总线；使用 S7-300 信号模块、功能模块和通信模块；可以最多扩展 8 或 12 个 S7-300 PLC 信号模块。

ET200pro 是一种全新的模块化 I/O 系统，防护等级高达 IP67，是专门针对那些环境恶劣、安装控制柜困难的场所（无控制柜）等设计的；支持 PROFIBUS 和 PROFINET 现场总线，可以连接模拟量、数字量、变频器、电动机启动器、气动单元等模块，而且集成有故障安全型技术。

ET200eco 是一款高防护、无控制柜设计和经济型的分布式 I/O 产品，并且同时支持 PROFIBUS DP 和 PROFINET 工业现场总线，在安装空间有限或应用环境比较恶劣的场合具有广泛的应用前景。

在本例中，S7-300 CPU314C-2DP 作为主站，分布式 I/O ET200M 作为从站实现 DP 通信控制。

（4）控制程序

① 组态 PROFIBUS DP 网络通信　打开项目视图，点击 🔲 按钮，新建一个项目，命名为 "实例 47"。然后双击 "添加新设备"，添加 PLC 为 CPU314C-2DP（V2.6），命名为 "PLC_1"。在 "网络视图" 下，依次展开 "硬件目录" → "分布式 I/O" → "ET200M" → "接口模块" → "PROFIBUS" → "IM153-1"，双击 "6ES7 153-1AA03-0XB0"，添加一个从站 "Slave_1"（IM153-1）。双击这个从站，进入 "设备视图"，在 4 号槽插入 SM323（DI8/DO8×24V），默认 I/O 地址为 IB0/QB0。点击 "网络视图" 选项卡，点击 🔲 网络图标，拖动 "PLC_1" 的 DP 图标 🔲（紫色）到 "Slave_1" 的 DP 图标 🔲，添加了一个 "PROFIBUS_1" 的子网。点击 "PLC_1" 的 DP 图标 🔲，打开 "属性" → "常规" → "PROFIBUS 地址"，可以看到地址为 2，传输率为 1.5Mbit/s。点击 "Slave_1" 的 DP 图标 🔲，可以看到子网为 "PROFIBUS_1"，地址为 3，传输率为 1.5Mbit/s。要注意设置站号 3 应与 ET200M（IM153-1）硬件上面的拨码开关设置相同（即 2 和 1 拨到 ON），而且不能与其他的站号相同。然后点击 "网络视图" 下的显示地址图标 🔲，可以看到 PROFIBUS 分配的地址，如图 3-117 所示。

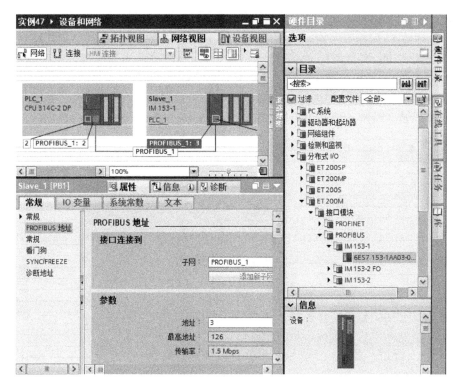

图 3-117　集成 DP 口与 ET200M 通信组态

② 编写控制程序　编写的控制程序如图 3-118 所示。本例中使用 ET200M 作为 DP 分布式 I/O 从站设备，为保证在从站设备掉站或模块损坏时 CPU 保持运行状态，需要添加相关的组织块 OB82、OB86、OB122。上电时，主站过载保护输入端 I124.0 有输入，程序段 1 中的 I124.0 常开触点预先接通；从站的过载保护输入端 I0.0 有输入，程序段 1 中的 I0.0 常开触点预先接通，为启动做准备。

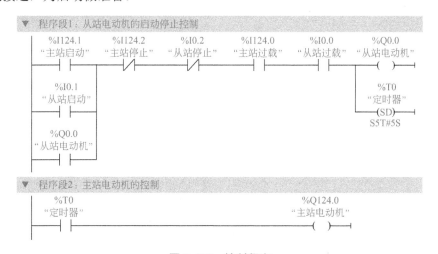

图 3-118　控制程序

a. 启动控制。在程序段 1 中，当主站的启动按钮 SB1 按下（I124.1 常开触点接通）或从站的启动按钮 SB3 按下（I0.1 常开触点接通）时，Q0.0 线圈通电自锁，从站电动机启动。同时 T0 开始延时 5s。

T0 延时 5s 到，程序段 2 中的 T0 常开触点接通，Q124.0 线圈通电，主站电动机启动。

b. 停止控制。在程序段 1 中，当按下主站停止按钮 SB2（I124.2 常闭触点断开）或按下从站的停止按钮 SB4（I0.2 常闭触点断开）时，Q0.0 线圈断电自锁解除，从站电动机停止。定时器 T0 断电，程序段 2 中 T0 常开触点断开，Q124.0 线圈断电，主站电动机停止。

c. 过载保护。在程序段 1 中，当主站电动机过载（I124.0 常开触点断开）或从站电动机过载（I0.0 常开触点断开）时，Q0.0 线圈断电自锁解除，从站和主站电动机同时停止。

[实例48] S7-300 PLC 集成 DP 口与 EM277 的 DP 通信

（1）控制要求

将 S7-300 PLC 作为主站，S7-200 作为从站，应用 PROFIBUS DP 通信实现如下控制。

① 主站控制从站电动机

a. 当按下主站的从站启动按钮时，从站电动机开始 Y 形启动，延时 5s，转换为△形运转。

b. 当按下主站的从站停止按钮时，从站电动机停止。

② 从站控制主站电动机

a. 当按下从站的主站正转按钮时，主站电动机正转运行。

b. 当按下从站的主站反转按钮时，主站电动机反转运行。

c. 当按下从站的主站停止按钮时，主站电动机停止。

扫一扫，看视频

③ 当主站电动机过载时，主站电动机停止；当从站电动机过载时，从站电动机停止。

（2）控制线路

① 控制线路接线　S7-300 PLC 集成 DP 口与 EM277 的 DP 通信控制线路如图 3-119 所示，DP 终端连接器的电阻开关拨到"ON"，主电路略。用十字螺丝刀（螺钉旋具）将 EM277 的

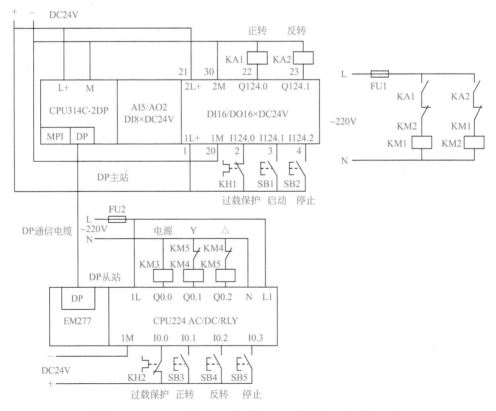

图 3-119　S7-300 PLC 集成 DP 口与 EM277 的 DP 通信控制线路

旋转开关的 X10 旋转到 0、X1 旋转到 5，即设 EM277 的 PROFIBUS 地址为 5。

② I/O 端口分配　PLC 的 I/O 端口分配见表 3-55。

表 3-55 ［实例 48］的 I/O 端口分配

输入端口			输出端口		
输入点	输入器件	作用	输出点	输出器件	控制对象
主站 CPU314C-2DP（PROFIBUS 地址 2）					
I124.0	KH1 常闭触点	主站电动机过载保护	Q124.0	KA1	主站电动机 M1 正转
I124.1	SB1 常开触点	从站电动机 M2 启动	Q124.1	KA2	主站电动机 M1 反转
I124.2	SB2 常开触点	从站电动机 M2 停止			
从站 CPU224（PROFIBUS 地址 5）					
I0.0	KH2 常闭触点	从站电动机过载保护	Q0.0	KM3	从站电动机 M2 电源
I0.1	SB3 常开触点	主站电动机 M1 正转	Q0.1	KM4	从站电动机 M2 Y 形
I0.2	SB4 常开触点	主站电动机 M1 反转	Q0.2	KM5	从站电动机 M2 △形
I0.3	SB5 常开触点	主站电动机 M1 停止			

（3）相关知识

EM277 是 S7-200 PLC 的一个智能扩展模块。通过 EM 277 PROFIBUS DP 扩展从站模块，可将 S7-200 CPU 连接到 PROFIBUS DP 网络。EM277 只能做 PROFIBUS DP 的从站，而不能做主站。因此 S7-200 PLC 之间不能使用 EM277 进行 DP 通信，同时 S7-200 PLC 也不能和只能做 DP 从站的变频器进行通信。EM277 端口可运行于 9.6kbit/s ～ 12Mbit/s 之间的任何 PROFIBUS 波特率。

为了将 EM 277 作为一个 DP 从站使用，用户必须设定与主站组态中的地址相匹配的 DP 端口地址。从站地址是使用 EM 277 模块上的旋转开关设定的。

EM277 可用 DP 主站组态，以接收从主站来的输出数据，并将输入数据返回给主站。作为 DP 从站，EM277 模块接收从主站来的多种不同的 I/O 组态，向主站发送和接收不同数量的数据。这种特性使用户能修改所传输的数据量，以满足实际应用的需要。首先将数据移到 S7-200 CPU 中的变量存储器（V 区），就可将输入、计数值、定时器值或其他计算值送到主站。类似地，从主站来的数据存储在 S7-200 CPU 中的变量存储器内，也可移到其他数据区。

CPU224 与 S7-300 PLC 的数据交换如图 3-120 所示。在 S7-300 PLC 组态时，DP 从站定义了一个具有 16 个输出字节和 16 个输入字节的 I/O 组态以及一个值为 5000 的 V 存储

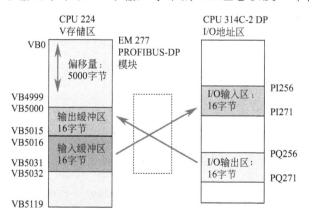

图 3-120　V 存储器与 I/O 地址区域

器偏移量。CPU224 中的输出缓冲区和输入缓冲区长度均为 16 个字节。输出数据缓冲区从 VB5000 开始，接收来自主站的 16 个字节存储在 VB5000 ～ VB5015 中；输入缓冲区紧接输出缓冲区，从 VB5016 开始，将发送到主站的 16 个字节数据存储在 VB5016 ～ VB5031 中。

（4）控制程序

① EM277 的 GSD 文件安装　打开项目视图，点击按钮，新建一个项目，命名为"实例 48"。然后双击"添加新设备"，添加 PLC 为 CPU314C-2DP（V2.6），命名为"PLC_1"。如果没有 EM277 的硬件 GSD，需要安装"GSD"文件。点击"选项"→"管理通用站描述文件（GSD）"，找到"SIEM089D.GSD"并安装。如果没有该文件，可以在西门子网站下载"SIEM089D.GSD"文件。

② S7-300 与 EM277 的 DP 通信组态　在"网络视图"下，依次展开"硬件目录"→"其他现场设备"→"PROFIBUS DP"→"PLC"→"Siemens AG"→"SIMATIC"→"EM277 PROFIBUS-DP"，双击"6ES7 277-0AA2-0XA0"，添加一个"Slave_1"的从站。点击网络图标，拖动"PLC_1"的 DP 图标到"Slave_1"的 DP 图标，添加一个"PROFIBUS_1"的子网。点击"PLC_1"的 DP 图标，打开"属性"→"常规"→"PROFIBUS 地址"，可以看到地址为 2，传输率为 1.5Mbit/s。点击"Slave_1"的 DP 图标，可以看到子网为"PROFIBUS_1"，修改 PROFIBUS 地址为 5（与 EM277 实际设置地址一致，即旋转开关 X10 设置为 0，X1 设置为 5），传输率为 1.5Mbit/s；点击"设备特定参数"，修改 S7-200 对应的 V 区 I/O 偏移量为 1000。双击"Slave_1"，进入"设备视图"，点击右边的图标，展开"设备概览"，将"2 Bytes OUT/2 Bytes In"拖放到视图的插槽 1 中，可以看到，EM277 默认的 I/O 地址为 IB0 ～ IB1/QB0 ～ QB1（即对应 S7-200 的 V1002 ～ V1003/VB1000 ～ VB1001）。然后点击"网络视图"下的显示地址图标，可以看到 PROFIBUS 分配的地址，如图 3-121 所示。特别注意，PROFIBUS 地址一定要不同（默认 0 为计算机，1 为人机界面，从 2 开始为 PLC），传输率一定要相同。

图 3-121　DP 通信组态

③ 编写控制程序

a. 主站程序。编写的主站程序如图 3-122 所示。本例中使用 EM277 为 DP 分布式 IO 从站设备，为保证在从站设备掉站或模块损坏时 CPU 保持运行状态，需要添加相关的组织块 OB82、OB86、OB122。上电时，由于主站过载保护输入端 I124.0 有输入，程序段 5 中 I124.0 常闭触点断开，为启动做准备。

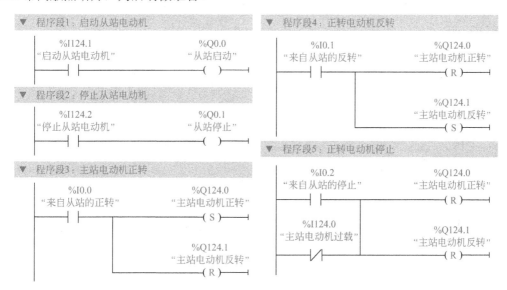

图 3-122 主站控制程序

在程序段 1 中，当按下主站启动按钮 SB1（I124.1 常开触点接通），Q0.0 线圈通电，发送到从站，控制从站电动机启动。

在程序段 2 中，当按下主站停止按钮 SB2（I124.2 常开触点接通），Q0.1 线圈通电，发送到从站，控制从站电动机停止。

在程序段 3 中，当接收到来自从站的正转启动信号（I0.0 为 "1"）时，Q124.0 置位，Q124.1 复位，主站电动机正转启动。

在程序段 4 中，当接收到来自从站的反转启动信号（I0.1 为 "1"）时，Q124.0 复位，Q124.1 置位，主站电动机反转启动。

在程序段 5 中，当接收到来自从站的停止信号（I0.2 为 "1"）或主站电动机过载（I124.0 常闭触点接通）时，Q124.0 和 Q124.1 复位，主站电动机停止。

b. 从站 S7-200 PLC 程序。从站 S7-200 PLC 程序如图 3-123 所示。

在网络 1 中，当正转按钮 SB3 按下（I0.1 常开触点接通）时，V1002.0 线圈通电，发送到主站控制主站电动机正转启动。

在网络 2 中，当反转按钮 SB4 按下（I0.2 常开触点接通）时，V1002.1 线圈通电，发送到主站控制主站电动机反转启动。

在网络 3 中，当停止按钮 SB5 按下（I0.3 常开触点接通）时，V1002.2 线圈通电，发送到主站控制主站电动机停止。

在网络 4 中，当接收到来自主站的启动信号（V1000.0 为 "1"）时，将 Q0.0 和 Q0.2 置位，电源接触器和 Y 形接触器线圈通电，从站电动机 Y 形启动。

在网络 5 中，Y 形启动时，T40 延时 5s。

在网络 6 中，T40 延时 5s 到，T40 常开触点接通，Q0.1 复位，Q0.2 置位，由 Y 形换接为△形运行。

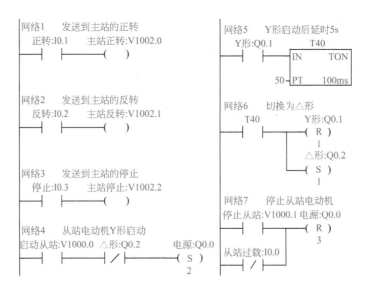

图 3-123 从站控制程序

在网络 7 中，当接收到来自主站的停止信号（V1000.1 为"1"）或从站电动机过载（I0.0 常闭触点接通）时，Q0.0 ～ Q0.2 复位，从站电动机停止。

第4章　MM420 变频器的应用

4.1　变频器的基础知识与参数设置

（1）变频器的用途

① 无级调速　如图 4-1 所示，变频器把频率固定的交流电（频率 50Hz）变换成频率和电压连续可调的交流电，由于三相异步电动机的转速 n 与电源频率 f 成线性正比关系，所以，受变频器驱动的电动机可以平滑地改变转速，实现无级调速。

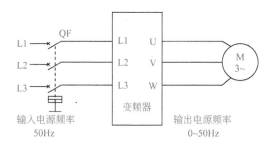

图 4-1　变频器变频输出

② 节能　对于受变频器控制的风机和泵类负载，当需要大流量时可提高电动机的转速，当需要小流量时可降低电动机的转速，不仅能做到保持流量平稳，减少启动和停机次数，而且节能效果显著，经济效益可观。

③ 缓速启动　许多生产设备需要电动机缓速启动，例如，载人电梯为了保证舒适性必须以较低的速度平稳启动。传统的降压启动方式不仅成本高，而且控制线路复杂，而使用变频器只需要设置启动频率和启动加速时间等参数即可做到缓速平稳启动。

④ 直流制动　变频器具有直流制动功能，可以准确地定位停车。

⑤ 提高自动化控制水平　变频器有较多的外部信号（开关信号或模拟信号）控制接口和通信接口，不仅功能强，而且可以组网控制。

使用变频器的电动机大大降低了启动电流，启动和停机过程平稳，减少了对设备的冲击力，延长了电动机及生产设备的使用寿命。

（2）变频器的构造

变频器由主电路和控制电路构成，基本结构如图 4-2 所示。

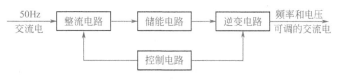

图 4-2　变频器的基本结构

变频器的主电路包括整流电路、储能电路和逆变电路，是变频器的功率电路。主电路结构如图 4-3 所示。

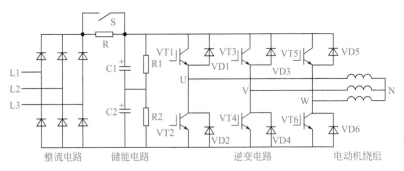

图 4-3 变频器主电路结构

① 整流电路 由二极管构成三相桥式整流电路，将交流电全波整流为直流电。

② 储能电路 由电容 C1、C2 构成（R1、R2 为均压电阻），具有储能和平稳直流电压的作用。为了防止刚接通电源时对电容器充电电流过大，串入限流电阻 R，当充电电压上升到正常值后，与 R 并联的开关 S 闭合，将 R 短接。

③ 逆变电路 由 6 只绝缘栅双极晶体管（IGBT）VT1～VT6 和 6 只续流二极管 VD1～VD6 构成三相桥式逆变电路。晶体管工作在开关状态，按一定规律轮流导通，将直流电逆变成三相交流电，驱动电动机工作。

变频器的控制电路主要以单片微处理器为核心构成，控制电路具有设定和显示运行参数、信号检测、系统保护、计算与控制、驱动逆变管等功能。

（3）变频调速控制方式

① u/f 恒转矩控制方式 因为电动机的电磁转矩如 $TM \propto (u/f)^2$，所以保持（u/f）恒定时，电磁转矩恒定，电动机带负载的能力不变。变频器恒转矩特性曲线如图 4-4（a）所示。大多数负载适用这种控制方式。

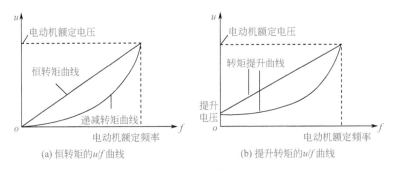

图 4-4 u/f 曲线

递减转矩特性曲线如图 4-4（a）所示，变频器的输出电压与输出频率呈二次曲线关系，适用于风机、水泵类负载。

当变频器的输出频率较低时，其输出电压也比较低。此时，电动机定子绕组电阻的影响已不能忽略，流过定子绕组电阻的电流下降，电磁转矩下降。为改善变频器的低频转矩特性，可采用电压补偿的方法，即适当提高低频时的输出电压，补偿后的 u/f 曲线如图 4-4（b）所示。

② 矢量控制方式 矢量控制方式是变频器的高性能控制方式，特别是低频转矩性能优于 u/f 恒转矩控制方式。通常变频器出厂设定为 u/f 恒转矩控制方式，如果使用矢量控制方式只需重新设定参数即可。矢量控制方式要求电动机的容量比变频器的容量最多小一个等级，使用矢量控制方式可参考使用手册。

（4）MM420 变频器的技术参数

西门子 MM4 系列变频器有 MICROMASTER420（MM420）、MM430 和 MM440，MM420 为通用变频器，MM430 主要应用于风机、泵类电动机的控制，MM440 为高端的矢量变频器。

① 变频器的技术数据　MM420 系列有多种型号，范围从单相 220V/0.12kW 到三相 380V/11kW，其主要技术数据如下。

a. 交流电源电压：单相 200 ～ 240V 或三相 380 ～ 480V。

b. 输入频率：47 ～ 63Hz。

c. 输出频率：0 ～ 650Hz。

d. 额定输出功率：单相 0.12 ～ 3kW 或三相 0.37 ～ 11kW。

e. 7 个可编程的固定频率。

f. 3 个可编程的数字量输入。

g. 1 个模拟量输入（0 ～ 10V）或用作第 4 个数字量输入。

h. 1 个可编程的模拟输出（0 ～ 20mA）。

i. 1 个可编程的继电器输出（30V、直流 5A、电阻性负载，或 250V、交流 2A、感性负载）。

j. 1 个 RS-485 通信接口。

k. 保护功能有：欠电压、过电压、过负载、接地故障、短路、电动机失速、闭锁电动机、电动机过温、变频器过温、参数 PIN 编号保护。

② 变频器的结构　MM420 变频器由主电路和控制电路构成，其结构框图与外部接线端如图 4-5 所示。

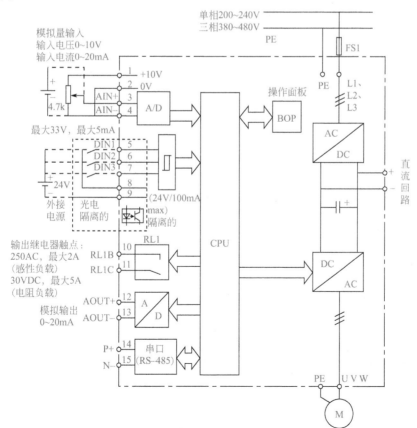

图 4-5　MM420 结构框图与外部接线端

③ 变频器的端子功能　MM420 变频器主电路端子功能见表 4-1。

表 4-1　MM420 变频器主电路端子功能

端子号	端 子 功 能
L1、L2、L3	三相电源接入端，连接 380V、50Hz 交流电源
U、V、W	三相交流电压输出端，连接三相交流电动机首端。此端如误接三相电源端，则变频器通电时将烧毁
DC+、DC−	直流回路电压端，供维修测试用。即使电源切断，电容器上仍然带有危险电压，在切断电源 5min 后才允许打开本设备
PE	保护接地

MM420 变频器控制端子功能见表 4-2。控制端子使用了快速插接器，用小螺丝刀轻轻撬压快速插接器的簧片，即可将导线插入夹紧。

表 4-2　MM420 变频器控制端子功能

端子号	端子功能	电源/相关参数代号/出厂设置值
1	模拟量频率设定电源（+10V）	模拟量传感器也可使用外部高精度电源，直流电压范围 0 ~ 10V
2	模拟量频率设定电源（0V）	
3	模拟量输入端 AIN +	P1000=2，频率选择模拟量设定值
4	模拟量输入端 AIN−	
5	数字量输入端 DIN1	P0701=1，正转/停止
6	数字量输入端 DIN2	P0702=12，反转
7	数字量输入端 DIN3	P0703=9，故障复位
8	数字量电源（＋24V）	也可使用外部电源，最大为直流 33V
9	数字量电源（0V）	
10	继电器输出 RL1B	P0731=52.3，变频器故障时继电器动作，常开触点闭合，用于故障识别
11	继电器输出 RL1C	
12	模拟量输出 AOUT+	P0771 ~ P0781
13	模拟量输出 AOUT−	
14	RS-485 串行链路 P+	P2000 ~ P2051
15	RS-485 串行链路 N−	

（5）MM420 变频器的参数设置

MM420 变频器有状态显示板 SDP、基本操作面板 BOP 和高级操作面板 AOP。基本操作面板 BOP 如图 4-6 所示，BOP 具有七段显示的 5 位数字，可以显示参数的序号和数值，报警和故障信息，以及设定值和实际值。BOP 操作说明见表 4-3。

MM420 参数设置方法如下。

MM420 变频器的每一个参数对应一个编号，用 0000 ~ 9999 四位数字表示。在编号的前面冠以一个小写字母 "r" 时，表示该参数是 "只读" 参数。其他编号的前面都冠以一个大写字母 "P"，P 参数的设置值可以在最小值和最大值的范围内进行修改。

① 长按◉（功能键）2s，显示 "r0000"。

② 按◉/◉，找到需要修改的参数。

图 4-6　MM420 基本操作面板 BOP

③ 再按◉，进入该参数值的修改。

表 4-3 BOP 操作说明

显示/按键	功 能	功 能 说 明
r0000	状态显示	LCD（液晶）显示变频器当前的参数值。r××××表示只读参数；P××××表示可以设置的参数；P表示变频器忙碌，正在处理优先级更高的任务
 ⓘ	启动变频器	按此键启动变频器。默认运行时此键是被封锁的。为了使此键起作用应设定 P0700=1
 ⓞ	停止变频器	OFF1：按此键，变频器将按选定的斜坡下降速率减速停车。默认运行时此键被封锁，为了允许此键操作，应设定 P0700=1 OFF2：按此键两次（或一次，但时间较长）电动机将在惯性作用下自由停车。此功能总是"使能"的
 ⟳	改变电动机的转动方向	按此键可以改变电动机的转动方向。电动机的反向用负号（–）表示。默认运行时此键是被封锁的，为了使此键的操作有效，应设定 P0700=1
 jog	电动机点动	在变频器无输出的情况下按此键，使电动机点动，并按预设定的点动频率（出厂值为5Hz）运行。释放此键时，变频器停车。如果变频器/电动机正在运行，按此键将不起作用
 Fn	功能	此键用于浏览辅助信息 变频器运行过程中，在显示任何一个参数时按下此键并保持不动2 s，将显示以下参数值（在变频器运行中从任何一个参数开始）： 1.直流回路电压（用d表示，单位V） 2.输出电流（A） 3.输出频率（Hz） 4.输出电压（V） 5.由 P0005 选定的数值［如果 P0005 选择显示上述参数中的任何一个（3、4或5），这里将不再显示］ 连续多次按下此键，将轮流显示以上参数跳转功能。在显示任何一个参数（r×××× 或 P××××）时短时间按下此键，将立即跳转到r0000。如果需要的话，可以接着修改其他的参数。跳转到r0000后，按此键将返回原来的显示点
 P	访问参数	按此键即可访问参数
 ▲	增加数值	按此键即可增加面板上显示的参数数值，长时间按则快速增加
 ▼	减少数值	按此键即可减少面板上显示的参数数值，长时间按则快速减少

④ 再按▣，最右边的一个数字闪烁。

⑤ 按▼ / ▲，修改这位数字的数值。

⑥ 再按▣，相邻的下一位数字闪烁。

⑦ 执行④～⑥步，直到显示出所要求的数值。

⑧ 按▣，退出该参数数值的设置。

4.2 变频器的基本应用

[实例 49] 面板操作控制

（1）控制要求

通过西门子变频器 MM420 实现面板操作控制，使用基本操作面板 BOP 设定正反转连续运行的输出频率为50Hz，正反转点动运行的输出频率为40Hz。通过 BOP 面板控制电动机正转、反转、停止、正转点动和反转点动。

（2）控制线路

应用变频器实现面板操作控制线路如图 4-7 所示。

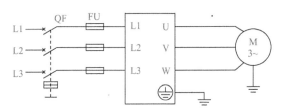

图 4-7 变频器面板操作控制线路

（3）变频器参数设置

面板操作控制的变频器参数设置见表 4-4。序号 1～2 为恢复出厂设置，新购买的变频器不需要这两步。序号 3 为访问参数的级别，数字越大，可以访问的参数越多。序号 5～8 是与电动机有关的参数，根据变频器所驱动的电动机的铭牌进行设置。序号 9 和 10 特别重要，用来选择运行控制的命令源（P0700）和频率源（P1000）。P0700 选择 1，表示 BOP 面

表 4-4　[实例 49] 的变频器参数设置

序号	参数代号	出厂值	设置值	说　明
1	P0010	0	30	调出厂设置参数，准备复位 0 为准备、1 为启动快速调试、30 为出厂设置参数
2	P0970	0	1	0 为禁止复位、1 为恢复出厂设置值（变频器先停车）
3	P0003	1	3	参数访问专家级 1 为标准级、2 为扩展级、3 为专家级、4 为维修级
4	P0010	0	1	启动快速调试
5	P0304	400	380	电动机的额定电压（V），根据铭牌键入
6	P0305	1.90	0.35	电动机的额定电流（A），根据铭牌键入
7	P0307	0.75	0.06	电动机的额定功率（kW），根据铭牌键入
8	P0311	1395	1430	电动机的额定速度（r/min），根据铭牌键入
9	P0700	2	1	BOP 面板控制 0 为工厂设置、1 为 BOP 面板控制、2 为外部数字端控制
10	P1000	2	1	使用 BOP 面板设定的频率值 1 为用 BOP 设定的频率值、2 为模拟设定频率值、3 为固定频率
11	P3900	0	1	0 为结束快速调试，不进行电动机计算和复位出厂值 1 为结束快速调试，保留快速调试参数，复位出厂值 2 为结束快速调试，进行电动机计算和 I/O 复位 3 为结束快速调试，进行电动机计算
12	P0003	1	3	参数访问专家级
13	P0004	0	10	快速访问设定值通道 0 为全部参数、2 为变频器参数、3 为电动机参数、7 为命令、8 为 AD 或 DA 转换、10 为设定值通道、12 为驱动装置的特征、13 为电动机控制、20 为通信、21 为报警、22 为工艺参量控制（例如 PID）
14	P1040	5.00	50.00	输出频率（Hz）
15	P1058	5.00	40.00	正向点动频率（Hz）
16	P1059	5.00	40.00	反向点动频率（Hz）
17	P1060	10.00	1.00	点动加速时间（s）
18	P1061	10.00	1.00	点动减速时间（s）
19	P1120	10.00	1.00	加速时间（s）
20	P1121	10.00	1.00	减速时间（s）.

注：表中电动机参数为 380V、0.35A、0.06kW、1430r/min，请按照电动机实际参数进行设置。

板作为命令源；P1000 选择 1，表示运行频率由 BOP 面板设定。序号 14、19、20 为连续运行控制的频率和加减速时间。序号 15 ～ 18 为点动控制的频率和加减速时间。注意，正反转点动的频率要一致，如果不一致，反转点动时会按照正转点动频率运行。

（4）运行操作

① 正向点动。当按下黑色🔘按键时，电动机正向启动，加速时间为 1s，启动结束后显示频率值为 40Hz。松开🔘按键，电动机减速停止，减速时间为 1s。

② 反向点动。先按下黑色🔘按键，再按下黑色🔘按键时，电动机反向启动，加速时间为 1s，启动结束后显示频率值为 40Hz。松开🔘按键，电动机减速停止，减速时间为 1s。

③ 正转。当按下绿色🔘键时，电动机正转启动，加速时间为 1s，启动结束后显示频率值为 50Hz（在电动机正转时也可以直接按下🔘键，电动机停止正转转为反转）。

④ 停止。当按下红色🔘键时，电动机减速停止，减速时间为 1s。

⑤ 反转。先按下黑色🔘键，再按下绿色🔘键时，电动机反转启动，加速时间为 1s，启动结束后显示频率值为 50Hz（在电动机反转时也可以直接按下🔘键，电动机停止反转转为正转）

⑥ 停止。当按下红色🔘键时，电动机减速停止。

⑦ 切断电源。

［实例 50］应用 PLC 与变频器实现正反转点动控制

扫一扫，看视频

（1）控制要求

由 S7-300 PLC 通过西门子变频器 MM420 实现电动机正反转点动控制，控制要求如下。

① 当按下正转点动按钮时，电动机通电正转；松开正转点动按钮，电动机断电停止。

② 当按下反转点动按钮时，电动机通电反转；松开反转点动按钮，电动机断电停止。

（2）控制线路

① 控制线路接线　应用变频器实现正反转点动控制线路如图 4-8 所示。

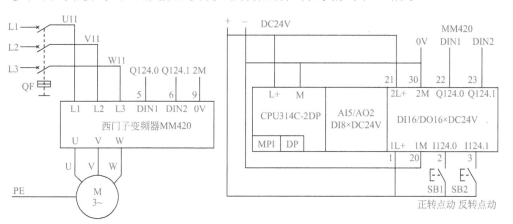

图 4-8　应用变频器实现正反转点动控制线路

② I/O 端口分配　PLC 的 I/O 端口分配见表 4-5。

（3）变频器参数设置

正反转点动控制的变频器参数设置见表 4-6。序号 11 和 14 用来选择运行控制的命令源（P0700）和频率源（P1000）。P0700 设为 2，表示以外部数字端子作为命令源；P0701 设为 10，表示 DIN1 作为正转点动输入；P0702 设为 11，表示 DIN2 作为反转点动输入；P1000 设为 1，表示运行频率选择 BOP 面板设定的频率。序号 15 ～ 18 为点动控制的频率和加减速时间。

表 4-5 ［实例 50］的 I/O 端口分配

输入端口			输出端口		
输入点	输入器件	作用	输出点	输出器件	控制对象
I124.0	SB1 常开触点	正转点动	Q124.0	变频器 DIN1	控制电动机正转
I124.1	SB2 常开触点	反转点动	Q124.1	变频器 DIN2	控制电动机反转

表 4-6 ［实例 50］的变频器参数设置

序号	参数代号	出厂值	设置值	说　明
1	P0010	0	30	调出出厂设置参数
2	P0970	0	1	恢复出厂值（恢复时间大约为60s）
3	P0003	1	3	3—参数访问专家级
4	P0010	0	1	1—启动快速调试
5	P0304	400	380	电动机额定电压（V）
6	P0305	1.90	0.35	电动机额定电流（A）
7	P0307	0.75	0.06	电动机额定功率（kW）
8	P0311	1395	1430	电动机额定速度（r/min）
9	P3900	0	1	结束快速调试
10	P0003	1	2	参数访问级：2—扩展级
11	P0700	2	2	2—外部数字端子控制
12	P0701	1	10	DIN1 正向点动
13	P0702	12	11	DIN2 反向点动
14	P1000	2	1	1—BOP设定的频率值
15	P1058	5.00	50.00	正向点动频率（Hz）
16	P1059	5.00	40.00	反向点动频率（Hz）
17	P1060	10.00	1.00	点动加速时间（s）
18	P1061	10.00	1.00	点动减速时间（s）

注：表中电动机参数为380V、0.35A、0.06kW、1430r/min，请按照电动机实际参数进行设置。

（4）控制程序

① PLC 硬件组态　打开项目视图，点击█按钮，新建一个项目，命名为"实例50"。然后双击"添加新设备"，添加 PLC 为 CPU314C-2DP，版本号为 V2.6。

② 编写控制程序　正反转点动控制 PLC 程序如图 4-9 所示。

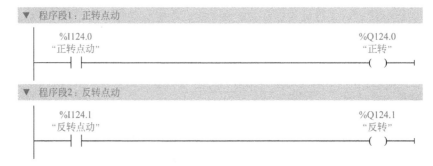

图 4-9　正反转点动控制 PLC 程序

在程序段 1 中，当按下正转点动按钮 SB1 时，I124.0 常开触点闭合，输出点 Q124.0 线圈通电，变频器的数字量输入 DIN1 有输入，选择正转点动，以参数 P1058 设定的频率（50Hz）输出，使电动机以 50Hz 正向运转。松开点动按钮 SB1 后，I124.0 常开触点断开，Q124.0 线圈失电，DIN1 没有输入，电动机断电停止。

在程序段 2 中，当按下反转点动按钮 SB2 时，I124.1 常开触点闭合，输出点 Q124.1 线圈通电，变频器的数字量输入 DIN2 有输入，选择反转点动，以参数 P1059 设定的频率（40Hz）输出，使电动机以 40Hz 反向运转。松开点动按钮 SB2 后，I124.1 常开触点断开，Q124.1 线圈失电，DIN2 没有输入，电动机断电停止。

［实例 51］ 应用 PLC 与变频器实现连续运转控制

扫一扫，看视频

（1）控制要求

由 S7-300 PLC 通过西门子变频器 MM420 实现正转连续控制，控制要求如下。

① 当按下启动按钮时，电动机通电运转。

② 当按下停止按钮时，电动机断电停止。

（2）控制线路

① 控制线路接线　应用变频器实现正转连续控制的线路如图 4-10 所示。

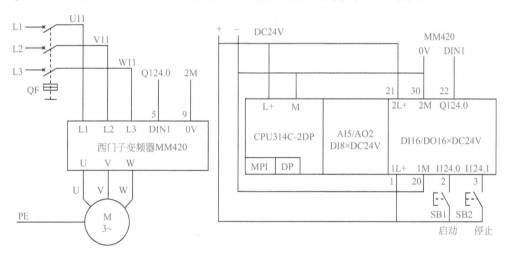

图 4-10　正转连续控制线路

② I/O 端口分配　PLC 的 I/O 端口分配见表 4-7。

表 4-7　［实例 51］的 I/O 端口分配

输入端口			输出端口		
输入点	输入器件	作用	输出点	输出器件	控制对象
I124.0	SB1 常开触点	启动	Q124.0	变频器 DIN1	控制电动机启停
I124.1	SB2 常开触点	停止			

（3）变频器参数设置

应用变频器实现正转连续控制的变频器参数设置见表 4-8。序号 11 和 13 用来选择运行控制的命令源（P0700）和频率源（P1000）。P0700 设为 2，表示以外部数字端子作为命令源；P0701 设为 1，表示 DIN1 作为启动 / 停止控制输入；P1000 设为 1，表示运行频率选择 BOP 面板设定的频率。序号 14 ～ 16 为连续运行控制的频率和加减速时间。

表 4-8　[实例 51]的变频器参数设置

序号	参数代号	出厂值	设置值	说　明
1	P0010	0	30	调出出厂设置参数
2	P0970	0	1	恢复出厂值（恢复时间大约为60s）
3	P0003	1	3	3—参数访问专家级
4	P0010	0	1	1—启动快速调试
5	P0304	400	380	电动机额定电压（V）
6	P0305	1.90	0.35	电动机额定电流（A）
7	P0307	0.75	0.06	电动机额定功率（kW）
8	P0311	1395	1430	电动机额定速度（r/min）
9	P3900	0	1	结束快速调试
10	P0003	1	2	参数访问级：2—扩展级
11	P0700	2	2	2—外部数字端子控制
12	P0701	1	1	DIN1 为启动/停止控制
13	P1000	2	1	1—BOP 设定的频率值
14	P1040	5.00	50.00	输出频率（Hz）
15	P1120	10.00	2.00	加速时间（s）
16	P1121	10.00	2.00	减速时间（s）

注：表中电动机参数为 380V、0.35A、0.06kW、1430r/min，请按照电动机实际参数进行设置。

（4）控制程序

① PLC 硬件组态　打开项目视图，点击 按钮，新建一个项目，命名为"实例 51"。然后双击"添加新设备"，添加 PLC 为 CPU314C-2DP，版本号为 V2.6。

② 编写控制程序　应用变频器实现正转连续控制的 PLC 程序如图 4-11 所示。

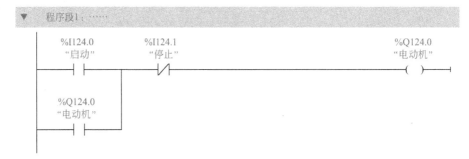

图 4-11　正转连续控制 PLC 程序

当按下启动按钮 SB1 时，I124.0 常开触点接通，Q124.0 线圈通电自锁，变频器的数字输入 DIN1 有输入，电动机以 P1040 设定的频率（50Hz）启动运行。

当按下停止按钮 SB2 时，I124.1 常闭触点断开，Q124.0 线圈失电，自锁解除，DIN1 没有输入，电动机停止。

[实例 52]　应用 PLC 与变频器实现正反转控制

（1）控制要求

由 S7-300 PLC 通过西门子变频器 MM420 实现电动机正反转控制，控制要求如下。

扫一扫，看视频

① 当按下正转启动按钮时，电动机通电正转。

② 当按下反转启动按钮时，电动机通电反转。

③ 当按下停止按钮时，电动机断电停止。

（2）控制线路

① 控制线路接线　应用变频器实现正反转控制线路如图4-12所示。

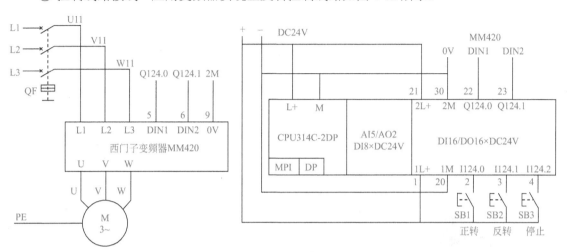

图 4-12　正反转控制线路

② I/O 端口分配　PLC 的 I/O 端口分配见表 4-9。

表 4-9　［实例 52］的 I/O 端口分配

输入端口			输出端口		
输入点	输入器件	作用	输出点	输出器件	控制对象
I124.0	SB1 常开触点	正转	Q124.0	变频器 DIN1	控制电动机正转
I124.1	SB2 常开触点	反转	Q124.1	变频器 DIN2	控制电动机反转
I124.2	SB3 常开触点	停止			

（3）变频器参数设置

正反转控制的变频器参数设置见表4-10。序号11和14用来选择运行控制的命令源（P0700）和频率源（P1000）。P0700 设为 2，表示外部数字端子作为命令源；P0701 设为 1，表示 DIN1 作为启动/停止控制输入；P0702 设为 12，表示 DIN2 作为反转控制输入；P1000 设为 1，表示运行频率选择 BOP 面板设定的频率。序号 15 ～ 17 为正反转控制的频率和加减速时间。

表 4-10　［实例 52］的变频器参数设置

序号	参数代号	出厂值	设置值	说　明
1	P0010	0	30	调出出厂设置参数
2	P0970	0	1	恢复出厂值（恢复时间大约为60s）
3	P0003	1	3	3—参数访问专家级
4	P0010	0	1	1—启动快速调试
5	P0304	400	380	电动机额定电压（V）
6	P0305	1.90	0.35	电动机额定电流（A）
7	P0307	0.75	0.06	电动机额定功率（kW）

序号	参数代号	出厂值	设置值	说　明
8	P0311	1395	1430	电动机额定速度（r/min）
9	P3900	0	1	结束快速调试
10	P0003	1	2	参数访问级：2—扩展级
11	P0700	2	2	2—外部数字端子控制
12	P0701	1	1	DIN1为启动/停止控制
13	P0702	12	12	DIN2为反转控制
14	P1000	2	1	1—BOP设定的频率值
15	P1040	5.00	50.00	输出频率（Hz）
16	P1120	10.00	2.00	加速时间（s）
17	P1121	10.00	2.00	减速时间（s）

注：表中电动机参数为380V、0.35A、0.06kW、1430r/min，请按照电动机实际参数进行设置。

（4）控制程序

① PLC硬件组态　打开项目视图，点击 按钮，新建一个项目，命名为"实例52"。然后双击"添加新设备"，添加PLC为CPU314C-2DP，版本号为V2.6。

② 编写控制程序　应用变频器实现正反转控制的PLC程序如图4-13所示。

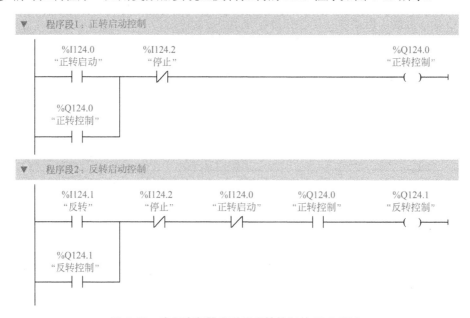

图4-13　应用变频器实现正反转控制的PLC程序

a. 正转控制。当按下正转按钮SB1时，程序段1中的I124.0常开触点闭合，Q124.0线圈通电自锁，变频器DIN1有输入，电动机正转启动。

b. 正转转反转。由于变频器要求在DIN1有输入（启动）时，DIN2有输入，电动机才能反转，所以在程序段2中串联一个Q124.0的常开触点。在启动时，Q124.0常开触点闭合。当按下反转按钮SB2时，程序段2中I124.1常开触点闭合，Q124.1线圈通电自锁，DIN2有输入，电动机反转。

c. 反转转正转。在反转转正转时，按下正转按钮SB1，程序段2中的I124.0常闭触点断开，Q124.1 线圈断电，自锁解除，变频器 DIN2 无输入，反转停止。程序段 1 的 Q124.0 线圈保持通电，DIN1 有输入，电动机正转。

d. 停止。当按下停止按钮 SB3 时，I124.2 常闭触点断开，不管是正转或是反转，Q124.0 和 Q124.1 都会断电，电动机停止。

[实例 53]　应用 PLC 与变频器实现自动往返控制

扫一扫，看视频

（1）控制要求

使用 S7-300 PLC 和变频器 MM420 组成自动往返控制电路。当按下启动按钮后，要求变频器的输出频率按图 4-14 所示曲线自动运行一个周期。

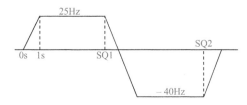

图 4-14　变频器输出频率曲线

由变频器的输出频率曲线可知，当按下启动按钮时，电动机启动，斜坡上升时间为 1s，正转运行频率为 25Hz，机械装置前进。当机械装置的撞块触碰行程开关 SQ1 时，电动机先减速停止，后开始反向启动，斜坡下降 / 上升时间均为 1s，反转运行频率为 40Hz，机械装置后退。当机械装置的撞块触碰原点行程开关 SQ2 时，电动机停止。

（2）控制线路

① 控制线路接线　PLC 与变频器的自动往返调速控制线路如图 4-15 所示。

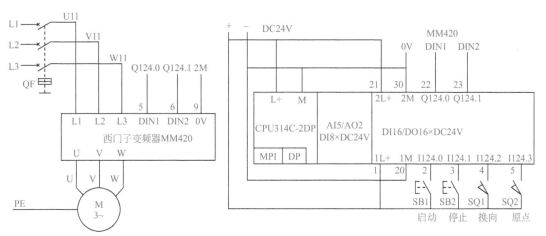

图 4-15　PLC 与变频器自动往返调速控制线路

② I/O 端口分配　PLC 的 I/O 端口分配见表 4-11。

（3）变频器参数设置

变频器参数设置见表 4-12。序号 9 和 15 用来选择运行控制的命令源（P0700）和频率源（P1000）。P0700 设为 2，表示外部数字端子作为命令源；P0701 ～ P0702 设为 16，定义 DIN1 ～ DIN2 作为"固定频率选择 +ON"输入，即当 DIN1 ～ DIN2 有输入时，直接选择 P1001 ～ P1002 设定的频率运行；P1000 设为 3，表示运行频率选择 BOP 面板设定的固定频率。序号 10 和 11 为电动机正反转加减速时间。

表 4-11 ［实例 53］的 I/O 端口分配

输入端口			输出端口		
输入点	输入器件	作用	输出点	输出器件	控制对象
I124.0	SB1 常开触点	启动	Q124.0	变频器 DIN1	前进
I124.1	SB2 常开触点	停止	Q124.1	变频器 DIN2	后退
I124.2	SQ1 常开触点	换向			
I124.3	SQ2 常开触点	原点			

表 4-12 ［实例 53］的变频器参数设置

序号	参数代号	出厂值	设置值	说　明
1	P0010	0	30	调出厂设置参数
2	P0970	0	1	复位出厂值
3	P0003	1	3	参数访问专家级
4	P0010	0	1	启动快速调试
5	P0304	400	380	电动机的额定电压（V）
6	P0305	1.90	0.35	电动机的额定电流（A）
7	P0307	0.75	0.06	电动机额定功率（kW）
8	P0311	1395	1430	电动机额定速度（r/min）
9	P1000	2	3	选择固定频率
10	P1120	10.00	1.00	加速时间（s）
11	P1121	10.00	1.00	减速时间（s）
12	P3900	0	1	结束快速调试
13	P0003	1	3	参数访问专家级
14	P0004	0	7	快速访问命令通道 7
15	P0700	2	2	外部数字端子控制
16	P0701	1	16	固定频率选择+ON 命令
17	P0702	12	16	固定频率选择+ON 命令
18	P0004	0	10	快速访问设定值通道 10
19	P1001	0.00	25.00	固定频率 1=25Hz
20	P1002	5.00	−40.00	固定频率 2=−40Hz

注：表中电动机参数为 380V、0.35A、0.06kW、1430r/min，请按照电动机实际参数进行设置。

（4）控制程序

① PLC 硬件组态　打开项目视图，点击 按钮，新建一个项目，命名为"实例 53"。然后双击"添加新设备"，添加 PLC 为 CPU314C-2DP，版本号为 V2.6。

② 编写控制程序　PLC 和变频器自动往返调速控制程序如图 4-16 所示。

a. 正转运行/前进。在程序段 1 中，当按下启动按钮 SB1 时，I124.0 常开触点接通，Q124.0 线圈通电自锁，变频器数字量输入端 DIN1 有输入，选择 P1001 设定的频率（25Hz）输出启动运行，电动机正转前进。

b. 反转运行/后退。当前进到撞击行程开关 SQ1 时，程序段 1 中的 I124.2 常闭触点断开，Q124.0 线圈断电，自锁解除，停止前进。同时，程序段 2 中的 I124.2 常开触点接通，Q124.1 线圈通电自锁，变频器数字量输入端 DIN2 有输入，选择 P1002 设定频率（−40Hz）启动运行，

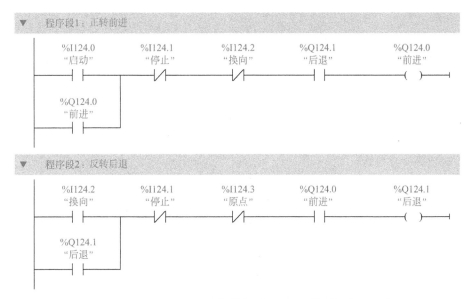

图 4-16　PLC 和变频器自动往返调速控制程序

电动机反转后退。

c. 停止。当后退到原点时，撞击行程开关 SQ2，程序段 2 中的 I124.3 常闭触点断开，Q124.1 线圈断电，自锁解除，电动机停止。或者当按下停止按钮 SB2 时，程序段 1 和程序段 2 中的 I124.1 常闭触点断开，Q124.0 和 Q124.1 线圈断电，电动机停止。

[实例 54]　应用 PLC 与变频器实现变频调速控制

扫一扫，看视频

（1）控制要求

由 S7-300 PLC 通过西门子变频器 MM420 实现电动机的变频调速控制，控制要求如下。

① 当按下启动按钮时，电动机通电启动。

② 可以根据速度设定值（0 ～ 1430r/min）进行调速。

③ 当按下停止按钮时，电动机断电停止。

（2）控制线路

① 控制线路接线　变频调速控制线路如图 4-17 所示。注意，AIN- 一定要与 0V（端子 2）连接。

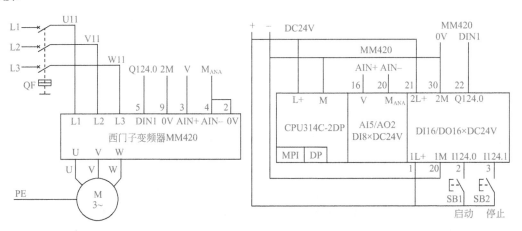

图 4-17　变频调速控制线路

② I/O 端口分配　PLC 的 I/O 端口分配见表 4-13。

表 4-13　[实例 54]的 I/O 端口分配

输入端口			输出端口		
输入点	输入器件	作用	输出点	输出器件	控制对象
I124.0	SB1 常开触点	启动	Q124.0	变频器 DIN1	控制电动机启停
I124.1	SB2 常开触点	停止			

（3）变频器参数设置

变频调速控制的变频器参数设置见表 4-14。序号 9 和 10 用来选择运行控制的命令源（P0700）和频率源（P1000）。P0700 设为 2，表示以外部数字端子作为命令源；P0701 设为 1，用 DIN1 作为启动/停止控制输入；P1000 设为 2，表示运行频率由外部模拟量给定；P1120 和 P1121 为加减速时间；P0756 设为 0，表示外部模拟量给定为 0～10V。

表 4-14　[实例 54]的变频器参数设置

序号	参数代号	出厂值	设置值	说　明
1	P0010	0	30	调出出厂设置参数
2	P0970	0	1	恢复出厂值（恢复时间大约为60s）
3	P0003	1	3	参数访问专家级
4	P0010	0	1	1—启动快速调试
5	P0304	400	380	电动机额定电压（V）
6	P0305	1.90	0.35	电动机额定电流（A）
7	P0307	0.75	0.06	电动机额定功率（kW）
8	P0311	1395	1430	电动机额定速度（r/min）
9	P0700	2	2	2—外部数字端子控制
10	P1000	2	2	频率设定通过外部模拟量给定
11	P1120	10.00	1.00	加速时间（s）
12	P1121	10.00	1.00	减速时间（s）
13	P3900	0	1	结束快速调试
14	P0003	1	2	参数访问级：2—扩展级
15	P0701	1	1	DIN1 为启动/停止控制
16	P0756	0	0	单极性电压输入（0～+10V）

注：表中电动机参数为 380V、0.35A、0.06kW、1430r/min，请按照电动机实际参数进行设置。

（4）控制程序

① PLC 硬件组态　打开项目视图，点击▓按钮，新建一个项目，命名为"实例 54"。然后双击"添加新设备"，添加 PLC 为 CPU314C-2DP，版本号为 V2.6。

② 添加数据块 DB1　在"项目树"下，通过"添加新块"添加一个数据块 DB（默认DB1），填入变量"速度上限""速度下限"和"设定速度"，数据类型均为 Int，最后点击编译图标▓进行编译。

③ 编写控制程序　变频调速控制的 PLC 程序如图 4-18 所示。设定速度范围为 0～1430r/min，模拟量电压输出 0～10V 对应的数字量为 0～27648，故设定速度对应的数字量 ="设定速度"/1430×27648。

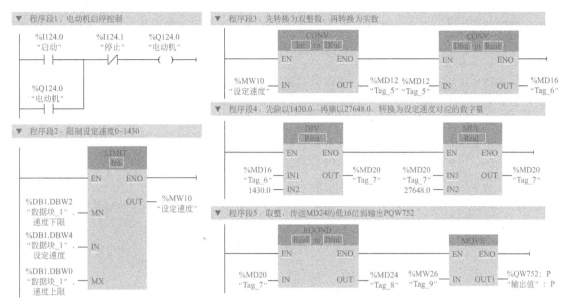

图 4-18　变频调速控制的 PLC 程序

在程序段 1 中，当按下启动按钮 SB1 时，I124.0 常开闭合，Q124.0 得电自锁，电动机运行。

在程序段 2 中，限定设定速度在 0 ~ 1430。

在程序段 3 中，为提高计算精度，先将设定速度转换为双整数，再转换为实数。

在程序段 4 中，先除以 1430.0，再乘以 27648.0，转换为设定速度对应的值（MD20）。

在程序段 5 中，对 MD20 四舍五入取整，存放到 MD24；取 MD24 的低位字（MW26）传送到 QW752:P 进行调速。

调试时，可以利用监控表修改"设定速度"的值。可以看到，电动机根据所修改的值进行调速。

4.3　变频器的高级应用

扫一扫，看视频

[实例 55]　应用 PLC 与变频器实现三段速控制

（1）控制要求

由 S7-300 PLC 通过西门子变频器 MM420 实现电动机的三段速控制，控制要求如下。

① 每按下启动 / 调速按钮，电动机逐级升速，即启动→低速状态→中速状态→高速状态。

② 在高速状态下按下启动 / 调速按钮时，电动机降速，即高速状态→中速状态。

③ 在任何状态下按下停止按钮时，电动机停止。

（2）控制线路

① 控制线路接线　应用变频器实现三段速控制的线路如图 4-19 所示。

② I/O 端口分配　PLC 的 I/O 端口分配见表 4-15。

（3）变频器参数设置

变频器参数设置见表 4-16。序号 9 和 15 用来选择运行控制的频率源（P1000）和命令源（P0700）。P0700 设为 2，表示外部数字端子作为命令源；P0701 ~ P0703 设为 16，定义 DIN1 ~ DIN3 作为"固定频率选择 +ON"输入，即当 DIN1 ~ DIN3 有输入时，直接选择 P1001 ~ P1003 设定的频率启动运行；P1000 设为 3，表示运行频率选择 BOP 面板设定的固定频率。

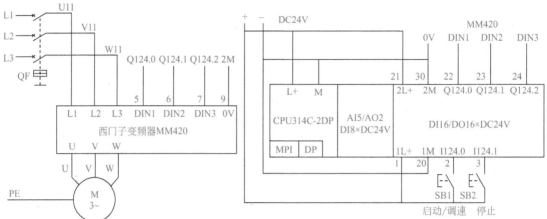

图 4-19 三段速控制线路

表 4-15 ［实例 55］的 I/O 端口分配

输入端口			输出端口		
输入点	输入器件	作用	输出点	输出器件	控制对象
I124.0	SB1 常开触点	启动/调速	Q124.0	变频器 DIN1	选择固定频率1启动运行
I124.1	SB2 常开触点	停止	Q124.1	变频器 DIN2	选择固定频率2启动运行
			Q124.2	变频器 DIN3	选择固定频率3启动运行

表 4-16 ［实例 55］的变频器参数设置

序号	参数代号	出厂值	设置值	说 明
1	P0010	0	30	调出厂设置参数
2	P0970	0	1	复位出厂值
3	P0003	1	3	参数访问专家级
4	P0010	0	1	启动快速调试
5	P0304	400	380	电动机的额定电压（V）
6	P0305	1.90	0.35	电动机的额定电流（A）
7	P0307	0.75	0.06	电动机额定功率（kW）
8	P0311	1395	1430	电动机额定速度（r/min）
9	P1000	2	3	选择固定频率
10	P1120	10.00	1.00	加速时间（s）
11	P1121	10.00	1.00	减速时间（s）
12	P3900	0	1	结束快速调试
13	P0003	1	3	参数访问专家级
14	P0004	0	7	快速访问命令通道7
15	P0700	2	2	外部数字端子控制
16	P0701	1	16	固定频率选择＋ON命令
17	P0702	12	16	固定频率选择+ON命令
18	P0703	9	16	固定频率选择+ON命令

续表

序号	参数代号	出厂值	设置值	说　明
19	P0004	0	10	快速访问设定值通道10
20	P1001	0.00	10.00	固定频率1=10Hz
21	P1002	5.00	30.00	固定频率2=30Hz
22	P1003	10.00	50.00	固定频率3=50Hz

注：表中电动机参数为380V、0.35A、0.06kW、1430r/min，请按照电动机实际参数进行设置。

（4）编写控制程序

① PLC 硬件组态　打开项目视图，点击 按钮，新建一个项目，命名为"实例55"。然后双击"添加新设备"，添加 PLC 为 CPU314C-2DP，版本号为 V2.6。

② 编写控制程序　电动机三段速控制程序如图 4-20 所示，具体编辑过程请参考 S7 Graph 编程，程序原理如下。

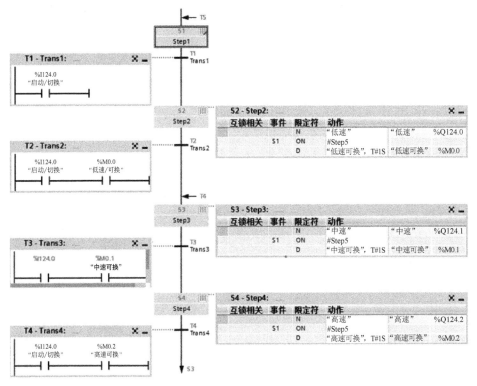

(a) 顺控器1

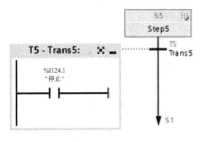

(b) 顺控器2

图 4-20　电动机三段速控制程序

在步 S1 中，当按下启动 / 调速按钮 SB1 时，I124.0 常开触点闭合，程序转移到步 S2。

在步 S2 中，Q124.0 线圈通电，变频器的 DIN1 有输入，选择 P1001 设定的频率低速运行；同时激活步 S5，如图 4-20（b）所示，当按下停止按钮 SB2（I124.1 常开触点闭合）时，转移到步 S1，使电动机停止。为了避免连续转移，使用了 1s 的延时。当 1s 延时到，M0.0 为 "1"，按下按钮 SB1，转移到步 S3。

在步 S3 中，Q124.1 线圈通电，变频器的 DIN2 有输入，选择 P1002 设定的频率中速运行；同时激活步 S5，当按下停止按钮 SB2（I124.1 常开触点闭合）时，转移到步 S1，使电动机停止。为了避免连续转移，使用了 1s 的延时。当 1s 延时到，M0.1 为 "1"，按下按钮 SB1，转移到步 S4。

在步 S4 中，Q124.2 线圈通电，变频器的 DIN3 有输入，选择 P1003 设定的频率高速运行；同时激活步 S5，当按下停止按钮 SB2（I124.1 常开闭合）时，转移到步 S1，使电动机停止。为了避免连续转移，使用了 1s 的延时。当 1s 延时到，M0.2 为 "1"，按下按钮 SB1，转移到步 S3，转入中速运行。

[实例 56] 应用 PLC 与变频器实现七段速控制

扫一扫，看视频

（1）控制要求

由 S7-300 PLC 通过西门子变频器 MM420 实现电动机的七段速控制，七段速运行曲线如图 4-21 所示，控制要求如下。

① 当按下启动按钮时，电动机通电从速度 1 到速度 7 间隔 10s 运行。

② 到速度 7 后返回到速度 1 反复运行。

③ 当按下停止按钮时，电动机断电停止。

（2）控制线路

① 控制线路接线　应用变频器实现七段速控制的线路如图 4-22 所示。

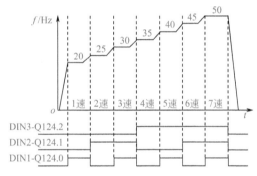

图 4-21　变频器七段速运行曲线

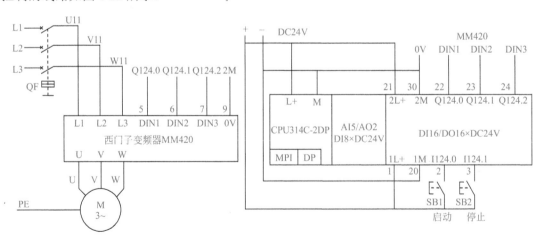

图 4-22　七段速控制线路

② I/O 端口分配　PLC 的 I/O 端口分配见表 4-17。

（3）变频器参数设置

七段速控制变频器参数设置见表 4-18。序号 9 和 10 用来选择运行控制的命令源（P0700）

表 4-17 ［实例 56］的 I/O 端口分配

输入端口			输出端口		
输入点	输入器件	作用	输出点	输出器件	控制对象
I124.0	SB1常开触点	启动	Q124.0	变频器DIN1	速度选择1
I124.1	SB2常开触点	停止	Q124.1	变频器DIN2	速度选择2
			Q124.2	变频器DIN3	速度选择3

表 4-18 ［实例 56］的变频器参数设置

序号	参数代号	出厂值	设置值	说 明
1	P0010	0	30	调出出厂设置参数
2	P0970	0	1	恢复出厂值（恢复时间大约为60s）
3	P0003	1	3	3—参数访问专家级
4	P0010	0	1	1—启动快速调试
5	P0304	400	380	电动机额定电压（V）
6	P0305	1.90	0.35	电动机额定电流（A）
7	P0307	0.75	0.06	电动机额定功率（kW）
8	P0311	1395	1430	电动机额定速度（r/min）
9	P0700	2	2	2—外部数字端子控制
10	P1000	2	3	3—固定频率
11	P1120	10.00	1.00	加速时间（s）
12	P1121	10.00	1.00	减速时间（s）
13	P3900	0	1	结束快速调试
14	P0003	1	3	3—专家级
15	P0701	1	17	选择数字输入1的功能
16	P0702	12	17	选择数字输入2的功能
17	P0703	9	17	选择数字输入3的功能
18	P1001	0.00	20.00	固定频率1=20Hz
19	P1002	5.00	25.00	固定频率2=25Hz
20	P1003	10.00	30.00	固定频率3=30Hz
21	P1004	15.00	35.00	固定频率4=35Hz
22	P1005	20.00	40.00	固定频率5=40Hz
23	P1006	25.00	45.00	固定频率6=45Hz
24	P1007	30.00	50.00	固定频率7=50Hz

注：表中电动机参数为380V、0.35A、0.06kW、1430r/min，请按照电动机实际参数进行设置。

和频率源（P1000）。P0700 设为 2，表示外部数字端子作为命令源；P0701 ～ P0703 设为 17，定义 DIN1 ～ DIN3 作为"二进制编码 +ON"输入，即当 DIN3 ～ DIN1 为二进制编码 2#001 ～ 2#111 时，选择 P1001 ～ P1007 设定的频率启动运行；P1000 设为 3，表示运行频率为 BOP 面板设定的固定频率。

（4）控制程序

① PLC 硬件组态　打开项目视图，点击 按钮，新建一个项目，命名为"实例 56"。然后双击"添加新设备"，添加 PLC 为 CPU314C-2DP，版本号为 V2.6。

② 编写控制程序　七段速控制的 PLC 程序如图 4-23 所示。

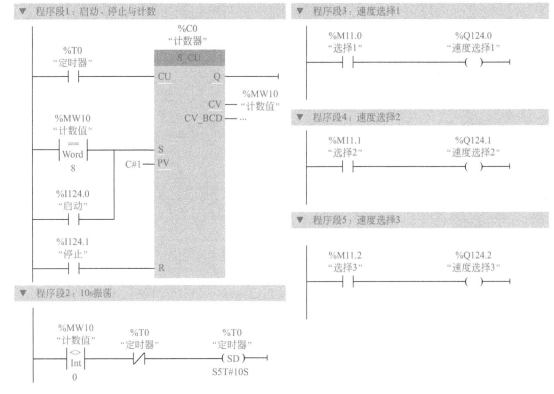

图 4-23　七段速控制的 PLC 程序

在程序段 1 中，当按下启动按钮时，将 1 设置为计数器 C0 的预置值，MW10 的值为 1。在程序段 3 中，M11.0 为"1"，Q124.0 线圈通电，使电动机以固定频率 1 运行。

在程序段 2 中，当 MW10 的值不等于 0 时，T0 延时 10s。延时 10s 到，程序段 1 中的 C0 加 1，M11.1 为"1"，Q124.1 线圈通电，使电动机以固定频率 2 运行，依次类推，直到执行固定频率 7。

当 C0 的当前值 MW10 等于 7 时，T0 延时到，C0 再加 1，MW10 的值等于 8。在程序段 1 中，当 MW10 的值等于 8 时，重新将 C0 的当前值置为 1，电动机由固定频率 7 转为固定频率 1 运行，如此反复。

在程序段 1 中，当按下停止按钮时，I124.1 常开接通，C0 复位，MW10 的值等于 0，电动机停止运行，定时器 T0 不再延时。

［实例 57］ PLC 与变频器的 PROFIBUS DP 通信

（1）控制要求

扫一扫，看视频

S7-300 PLC（CPU314C-2DP）通过集成 DP 口与西门子变频器 MM420 的 PROFIBUS 模块进行通信，实现以下控制要求。

① 当按下启动按钮时，电动机以设定转速运行。

② 当按下反转按钮时，电动机以设定速度反转运行。

③ 当按下停止按钮时，电动机停止。

④ 电动机正反转运行时有相应的指示灯指示。

⑤ 读取电动机的运行速度，将其存储到一个地址单元中，便于显示。

（2）控制线路

① 控制线路接线　PLC 与变频器的 PROFIBUS DP 通信控制线路如图 4-24 所示，DP 终端连接器的电阻开关拨到"ON"。

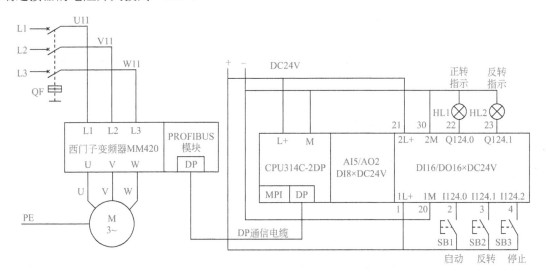

图 4-24　PLC 与变频器的 PROFIBUS DP 通信控制线路

② I/O 端口分配　PLC 的 I/O 端口分配见表 4-19。

表 4-19　［实例 57］的 I/O 端口分配

输入端口			输出端口		
输入点	输入器件	作用	输出点	输出器件	控制对象
I124.0	SB1 常开触点	启动	Q124.0	HL1	正转指示
I124.1	SB2 常开触点	反转	Q124.1	HL2	反转指示
I124.2	SB3 常开触点	停止			

（3）变频器参数设置

PROFIBUS DP 通信控制的变频器参数设置见表 4-20。序号 10 和 11 用来选择运行控制的命令源（P0700）和频率源（P1000）。P0700 和 P1000 都设为 6，表示命令和频率都通过 COM 链路的通信板（即 PROFIBUS 模块）设置。P0918 用于设定 PRORIBUS 地址，要与 S7-300 组态的从站 PROFIBUS 地址一致（组态从站 MM420 的 PROFIBUS 地址为 3），故设为 3。也可以通过 PROFIBUS 模块上的 DIP 开关设置 PROFIBUS 地址，DIP 开关的编号为 1 ～ 7，当拨到 ON 时，分别为 1、2、4、8、16、32、64 比如，当开关 1 和 7 拨到 ON 时，设置地址为 65。使用加法计算，将 1 和 2 拨到 ON，设定地址为 3。如果 DIP 开关不是全 OFF，以 DIP 开关设置的地址优先，P0918 显示 DIP 开关设置的地址。DP 总线上定义的每个变频器的地址必须是唯一的。

（4）相关知识

① 用户数据结构　用户数据结构分成两个区域，即 PKW 区（参数识别 ID 区）和 PZD 区（过程数据）。用户数据结构被指定为参数过程数据对象（PPO），有的用户数据带有一个参数区域和一个过程数据区域，而有的用户数据仅由过程数据组成。变频器通信概要定义了 5 种 PPO 类型，如图 4-25 所示。MM420 仅支持 PPO1 和 PPO3，此处选取的是 PPO1，包含 4 个字的 PKW 数据和 2 个字的 PZD 数据。

表 4-20 ［实例 57］的变频器参数设置

序号	参数代号	出厂值	设置值	说　明	序号	参数代号	出厂值	设置值	说　明
1	P0010	0	30	调出出厂设置参数	11	P1000	2	6	频率设定值的选择：通过COM链路的通信板（CB）设置
2	P0970	0	1	恢复出厂值（恢复时间大约为60s）	12	P1120	10.00	1.00	加速时间（s）
3	P0003	1	3	参数访问级 3—专家级	13	P1121	10.00	1.00	减速时间（s）
4	P0004	0	0	0—全部参数	14	P3900	0	1	结束快速调试
5	P0010	0	1	1—启动快速调试	15	P0003	1	3	专家级
6	P0304	400	380	电动机的额定电压（V）	16	P0004	0	0	全部参数
7	P0305	1.90	0.35	电动机的额定电流（A）	17	P0918	3	3	PROFIBUS 地址
8	P0307	0.75	0.06	电动机的额定功率（kW）	18	P2000	50.00	50.00	基准频率
9	P0311	1395	1430	电动机的额定速度（r/min）	19	P2009[0]	0	0	禁止COM链路的串行接口规格化，以16进制发送和接收频率
10	P0700	2	6	选择命令源：通过COM链路的通信板（CB）设置	20	P0010	0	0	如不启动，检查P0010是否为0

注：表中电动机参数为380V、0.35A、0.06kW、1430r/min，请按照电动机实际参数进行设置。

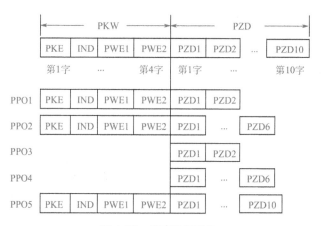

图 4-25　用户数据结构

a. PKW 区的结构。PKW 区前两个字（PKE 和 IND）的信息是关于主站请求的任务（任务识别标记 ID）或应答报文的类型（应答识别标记 ID）。PKW 区的第 3、第 4 个字规定报文中要访问的变频器的参数号（PNU），PNU 的编号与变频器 MM4 系列的参数号相对应。PNU 扩展以 2000 个参数为单位，大于等于 2000 则加 1。下标用来索引参数下标，没有值则取 0。例如请求参数 P2010[1]（2010-2000=10，即 16#0A，下标为 1）的数值，则向变频器发送 16#100A800100000000。PKE 和 IND 的参数说明见表 4-21。PKE 为 16#100A，16#10 表示请求参数数值，16#0A 表示参数号为 10；IND 为 16#8001，16#80 表示页号为 1（请求参数号为 2000+10=2010），16#01 表示下标为 1。PWE 的两个字是被访问参数的数值（变频器 MM4 的参数数值），它包含有许多不同的类型，包括整数、单字长、双字长、十进制数实数以及下标参数，参数存储格式和 P2013 的设置有关，可参见变频器手册。

表 4-21　PKE 和 IND 参数说明

PKE			IND		
位	功能	说明	位	功能	说明
15～12	AK—任务或应答识别标记 ID	任务 1—请求参数数值 2—修改参数数值（单字） 3—修改参数数值（双字） 应答： 2—传送参数数值（单字） 3—传送参数数值（双字）	15～12 ($2^0 2^3 2^2 2^1$)	PNU 页号	参数为 0～1999，位 15 为 0 参数为 2000～3999， 位 15 为 1
11	SPM—参数修改报告	总是 0	11～08	未使用	
10～00	PNU—基本参数号，与 IND 的 15～12 位（下标）一起构成		07～00	参数下标号	

b. PZD 区的结构。通信报文的 PZD 区是为控制和监测变频器而设计的，可通过该区写控制信息和控制频率，读状态信息和当前频率。

PZD 任务报文的第 1 个字（PZD1）是变频器的控制字（STW），第 2 个字（PZD2）是主频率设定值（HSW）。

PZD 应答报文的第 1 个字（PZD1）是变频器的状态字（ZSW），第 2 个字（PZD2）是变频器的实际输出频率（HIW）。

PZD1 的任务字 STW 和应答状态字 ZSW 说明见表 4-22。一般正向启动时赋值 16#047F，反向启动时赋值 16#0C7F，停止时赋值 16#047E。

表 4-22　PZD1 的任务字 STW 和应答状态字 ZSW 说明

任务 STW				应答 ZSW			
位	功能	取值		位	功能	取值	
		0	1			0	1
0	ON（斜坡上升）/OFF1（斜坡下降）	否	是	0	变频器准备	否	是
1	OFF2：按惯性自由停车	是	否	1	变频器运行准备就绪	否	是
2	OFF3：快速停车	是	否	2	变频器正在运行	否	是
3	脉冲使能	否	是	3	变频器故障	是	否
4	斜坡函数发生器（RFG）使能	否	是	4	OFF2 命令激活	是	否
5	RFG 开始	否	是	5	OFF3 命令激活	是	否
6	设定值使能	否	是	6	禁止 ON（接通）命令	否	是
7	故障确认	否	是	7	变频器报警	否	是
8	正向点动	否	是	8	设定值/实际值偏差过大	是	否
9	反向点动	否	是	9	PZD（过程数据）控制	否	是
10	由 PLC 进行控制	否	是	10	已达到最大频率	否	是
11	设定值反向	否	是	11	电动机电流极限报警	是	否
12	未使用			12	电动机抱闸制动投入	是	否
13	用电动电位计（MOP）升速	否	是	13	电动机过载	是	否
14	用 MOP 降速	否	是	14	电动机正向运行	否	是
15	本机/远程控制（P0719下标）	下标0	下标1	15	变频器过载	是	否

发送的主频率设定值（HSW）和接收的实际输出频率（HIW）按照 P2009 的设置可以定义两种方式，如果 P2009[0] 设置为 0（默认值），表示禁止规格化，数值是以十六进制数的形式发送和接收，即将 16#0 ～ 16#4000（0 ～ 16384）对应到 0 ～ 50Hz（基准频率 P2000 默认为 50）。

如果 P2009[0] 设置为 1，表示允许规格化，数值是以十进制数的形式发送和接收（如十进制的 4000 等于 40.00Hz）。

② DP 通信指令　对变频器通过 DP 总线读写可以使用指令 DPWR_DAT（将一致性数据写入 DP 标准从站）和 DPRD_DAT（读取 DP 标准从站的一致性数据），展开"扩展指令"→"分布式 IO"→"其他"，可以找到该指令。DPWR_DAT 指令梯形图如图 4-26（a）所示，DPRD_DAT 指令梯形图如图 4-26(b) 所示。DPWR_DAT 和 DPRD_DAT 指令的参数说明见表 4-23。

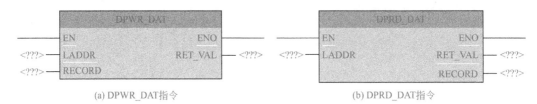

(a) DPWR_DAT指令　　　　　　　　　(b) DPRD_DAT指令

图 4-26　DP 通信指令

表 4-23　DPWR_DAT 和 DPRD_DAT 指令的参数说明

DPWR_DAT指令				DPRD_DAT指令			
参数	声明	数据类型	说明	参数	声明	数据类型	说明
LADDR	Input	Word	要将数据写入其中的模块 PIQ区域的已组态启动地址	LADDR	Input	Word	要从其中读取数据的模块的智能区域的组态启动地址
RECORD	Input	ANY	要写入用户数据的源区域	RET_VAL	Return	Int	返回值
RET_VAL	Return	Int	返回值	RECORD	Output	ANY	要读取的用户数据所在的目标区域

（5）控制程序

① 组态 PROFIBUS DP 网络通信　建立一个项目，插入 CPU 314C-2DP（V2.6），命名为"PLC_1"，在 4 号槽中插入 CP343-1 Lean（V2.0）（本人已经安装的硬件，本例不用）。在"网络视图"下，依次展开"硬件目录"→"其他现场设备"→"PROFIBUS DP"→"驱动器"→"SIEMENS AG"→"SIMOVERT"→"MICROMASTER 4"，双击"6SE640X-1PB00-0AA0"，添加一个"Slave_1"的从站。点击 网络 图标，拖动"PLC_1"的 DP 图标 到"Slave_1"的 DP 图标 ，添加一个"PROFIBUS_1"的子网。点击"PLC_1"的 DP 图标 ，打开"属性"→"常规"→"PROFIBUS 地址"，可以看到地址为 2，传输率为 1.5Mbit/s。点击"Slave_1"的 DP 图标 ，可以看到子网为"PROFIBUS_1"，修改 PROFIBUS 地址为 3，传输率为 1.5Mbit/s，如图 4-27（a）所示。双击"Slave_1"，进入"设备视图"，点击右边的 图标，展开"设备概览"，将"4 PKW，2 PZD（PPO 1）"拖放到视图的插槽 1 中，可以看到，4 PKW 默认的 I/O 地址为"272 ～ 279"，2 PZD 默认的 I/O 地址为"280 ～ 283"，如图 4-27（b）所示。然后点击"网络视图"下的显示地址图标 ，可以看到 PROFIBUS 分配的地址。特别注意，PROFIBUS 地址一定要不同，传输率一定要相同。

② 添加数据块 DB　双击"添加新块"，添加一个新块"数据块 _1[DB1]"，如图 4-28（a）所示，用于存放 DP 通信中所读写的用户数据；再添加一个新块"数据块 _2[DB2]"，如图 4-28（b）所示，用于存放与速度有关的变量。

(a) DP通信组态

...	模块	机架	插槽	I 地址	Q 地址	类型
	Slave_1	0	0	1022*		MICROMASTER 4
	4 PKW, 2 PZD (PPO 1)_2_1	0	1	272...279	272...279	4 PKW, 2 PZD (PPO 1)
	4 PKW, 2 PZD (PPO 1)_2_2	0		280...283	280...283	4 PKW, 2 PZD (PPO 1)

(b) 变频器 DP 模块的默认 I/O 地址

图 4-27　PLC 与变频器 DP 通信的组态

数据块_1

	名称	数据类型	偏移量	起始值
1	▼ Static			
2	PKE_R	Word	0.0	16#0
3	IND_R	Word	2.0	16#0
4	PWE1_R	Word	4.0	16#0
5	PWE2_R	Word	6.0	16#0
6	PZD1_R	Word	8.0	16#0
7	PZD2_R	Word	10.0	16#0
8	PKE_W	Word	12.0	16#0
9	IND_W	Word	14.0	16#0
10	PWE1_W	Word	16.0	16#0
11	PWE2_W	Word	18.0	16#0
12	PZD1_W	Word	20.0	16#0
13	PZD2_W	Word	22.0	16#0

数据块_2

	名称	数据类型	偏移量	起始值
1	▼ Static			
2	设定速度	Int	0.0	0
3	测量速度	Int	2.0	0
4	设定速度上限	Int	4.0	0
5	设定速度下限	Int	6.0	0

(a) 数据块 DB1　　　　　　　　(b) 数据块 DB2

图 4-28　数据块

③ 编写控制程序　PLC 与变频器的 PROFIBUS DP 通信控制程序如图 4-29 所示。程序段 1 和程序段 2 为对变频器的读写控制，PZD1_W 为写入到变频器的控制命令，PZD2_W 为写入到变频器的频率；PZD1_R 为读取变频器的运行状态，PZD2_R 为读取变频器的输出频率。

在程序段 1 中，将 P#DB1.DBX20.0 BYTE 4（从 DBX20.0 开始的 4 个字节，即 PZD1_W 和 PZD2_W）写入到已组态的地址 W#16#118（即 280）中。

▼ 块标题："Main Program Sweep(Cycle)"

变频器DP通信程序OB1

▼ 程序段1：DP写命令（PZD1_W）、频率（PZD2_W）

```
                    DPWR_DAT
            EN              ENO
W#16#118 ── LADDR
                          RET_VAL ──── %MW10
P#DB1.DBX20.0                          "写返回值"
BYTE 4 ──── RECORD
```

▼ 程序段2：DP读状态（PZD1_R）、频率（PZD2_R）

```
                    DPRD_DAT
            EN              ENO
W#16#118 ── LADDR
                          RET_VAL ──── %MW12
                                        "读返回值"

                           RECORD ──── P#DB1.DBX8.0
                                        BYTE 4
```

▼ 程序段3：发送启动

```
%I124.0
"启动"                    MOVE
──┤├──────────────── EN    ENO
                                        %DB1.DBW20
          W#16#47F ── IN                "数据块_1".PZD1_W
                           OUT1 ────
```

▼ 程序段4：发送反转

```
%I124.1
"反转"                    MOVE
──┤├──────────────── EN    ENO
                                        %DB1.DBW20
          W#16#C7F ── IN                "数据块_1".PZD1_W
                           OUT1 ────
```

▼ 程序段5：发送停止

```
%I124.2
"停止"                    MOVE
──┤├──────────────── EN    ENO
                                        %DB1.DBW20
          W#16#47E ── IN                "数据块_1".PZD1_W
                           OUT1 ────
```

▼ 程序段6：正转、运行中，则正转指示灯亮

```
                                        %Q124.0
%DB1.DBX8.6      %DB1.DBX9.2            "正转指示"
──┤├──────────────┤├──────────────────( )──
```

▼ 程序段7：非正转、运行中，反转指示灯亮

```
                                        %Q124.1
%DB1.DBX8.6      %DB1.DBX9.2            "反转指示"
──┤/├──────────────┤├──────────────────( )──
```

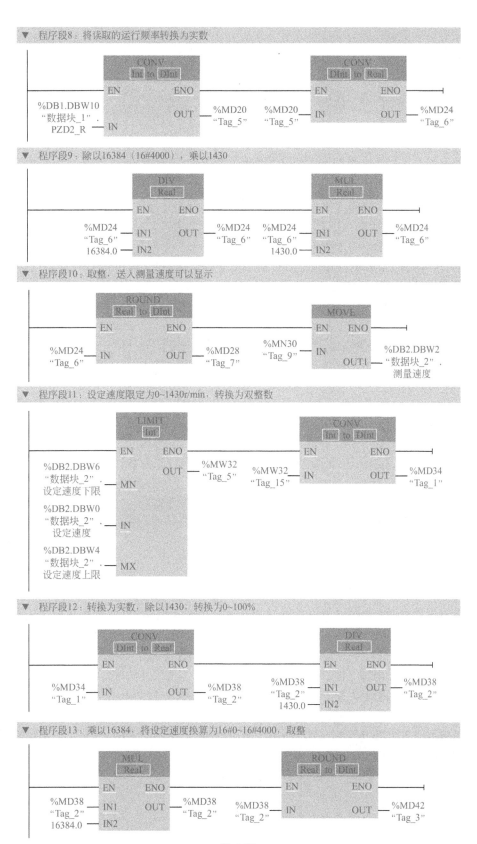

图 4-29

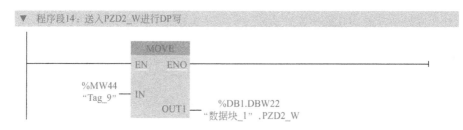

▼ 程序段14：送入PZD2_W进行DP写

图4-29 PLC与变频器的PROFIBUS DP通信控制程序

在程序段2中，从已组态的地址 W#16#118（即280）中读取数据到 P#DB1.DBX8.0 BYTE 4（从 DBX8.0 开始的 4 个字节，即 PZD1_R 和 PZD2_R）中。

在程序段3中，当按下启动按钮（I124.0 常开触点接通）时，将 W#16#47F 送入数据块 DB1 的 PZD1_W 中，进行正转启动控制。

在程序段4中，当按下反转按钮（I124.1 常开触点接通）时，将 W#16#C7F 送入数据块 DB1 的 PZD1_W 中，进行反转启动控制。

在程序段5中，当按下停止按钮（I124.2 常开触点接通）时，将 W#16#47E 送入数据块 DB1 的 PZD1_W 中，进行停止控制。

在程序段6中，当读取到变频器正在运行（DB1.DBX9.2 为"1"，即 PZD1_R 的第 2 位）且电动机正转运行（DB1.DBX8.6 为"1"，即 PZD1_R 的第 14 位）时，Q124.0 线圈通电，正转运行指示灯亮。

在程序段7中，当读取到变频器正在运行（DB1.DBX9.2 为"1"，即 PZD1_R 的第 2 位）且电动机不是正转运行（DB1.DBX8.6 为"0"，即 PZD1_R 的第 14 位）时，Q124.1 线圈通电，反转运行指示灯亮。

在程序段8中，将读取到的变频器的输出频率（DB1 的 PZD2_R）先转换为双整数，再转换为实数。

在程序段9中，在变频器参数设置中，设置 P2009[0] 为 0，读取的频率值是以 16 进制输出，输出范围是 16#0 ～ 16#4000（即 0 ～ 16384），然后再换算为转速 0 ～ 1430r/min。故先除以 16384，再乘以 1430。

在程序段10中，先四舍五入取整，取 MD28 的低 16 位（即 MW30）存放到 DB2 的"测量速度"中。

在程序段11中，先对 DB2 的"设定速度"进行范围限制，下限为 DB2 的"设定速度下限"（值为 0），上限为 DB2 的"设定速度上限"（值为 1430），然后将设定速度转换为双整数。

在程序段12中，在变频器参数设置中，设置 P2009[0] 为 0，频率值以 16 进制写入，写入范围为 16#0 ～ 16#4000（即 0 ～ 16384）。设定速度范围为 0 ～ 1430r/min，故先将设定速度转换为实数，然后再除以 1430。在程序段 13 中，再乘以 16384。

在程序段13中，乘以 16384 后进行四舍五入取整。

在程序段14中，取 MD42 的低 16 位（即 MW44）存放到 DB1 的 PZD2_W，通过程序段 1 向变频器写入频率。

第5章　触摸屏的应用

5.1　触摸屏的基本知识

（1）人机界面与触摸屏

① 人机界面　人机界面（human machine interface）简称为 HMI。从广义上说，人机界面泛指计算机（包括 PLC）与操作人员交换信息的设备。在控制领域，人机界面一般特指用于操作人员与控制系统之间进行对话和相互作用的专用设备。人机界面可以在恶劣的工业环境中长时间连续运行，是 PLC 的最佳搭档。

人机界面可以用字符、图形和动画动态地显示现场数据和状态，操作人员可以通过人机界面来控制现场的被控对象。此外，人机界面还有报警、用户管理、数据记录、趋势图、配方管理、显示和打印报表等功能。

② 触摸屏　触摸屏是人机界面的发展方向，用户可以在触摸屏的屏幕上生成满足自己要求的触摸式按键。触摸屏使用直观方便，易于操作。画面上的按钮和指示灯可以取代相应的硬件元件，减少 PLC 需要的 I/O 点数，降低系统的成本，提高设备的性能和附加价值。

STN 液晶显示器支持的彩色数有限（例如 8 色或 16 色），被称为"伪彩"显示器。STN 显示器的图像质量较差，可视角度较小，但是功耗小、价格低，用于要求较低的场合。

TFT 液晶显示器又称为"真彩"显示器，每一液晶像素点都用集成在其后的薄膜晶体管来驱动，其色彩逼真、亮度高、对比度和层次感强、反应时间短、可视角度大，但是耗电较多、成本较高，用于要求较高的场合。

③ 西门子的人机界面　西门子的人机界面已升级换代，过去的 177、277、377 系列已被精简面板系列、精智面板系列、移动面板系列等取代。SIMATIC HMI 的品种非常丰富，下面是各类 HMI 产品的主要特点：

a. SIMATIC 精简系列面板具有基本的功能，经济实用，有很高的性能价格比。显示器尺寸有 3in、4in、6in、7in、9in、10in、12in 和 15in 这几种规格。

b. SIMATIC 精智面板属于紧凑型的系列面板，显示器尺寸有 4in、7in、9in、12in、15in、19in、22in。

c. SIMATIC 移动面板可以在不同的地点灵活应用，有 170s 系列、270s 系列和 4in、7in、9in 显示屏。

d. SIMATIC 带钥匙面板有 KP8F PN、KP32F PN 和 KP8 PN。

e. SIMATIC 按键面板有 PP17 系列和 PP7。

f. SIMATIC HMI SIPLUS 面板有抗腐蚀保护性涂层，具有较强的抗腐蚀性能。

以上面板中，有的具有 MPI/PROFIBUS DP 接口，有的具有 PROFINET 接口，具体使用哪种通信方式，根据实际需要进行选择。

（2）触摸屏的组态与运行

西门子的博途自动化组态软件集成了 TIA WinCC Advanced，在安装时，要求操作系统为 WIN7 以上版本，最好 64 位，8G 内存，使用 WinCC 可以组态 HMI 设备。

触摸屏的基本功能是显示现场设备（通常是 PLC）中位变量的状态和寄存器中数字变量的值，用监控画面上的按钮向 PLC 发出各种命令，以及修改 PLC 存储区的参数。其组态与运行如图 5-1 所示。

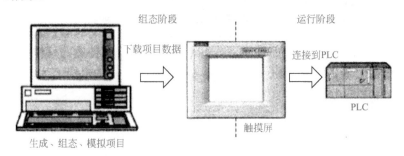

图 5-1 触摸屏的组态与运行

① 对监控画面组态 首先用组态软件对触摸屏进行组态。使用组态软件，可以很容易地生成满足用户要求的画面，用文字或图形动态地显示 PLC 中位变量的状态和数字量的数值。用各种输入方式将操作人员的位变量命令和数字设定值传送到 PLC。画面的生成是可视化的，一般不需要用户编程，组态软件的使用简单方便，很容易掌握。

② 编译和下载项目文件 编译项目文件是指将建立的画面及设置的信息转换成触摸屏可以执行的文件。编译成功后，需要将可执行文件下载到触摸屏的存储器。

③ 运行阶段 在控制系统运行时，触摸屏和 PLC 之间通过通信来交换信息，从而实现触摸屏的各种功能。只需要对通信参数进行简单的组态，就可以实现触摸屏与 PLC 的通信。将画面中的图形对象与 PLC 的存储器地址联系起来，就可以实现控制系统运行时 PLC 与触摸屏之间的自动数据交换。

（3）触摸屏 TP700 接口

触摸屏 TP700 的接口如图 5-2 所示。

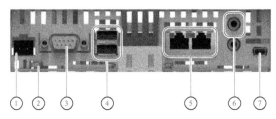

图 5-2 触摸屏 TP700 接口

编号①为触摸屏电源，需要提供 DC24V 电源。

编号②为接地端。

编号③为 MPI/PROFIBUS 接口，符合 RS-422/485 电气标准。

编号④为 USB A 型接口，不适用于调试和维护，只可用来连接外围设备（如鼠标、键盘、U 盘、打印机、扫描仪等）。

编号⑤为 PROFINET（LAN），10/100Mbit/s 网络接口。

编号⑥为音频输出接口。

编号⑦为 USB 迷你 B 型接口，用于调试和维护。

（4）触摸屏参数的设置与下载

TI 博途可以把用户的组态信息下载到触摸屏中。用户可以通过各种通道进行下载，比如 MPI、PROFIBUS、以太网等。

① 触摸屏参数的设置　启动触摸屏设备后，会显示触摸屏桌面，如图5-3所示。

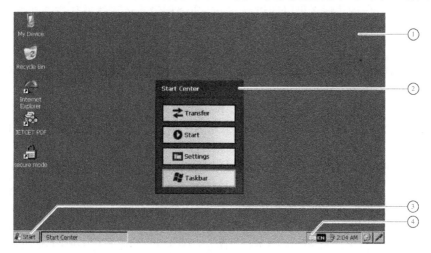

图5-3　触摸屏桌面

编号①为触摸屏桌面。

编号②为启动中心（Start Center），Transfer按钮的作用是将HMI设备切换为"传送"模式，Start按钮的作用是启动HMI设备中的项目，Settings按钮的作用是启动"控制面板"（Control Panel），Taskbar的作用是打开任务栏和Start菜单。

编号③为"开始"（Start）菜单。

编号④为屏幕键盘的图标。

点击"启动中心"（Start Center）的"Settings"按钮或通过开始菜单中的"Settings"→"Control Panel"可以打开控制面板，打开的控制面板如图5-4所示，控制面板的操作如下。

图5-4　控制面板

a. 双击任一图标。将显示相应的对话框。

b. 选择某个选项卡。

c. 进行所需设置。导航至输入字段时，屏幕键盘将打开。

d. 单击 ▨ 按钮将应用设置。如要取消输入，请按下 ▨ 按钮，对话框随即关闭。

e. 如要关闭"控制面板"（Control Panel），请使用 ▨ 按钮。

双击传输设置"Transfer"，打开传输设置"Transfer Settings"对话框，如图5-5所示。在"General"选项卡中，①为传送组"Transfer"，Off—禁止传送；Manual—手动传

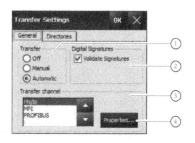

图5-5　"Transfer Settings"对话框

送［如果想要启动传送，请关闭激活的项目并按下"启动中心"（Start Center）的"Transfer"按钮］；Automatic—自动传送（可以通过组态 PC 或编程设备远程触发传送。在此情况下，运行的项目被立即关闭并启动传送）。②为数字签名组。③为传送通道组"Transfer Channel"，用于选择所需数据通道，选项包括 PN/IE（通过 PROFINET 或工业以太网实现传送）、MPI、PROFIBUS、USB device（Comfort V1/V1.1 设备）、Ethernet。④为对传送通道属性进行参数分配的按钮。

如果使用 TCP/IP 下载，选中"Transfer Settings"对话框传送通道中的"PN/IE"，点击"Properties…"按钮，设置 IP 地址与计算机在同一个网段中，比如触摸屏设置为 192.168.0.2，计算机设置为 192.168.0.3，子网掩码为 255.255.255.0，点击"OK"退出。

如果使用 MPI 下载，选中"Transfer Settings"对话框传送通道中的"MPI"，点击"Properties…"按钮，打开如图 5-6（a）所示的对话框，确认 MPI 地址（Address）为 1，选择波特率为 187.5kbit/s，点击"OK"退出。

如果使用 PROFIBUS 总线下载，选中"Transfer Settings"对话框传送通道中的 PROFIBUS，点击"Properties…"按钮，打开如图 5-6（b）所示的对话框，确认 PROFIBUS 地址（Address）为 1，选择波特率为 1.5Mbit/s，点击"OK"退出。

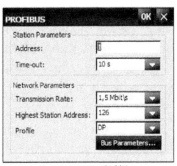

(a) MPI 对话框　　　　　　　　(b) PROFIBUS 对话框

图 5-6　MPI 和 PROFIBUS 对话框

② 触摸屏站点下载　触摸屏站点的下载方式有 MPI 下载、PROFIBUS 下载、PROFINET 下载等，下面以常用的 MPI 下载和 PROFIBUS 下载为例说明下载过程。

a. 使用 MPI 下载。MPI 下载使用了网络适配器 PC Adapter USB。将适配器的 D 形公头插入 CPU 的 MPI 接口（X1）中，USB 接入计算机，确认计算机已经识别该适配器（设备管理器→SIMATIC Devices→SIMATIC PC Adapter USB）。

触摸屏站点组态完成后，选中"项目树"下的该站点（比如 HMI_1[TP700 Comfort]），点击工具栏中的编译图标 进行编译。编译完成后没有错误就可以将触摸屏项目下载到触摸屏中。点击工具栏中的下载 ，弹出如图 5-7 所示画面，选择 PG/PC 接口类型为"MPI"，PG/PC 接口为"PC Adapter"，点击"开始搜索"，会找到该设备，触摸屏的 MPI 地址默认为"1"，然后点击"下载"，会自动编译并下载。在组态界面和屏幕上均显示动态的传送进度条，下载完成后屏幕上显示出组态画面。特别注意，使用 MPI 下载时，要将波特率设置为 187.5kbit/s。

b. 使用 PROFIBUS 下载。触摸屏站点组态完成后，选中"项目树"下的该站点。点击菜单"在线"下的"扩展的下载到设备"，弹出如图 5-8 所示画面，选择 PG/PC 接口类型为"PROFIBUS"，PG/PC 接口为"CP5611"，点击"开始搜索"，会找到设备，触摸屏的 PROFIBUS 地址默认为"1"，然后点击"下载"。特别注意，使用 PROFIBUS 下载时，要将波特率设置为 1.5Mbit/s。

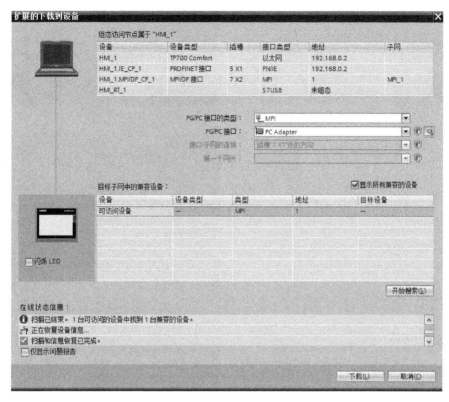

图 5-7　使用 MPI 下载

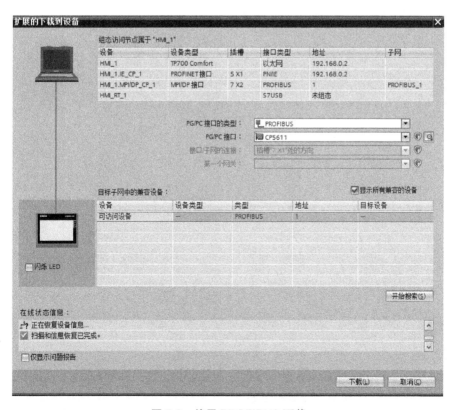

图 5-8　使用 PROFIBUS 下载

5.2 触摸屏的简单应用

[实例 58] 应用触摸屏、PLC 实现电动机连续运行

扫一扫，看视频

（1）控制要求

在触摸屏中组态如图 5-9 所示的画面，控制要求如下。

① 当点击触摸屏中"启动"或按下启动按钮时，电动机通电连续运转。

② 当点击触摸屏中"停止"或按下停止按钮时，电动机断电停止。

③ 电动机运行时，触摸屏中指示灯亮，否则熄灭。

图 5-9 触摸屏监控画面

（2）控制线路

① 控制线路接线　应用触摸屏、PLC 实现电动机连续运行的控制线路如图 5-10 所示。

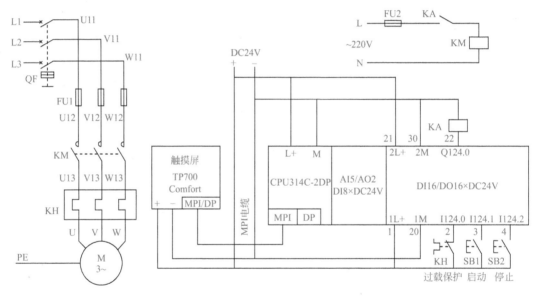

图 5-10 应用触摸屏、PLC 实现电动机连续运行控制线路

② I/O 端口分配　PLC 的 I/O 端口分配见表 5-1。

表 5-1 [实例 58] 的 I/O 端口分配

输入端口				输出端口			
输入点	输入器件	触摸屏地址	作用	输出点	输出器件	触摸屏地址	控制对象
I124.0	KH 常闭触点		过载保护	Q124.0	KA	Q124.0	控制电动机
I124.1	SB1 常开触点	M0.0	启动				
I124.2	SB2 常开触点	M0.1	停止				

（3）控制程序

① 触摸屏站点与 PLC 的 MPI 通信组态　打开项目视图，点击▣按钮，新建一个项目，命名为"实例 58"。然后双击"添加新设备"，添加 PLC 为 CPU314C-2DP，版本号为 V2.6。打开"网络视图"，在"硬件目录"下，依次展开"HMI"→"SIMATIC 精智面板"→"7"

显示屏"→"TP700 Comfort",将"6AV2 124-0GC01-0AX0"拖放到网络视图中。在"网络视图"下,选中 连接,选择后面的"HMI 连接"。拖动 PLC_1 的 MPI 图标 到 HMI_1 的 MPI/DP 接口图标 ,自动建立一个"HMI_连接_1"的连接。点击 CPU 的 MPI 图标 ,打开"属性"→"常规"→"MPI 地址",可以看到 MPI 地址为 2,传输率为 187.5kbit/s。点击 HMI 的通信接口图标 ,可以看到地址为 1,传输率为 187.5kbit/s。然后点击"网络视图"下的显示地址图标 ,可以显示 PLC 和 HMI 的 MPI 网络的地址,如图 5-11 所示。特别注意,MPI 的地址一定要不同,传输率一定要相同。

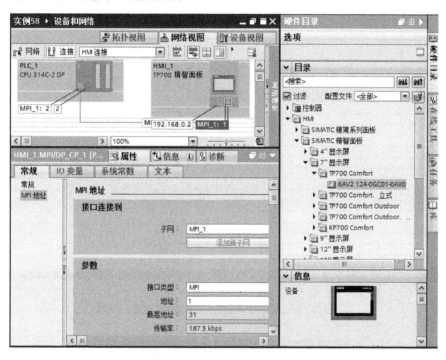

图 5-11 触摸屏站点与 PLC 的 MPI 通信组态

在"项目树"下,展开"HMI_1[TP700 Comfort]",双击"连接",打开如图 5-12 所示的连接画面,可以看到,PLC 与触摸屏之间已经建立了连接。

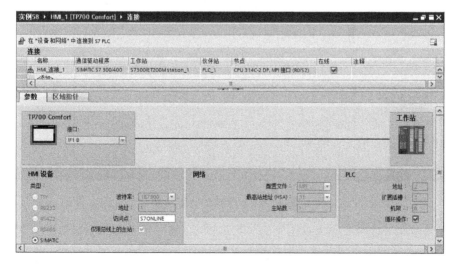

图 5-12 PLC 与触摸屏的连接

② 编写控制程序　应用触摸屏、PLC 实现电动机连续运行控制程序如图 5-13 所示。上电后，过载保护输入 I124.0 常开触点预先接通，为启动做准备。当按下启动按钮（I124.1 常开触点接通）或点击触摸屏中的"启动"按钮（M0.0 常开触点接通）时，Q124.0 线圈通电自锁，电动机启动运行。

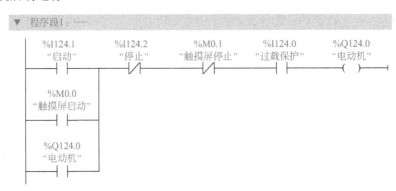

图 5-13　连续运行控制程序

当按下停止按钮（I124.2 常闭触点断开）、点击触摸屏中的"停止"按钮（M0.1 常闭触点断开）或电动机过载（I124.0 常开触点断开）时，Q124.0 线圈断电，自锁解除，电动机停止。

（4）触摸屏的组态

① 画面的组态　双击"项目树"下的"添加新画面"，添加一个"画面_1"的画面，如图 5-14 所示。界面与 PLC 的硬件组态、程序编辑器类似，这里不再详述。

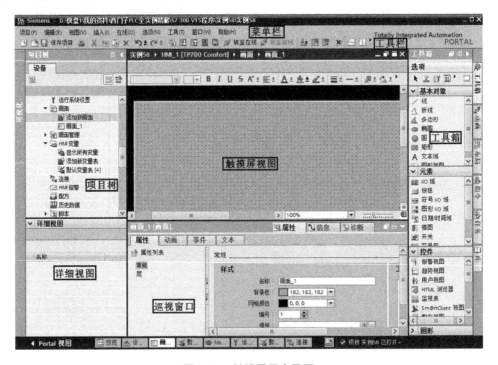

图 5-14　触摸屏用户界面

a. 组态文本域。选择右侧工具箱中的"文本域"，将其拖入到组态画面中，默认的文本为"Text"，在属性视图中更改为"电动机启动停止"。可以通过触摸屏视图上的工具栏更改文本的样式。

b. 组态指示灯。选择右侧工具箱中的"圆",在组态画面中画出合适的圆。打开"属性"→"动画"→"显示",在右边"外观"中点击添加新动画按钮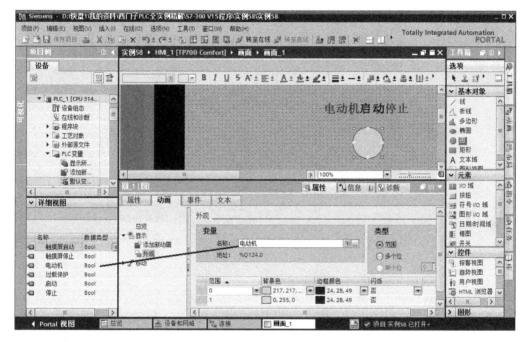,进入外观动画组态,如图5-15所示。选择PLC的默认变量表,在详细视图中进行显示。将详细视图中的变量"电动机"拖放到巡视窗口中外观变量名称后面,然后将范围"0"选择背景色为灰色;"1"选择背景色为绿色。在触摸屏中,电动机不运行,显示灰色;电动机运行时,显示绿色。

图 5-15　组态指示灯

c. 组态按钮。画面上的按钮与接在PLC输入端的物理按钮的功能相同,用来将操作命令发送给PLC,通过PLC的用户程序来控制生产过程。

展开工具箱中的"元素"组,点击按钮 按钮,在画面上画出合适的大小框,输入"启动",用鼠标调整按钮的位置和大小。通过触摸屏视图工具栏可以定义按钮上文本的字体、大小和对齐方式。

在属性选项卡的"事件"组的"按下"对话框中,如图5-16(a)所示,单击视图右侧最上面一行,再单击它的右侧出现的▼键(在单击之前它是隐藏的),选择"系统函数"→"编辑位"→"置位位"。

选择PLC的默认变量表,将详细视图中的变量"触摸屏启动"拖放到巡视窗口中"变量(输入/输出)"的后面,变量自动变为"触摸屏启动",如图5-16(b)所示。在运行时按下该按钮,将变量"触摸屏启动"置位为"1"。

用同样的方法,在属性选项卡的"事件"组的"释放"对话框中,选择"系统函数"→"编辑位"→"复位位",将详细视图中的变量"触摸屏启动"拖放到巡视窗口中"变量(输入/输出)"的后面。该按钮具有点动按钮的功能,按下按钮时变量"触摸屏启动"被置位,释放该按钮时它被复位。

单击画面上组态好的启动按钮,按下组合键"Ctrl+C",然后再按"Ctrl+V",生成一个相同的按钮。用鼠标调节它的位置,选中属性视图的"常规",将按钮上的文本修改为"停止"。选中"事件"组,组态"按下"和"释放"停止按钮的置位和复位事件,用拖放的方法将它们分别与变量"触摸屏停止"连接起来。

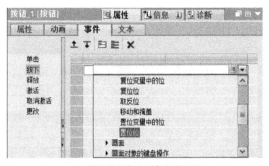

(a) 组态按钮按下时执行的函数

(b) 组态按钮按下时操作的变量

图 5-16　按钮按下事件组态

② 触摸屏变量　展开"项目树"下的"HMI 变量"，双击"默认变量表"，打开默认变量表，可以看到通过拖拽方式自动生成的变量如图 5-17 所示。触摸屏中的变量分为内部变量和外部变量，内部变量只用于触摸屏内部，与 PLC 无关；外部变量为触摸屏和 PLC 共用。以上所建立的变量都是外部变量。

实例58 ▶ HMI_1 [TP700 Comfort] ▶ HMI 变量 ▶ 默认变量表 [4]							
						▣ HMI 变量	▣ 系统变量
默认变量表							
名称 ▲	数据类型	连接	PLC 名称	PLC 变量	地址	采集周期	采集模式
电动机	Bool	HMI_连接_1	PLC_1	电动机	%Q124.0	1 s	循环操作
触摸屏停止	Bool	HMI_连接_1	PLC_1	触摸屏停止	%M0.1	1 s	循环操作
触摸屏启动	Bool	HMI_连接_1	PLC_1	触摸屏启动	%M0.0	1 s	循环操作

图 5-17　触摸屏变量

（5）触摸屏和 PLC 联合仿真

选中站点"PLC_1[CPU314C-2DP]"，点击工具栏中的仿真按钮▣，弹出的仿真器界面如图 5-18（a）所示，选择 PG/PC 接口类型为"MPI"，将该站点下载到仿真器中。点击"项目树"下的触摸屏站点"HMI_1[TP700 Comfort]"，再点击工具栏中的仿真按钮▣，弹出的触摸屏界面如图 5-18（b）所示。在联合仿真时，要先启动 PLC 仿真，再启动触摸屏仿真，如果次序相反将不能通信。

在仿真器中，将仿真连接选择为"PLCSIM（MPI）"，插入输入变量 IB 124 和输出变量 QB124，选择运行模式"RUN-P"，选中 I124.0，模拟过载。

点击 I124.1，该位显示√，模拟启动按钮按下，可以看到触摸屏界面中的指示灯亮，仿真器中 Q124.0 显示√，表示电动机启动。然后再点击 I124.1，该位的√消失，模拟启动按钮松开。

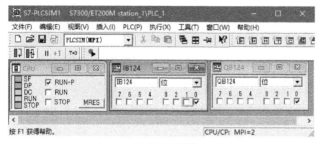

(a) PLC 仿真器　　　　　　　　　　(b) 触摸屏运行界面

图 5-18　触摸屏和 PLC 联合仿真

点击 I124.2，该位显示√，模拟停止按钮按下，可以看到触摸屏界面中的指示灯熄灭，同时仿真器中 Q124.0 的√消失，表示电动机停止。然后再点击 I124.2，该位的√消失，模拟停止按钮松开。

在触摸屏界面中，点击"启动"按钮，指示灯亮，同时仿真器中 Q124.0 显示√，表示电动机启动；点击"停止"按钮，指示灯熄灭，同时仿真器中 Q124.0 的√消失，表示电动机停止。

（6）触摸屏仿真与实际 PLC 通信

在计算机控制面板中，打开"设置 PG/PC 接口"，选择应用程序访问站点为"S7ONLINE（STEP7）"，为该访问站点分配参数"CP5611.MPI.1"，即 S7ONLINE（STEP7）→ CP5611.MPI.1。单击"属性"按钮，弹出属性对话框，设置传输率为 187.5kbit/s。

在项目树中，点击站点"PLC_1[CPU314C-2DP]"，然后点击工具栏中的下载按钮 ，选择 PG/PC 接口类型为"MPI"，PG/PC 接口类型为"CP5611"，将该站点下载到 PLC 中。点击"项目树"下的触摸屏站点"HMI_1[TP700 Comfort]"，再点击工具栏中的仿真按钮 ，启动触摸屏仿真界面即可进行仿真。

（7）下载与运行

在项目树中，点击站点"PLC_1[CPU314C-2DP]"，然后点击工具栏中的下载按钮 ，将该站点下载到 PLC 中。点击 HMI 站点"HMI_1[TP700 Comfort]"，然后点击工具栏中的下载按钮 ，将该站点下载到触摸屏 TP700 Comfort 中。最后用 MPI 电缆将 PLC 的 MPI 接口与触摸屏的 MPI/DP 接口连接起来，即可操作运行。注意，触摸屏应选择 MPI 通信，通信波特率为 187.5kbit/s。

［实例 59］　应用触摸屏、PLC 实现压力测量

扫一扫，看视频

（1）控制要求

某管道由风机输入气压，压力测量点有 4 个，所用的压力传感器测量范围为 0 ～ 10kPa，输出 0 ～ 10V 模拟量信号，要求实现如下控制。

① 当点击触摸屏中的"启动"或按下启动 / 停止开关时，风机启动。

② 当点击触摸屏中的"停止"或再按下启动 / 停止开关时，风机停止。

③ 通过触摸屏可以监视风机的运行状态和 4 个测量点的压力。

（2）控制线路

① 控制线路接线　应用触摸屏、PLC 实现压力测量的控制线路如图 5-19 所示。

② I/O 端口分配　PLC 的 I/O 端口分配见表 5-2。

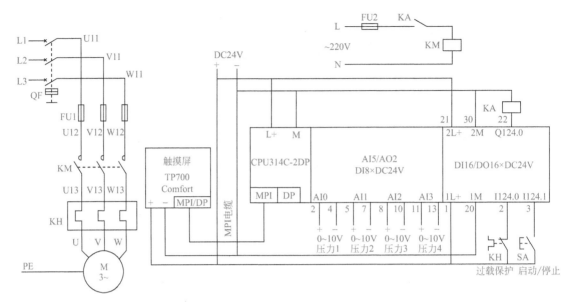

图 5-19　应用触摸屏、PLC 实现压力测量的控制线路

表 5-2　[实例 59] 的 I/O 端口分配

输入端口				输出端口			
输入点	输入器件	触摸屏地址	作用	输出点	输出器件	触摸屏地址	控制对象
I124.0	KH常闭触点		过载保护	Q124.0	KA	Q124.0	控制风机
I124.1	SA常开触点	M0.0	启动/停止开关				

（3）控制程序

① 硬件的组态与数据块　PLC 硬件的组态、PLC 与触摸屏 MPI 通信网络的建立前面已经做过，这里不再赘述。在"网络视图"中点击 PLC 的 CPU，将模拟量输入通道 0 ～通道 3 的测量类型都设为"电压"，测量范围设为 0 ～ 10V。双击"项目树"下的"添加新块"，添加一个"压力 [DB1]"的数据块，在数据块中建立"测量压力 1"～"测量压力 4"的 4 个测量点的变量，数据类型均为 Int，最后点击编译 🔘，进行编译。

② PLC 控制程序　应用触摸屏、PLC 实现压力测量的控制程序如图 5-20 所示。

在程序段 1 中，上电时，过载保护输入 I124.0 常开触点预先接通。当按下启动 / 停止开关（I124.1 常开触点闭合）或点击触摸屏中的"启动"（M0.0 常开触点闭合）时，Q124.0 线圈通电，风机启动运行；当再按下启动 / 停止按钮（I124.1 常开触点断开）或点击触摸屏中的"停止"（M0.0 常开触点断开）时，Q124.0 线圈断电，风机停止。

在程序段 2 中，将压力测量点 1（对应 AI0）的测量值 IW752:P 读取到数据块 DB1 的"测量压力 1"中；将压力测量点 2（对应 AI1）的测量值 IW754:P 读取到数据块 DB1 的"测量压力 2"中。

在程序段 3 中，将压力测量点 3（对应 AI2）的测量值 IW756:P 读取到数据块 DB1 的"测量压力 3"中；将压力测量点 4（对应 AI3）的测量值 IW758:P 读取到数据块 DB1 的"测量压力 4"中。

在触摸屏中，"测量压力 1"～"测量压力 4"均线性转换为对应的测量压力进行显示。

（4）触摸屏的组态

指示灯和文本域的组态前面已经做过，这里主要做开关、符号 I/O 域和 I/O 域的组态。

触摸屏界面如图 5-21 所示，当按下开关"启动"时，风机启动，指示灯应亮，同时开关应显示"停止"；当按下开关"停止"时，风机停止，指示灯应熄灭，同时开关应显示"启动"。在测量点下可以选择压力测量点，该测量点的压力可以在右边的"测量压力"下显示。

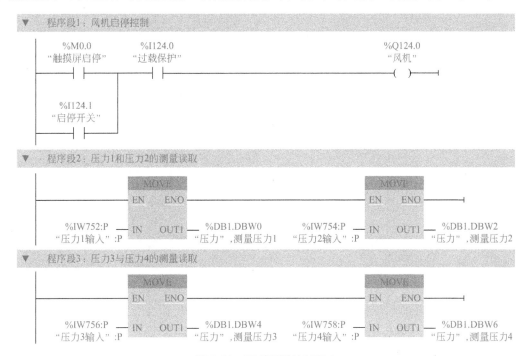

图 5-20 压力测量控制程序

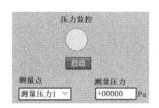

图 5-21 触摸屏画面的组态

① 指针化与线形标定

a. 内部变量的指针化。内部变量只用于触摸屏内部，与 PLC 无关。在项目树中，双击"HMI 变量"下的"默认变量表"，打开默认变量表。添加内部变量"指针"和"压力值"，数据类型为 Int。点击变量"压力值"，在其"属性"选项卡中点击"指针化"选项，选中指针化前的复选框，选择 HMI 的默认变量表，将详细视图中的变量"指针"拖放到索引变量后面的框中。在项目树中点击 PLC 的数据块"压力 [DB1]"，将详细视图中的变量"测量压力1"～"测量压力4"分别拖放到最右边变量表格的下面，自动对应索引 0～3，即当指针指向 0～3 时，将变量"测量压力1"～"测量压力4"的值分别送入变量"压力值"。对变量"压力值"进行指针化处理后的变量表如图 5-22 所示。特别注意，变量"压力_测量压力1"～"压力_测量压力4"的采集模式要选择"循环连续"。

b. 变量的线形标定。线形标定可以将 PLC 中的变量值线性转换为触摸屏中要显示的值，也可以将触摸屏输入的值线性转换为 PLC 需要的变量值。在 HMI 默认变量表中，选中变量"压力_测量压力1"，在"属性"选项卡中点击"线形标定"，在右侧窗口中，选择线形

图 5-22　变量"压力值"的指针化

标定前的框，将 PLC 的起始值和结束值分别设为 0 和 27648，将 HMI 的起始值和结束值分别设为 0 和 10000，可以将 PLC 的压力测量点 1 所测得的值（范围 0～27648）线性转换为 0～10000 进行显示。用同样的方法设置变量"压力_测量压力 2"～"压力_测量压力 4"。

② 触摸屏界面的组态

a. 开关的组态。双击"项目树"下的"添加新画面"，添加一个"画面_1"的画面。将"工具箱"中"元素"下的开关 开关 拖放到触摸屏界面指示灯的下面，调整大小、位置和字体，点击"属性"下的"常规"选项，如图 5-23 所示。点击 PLC 的默认变量表，从详细视图中将变量"触摸屏启停"拖放到开关"属性"下过程变量后的框中，模式选择为"通过文本切

图 5-23　开关的组态

换"，在"文本"的 ON 中输入"停止"，OFF 中输入"启动"。即开关未按下时，显示"启动"；当开关按下时，显示"停止"。

b. 创建文本列表。在"项目树"下，双击"文本和图形列表"，打开文本和图形列表如图 5-24 所示。在文本列表下输入"压力测量点"，在"文本列表条目"下输入"测量压力 1"～"测量压力 4"，对应的值分别为 0～3。

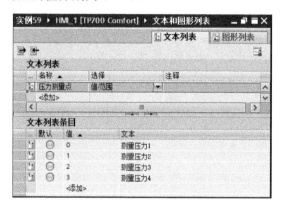

图 5-24　文本和图形列表

c. 符号 I/O 域的组态。在"工具箱"下，展开"元素"，将符号 I/O 域 [图标] 符号 I/O 域 拖放到测量点的下面，点击"属性"下的"常规"选项，点击 HMI 的默认变量表，从详细视图中将变量"指针"拖放到该符号 I/O 域的过程变量后面的框中，模式选择"输入"；点击 HMI 的文本和图形列表，从详细视图中将文本列表"压力测量点"拖放到该符号 I/O 域的"内容"的文本列表后面的框中，选择可见条目为 4。当选择"测量压力 1"时，将文本列表中测量压力 1 对应的值 0 送入"指针"，指针指向变量"测量压力 1"，那么将变量"测量压力 1"的值送入变量"压力值"。

d. I/O 域的组态。在"工具箱"下，展开"元素"，点击 I/O 域 [图标] I/O 域，将其拖放到触摸屏界面"测量压力"下面。点击"属性"下的"常规"，点击 HMI 的默认变量表，从详细视图中将变量"压力值"拖放到该 I/O 域的过程变量后面的框中，将类型模式选择为"输出"，显示格式为"s99999"，即带符号 5 位显示。

（5）触摸屏和 PLC 联合仿真

选中站点"PLC_1[CPU314C-2DP]"，点击工具栏中的仿真按钮 [图标]，弹出的仿真器界面如图 5-25（a）所示，选择 PG/PC 接口类型为"MPI"，将该站点下载到仿真器中。点击"项目树"下的触摸屏站点"HMI_1[TP700 Comfort]"，再点击工具栏中的仿真按钮 [图标]，弹出的触摸屏界面如图 5-25（b）所示。

在仿真器中，将仿真连接选择为"PLCSIM（MPI）"，插入 IB124、QB124、PIW752～PIW758，选择运行模式"RUN-P"，选中"I124.0"，模拟过载。

点击 I124.1，该位显示 √，模拟启停开关按下接通，可以看到触摸屏界面中的指示灯亮，仿真器中 Q124.0 显示 √，表示风机启动。然后再点击 I124.1，该位的 √ 消失，模拟启停开关再按下断开，指示灯熄灭，仿真器中 Q124.0 的 √ 消失，表示风机停止。

在触摸屏界面中，点击"启动"，指示灯亮，同时开关显示"停止"，仿真器中 Q124.0 显示 √，表示风机启动；点击"停止"，指示灯熄灭，同时开关显示"启动"，仿真器中 Q124.0 的 √ 消失，表示风机停止。

在仿真器的 PIW752～PIW758 中分别输入 0～27648 之间的数据，通过触摸屏测量点下的下拉菜单可以选择"测量压力 1"～"测量压力 4"，右边 I/O 域显示对应的测量压力。

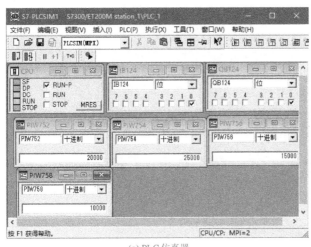

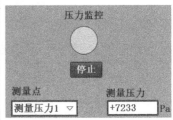

(a) PLC 仿真器   (b) 触摸屏运行界面

图 5-25　触摸屏和 PLC 联合仿真

（6）下载与运行

在项目树中，点击站点"PLC_1[CPU314C-2DP]"，然后点击工具栏中的下载按钮，将该站点下载到 PLC 中。点击 HMI 站点"HMI_1[TP700 Comfort]"，然后点击工具栏中的下载按钮，将该站点下载到触摸屏 TP700 Comfort 中。最后用 MPI 电缆将 PLC 的 MPI 接口与触摸屏的 MPI/DP 接口连接起来，即可操作运行。

[实例 60]　应用触摸屏、PLC 和变频器实现电动机连续运行

（1）控制要求

应用触摸屏、PLC 和变频器实现如下控制要求。

① 当点击触摸屏中的"启动"或按下启动按钮时，电动机通电运转。

② 当点击触摸屏中的"停止"或按下停止按钮时，电动机断电停止。

扫一扫，看视频

③ 电动机运行时，触摸屏中电动机运行指示灯亮，否则熄灭。

（2）控制线路

① 控制线路接线　应用触摸屏、PLC 和变频器实现电动机连续运行控制线路如图 5-26 所示。

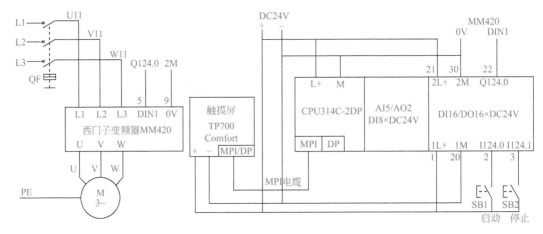

图 5-26　连续运行控制线路

② I/O 端口分配　PLC 的 I/O 端口地址分配见表 5-3。

表 5-3　［实例 60］的 I/O 端口分配

输入端口				输出端口			
输入点	输入器件	触摸屏地址	作用	输出点	输出器件	触摸屏地址	控制对象
I124.0	SB1 常开触点	M0.0	启动	Q124.0	变频器 DIN1	Q124.0	控制电动机启停
I124.1	SB2 常开触点	M0.1	停止				

③ 变频器参数设置　应用变频器实现正转连续控制的变频器参数设置见表 5-4。序号 13 和 15 用来选择运行控制的命令源（P0700）和频率源（P1000）。P0700 选择 2，表示使用外部数字输入端子作为命令源；P0701 选择 1，表示数字输入端子 DIN1 作为启动/停止控制；P1000 选择 1，表示运行频率由 BOP 面板设定。序号 16～18 为连续运行控制的频率和加减速时间。

表 5-4　［实例 60］的变频器参数设置

序号	参数代号	出厂值	设置值	说　明
1	P0010	0	30	调出出厂设置参数
2	P0970	0	1	恢复出厂值（恢复时间大约为 60s）
3	P0003	1	3	3—参数访问专家级
4	P0010	0	1	1—启动快速调试
5	P0100	0	0	工频选择：工频选择 0 表示 50Hz
6	P0304	400	380	电动机额定电压（V）
7	P0305	1.90	0.35	电动机额定电流（A）
8	P0307	0.75	0.06	电动机额定功率（kW）
9	P0310	50.00	50.00	电动机额定频率（Hz）
10	P0311	1395	1430	电动机额定速度（r/min）
11	P3900	0	1	结束快速调试
12	P0003	1	2	参数访问级：2—扩展级
13	P0700	2	2	2—外部数字端子控制
14	P0701	1	1	DIN1—启动/停止控制
15	P1000	2	1	1—BOP 设定的频率值
16	P1040	5.00	50.00	输出频率（Hz）
17	P1120	10.00	2.00	加速时间（s）
18	P1121	10.00	2.00	减速时间（s）

注：表中电动机参数为 380V、0.35A、0.06kW、1430r/min，请按照电动机实际参数进行设置。

（3）控制程序

应用触摸屏、PLC 和变频器实现电动机连续运行控制的程序如图 5-27 所示。

当按下启动按钮（I124.0 常开触点接通）或点击触摸屏中的"启动"按钮（M0.0 常开触点接通）时，Q124.0 线圈通电自锁，电动机启动运行。

当按下停止按钮（I124.1 常闭触点断开）或点击触摸屏中的"停止"按钮（M0.1 常闭触点断开）时，Q124.0 线圈断电，自锁解除，电动机停止。

（4）触摸屏的组态

PLC 硬件的组态、PLC 与触摸屏 MPI 通信网络的建立前面已经做过，这里不再赘述。

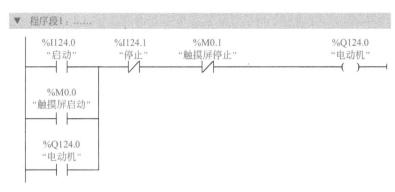

图 5-27　连续运行控制程序

在本例中，组态的界面如图 5-28（a）所示，在界面上画一个圆，选择 PLC 的默认变量表，从详细视图中将变量"电动机"拖放到该对象的"动画"→"外观"的变量框中，"0"的背景颜色选择灰色，"1"的背景颜色选择绿色。

按钮使用的是图形，绿色的箭头表示启动，红色的方框表示停止。点击按钮，在"常规"选项下选择"图形"，然后选择合适的图形，将启动按钮的按下和释放事件分别选择"置位位"和"复位位"，从详细视图中将"触摸屏启动"拖放到事件对应的变量中。停止按钮的组态类似。

将"元素"下的"日期 / 时间域"拖放到画面中可以显示日期和时间。

通过拖放自动生成的 HMI 默认变量表如图 5-28（b）所示。

(a) 触摸屏界面

默认变量表

名称	数据类型	连接	PLC 名称	PLC 变量	地址 ▲	采集周期	采集模式
触摸屏启动	Bool	HMI_连接_1	PLC_1	触摸屏启动	%M0.0	1 s	循环操作
触摸屏停止	Bool	HMI_连接_1	PLC_1	触摸屏停止	%M0.1	1 s	循环操作
电动机	Bool	HMI_连接_1	PLC_1	电动机	%Q124.0	1 s	循环操作

(b) 触摸屏变量

图 5-28　触摸屏画面的组态

（5）下载与运行

组态完成后，可以先使用前面的仿真方法进行仿真，检查组态是否有错误。如果没有错误，可以下载运行。在项目树中，点击站点"PLC_1[CPU314C-2DP]"，然后点击工具栏中的下载按钮，将该站点下载到 PLC 中。点击 HMI 站点"HMI_1[TP700 Comfort]"，然后点击工具栏中的下载按钮，将该站点下载到触摸屏 TP700 Comfort 中。最后用 MPI 电缆将 PLC 的 MPI 接口与触摸屏的 MPI/PROFIBUS 接口连接起来，即可操作运行。

［实例 61］　应用触摸屏、PLC 和变频器实现电动机正反转控制

（1）控制要求

应用触摸屏、PLC 和变频器实现如下控制要求。

扫一扫，看视频

① 当点击触摸屏中的"正转启动"或按下正转按钮时，电动机通电正转。

② 当点击触摸屏中的"反转启动"或按下反转按钮时，电动机通电反转。

③ 当点击触摸屏中的"停止"或按下停止按钮时，电动机断电停止。

④ 在触摸屏中，电动机正转时，正转指示灯亮，反转指示灯熄灭；电动机反转时，反转指示灯亮，正转指示灯熄灭；电动机停止时，指示灯都熄灭。

（2）控制线路

① 控制线路接线　应用触摸屏、PLC 和变频器实现电动机正反转控制的线路如图 5-29 所示。

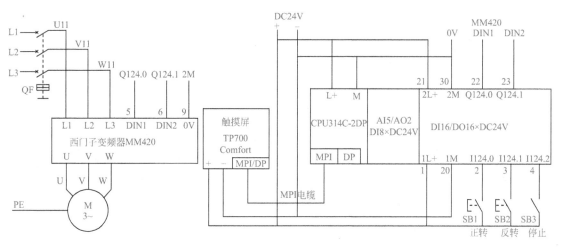

图 5-29　电动机正反转控制线路

② I/O 端口分配　PLC 的 I/O 端口地址分配见表 5-5。

表 5-5　［实例 61］的 I/O 端口分配

输入端口				输出端口		
输入点	输入器件	触摸屏地址	作用	输出点	输出器件	控制对象
I124.0	SB1 常开触点	M0.0	正转	Q124.0	变频器 DIN1	电动机正转
I124.1	SB2 常开触点	M0.1	反转	Q124.1	变频器 DIN2	电动机反转
I124.2	SB3 常开触点	M0.2	停止			

③ 变频器参数设置　正反转控制的变频器参数设置见表 5-6。序号 13 和 16 用来选择运行控制的命令源（P0700）和频率源（P1000）。P0700 选择 2，表示使用外部数字端子作为命令源；P0701 选择 1，表示 DIN1 作为启动 / 停止控制；P0702 选择 12，表示 DIN2 作为反转控制；P1000 选择 1，表示运行频率由 BOP 面板设定。序号 17 ～ 19 为正反转控制的频率和加减速时间。

（3）控制程序

应用触摸屏、PLC 和变频器实现电动机正反转控制的程序如图 5-30 所示。对于变频器来说，DIN1 作为启动 / 停止控制端，DIN2 作为反转控制端。反转时，在保持 DIN1 有输入的情况下，DIN2 有输入，电动机才会反转。

在程序段 1 中，当按下正转启动按钮（I124.0 常开触点接通）或触摸屏中的"正转启动"按钮（M0.0 常开触点接通）时，Q124.0 置位，Q124.1 复位，变频器 DIN1 有输入，电动机正转启动运行。

在程序段 2 中，当按下反转启动按钮（I124.1 常开触点接通）或触摸屏中的"反转启动"

表 5-6 ［实例 61］的变频器参数设置

序号	参数代号	出厂值	设置值	说　明
1	P0010	0	30	调出出厂设置参数
2	P0970	0	1	恢复出厂值（恢复时间大约为60s）
3	P0003	1	3	3—参数访问专家级
4	P0010	0	1	1—启动快速调试
5	P0100	0	0	工频选择：工频选择0表示50Hz
6	P0304	400	380	电动机额定电压（V）
7	P0305	1.90	0.35	电动机额定电流（A）
8	P0307	0.75	0.06	电动机额定功率（kW）
9	P0310	50.00	50.00	电动机额定频率（Hz）
10	P0311	1395	1430	电动机额定速度（r/min）
11	P3900	0	1	结束快速调试
12	P0003	1	2	参数访问级：2—扩展级
13	P0700	2	2	2—外部数字端子控制
14	P0701	1	1	DIN1 为启动/停止控制
15	P0702	12	12	DIN2 为反转控制
16	P1000	2	1	1—BOP 设定的频率值
17	P1040	5.00	50.00	输出频率（Hz）
18	P1120	10.00	2.00	加速时间（s）
19	P1121	10.00	2.00	减速时间（s）

注：表中电动机参数为380V、0.35A、0.06kW、1430r/min，请按照电动机实际参数进行设置。

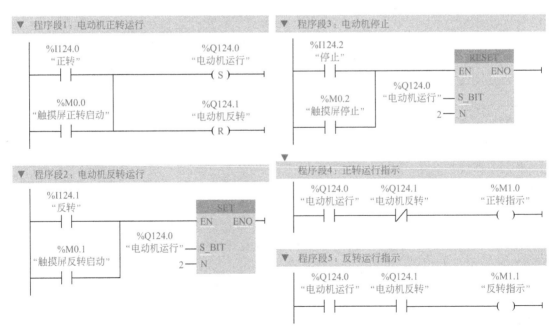

图 5-30　电动机正反转控制程序

按钮（M0.1 常开触点接通）时，Q124.0、Q124.1 置位，变频器 DIN1、DIN2 都有输入，电动机反转启动运行。

在程序段 3 中，当按下停止按钮（I124.2 常开触点接通）或触摸屏中的"停止"按钮（M0.2 常开触点接通）时，Q124.0、Q124.1 复位，变频器 DIN1 和 DIN2 没有输入，电动机停止。

在程序段 4 中，当 Q124.0 为"1"，Q124.1 为"0"时，M1.0 线圈通电，正转指示。

在程序段 5 中，当 Q124.0、Q124.1 都为"1"时，M1.1 线圈通电，反转指示。

（4）触摸屏的组态

PLC 硬件的组态、PLC 与触摸屏 MPI 通信网络的建立前面已经做过，这里不再赘述。在本例中，组态的界面如图 5-31（a）所示，在界面上画一个圆，选择 PLC 的默认变量表，从详细视图中将变量"正转指示"拖放到该对象的"动画"→"外观"的变量框中，"0"的背景颜色选择灰色，"1"的背景颜色选择绿色，用来指示电动机的正转运行。选中这个圆，通过复制粘贴（或按住 Ctrl 键，用鼠标拖动）复制一个圆，从详细视图中将变量"反转指示"拖放到该对象的"动画"→"外观"的变量框中，用来指示电动机的反转。

展开工具箱中的"元素"组，点击按钮 █ 按钮，用鼠标在画面上拖出合适大小的按钮，输入"正转启动"，将该按钮的按下和释放事件分别选择"置位位"和"复位位"，从详细视图中将"触摸屏正转启动"拖放到事件对应的变量中。通过复制粘贴（或按住 Ctrl 键，用鼠标拖动）复制一个按钮，改为"反转启动"，从详细视图中将"触摸屏反转启动"拖放到"置位位"和"复位位"事件对应的变量中。停止按钮的组态类似。通过拖放自动生成的 HMI 默认变量表如图 5-31（b）所示。

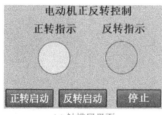

(a) 触摸屏界面

默认变量表

名称 ▲	数据类型	连接	PLC 名称	PLC 变量	地址	采集周期	采集模式
反转指示	Bool	HMI_连接_1	PLC_1	反转指示	%M1.1	1 s	循环操作
正转指示	Bool	HMI_连接_1	PLC_1	正转指示	%M1.0	1 s	循环操作
触摸屏停止	Bool	HMI_连接_1	PLC_1	触摸屏停止	%M0.2	1 s	循环操作
触摸屏反转启动	Bool	HMI_连接_1	PLC_1	触摸屏反转启动	%M0.1	1 s	循环操作
触摸屏正转启动	Bool	HMI_连接_1	PLC_1	触摸屏正转启动	%M0.0	1 s	循环操作

(b) 触摸屏变量

图 5-31　触摸屏的组态

[实例 62]　应用触摸屏实现参数设置与显示

扫一扫，看视频

（1）控制要求

应用触摸屏、PLC 和变频器实现如下控制要求。

① 在触摸屏的"设定速度"中设置电动机的转速，同时在触摸屏中的"测量速度"内显示电动机的当前转速。

② 当点击触摸屏中的"启动"或按下启动按钮时，电动机通电以设定速度运转。

③ 当点击触摸屏中的"停止"或按下停止按钮时，电动机断电停止。

④ 当电动机运行时，触摸屏中的电动机运行指示灯亮，否则熄灭。

（2）控制线路

① 控制线路接线 应用触摸屏实现参数设置与显示的控制线路如图 5-32 所示。注意，AIN- 一定要与 0V（端子 2）连接。

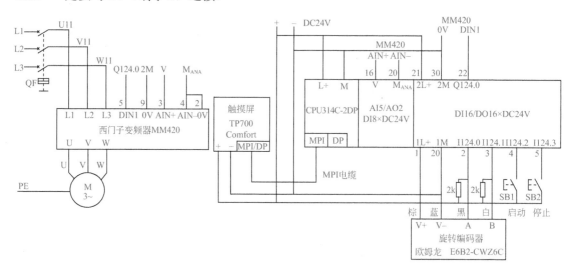

图 5-32 应用触摸屏实现参数设置与显示的控制线路

② I/O 端口分配 PLC 的 I/O 端口地址分配见表 5-7。

表 5-7 ［实例 62］的 I/O 端口分配

输入端口				输出端口			
输入点	输入器件	触摸屏地址	作用	输出点	输出器件	触摸屏地址	控制对象
I124.0	旋转编码器A相		A相脉冲	Q124.0	变频器DIN1	Q124.0	电动机启停
I124.1	旋转编码器B相		B相脉冲				
I124.2	SB1常开触点	M0.0	启动				
I124.3	SB2常开触点	M0.1	停止				

③ 变频器参数设置 变频调速控制的变频器参数设置见表 5-8。序号 9 和 10 用来选择运行控制的命令源（P0700）和频率源（P1000）。P0700 选择 2，表示使用外部数字端子作为命令源；P0701 选择 1，表示 DIN1 作为启动 / 停止控制；P1000 选择 2，表示运行频率由外部模拟量给定。

表 5-8 ［实例 62］的变频器参数设置

序号	参数代号	出厂值	设置值	说　明
1	P0010	0	30	调出出厂设置参数
2	P0970	0	1	恢复出厂值（恢复时间大约为60s）
3	P0003	1	3	参数访问专家级
4	P0010	0	1	1—启动快速调试
5	P0304	400	380	电动机额定电压（V）
6	P0305	1.90	0.35	电动机额定电流（A）
7	P0307	0.75	0.06	电动机额定功率（kW）
8	P0311	1395	1430	电动机额定速度（r/min）

续表

序号	参数代号	出厂值	设置值	说　明
9	P0700	2	2	2—外部数字端子控制
10	P1000	2	2	频率设定通过外部模拟量给定
11	P1120	10.00	1.00	加速时间（s）
12	P1121	10.00	1.00	减速时间（s）
13	P3900	0	1	结束快速调试
14	P0003	1	2	参数访问级：2—扩展级
15	P0701	1	1	DIN1为启动/停止控制
16	P0756	0	0	单极性电压输入（0～+10V）

注：表中电动机参数为380V、0.35A、0.06kW、1430r/min，请按照电动机实际参数进行设置。

（3）控制程序

① 硬件设置　PLC硬件的组态、PLC与触摸屏MPI通信网络的建立前面已经做过，这里不再赘述。为了测量转速，要将CPU的计数通道0设置为"频率测量"，输入0选择"单倍频旋转编码器"，地址为768。为了调速，将CPU的模拟量输出通道0（AQ0）的输出类型设为"电压"，输出范围设为0～10V，地址为QW752:P。

② PLC控制程序

a. 数据块DB1。在"项目树"下，双击"添加新块"，添加一个数据块"数据块_1[DB1]"，建立变量"设定速度""测量速度"，数据类型均为Int，最后点击编译🖫，进行编译。

b. 主程序OB1。应用触摸屏实现参数设置与显示的控制程序如图5-33所示。

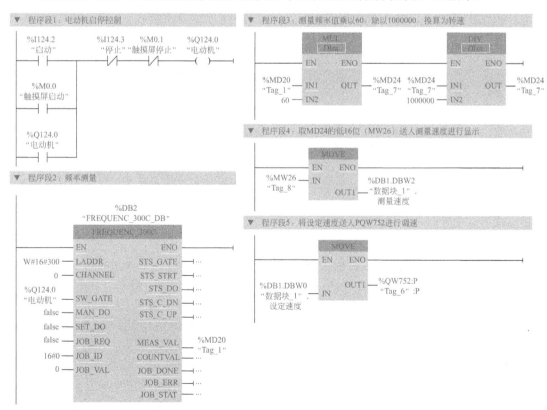

图5-33　参数设置与显示控制程序

在程序段 1 中，当按下启动按钮（I124.2 常开触点接通）或点击触摸屏中的"启动"按钮（M0.0 常开触点接通）时，Q124.0 线圈通电自锁，电动机启动运行。当按下停止按钮（I124.3 常闭触点断开）或点击触摸屏中的"停止"按钮（M0.1 常闭触点断开）时，Q124.0 线圈断电，自锁解除，电动机停止。

在程序段 2 中，应用频率测量指令测量频率。地址为 W#16#300（768），通道号为 0，电动机运行时（Q124.0 为"1"），接通软件门，开始测量频率。频率的测量值保存到 MD20，单位为 mHz。

在程序段 3 中，由于频率测量值的单位为 mHz，旋转编码器每转输出 1000 个脉冲，故测量速度 = 频率测量值 ×60÷1000000（单位 r/min）。如果先进行除法运算，运算结果的小数部分会舍去，影响测量精度，故先乘以 60，再除以 1000000。

在程序段 4 中，取 MD24 的低位字（MW26）送入 DB1.DBW2（即测量速度）进行显示。

在程序段 5 中，在触摸屏中将设定速度（0 ～ 1430）线性转换为 0 ～ 27648，故直接送入 QW752:P，输出电压进行调速。

（4）触摸屏的组态

指示灯和按钮的组态前面已经做过，将指示灯的外观动画与 PLC 中的变量"电动机"（Q124.0）进行连接，"0"时显示灰色，"1"时显示绿色。将启动按钮的"置位位"、"复位位"事件与 PLC 中的变量"触摸屏启动"连接，将停止按钮的"置位位""复位位"事件与 PLC 中的变量"触摸屏停止"连接。

① I/O 域的组态　在项目树中，通过双击"添加新画面"，添加两个画面"画面 _1"和"画面 _2"，分别命名为"监控画面"和"设定画面"。在"监控画面"中，展开"工具箱"下的"元素"，点击 I/O 域符号 ⬛ I/O 域，将其拖放到触摸屏界面测量速度后面。点击"属性"下的"常规"，再点击 PLC 的数据块 DB1，从详细视图中将"测量速度"拖放到该对象的过程变量的框中。将类型模式选择为"输出"，格式样式为"s99999"，即带符号 5 位显示，如图 5-34 所示。通过触摸屏视图的工具栏可以更改字体大小及对齐方式。

图 5-34　输出域的组态

在"设定画面"中，将 I/O 域拖放到设定速度的后面。点击"属性"下的"常规"，再点击 PLC 的数据块 DB1，从详细视图中将"设定速度"拖放到该对象的过程变量的框中。将类型模式选择为"输入"，格式样式为"s99999"，即带符号 5 位显示。

② 画面的切换　在"监控画面"中，将"项目树"下的"设定画面"拖放到合适位置，自动生成一个"设定画面"的按钮，点击这个按钮可以进入"设定画面"。

用同样的方法，将"监控画面"拖放到"设定画面"的合适位置，也生成一个"监控画面"的按钮，点击这个按钮可以进入"监控画面"。最后完成的触摸屏界面如图 5-35 所示。

图 5-35 触摸屏界面

③ 变量的限定与线形标定 通过拖放自动生成的 HMI 默认变量表如图 5-36 所示。在 HMI 默认变量表中，选中"数据块 _1_ 设定速度"，在"属性"选项卡中点击"范围"，选择上限 1 为常量 **常量**，输入 1430；选择下限 1 为常量 **常量**，输入 0，使该变量限制在 0 ~ 1430。

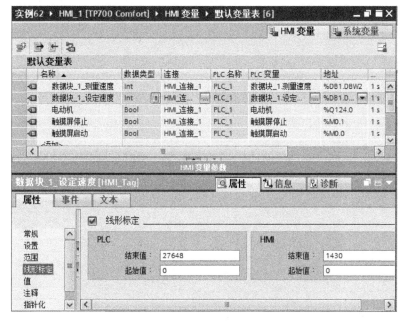

图 5-36 触摸屏变量

点击"线形标定"，在右侧窗口中，选择线形标定前的框，将 PLC 的起始值和结束值分别设为 0 和 27648，将 HMI 的起始值和结束值分别设为 0 和 1430，可以将触摸屏中的"数据块 _1_ 设定速度"（0 ~ 1430）线性转换为 PLC 中 DB1 的"设定速度"（0 ~ 27648）进行调速。

④ 设置触摸屏开机运行画面 当触摸屏有多个画面时，可以更改开机进入的初始画面。在"项目树"下，展开 HMI 站点，双击"运行系统设置"，在"常规"选项中可以选择需要开机进入的初始画面，本例选择的开机画面为"监控画面"。

5.3 触摸屏的高级应用

[实例 63] 应用触摸屏实现离散量报警

（1）控制要求
① 在触摸屏的画面中，通过"设定速度"设置电动机的转速。

扫一扫，看视频

② 当点击触摸屏中的"启动"或按下启动按钮时，电动机通电以设定速度运转。

③ 触摸屏中可以显示电动机的"测量速度"，当出现主电路跳闸、变频器故障、车门打开、紧急停车等故障时，应能显示相对应的故障，并立即停车。

④ 当点击触摸屏中的"停止"或按下停止按钮、紧急停车按钮时，电动机断电停止。

（2）控制线路

① 控制线路接线　应用触摸屏实现离散量报警的控制线路如图 5-37 所示。

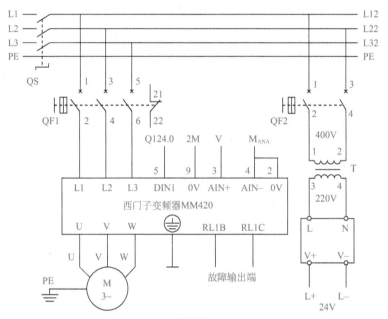

(a) 主电路

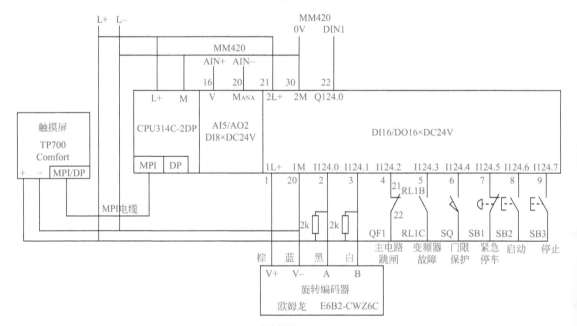

(b) 控制电路

图 5-37　应用触摸屏实现离散量报警的控制线路

② I/O 端口分配　PLC 的 I/O 端口地址分配见表 5-9。

表 5-9 ［实例 63］的 I/O 端口分配

输入端口				输出端口			
输入点	输入器件	触摸屏地址	作用	输出点	输出器件	触摸屏地址	控制对象
I124.0	编码器 A 相		A 相脉冲	Q124.0	变频器 DIN1	Q124.0	电动机启停
I124.1	编码器 B 相		B 相脉冲				
I124.2	QF1 常闭触点	M11.0	主电路跳闸				
I124.3	变频器输出	M11.1	变频器故障				
I124.4	SQ 常开触点	M11.2	门限保护				
I124.5	SB1 常闭触点	M11.3	紧急停车				
I124.6	SB2 常开触点	M0.0	启动				
I124.7	SB3 常开触点	M0.1	停止				

③ 变频器参数设置　变频器的参数设置见表 5-10。序号 9 和 10 用来选择运行控制的命令源（P0700）和频率源（P1000），P0700 选择 2，表示使用外部数字端子作为命令源；P0701选择 1，设定 DIN1 作为启动 / 停止控制；P1000 选择 2，表示运行频率由外部模拟量给定。

表 5-10 ［实例 63］的变频器参数设置

序号	参数代号	出厂值	设置值	说　明
1	P0010	0	30	调出出厂设置参数
2	P0970	0	1	恢复出厂值（恢复时间大约为60s）
3	P0003	1	3	参数访问专家级
4	P0010	0	1	1—启动快速调试
5	P0304	400	380	电动机额定电压（V）
6	P0305	1.90	0.35	电动机额定电流（A）
7	P0307	0.75	0.06	电动机额定功率（kW）
8	P0311	1395	1430	电动机额定速度（r/min）
9	P0700	2	2	2—外部数字端子控制
10	P1000	2	2	频率设定通过外部模拟量给定
11	P1120	10.00	1.00	加速时间（s）
12	P1121	10.00	1.00	减速时间（s）
13	P3900	0	1	结束快速调试
14	P0003	1	2	参数访问级：2—扩展级
15	P0701	1	1	DIN1 为启动/停止控制
16	P0756	0	0	单极性电压输入（0 ～ +10V）

注：表中电动机参数为 380V、0.35A、0.06kW、1430r/min，请按照电动机实际参数进行设置。

（3）控制程序

PLC 硬件的组态、PLC 与触摸屏 MPI 通信网络的建立按照前面的方法已经做好，这里不再赘述。为了测量转速，要将 CPU 的计数通道 0 设置为"频率测量"，输入 0 选择"单倍频旋转编码器"，地址为 768；为了调速，将 CPU 的模拟量输出通道 0（AQ0）的输出类型设为"电压"，输出范围设为 0 ～ 10V，地址为 QW752:P。

① 数据块 DB2　添加一个数据块 DB2，输入变量"设定速度"，数据类型为 Int；输入变量"测量速度"，数据类型为 Int，然后进行编译。

② 编写程序　应用触摸屏实现离散量报警的控制程序如图 5-38 所示。

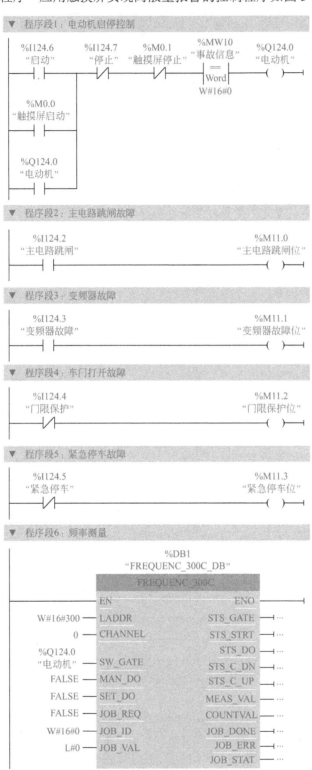

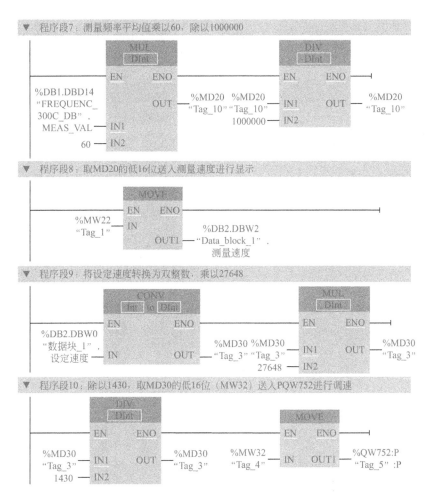

图 5-38 应用触摸屏实现离散量报警控制程序

在程序段1中,开机时,"事故信息"MW10为0。当按下启动按钮(I124.6常开触点接通)或点击触摸屏中的"启动"按钮(M0.0常开触点接通)时,Q124.0线圈通电自锁,电动机启动运行。

当出现故障时,MW10不为0,Q124.0线圈断电,自锁解除,电动机停止。

当按下停止按钮(I124.7常闭触点断开)或点击触摸屏中的"停止"按钮(M0.1常闭触点断开)时,Q124.0线圈断电,电动机停止。

在程序段2中,正常运行时,主电路的空气开关QF1应合上,QF1的常闭触点断开,故I124.2没有输入;当主电路跳闸时,I124.2常开触点接通,M11.0线圈通电,触发主电路跳闸报警。

在程序段3中,正常运行时,变频器没有故障,I124.3没有输入;当变频器发生故障时,I124.3常开触点接通,M11.1线圈通电,触发变频器故障报警。

在程序段4中,正常运行时,车门应处于关闭状态,压住行程开关SQ,故I124.4有输入,其常闭触点断开;当车门打开时,I124.4没有输入,其常闭触点接通,M11.2线圈通电,触发门限保护报警。

在程序段5中,正常运行时,紧急停车按钮为常闭,故I124.5有输入,其常闭触点断开;当按下紧急停车按钮时,I124.5没有输入,其常闭触点接通,M11.3线圈通电,触发紧急停车报警。

在程序段 6 中，应用频率测量指令测量频率。地址为 W#16#300（768），通道号为 0，电动机运行时（Q124.0 为 "1"），接通软件门，开始测量频率。频率的测量值为 MEAS_VAL，单位为 mHz。

在程序段 7 中，由于频率测量值的单位为 mHz，旋转编码器每转输出 1000 个脉冲，故测量速度 = 频率测量值 ×60÷1000000（单位 r/min）。如果先进行除法运算，运算结果的小数部分会舍去，影响测量精度，故先乘以 60，再除以 1000000。

在程序段 8 中，取 MD20 的低位字（MW22）送入 DB2.DBW2（即测量速度）进行显示。

在程序段 9 中，由于在进行乘法运算时，运算结果会超过 16 位的整数，故将设定速度转换为双整数进行运算。0～10V 模拟量输出对应的数字量为 0～27648，所以要将设定速度（范围为 0～1430）转换为 0～27648 所对应的值，即输出值 = 设定速度 ×27648÷1430。为了提高运算精度，先乘以 27648，再除以 1 430。

在程序段 10 中，除以 1430，取 MD30 的低位字（MW32）送入 QW752:P，输出电压进行调速。

（4）触摸屏的组态

① 报警的基本概念　报警用来指示控制系统中出现的事件或操作状态，可以用报警信息对系统进行诊断。报警事件可以在 HMI 设备上显示或输出到打印机，也可以将报警事件保存在记录中。

a. 报警的分类。报警可以分为自定义报警和系统报警。

自定义报警是用户状态的报警，用来在 HMI 上显示设备的运行状态或报告设备的过程数据。自定义报警又分为离散量报警和模拟量报警。离散量（又称开关量）对应二进制的 1 个位，用二进制 1 个位的 "0" 和 "1" 表示相反的两种状态，比如，断路器的接通与断开、故障信号的出现与消失等。模拟量报警是当模拟量的值超出上限或下限时，将触发模拟量报警。

系统报警用来显示 HMI 设备或 PLC 中特定的系统状态，系统报警是在这些设备中预定义的，不需要用户组态。

b. 报警的状态和确认。当满足触发报警的条件时，该报警的状态为 "到达"；确认报警后，该报警的状态为 "（到达）确认"。

当报警的条件消失时，该报警的状态为 "（到达）离开"；确认报警后，报警条件消失，该报警的状态为 "（到达确认）离开"。

报警可以通过 OP 面板上的确认键、触摸屏报警画面上的确认按钮进行确认。

c. 报警显示。可以通过报警画面、报警窗口、报警指示器显示报警。

报警画面是通过报警视图显示报警，优点是可以同时显示多个报警，缺点是需要占用一个画面，只有打开该画面才能看到报警。

报警窗口是在全局画面中进行组态，也可以同时显示多个报警，当出现报警时，自动弹出报警窗口；当报警消失时，报警窗口自动隐藏。

报警指示器是组态好的图形符号，上面会显示报警个数。当出现报警时，报警指示器闪烁；确认后，不再闪烁；报警消失后，报警指示器自动消失。

② 报警的设置　PLC 硬件的组态、PLC 与触摸屏 MPI 通信网络的建立，前面已经讲述。双击 HMI 站点下的 "HMI 报警"，可以进入报警组态画面。点击 "报警类别"，将错误类型报警的显示名称由 "！" 修改为 "错误"；系统报警由 "$" 修改为 "系统报警"；警告类型的报警修改为 "警告"，如图 5-39 所示。选择错误类型的报警，在 "属性" 栏的 "常规" 下，点击 "状态"，将报警的状态分别修改为 "到达""离开" 和 "确认"，也可以修改每个状态所对应的显示颜色。

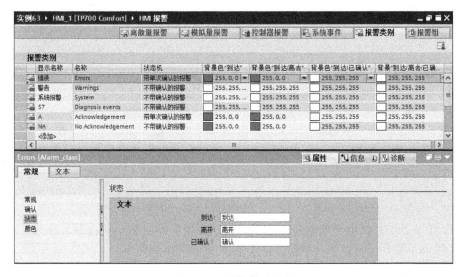

图 5-39　报警类别组态

③ 离散量报警组态　PLC默认变量表中创建了"事故信息"变量，数据类型为 Word，地址为 MW10；一个字有 16 个位，可组态 16 个离散量报警。比如，在本例中，有主电路跳闸、变频器故障、门限保护、紧急停车这 4 个事故，占 MW10 的第 0 ~ 3 位（即 M11.0 ~ M11.3）。

在项目树中，双击"HMI 报警"，点击"离散量报警"，如图 5-40 所示。在"报警文本"下输入"主电路跳闸"，报警类别选择"Errors"，点击 PLC 的默认变量表，从详细视图中将变量"事故信息"拖放到触发变量中，触发位选择 0。当 M11.0 为"1"时，触发主电路跳闸故障。在"工具提示"选项中，输入"主电路跳闸故障，检查：1. PLC 的输入 I124.2；2. 空气开关 QF1；3. 电动机"。当出现报警时，维修人员可以点击工具提示按钮❓，查看故障信息，便于快速维修。

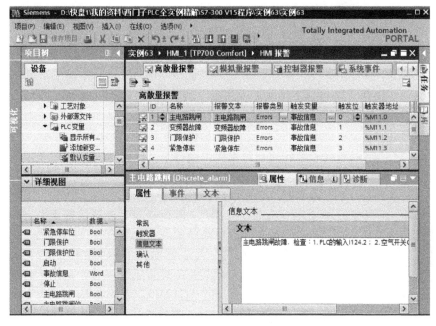

图 5-40　离散量报警的组态

用同样的方法，组态变频器故障的触发条件为"事故信息"的第 1 位，工具提示为"变频器故障，请检查：1. PLC 的输入 I124.3；2. 变频器"；组态门限保护的触发条件为"事故信息"的第 2 位，工具提示为"设备车门打开故障，请检查：1. 车门是否打开；2.PLC 的输入 I124.4；3. 行程开关 SQ"；组态紧急停车的触发条件为"事故信息"的第 3 位，工具提示为"紧急停车，请检查：1. PLC 的输入 I124.5；2. 是否有紧急情况发生"。

使用"报警组"可以通过一次确认操作同时确认该报警组的全部报警。点击"报警组"可以修改报警组的名称，报警组的 ID 编号由系统分配。在"报警组"中新建一个报警组，ID 号为 17，命名为"报警组_1"，然后在"主电路跳闸"和"变频器故障"后选择"报警组_1"，则确认其中一个报警，两个报警一起得到确认。

④ 组态报警窗口 在 HMI 站点下，展开"画面管理"，双击打开"全局画面"，将"工具箱"中的"报警窗口"拖放到画面中，调整控件大小，注意不要超出编辑区域。在"属性"的"常规"选项下，将显示当前报警状态的"未决报警"和"未确认报警"都选上，将报警类别的"Errors"选择启用，当出现错误类报警时就会显示该报警，如图 5-41 所示。

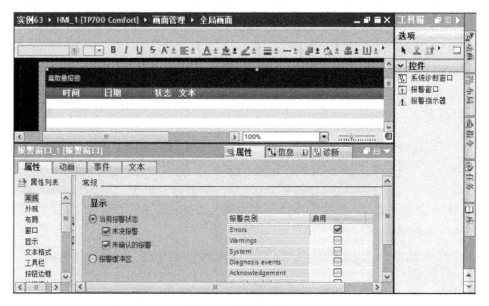

图 5-41 报警窗口组态

点击"布局"选项，设置每个报警的行数为 1 行。

点击"工具栏"选项，选中"工具提示"和"确认"，自动在报警窗口中添加工具提示按钮▇和确认按钮▇。

点击"列"选项可以选择要显示的列。本例中选择了"日期""时间""报警类别名称""报警状态""报警文本"和"报警组"；报警的排序选择了"降序"，最新的报警显示在第 1 行。

点击"窗口"选项，在设置项中选择"自动显示""可调整大小"；在标题项中，选择"启用"，标题输入"离散量报警"，选择"关闭"按钮。当出现报警时会自动显示，右上角有可关闭的▇。

⑤ 组态触摸屏画面 组态的触摸屏画面如图 5-42 所示。画面中的指示灯、按钮、I/O 域的组态前面已经讲述。将指示灯的外观动画与 PLC 中的变量"电动机"（Q124.0）进行连接，"0"时显示灰色，"1"时显示绿色。将启动按钮的"置位位""复位位"事件与 PLC 中的变量"触摸屏启动"连接，将停止按钮的"置位位""复位位"事件与

图 5-42 触摸屏画面

PLC 中的变量"触摸屏停止"连接。

　　将测量速度的 I/O 域作为输出域，与 PLC 的变量"数据块 _1. 测量速度"连接；将设定速度的 I/O 域作为输入域，与 PLC 的变量"数据块 _1. 设定速度"连接。

　　⑥"设定速度"范围限定　通过拖放操作自动生成的 HMI 默认变量表如图 5-43 所示，选中变量"数据块 _1_ 设定速度"，在其属性下点击"范围"，在上限 1 后面选择"Const 常量"，在框中输入 1430；在下限 1 后面选择"Const 常量"，在框中输入 0，则限定"数据块 _1_ 设定速度"为 0 ～ 1430/min。

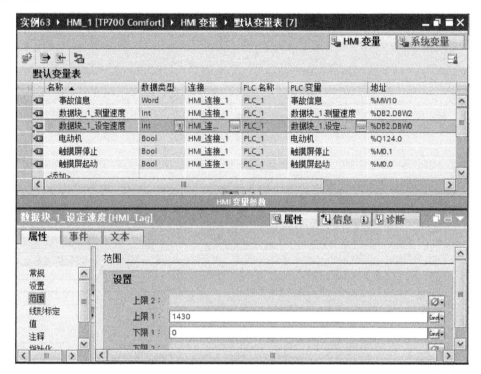

图 5-43　触摸屏变量表

[实例 64]　应用触摸屏实现模拟量报警

（1）控制要求

　　某气体流量计的量程为 0 ～ 1m³/s，输出的信号是 4 ～ 20mA。同时要测出温度和压力，温度传感器使用 PT100，压力传感器的量程为 0 ～ 10kPa，输出 0 ～ 10V。控制要求如下。

　　① 将所测的流量、压力和温度在触摸屏中显示。

　　② 在触摸屏中可以设定流量上下限、温度上下限和压力上下限。

　　③ 当测量流量超出流量上下限、测量温度超出温度上下限或测量压力超出压力上下限时，进行报警。

　　④ 当按下启动按钮或点击触摸屏中的"启动"时，开启阀门，开始输送气体。

　　⑤ 当按下停止按钮或点击触摸屏中的"停止"时，关闭阀门，停止输送气体。

　　⑥ 当测量流量超出上限、测量温度超出上限或测量压力超出上限时，关闭阀门，停止输送气体。

　　（2）控制线路

　　① 控制线路接线　应用触摸屏实现模拟量报警的控制线路如图 5-44 所示。

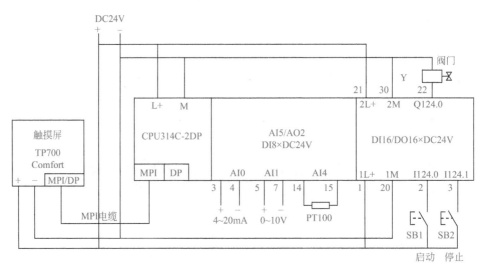

图 5-44 应用触摸屏实现模拟量报警的控制线路

② I/O 端口分配   PLC 的 I/O 端口地址分配见表 5-11。

表 5-11 ［实例 64］的 I/O 端口分配

输入端口				输出端口			
输入点	输入器件	触摸屏地址	作用	输出点	输出器件	触摸屏地址	控制对象
I124.0	SB1 常开触点	M0.0	启动	Q124.0	Y 阀门线圈	Q124.0	阀门
I124.1	SB2 常开触点	M0.1	停止				

（3）控制程序

① 硬件组态   PLC 硬件的组态、PLC 与触摸屏 MPI 通信网络的建立前面已经做过，这里不再赘述。将 PLC 的模拟量输入通道 0（AI0）选择电流，范围是 4～20mA，默认输入地址为 AI752（即 IW752:P）；模拟量输入通道 1（AI1）选择电压，范围是 0～10V，默认输入地址为 AI754（即 IW754:P）；模拟量输入通道 4 中选择热敏电阻（线性，2 线制），默认的输入地址为 AI760（即 IW760:P）。

② 数据块"测量"DB1   添加一个数据块 DB1，命名为"测量"，建立变量"流量""流量上限""流量下限""温度""温度上限""温度下限""压力""压力上限""压力下限"，数据类型均为 Int，然后进行编译。

③ 编写程序   应用触摸屏实现模拟量报警的控制程序如图 5-45 所示。

在程序段 1 中，当按下启动按钮 SB1（I124.0 常开触点接通）或点击触摸屏中的"启动"（M0.0 常开触点接通）时，M1.0 置位。

在程序段 2 中，当按下停止按钮 SB2（I124.1 常开触点接通）或点击触摸屏中的"停止"按钮（M0.1 常开触点接通）时，M1.0 复位。

在程序段 3 中，M1.0 为"1"时，阀门开启。

在程序段 4 中，分别读取流量测量值（IW752:P）、压力测量值（IW754:P）到 DB1 的"流量"和"压力"中。

在程序段 5 中，读取温度测量值（IW760:P）到 DB1 的"温度"中。

（4）触摸屏的组态

① 报警的设置   PLC 硬件的组态、PLC 与触摸屏 MPI 通信网络的建立，前面已经讲述。

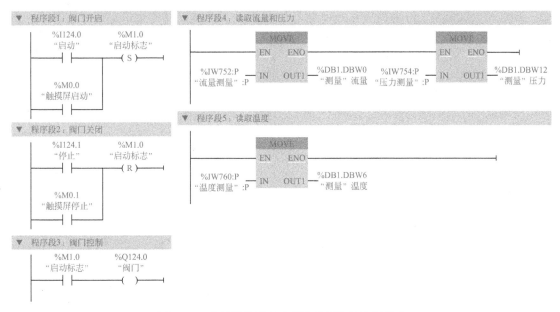

图 5-45 应用触摸屏实现模拟量报警的控制程序

双击 HMI 站点下的"HMI 报警",可以进入报警组态画面。点击"报警类别",将错误类型报警的显示名称由"！"修改为"错误";系统报警由"$"修改为"系统报警";警告类型的报警修改为"警告"。选择错误类型的报警,在"属性"栏的"常规"下,点击"状态",将报警的状态分别修改为"到达""离开"和"确认",也可以修改每个状态所对应的显示颜色。

　　② 模拟量报警的组态 　双击"HMI 报警",点击"模拟量报警"选项卡,如图 5-46 所示。在"名称"和"报警文本"下输入"温度低于下限",报警类别选择"Errors",点击 PLC 的数据块"测量 [DB1]",从详细视图中将变量"温度"拖放到触发变量下,将变量"温度下

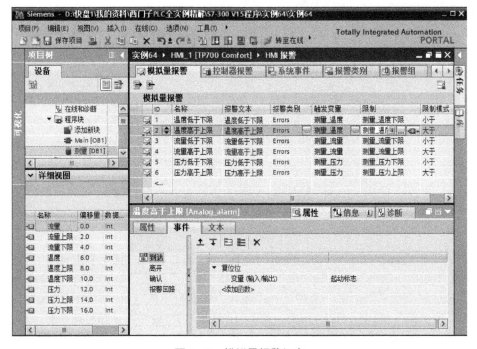

图 5-46 模拟量报警组态

限"拖放到"限制"下，限制模式为"小于"。这样，当测量温度低于设定温度下限时，会触发报警。在"工具提示"选项中，可以输入提示信息。在"名称"和"报警文本"下输入"温度高于上限"，报警类别选择"Errors"，从详细视图中将变量"温度"拖放到触发变量下，将变量"温度上限"拖放到"限制"下，限制模式为"大于"。点击"事件"下的"到达"，选择函数"复位位"，点击PLC的默认变量表，从详细视图中将变量"启动标志"拖放到该事件的变量中。当温度高于设定温度上限时，触发函数"复位位"，使变量"启动标志"复位，阀门关闭。

按照同样的方法组态"流量低于下限"的报警，触发变量为"流量"，限制为"流量下限"，限制模式为"小于"。组态"流量高于上限"的报警，触发变量为"流量"，限制为"流量上限"，限制模式为"大于"。在"事件"下的"到达"中，选择函数"复位位"，从详细视图中将变量"启动标志"拖放到该事件的变量中。这样，当流量高于设定流量上限时，变量"启动标志"复位，阀门关闭。

按照同样的方法组态"压力低于下限"的报警，触发变量为"压力"，限制为"压力下限"，限制模式为"小于"。组态"压力高于上限"的报警，触发变量为"压力"，限制为"压力上限"，限制模式为"大于"。在"事件"下的"到达"中，选择函数"复位位"，从详细视图中将变量"启动标志"拖放到该事件的变量中。这样，当压力高于设定压力上限时，变量"启动标志"复位，阀门关闭。

③ 触摸屏画面组态

a. 组态画面。双击画面下的"添加新画面"，添加一个"画面 _1"，命名为"监控画面"，再添加一个画面，命名为"设定画面"。组态的监控画面如图5-47（a）所示，将阀门状态指示灯的外观动画与PLC中的变量"阀门"连接起来，"0"时显示灰色，"1"时显示绿色。将启动按钮的按下和释放事件与PLC中的变量"触摸屏启动"连接起来，将停止按钮的按下和释放事件与PLC中的变量"触摸屏停止"连接起来。点击PLC的数据块"测量 [DB1]"，从详细视图中将"流量"拖放到测量流量后面，类型选择"输出"模式，格式选择"99999"，即不带符号5位显示。按照同样的方法，将"压力"拖放到测量压力的后面，类型选择"输出"模式，格式选择"99999"；将"温度"拖放到测量温度的后面，类型选择"输出"模式，格式选择"99999"。最后，从项目树中将"设定画面"拖放到界面中，生成一个切换到设定画面的按钮。

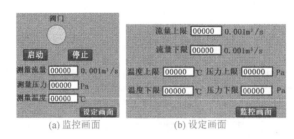

(a) 监控画面　　　　　(b) 设定画面

图 5-47　触摸屏画面

组态的设定画面如图5-47（b）所示，点击PLC的数据块"测量 [DB1]"，从详细视图中将"流量上限"拖放到流量上限后面，类型选择"输入"模式，格式选择"99999"；将"流量下限"拖放到流量下限后面，类型选择"输入"模式，格式选择"99999"。按照同样的方法组态"温度上限""温度下限""压力上限""压力下限"。最后，从项目树中将"监控画面"拖放到界面中，生成一个切换到监控画面的按钮。

b. 组态报警窗口。在HMI站点下，展开"画面管理"，双击打开"全局画面"，将"工具箱"中的"报警窗口"拖放到画面中，调整控件大小，注意不要超出编辑区域。在"属性"的"常规"选项下，将显示当前报警状态的"未决报警"和"未确认报警"都选上，将报警类别的"Errors"选择启用，当出现错误类报警时就会显示该报警。

点击"布局"选项，设置每个报警的行数为1行。

点击"工具栏"选项，选中"工具提示"和"确认"，自动在报警窗口中添加工具提示按钮和确认按钮。

点击"列"选项可以选择要显示的列。本例中选择了"日期""时间""报警类别名称""报警状态""报警文本"和"报警组"；报警的排序选择了"降序"，最新的报警显示在第1行。

点击"窗口"选项，在设置项中选择"自动显示""可调整大小"；在标题项中，选择"启用"，标题输入"模拟量报警"，选择"关闭"按钮。当出现报警时会自动显示，右上角有可关闭的区。

④ 触摸屏变量的标定　通过拖放自动生成的 HMI 默认变量表如图 5-48 所示。在 HMI 默认变量表中，选中"测量_流量"，在"属性"选项卡中点击"线形标定"，在右侧窗口中，选择线形标定前的框，将 PLC 的起始值和结束值分别设为 0 和 27648，将 HMI 的起始值和结束值分别设为 0 和 1000，可以将 PLC 中的"流量"（0～27648）线性转换为触摸屏中的"测量_流量"（0～1000，即 0～1m³/s）进行显示。用同样的方法设置变量"测量_压力"的 PLC 起始值和结束值为 0 和 27648，HMI 的起始值和结束值为 0 和 10000，即 0～10000Pa；设置"测量_温度"的 PLC 起始值和结束值为 −2000 和 8500，HMI 的起始值和结束值为 −200 和 850，即 −200℃和 850℃。

图 5-48　触摸屏变量

扫一扫，看视频

[实例 65] 应用触摸屏实现用户管理

（1）控制要求

对烘仓温度进行控制，温度检测使用铂电阻 PT100，控制要求如下。

① 温度控制范围为 200 ～ 250℃。

② 在触摸屏中显示测量温度，可以设定上限温度、下限温度。

③ 当按下启动按钮或点击触摸屏中的"启动"时，开始加热；当按下停止按钮或点击触摸屏中的"停止"时，停止加热。

④ 当温度高于上限时，停止加热；当温度低于下限时，重新启动加热。

⑤ 操作员只能对加热进行启停控制，班组长可以进入设定画面，工程师和管理员可以设定温度的上下限。

（2）控制线路

① 控制线路接线　应用触摸屏实现用户管理的控制线路如图 5-49 所示。

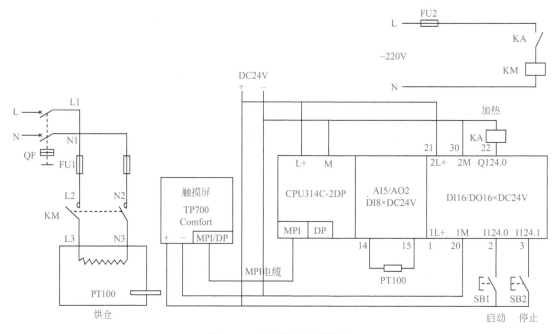

图 5-49　用户管理控制线路

② I/O 端口分配　PLC 的 I/O 端口地址分配见表 5-12。

表 5-12　[实例 65] 的 I/O 端口分配

输入端口				输出端口			
输入点	输入器件	触摸屏地址	作用	输出点	输出器件	触摸屏地址	控制对象
I124.0	SB1常开触点	M0.0	启动	Q124.0	KA	Q124.0	加热
I124.1	SB2常开触点	M0.1	停止				

（3）控制程序

① 硬件组态　PLC 硬件的组态、PLC 与触摸屏 MPI 通信网络的建立前面已经做过，这里不再赘述。为了测量温度，要在 CPU 的模拟量输入通道 4 中选择热敏电阻（线性，2 线制），默认的输入地址为 AI760（即 IW760:P）。

② 数据块"温度"DB1　添加一个数据块 DB1，命名为"温度"，建立变量"测量温度""温度上限""温度下限"，数据类型均为 Int，然后进行编译。

③ 编写程序　应用触摸屏实现用户管理的控制程序如图 5-50 所示。铂热电阻 PT100 的测量范围为 –200 ~ 850℃，对应的数字量是 –2000 ~ +8500，所以所测得的数字量除以 10 可以换算成所测的温度。

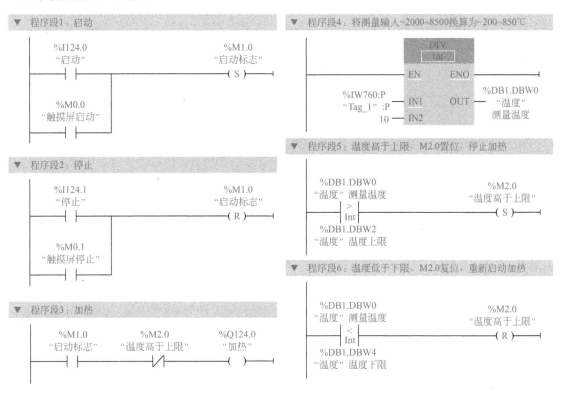

图 5-50　应用触摸屏实现用户管理的控制程序

在程序段 1 中，当按下启动按钮 SB1（I124.0 常开触点接通）或点击触摸屏中的"启动"（M0.0 常开触点接通）时，M1.0 置位。

在程序段 2 中，当按下停止按钮 SB2（I124.1 常开触点接通）或点击触摸屏中的"停止"按钮（M0.1 常开触点接通）时，M1.0 复位。

在程序段 3 中，M1.0 为"1"时，其常开触点接通，Q124.0 线圈通电，开始加热。

在程序段 4 中，将所测得的数字量（IW760:P）除以 10 送入测量温度。

在程序段 5 中，当测量温度高于温度上限时，M2.0 置位，使程序段 3 中 M2.0 常闭触点断开，停止加热。

在程序段 6 中，当测量温度低于温度上限时，M2.0 复位，使程序段 3 中 M2.0 常闭触点接通，重新开始加热。

（4）触摸屏的组态

在系统运行过程中，可能需要修改某些重要参数，如修改温度或时间的设定值、产品工艺参数的设定等，这些参数只能允许经授权的专业人员来完成。因此采用不同的授权方式允许不同的人员进行相应的操作。

在西门子触摸屏的用户管理中，将权限分配给用户组，然后将用户分配给用户组，用户就有了这个用户组的权限。同一个用户组中的用户拥有相同的权限。

① 用户组的组态与权限分配　双击“项目树”下的“用户管理”，点击“用户组”，打开如图5-51所示画面。在“权限”中添加“进入设定画面”(显示名称“进入设定画面”)和“设定温度”(显示名称“设定温度上下限”)权限。在“组”中添加“操作员”(显示名称“操作员”)、“班组长”(显示名称“班组长”)和“工程师”(显示名称“工程师”)。点击“管理员组”，在权限中选择所有的权限，即管理员拥有所有的权限。点击“操作员”，在权限中选择“监视”和“操作”，即操作员拥有监视和操作的权限。点击“班组长”，在权限中选择“监视”“操作”和“进入设定画面”，即班组长拥有这些权限。点击“工程师”，在权限中选择“监视”“操作”“进入设定画面”和“设定温度”，即工程师拥有这些权限。

组

名称	编号	显示名称	密码时效	注释
管理员	1	管理员组	☐	'管理员'组初始被授予所...
操作员	2	操作员	☐	'用户'组初始被授予'操作...
班组长	3	班组长	☐	
工程师	4	工程师	☐	
<添加>				

权限

激活	名称	显示名称	编号	注释
☑	用户管理	用户管理	1	授予"用户管理"权限以在...
☑	监视	监视	2	'监视'权限
☑	操作	操作	3	"操作"权限
☑	进入设定画面	进入设定画面	4	
☑	设定温度	设定温度上下限	5	

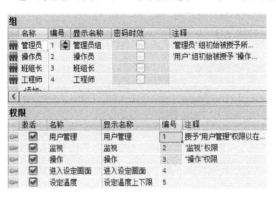

图 5-51　用户组的组态与权限分配

② 用户的组态　点击“用户”，打开如图5-52所示画面。管理员(Administrator)的密码设为“9000”，在“组”中，选择“管理员”；小周是操作员，在“用户”中建立用户“xiaozhou”，密码设为“2000”，在“组”中，选择“操作员”，将小周分配给操作员这一组。王兰是班组长，在“用户”中建立用户“wanglan”，密码设为“3000”，在“组”中，选择“班组长”，将王兰分配给班组长这一组。李明是工程师，在“用户”中建立用户“liming”，密码设为“4000”，在“组”中，选择“工程师”，将李明分配给工程师这一组。注意，用户的用户名只能使用字符或数字，不能使用中文。

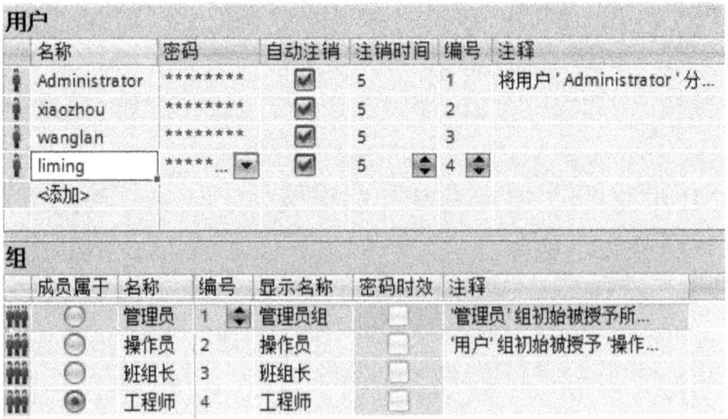

用户

名称	密码	自动注销	注销时间	编号	注释
Administrator	********	☑	5	1	将用户'Administrator'分...
xiaozhou	********	☑	5	2	
wanglan	********	☑	5	3	
liming	*****...	☑	5	4	
<添加>					

组

成员属于	名称	编号	显示名称	密码时效	注释
○	管理员	1	管理员组	☐	'管理员'组初始被授予所...
○	操作员	2	操作员	☐	'用户'组初始被授予'操作...
○	班组长	3	班组长	☐	
◉	工程师	4	工程师	☐	

图 5-52　用户的组态

③ 画面的组态　在触摸屏画面中要显示登录用户，只用于触摸屏内部，属于字符串变量，故在HMI默认变量表中建立变量“登录人员”，数据类型为“WString”，连接为“< 内部变量 >”。

触摸屏的“监视画面”如图5-53(a)所示。在“工具箱”下展开“控件”，将“用户视图”拖放到画面中，调整大小和字体。

指示灯的外观动画与 PLC 中的变量"加热"连接，"0"时显示灰色，"1"时显示绿色。启动和停止按钮的按下和释放事件与 PLC 中的变量"触摸屏启动"和"触摸屏停止"连接，点击"启动"按钮，选择"属性"→"安全"，再点击项目树中的"用户管理"，从详细视图中将权限"Operate"拖放到该按钮的运行系统安全性权限后的框中。用同样的方法设置"停止"按钮的权限；测量温度的 I/O 域作为输出域，与 PLC 中数据块"温度"的"测量温度"连接。

当前登录用户的 I/O 域作为输入 / 输出域，格式选择"字符串"，与变量"登录人员"连接，在"事件"中，点击"激活"，添加函数为"用户管理"下的"获取用户名"，变量为"登录人员"，当激活时，就将获取的用户名保存到变量"登录人员"中。

拖放一个按钮，输入"登录"，在"事件"中，点击"单击"，添加函数为"用户管理"下的"显示登录对话框"；再拖放一个按钮，输入"注销"，在"事件"中，点击"单击"，添加函数为"用户管理"下的"注销"。

将该画面命名为"监视画面"，再添加一个画面，命名为"设定画面"。将"设定画面"拖放到"监视画面"中，生成一个"设定画面"的按钮。点击这个按钮，选择"属性"→"安全"，再点击项目树中的"用户管理"，从详细视图中将权限"进入设定画面"拖放到该按钮的运行系统安全性权限后的框中。

触摸屏的"设定画面"如图 5-53（b）所示。点击 PLC 的数据块"温度 [DB1]"，从详细视图中将变量"温度上限"拖放到文本温度上限的后面，自动生成一个 I/O 域，选择为输入域。选择"属性"→"安全"，再点击项目树中的"用户管理"，从详细视图中将权限"设定温度"拖放到该输入域的运行系统安全性权限后的框中。用同样的方法，将变量"温度下限"拖放到文本温度下限的后面，自动生成一个 I/O 域，选择为输入域，在"安全"选项中，选择系统运行安全性权限为"设定温度"。将"监视画面"拖放到"设定画面"中，生成一个"监视画面"的按钮。

(a) 监视画面　　(b) 设定画面

图 5-53　触摸屏画面

④ 生成的触摸屏变量　通过拖放自动生成的 HMI 默认变量表如图 5-54 所示。特别注意，对于整数类型的数据，采集模式要选择"循环连续"。

名称	数据类型	连接	PLC 名称	PLC 变量	地址	采集周期	采集模式
登录人员	WString	<内部变量>		<未定义>		1 s	循环操作
加热	Bool	HMI_连接_1	PLC_1	加热	%Q124.0	1 s	循环操作
触摸屏启动	Bool	HMI_连接_1	PLC_1	触摸屏启动	%M0.0	1 s	循环操作
触摸屏停止	Bool	HMI_连接_1	PLC_1	触摸屏停止	%M0.1	1 s	循环操作
温度_测量温度	Int	HMI_连接_1	PLC_1	温度.测量温度	%DB1.DBW0	1 s	循环连续
温度_温度上限	Int	HMI_连接_1	PLC_1	温度.温度上限	%DB1.DBW2	1 s	循环连续
温度_温度下限	Int	HMI_连接_1	PLC_1	温度.温度下限	%DB1.DBW4	1 s	循环连续

图 5-54　触摸屏变量

[实例 66] 应用触摸屏实现配方管理

（1）控制要求

某浆纱机在生产时，针对不同的产品，需要对一些工艺参数进行设置。如果每次都输入这些参数，既浪费时间又容易出错。在本例中，调整产品的品种时，通过配方管理，集中设置卷绕速度、烘筒速度、上浆辊速度、引纱辊速度和烘箱温度。

扫一扫，看视频

（2）控制线路

应用触摸屏实现配方管理的控制线路如图 5-55 所示，主电路略。

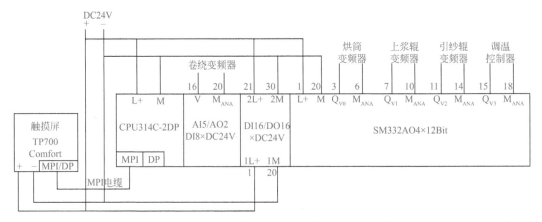

图 5-55 应用触摸屏实现配方管理的控制线路

（3）控制程序

① 硬件组态 在项目中创建一个"PLC_1[CPU314C-2DP]"的站点，将模拟量输出通道 0 设置为 0 ～ 10V 电压输出，地址为 AQ752（QW752:P）；在 4 号槽中插入模拟量输出模块"AO4×12Bit"，将通道 0 ～通道 3 都设置为电压 0 ～ 10V 输出，地址为 AQ256 ～ AQ263（QW256:P ～ QW262:P）。打开"网络视图"，在"硬件目录"下，依次展开"HMI"→"SIMATIC 精智面板"→"7″ 显示屏"→"TP700 Comfort"，将其拖放到网络视图中。在"网络视图"下，选中 连接，选择后面的"HMI 连接"。拖动 PLC 的 MPI 图标 到 HMI 的通信接口图标 ，自动建立了一个"HMI_连接_1"的连接。点击 CPU 的 MPI 图标 ，打开"属性"→"常规"→"MPI 地址"，可以看到 MPI 地址为 2，传输率为 187.5kbit/s。点击 HMI 的通信接口图标 ，可以看到地址为 1，传输率为 187.5kbit/s。在"项目树"下，展开"HMI_1[TP700 Comfort]"，双击"连接"，可以看到，PLC 与触摸屏之间已经建立了连接。

② 数据块 DB1 添加一个数据块 DB1，建立变量"卷绕速度""烘筒速度""上浆辊速度""引纱辊速度"和"烘箱温度"，数据类型均为 Int，然后进行编译。

③ 编写程序 应用触摸屏实现配方管理的控制程序如图 5-56 所示。

在程序段 1 中，将配方数据记录中的卷绕速度（DB1.DBW0）和烘筒速度（DB1.DBW2）分别送入 QW752:P、QW256:P 进行调速。

在程序段 2 中，将配方数据记录中的上浆辊速度（DB1.DBW4）和引纱辊速度（DB1.DBW6）分别送入 QW258:P、QW260:P 进行调速。

在程序段 3 中，将配方数据记录中的烘箱温度（DB1.DBW8）送入 QW262:P 进行调温。

（4）触摸屏的组态

① 配方概述

a. 配方。配方是与某种生产工艺过程有关的所有参数的集合。果汁厂生产不同的果汁产

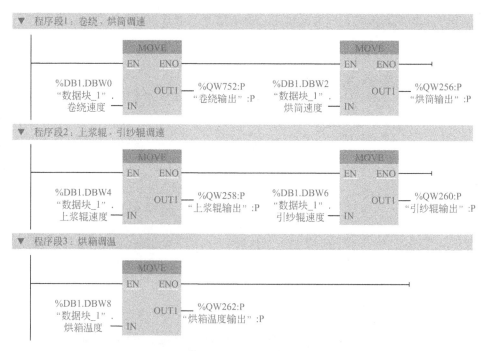

图 5-56　应用触摸屏实现配方管理的控制程序

品，例如葡萄汁、柠檬汁、橙汁和苹果汁等，每种产品相关参数的集合称为一个配方。果汁的主要成分为水、糖、果汁的原汁和香料，这些称为元素。每一种口味的果汁产品又分为果汁饮料、浓缩果汁和纯果汁，它们的配料相同，只是混合比例不同，这些称为数据记录。

如果不使用配方，在改变产品的品种时，操作工人需要查表，并使用 HMI 设备的画面中的 5 个输入域，来将这 5 个参数传送到 PLC 的存储区。有的工艺过程的参数可能多达数十个，在改变工艺时如果每次都输入这些参数，既浪费时间，又容易出错。

在需要改变大量参数时可以使用配方，只需要简单的操作，便能集中地和同步地将更换品种时所需的全部参数以数据记录的形式，从 HMI 设备传送到 PLC，也可以进行反向的传送。

b. 配方数据的传送。配方数据传送可能的情况如图 5-57（a）所示。

保存：将操作人员在配方视图或配方画面改变的值写到存储介质的配方数据记录中。

装载：用存储介质里的配方数据记录值来更新配方视图中显示的配方变量的值。

写入 PLC：将配方视图或配方画面中的配方数据记录下载到 PLC。

从 PLC 读出：将 PLC 中的配方数据记录装入 HMI 设备的配方视图或配方画面中。

与 PLC 同步：在组态时，可以通过设置"同步变量"功能来决定配方视图里的值与配方变量值同步，如图 5-57（b）所示。同步之后，配方变量和配方视图中都包含了当前被更新的值。选择"同步配方变量"（离线变量开关的常闭接通）时，当前的配方值直接传送到 PLC。在 HMI 设备运行时对配方进行操作，可能会意外地覆盖 PLC 中的配方数据，所以在实际使用时不选择"同步配方变量"。如果选中"手动传送各个修改的值"，PLC 与配方变量的连接被断开，输入的数值只保存在配方变量中，不会传送到 PLC 中。调整产品时，在配方视图中点击下载，可以将数据下载到 PLC 中。

② 配方的组态　双击"配方"，进入配方管理界面，如图 5-58（a）所示。在"配方"下输入"棉纱"，建立一个棉纱的配方；在"元素"中，建立"卷绕速度""烘筒速度""上浆辊速度""引纱辊速度"和"烘箱温度"元素，选中 PLC 的数据块 DB1，从详细视图中分

别将对应的变量拖放到元素对应的变量中。点击配方"棉纱"，在"同步"选项中，不选中"同步配方变量"。

点击"数据记录"，打开如图 5-58（b）所示界面。建立"产品 1""产品 2"和"产品 3"数据记录，将每个变量对应的值输入进去。

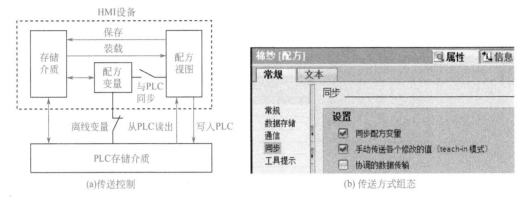

(a)传送控制　　　　　　　　　　　(b) 传送方式组态

图 5-57　配方数据的传送

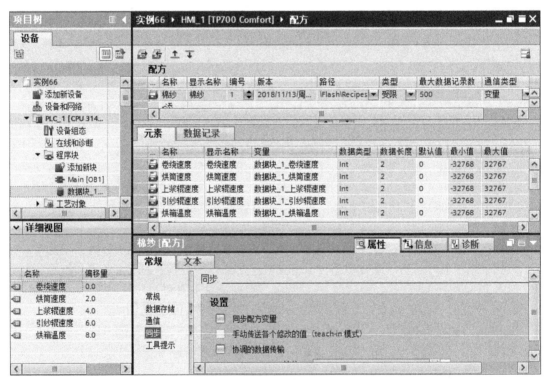

(a) 配方与元素

	名称	显示名称	编号	卷绕速度	烘筒速度	上浆辊速度	引纱辊速度	烘箱温度
	产品1	产品1	1	1400	1000	980	900	200
	产品2	产品2	2	1300	1200	1100	1000	300
	产品3	产品3	3	1200	1100	1000	800	400

(b) 数据记录

图 5-58　配方管理界面

③ 变量的线形标定　线形标定可以将触摸屏输入的值线性转换为 PLC 需要的变量值。在 HMI 默认变量表中，选中变量"数据块 _1_ 卷绕速度"，在"属性"选项卡中点击"线形标定"，在右侧窗口中，选择"线形标定"前的框，将 PLC 的起始值和结束值分别设为 0 和 27648，将 HMI 的起始值和结束值分别设为 0 和 1430，可以将触摸屏中该变量的值（设定卷绕速度，范围是 0 ~ 1430）线性转换为 0 ~ 27648 送入 PLC 中进行调速。用同样的方法设置变量"数据块 _1_ 烘筒速度""数据块 _1_ 上浆辊速度""数据块 _1_ 引纱辊速度"的 PLC 起始值和结束值为 0 和 27648，HMI 的起始值和结束值为 0 和 1430，设置"数据块 _1_ 烘箱温度"的 PLC 起始值和结束值为 0 和 27648，HMI 的起始值和结束值为 0 和 500，即将设定烘箱温度 0 ~ 500℃线性转换为 0 ~ 27648。

④ 配方视图　将"工具箱"中"控件"下的"配方视图"拖放到触摸屏界面中，调整合适的大小。点击"工具栏"，将按钮下的复选框都选中，则会显示更多的按钮，如图 5-59 所示。

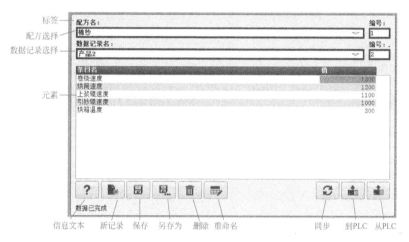

图 5-59　配方视图

"信息文本"按钮 ? 用于显示配方操作的注意事项。

"新记录"按钮 用于在 HMI 设备上创建一个新的数据记录。

"保存"按钮 用于将配方视图中改变的变量值写入到存储介质中。

"另存为"按钮 用于将当前配方记录以新的名称保存。

"删除"按钮 用于从 HMI 设备的存储器中删除当前配方记录。

"重命名"按钮 用于将记录重命名。

"同步"按钮 用于将配方视图中的配方记录值与关联的变量同步。

"到 PLC"按钮 用于将当前数据记录传送到 PLC。

"从 PLC"按钮 用于将 PLC 中的配方数据记录传送到 HMI 设备中，并在配方视图中显示出来。

[实例67]　应用触摸屏实现趋势分析

扫一扫，看视频

（1）控制要求

某线材在卷取过程中要求张力稳定，所选取张力传感器的量程为 0 ~ 1000N，输出的信号是直流 0 ~ 10V，控制要求如下。

① 张力控制范围为 500 ~ 600N。

② 显示测量张力，可以设定张力的上下限。

283

③ 当按下启动按钮或点击触摸屏中的"启动"时，卷取电动机启动；当按下停止按钮或点击触摸屏中的"停止"时，卷取电动机停止。

④ 当测量张力高于上限时，卷取电动机停止并报警；测量张力低于下限时报警。

⑤ 当出现过载时，卷取电动机停止并报警。

⑥ 运行时，用趋势图对测量张力进行动态显示。

（2）控制线路

① 控制线路接线　应用触摸屏实现趋势分析的控制线路如图 5-60 所示。

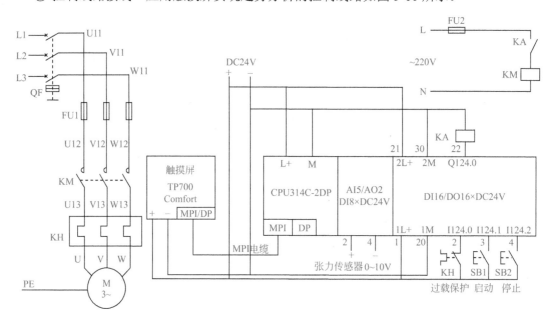

图 5-60　趋势分析控制线路

② I/O 端口分配　PLC 的 I/O 端口地址分配见表 5-13。

表 5-13　［实例 67］的 I/O 端口分配

输入端口				输出端口			
输入点	输入器件	触摸屏地址	作用	输出点	输出器件	触摸屏地址	控制对象
I124.0	KH 常闭触点	M11.0	过载保护	Q124.0	KA	Q124.0	卷取电动机
I124.1	SB1 常开触点	M0.0	启动				
I124.2	SB2 常开触点	M0.1	停止				

（3）控制程序

① 硬件组态　PLC 硬件的组态、PLC 与触摸屏 MPI 通信网络的建立前面已经做过，这里不再赘述。将 PLC 的模拟量输入通道 0（AI0）选择电压，范围是 0 ～ 10V，用于测量张力输入，默认输入地址为 AI752（即 IW752:P）。

② 数据块"张力"　添加一个数据块 DB1，命名为"张力"，建立变量"测量张力""张力上限""张力下限"，数据类型均为 Int，然后进行编译。

③ 编写程序　应用触摸屏实现趋势分析的控制程序如图 5-61 所示。上电后，程序段 3 和 4 中的过载保护输入 I124.0 常闭触点预先断开，为启动做准备。

在程序段 1 中，当按下启动按钮 SB1（I124.1 常开触点接通）或点击触摸屏中的"启动"（M0.0 常开触点接通）时，Q124.0 置位，卷取电动机启动，同时复位 M2.0。

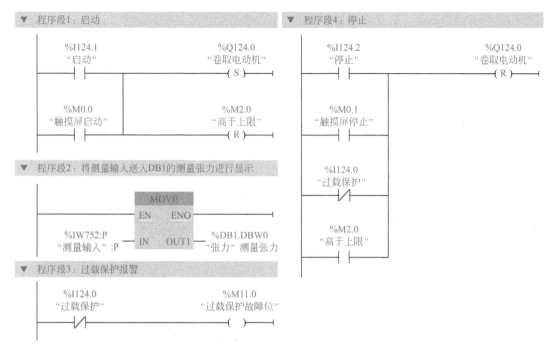

图 5-61　应用触摸屏实现趋势分析的控制程序

在程序段 2 中，将所测得的数字量（IW752:P）送入 DB1 的"测量张力"。在触摸屏中将"测量张力"（0 ～ 27648）线性转换为 0 ～ 1000 进行显示。

在程序段 3 中，正常运行时，I124.0 有输入，其常闭触点断开；当出现过载时，热继电器 KH 的常闭触头断开，I124.0 没有输入，其常闭触点接通，M11.0 线圈通电，触发过载保护报警。

在程序段 4 中，当按下停止按钮 SB2（I124.2 常开触点接通）、点击触摸屏中的"停止"按钮（M0.1 常开触点接通）、出现过载（I124.0 常闭触点接通）或测量张力高于上限（M2.0 常开触点接通）时，Q124.0 复位，卷取电动机停止。

（4）触摸屏的组态

趋势是变量在运行时值的图形表示，在画面中用趋势视图来显示趋势。趋势视图是一种动态显示元件，以曲线的形式连续显示过程数据。一个趋势视图可以同时显示多个变量的运行趋势。

① 监控画面组态　触摸屏的"监控画面"如图 5-62（a）所示。将指示灯的外观动画与 PLC 中的变量"卷取电动机"连接，"0"时显示灰色，"1"时显示绿色。将启动按钮的按下和释放事件与 PLC 中的变量"触摸屏启动"连接起来，将停止按钮的按下和释放事件与 PLC 中的变量"触摸屏停止"连接起来。测量张力的 I/O 域作为输出域，与数据块"张力"中的变量"测量张力"连接，格式样式选择"9999"，即 4 位不带符号十进制显示。将张力上限的 I/O 域作为输入域，与数据块"张力"中的变量"张力上限"连接，格式样式选择"9999"；将张力下限的 I/O 域作为输入域，与数据块"张力"中的变量"张力下限"连接，格式样式选择"9999"。将该画面命名为"监视画面"，再添加一个画面，命名为"趋势画面"。将"趋势画面"拖放到"监控画面"中，生成一个"趋势画面"的按钮。

② 报警组态

a. 报警设置。双击 HMI 站点下的"HMI 报警"，可以进入报警组态画面。点击"报警类别"，将错误类型报警的显示名称由"！"修改为"错误"；系统报警由"$"修改为"系

西门子PLC编程全实例精解

(a) 监视画面

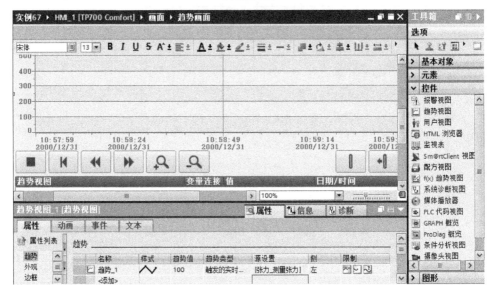

(b) 趋势画面

默认变量表

	名称	数据类型	连接	PLC 名称	PLC 变量	地址 ▲	采集周期	采集模式
	张力_测量张力	Int	HMI_连接_1	PLC_1	张力 测量张力	%DB1.DBW0	1 s	循环连续
	张力_张力上限	Int	HMI_连接_1	PLC_1	张力 张力上限	%DB1.DBW2	1 s	循环操作
	张力_张力下限	Int	HMI_连接_1	PLC_1	张力 张力下限	%DB1.DBW4	1 s	循环操作
	触摸屏启动	Bool	HMI_连接_1	PLC_1	触摸屏启动	%M0.0	1 s	循环操作
	触摸屏停止	Bool	HMI_连接_1	PLC_1	触摸屏停止	%M0.1	1 s	循环操作
	高于上限	Bool	HMI_连接_1	PLC_1	高于上限	%M2.0	1 s	循环操作
	故障信息	Word	HMI_连接_1	PLC_1	故障信息	%MW10	1 s	循环连续
	卷取电机	Bool	HMI_连接_1	PLC_1	卷取电机	%Q124.0	1 s	循环操作

(c) 默认变量表

图 5-62　触摸屏画面

统报警"；警告类型的报警修改为"警告"。选择错误类型的报警，在"属性"栏的"常规"下，点击"状态"，将报警的状态分别修改为"到达""离开"和"确认"。也可以修改每个状态所对应的显示颜色。

b. 报警组态。点击"离散量报警"选项卡，在"名称"和"报警文本"下输入"过载保护"，报警类别选择"Errors"，点击 PLC 的默认变量表，从详细视图中将变量"故障信息"拖放到触发变量下，则默认的触发器地址为 M11.0。当出现过载时，M11.0 为"1"，触发报警。

点击"模拟量报警"选项卡，在"名称"和"报警文本"下输入"张力高于上限"，报警类别选择"Errors"，点击 PLC 的数据块"张力[DB1]"，从详细视图中将变量"测量张力"拖放到触发变量下，将变量"张力上限"拖放到"限制"下，限制模式为"大于"。点击"事件"下的"到达"，选择函数"置位位"，点击 PLC 的默认变量表，从详细视图中将变量"高于上限"拖放到该事件的变量中。当测量张力高于设定张力上限时，触发函数"置位位"，

286

使变量"高于上限"置位,卷取电动机停止。在"名称"和"报警文本"下输入"张力低于下限",报警类别选择"Errors",从详细视图中将变量"测量张力"拖放到触发变量下,将变量"张力下限"拖放到"限制"下,限制模式为"小于"。

c. 报警画面组态。在 HMI 站点下,展开"画面管理",双击打开"全局画面",将"工具箱"中的"报警窗口"拖放到画面中,调整控件大小,注意不要超出编辑区域。在"属性"的"常规"选项下,将显示当前报警状态的"未决报警"和"未确认报警"都选上,将报警类别的"Errors"选择启用,当出现错误类报警时就会显示该报警。

点击"布局"选项,设置每个报警的行数为 1 行。

点击"工具栏"选项,选中"工具提示"和"确认",自动在报警窗口中添加工具提示按钮 🔲 和确认按钮 🔲。

点击"列"选项可以选择要显示的列。本例中选择了"日期""时间""报警类别名称""报警状态""报警文本"和"报警组";报警的排序选择了"降序",最新的报警显示在第 1 行。

点击"窗口"选项,在设置项中选择"自动显示""可调整大小";在标题项中,选择"启用",标题输入"模拟量报警",选择"关闭"按钮。当出现报警时会自动显示,右上角有可关闭的 🔀。

③ 趋势画面组态 触摸屏的"趋势画面"如图 5-62(b)所示。将"监控画面"拖放到"趋势画面"中,生成一个"监控画面"的按钮。将"控件"下的"趋势视图"拖放到趋势画面中,调节合适的大小和位置。在"趋势"选项中,新建一个"趋势_1",源设置为数据块"张力"的变量"测量张力"。将属性下的"左侧值轴"和"右侧值轴"的轴末端都设为 1000,标签长度设为 4,增量设为 50,刻度设为 2。

④ 线形标定 通过拖动自动生成的 HMI 默认变量表如图 5-62(c)所示。点击变量"张力_测量张力",再点击"线形标定",在右侧窗口中,选择"线形标定"前的框,将 PLC 的起始值和结束值分别设为 0 和 27648,将 HMI 的起始值和结束值分别设为 0 和 1000,可以将 PLC 中数据块"张力"下的"测量张力"(0 ~ 27648)线性转换为触摸屏中"张力_测量张力"(0 ~ 1000)进行显示与报警。

[实例 68] PLC 与触摸屏的 PROFIBUS 总线通信

扫一扫,看视频

(1)控制要求

PLC 与触摸屏通过 PROFIBUS 通信,控制要求如下。

① 当点击触摸屏中"启动"或按下启动按钮时,电动机通电连续运转。

② 当点击触摸屏中"停止"或按下停止按钮时,电动机断电停止。

③ 电动机运行时,触摸屏中指示灯亮;电动机停止时,触摸屏中指示灯熄灭。

(2)控制线路

① 控制线路接线 PLC 与触摸屏的 PROFIBUS 通信控制线路如图 5-63 所示,DP 终端连接器的电阻开关拨到"ON"。

② I/O 端口分配 PLC 的 I/O 端口地址分配见表 5-14。

(3)控制程序

① 触摸屏站点与 PLC 的 PROFIBUS 通信组态 新建一个"PLC_1[CPU314C-2DP](V2.6)"的站点,打开"网络视图",在"硬件目录"下,依次展开"HMI"→"SIMATIC 精智面板"→"7"显示屏"→"TP700 Comfort",将"6AV2 124-0GC01-0AX0"拖放到网络视图中。在"网络视图"下,选中 🔲 连接,选择后面的"HMI 连接"。拖动 PLC 的 PROFIBUS

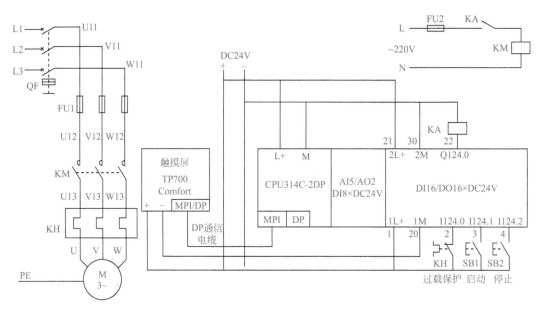

图 5-63　PLC 与触摸屏的 PROFIBUS 通信控制线路

表 5-14　[实例 68] 的 I/O 端口分配

输入端口				输出端口			
输入点	输入器件	触摸屏地址	作用	输出点	输出器件	触摸屏地址	控制对象
I124.0	KH常闭触点		过载保护	Q124.0	KA	Q124.0	电动机
I124.1	SB1常开触点	M0.0	启动				
I124.1	SB2常开触点	M0.1	停止				

DP 图标■（紫色）到 HMI 的 HMI/DP 图标■（紫色），自动建立一个"HMI_连接_1"的连接。点击 PLC 的 DP 图标■，打开"属性"→"常规"→"PROFIBUS 地址"，可以看到 PROFIBUS 地址为 2，传输率为 1.5Mbit/s。点击 HMI 的 MPI/DP 图标■，可以看到 PROFIBUS 地址为 1，传输率为 1.5Mbit/s。然后点击"网络视图"下的显示地址图标■，可以看到 DP 网络的地址，如图 5-64（a）所示。特别注意，PROFIBUS 的地址一定要不同，传输率一定要相同。

在"项目树"下，展开"HMI_1[TP700 Comfort]"，双击"连接"，打开如图 5-64（b）所示的连接画面，可以看到，PLC 与触摸屏之间已经建立了连接。

② 编写控制程序　PLC 与触摸屏的 PROFIBUS 通信控制程序如图 5-65 所示。上电后，过载保护输入 I124.0 常开触点预先接通，为启动做准备。当按下启动按钮（I124.1 常开触点接通）或点击触摸屏中的"启动"按钮（M0.0 常开触点接通）时，Q124.0 线圈通电自锁，电动机启动运行。

当按下停止按钮（I124.2 常闭触点断开）、点击触摸屏中的"停止"按钮（M0.1 常闭触点断开）或电动机过载（I124.0 常开触点断开）时，Q124.0 线圈断电，自锁解除，电动机停止。

（4）触摸屏画面的组态

触摸屏画面如图 5-66 所示，将指示灯的外观动画与 PLC 中的变量"电动机"连接，"0"时显示灰色，"1"时显示绿色。将启动按钮的按下和释放事件与 PLC 中的变量"启动"连接起来，将停止按钮的按下和释放事件与 PLC 中的变量"停止"连接起来。特别注意，触摸屏启动时，要将 DP 波特率设置为 1.5Mbit/s。

(a) 触摸屏与 PLC 的 PROFIBUS 通信组态

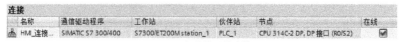

(b) PLC 与触摸屏的连接

图 5-64　PLC 与触摸屏的组态

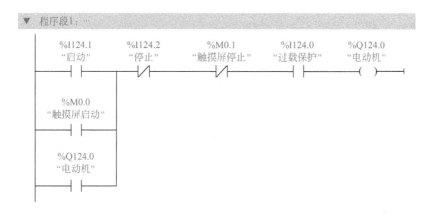

图 5-65　PLC 与触摸屏的 PROFIBUS 通信控制程序

图 5-66　触摸屏画面

（5）触摸屏和 PLC 联合仿真

选中站点"PLC_1[CPU314C-2DP]"，点击工具栏中的仿真按钮██，弹出的仿真器界面如图 5-67（a）所示，将该站点下载到仿真器中。点击"项目树"下的触摸屏站点"HMI_1[TP700 Comfort]"，再点击工具栏中的仿真按钮██，弹出的触摸屏界面如图 5-67（b）所示。在联合仿真时，要先启动 PLC 仿真，再启动触摸屏仿真，如果次序相反将不能通信。

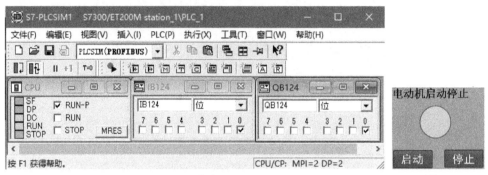

（a）PLC 仿真器   （b）触摸屏界面

图 5-67   PLC 与触摸屏 PROFIBUS 通信的仿真

在仿真器中，将仿真连接选择为"PLCSIM（PROFIBUS）"，插入输入变量"IB 124"和输出变量"QB124"，选择运行模式"RUN-P"，选中"I124.0"，模拟过载。

点击"I124.1"，该位显示√，模拟启动按钮按下，可以看到触摸屏界面中的指示灯亮，仿真器中"Q124.0"显示√，表示电动机启动。然后再点击"I124.1"，该位的√消失，模拟启动按钮松开。

点击"I124.2"，该位显示√，模拟停止按钮按下，可以看到触摸屏界面中的指示灯熄灭，同时仿真器中"Q124.0"的√消失，表示电动机停止。然后再点击"I124.2"，该位的√消失，模拟停止按钮松开。

在触摸屏界面中，点击"启动"按钮，指示灯亮，同时仿真器中"Q124.0"显示√，表示电动机启动；点击"停止"按钮，指示灯熄灭，同时仿真器中"Q124.0"的√消失，表示电动机停止。

（6）触摸屏仿真与实际 PLC 通信

在计算机控制面板中，打开"设置 PG/PC 接口"，选择应用程序访问站点为"S7ONLINE（STEP7）"，为该访问站点分配参数"CP5611.PROFIBUS.1"，即 S7ONLINE（STEP7）→ CP5611.PROFIBUS.1。单击"属性"按钮，弹出属性对话框，设置传输率为 1.5Mbit/s，配置文件为 DP。

在项目树中，点击站点"PLC_1[CPU314C-2DP]"，然后点击工具栏中的下载按钮██，选择 PG/PC 接口类型为"PROFIBUS"，PG/PC 接口类型为"CP5611"，将该站点下载到 PLC 中。点击"项目树"下的触摸屏站点"HMI_1[TP700 Comfort]"，再点击工具栏中的仿真按钮██，启动触摸屏仿真界面即可进行仿真。

[实例 69]   PLC 与触摸屏的 TCP/IP 通信

（1）控制要求

扫一扫，看视频

S7-300 PLC（CPU314C-2DP）与触摸屏（TP700 Comfort）通过 TCP/IP 实现电动机的速度控制，控制要求如下。

① 在触摸屏界面中可以设定电动机的速度并显示电动机的当前速度。

② 当在触摸屏界面中点击"启动"或按下启动按钮时，电动机通电以设定速度运转。

③ 当在触摸屏界面中点击"停止"或按下停止按钮时，电动机断电停止。

④ 当电动机运行时，触摸屏中电动机运行指示灯亮，否则熄灭。

（2）控制线路

① 控制线路接线　PLC 与触摸屏通过 TCP/IP 实现调速控制线路如图 5-68 所示。

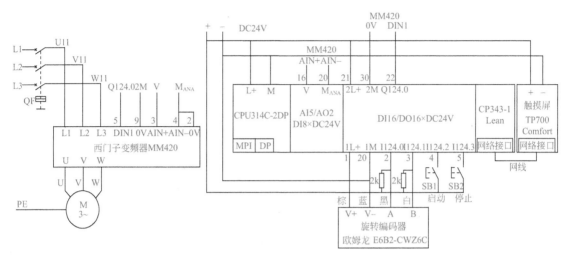

图 5-68　PLC 与触摸屏通过 TCP/IP 实现调速控制线路

② I/O 端口分配　PLC 的 I/O 端口分配见表 5-15。

表 5-15　［实例 69］的 I/O 端口分配

输入端口				输出端口		
输入点	输入器件	WinCC 地址	作用	输出点	输出器件	控制对象
I124.0	旋转编码器 A 相		A 相脉冲	Q124.0	变频器 DIN1	电动机
I124.1	旋转编码器 B 相		B 相脉冲			
I124.2	SB1 常开触点	M0.0	启动			
I124.3	SB2 常开触点	M0.1	停止			

③ 变频器参数设置　变频器参数设置见表 5-16。序号 9 和 10 用来选择运行控制的命令源（P0700）和频率源（P1000）。P0700 选择 2，表示使用外部数字端子作为命令源；P0701 选择 1，使 DIN1 作为启动 / 停止控制；P1000 选择 2，表示运行频率由外部模拟量给定。

（3）控制程序

① PLC 与触摸屏的 TCP/IP 通信组态　新建一个项目，打开"设备视图"，将 CPU314C-2DP（V2.6）拖放到视图中，将 CP343-1 Lean 拖放到 4 号槽中。打开"网络视图"，在"硬件目录"下，依次展开"HMI"→"SIMATIC 精智面板"→"7″显示屏"→"TP700 Comfort"，将"6AV2 124-0GC01-0AX0"拖放到网络视图中。在"网络视图"下，选中 连接，选择后面的"HMI 连接"。拖动 CP343-1 Lean 的 Ethernet 图标 （绿色）到 HMI 的 Ethernet 图标 （绿色），自动建立一个"HMI_连接_1"的连接。然后点击"网络视图"下的显示地址图标 ，如图 5-69 所示，可以看到 CP343-1 Lean 的 IP 地址为"192.168.0.1"，触摸屏的 IP 地址为"192.168.0.2"，子网掩码为"255.255.255.0"。为了测量转速，要将 CPU 的计数通道 0 设置为"频率测量"，输入 0 选择"单倍频旋转编码器"。为了输出电压进行调速，将模拟量输出通道 AO0 设为电压输出，输出范围为 0 ～ 10V。

表 5-16　[实例 69] 的变频器参数设置

序号	参数代号	出厂值	设置值	说　明
1	P0010	0	30	调出出厂设置参数
2	P0970	0	1	恢复出厂值（恢复时间大约为60s）
3	P0003	1	3	参数访问专家级
4	P0010	0	1	1—启动快速调试
5	P0304	400	380	电动机额定电压（V）
6	P0305	1.90	0.35	电动机额定电流（A）
7	P0307	0.75	0.06	电动机额定功率（kW）
8	P0311	1395	1430	电动机额定速度（r/min）
9	P0700	2	2	2—外部数字端子控制
10	P1000	2	2	频率设定通过外部模拟量给定
11	P1120	10.00	1.00	加速时间（s）
12	P1121	10.00	1.00	减速时间（s）
13	P3900	0	1	结束快速调试
14	P0003	1	2	参数访问级：2—扩展级
15	P0701	1	1	DIN1为启动/停止控制
16	P0756	0	0	单极性电压输入（0～+10V）

注：表中电动机参数为380V、0.35A、0.06kW、1430r/min，请按照电动机实际参数进行设置。

图 5-69　PLC 与触摸屏的 TCP/IP 通信组态

在"项目树"下，展开"HMI_1[TP700 Comfort]"，双击"连接"，可以看到，PLC 与触摸屏之间已经建立了连接。

② 数据块 DB1　添加一个数据块 DB1，输入变量"设定速度"，数据类型为 Int；输入变量"测量速度"，数据类型为 Int，然后进行编译。

③ 编写程序　PLC 与触摸屏通过 TCP/IP 实现调速控制的程序如图 5-70 所示。

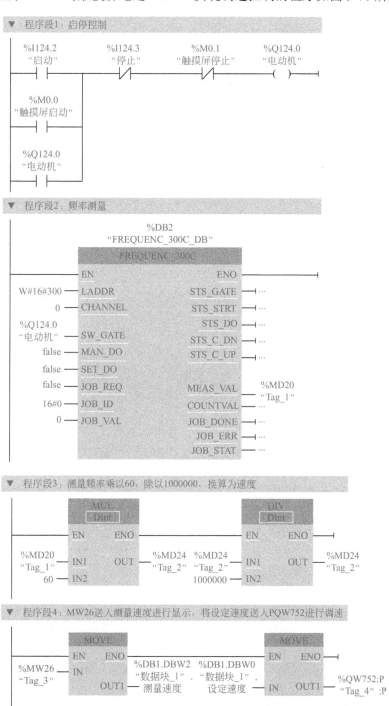

图 5-70　PLC 与触摸屏通过 TCP/IP 实现调速控制的程序

在程序段 1 中，当按下启动按钮 SB1（I124.2 常开触点闭合）或点击触摸屏界面中的"启动"（M0.0 常开触点闭合）时，Q124.0 线圈通电自锁，电动机以设定速度运行。当按下停止按钮 SB2（I124.3 常闭触点断开）或点击触摸屏界面中的"停止"（M0.1 常闭触点断开）时，Q124.0 线圈断电，自锁解除，电动机停止。

在程序段 2 中，应用频率测量指令测量频率。地址为 W#16#300（768），通道号为 0，电动机运行时（Q124.0 为"1"），接通软件门，开始测量频率。频率的测量值保存到 MD20 中，单位为 mHz。

在程序段 3 中，由于频率测量值的单位为 mHz，旋转编码器每转输出 1000 个脉冲，因此测量速度 = 频率测量值 ×60÷1000000（单位 r/min）。如果先进行除法运算，运算结果的小数部分会舍去，影响测量精度，故先乘以 60，再除以 1000000。

在程序段 4 中，取 MD24 的低位字（MW26）送入 DB1.DBW2（即测量速度）进行显示。在触摸屏中已经将设定速度（0 ~ 1430）线性转换为 PLC 中的 0 ~ 27648，所以直接将"设定速度"送入 QW752:P，输出电压进行调速。

（4）触摸屏的组态

双击画面下的"添加新画面"，添加一个"画面 _1"。组态的画面如图 5-71（a）所示，将状态指示灯的外观动画与 PLC 中的变量"电动机"连接起来，"0"时显示灰色，"1"时显示绿色。将启动按钮的按下和释放事件与 PLC 中的变量"触摸屏启动"连接起来，将停止按钮的按下和释放事件与 PLC 中的变量"触摸屏停止"连接起来。点击 PLC 的数据块"数据块 _1[DB1]"，从详细视图中将"测量速度"拖放到测量速度后面，类型选择"输出"模式，格式选择"s99999"，即带符号 5 位显示。按照同样的方法，将"设定速度"拖放到设定速度的后面，类型选择"输入"模式，格式选择"s99999"。

通过拖放自动生成的 HMI 默认变量表如图 5-71（b）所示。在 HMI 默认变量表中，选中"数据块 _1_ 设定速度"，在"属性"选项卡中点击"线形标定"，在右侧窗口中，选择"线形标定"前的框，将 PLC 的起始值和结束值分别设为 0 和 27648，将 HMI 的起始值和结束值分别设为 0 和 1430，可以将触摸屏中的"数据块 _1_ 设定速度"（0 ~ 1430r/min）线性转换为 PLC 中 DB1 的"设定速度"（0 ~ 27648）进行调速。

（5）触摸屏和 PLC 联合仿真

选中站点"PLC_1[CPU314C-2DP]"，点击工具栏中的仿真按钮，弹出仿真器界面，将该站点下载到仿真器中。点击"项目树"下的触摸屏站点"HMI_1[TP700 Comfort]"，再点击工具栏中的仿真按钮，弹出触摸屏仿真界面。

在仿真器中，将仿真连接选择为"PLCSIM（TCP/IP）"，插入输入变量"IB 124"、输出变量"QB124"和"PQW752"，选择运行模式"RUN-P"。

通断 I124.2，模拟启动按钮按下，可以看到触摸屏界面中的指示灯亮，仿真器中 Q124.0 显示√，表示电动机启动。

通断 I124.3，模拟停止按钮按下，可以看到触摸屏界面中的指示灯熄灭，同时仿真器中"Q124.0"的√消失，表示电动机停止。

在触摸屏界面中，点击"启动"按钮，指示灯亮，同时仿真器中"Q124.0"显示√，表示电动机启动；点击"停止"按钮，指示灯熄灭，同时仿真器中"Q124.0"的√消失，表示电动机停止。

在触摸屏界面中，设定速度为 1000，则仿真器的"PQW752"显示 19334，即将设定速度 0 ~ 1430 线性转换为 0 ~ 27648。测量速度不能进行仿真。

（6）触摸屏仿真与实际 PLC 通信

在计算机控制面板中，打开"设置 PG/PC 接口"，选择应用程序访问站点为"S7ONLINE

（STEP7）"，为该访问站点分配参数"Realtek PCIe GBE Family Controller.TCPIP.1"（计算机网卡），即 S7ONLINE（STEP7）→ Realtek PCIe GBE Family Controller.TCPIP.1。设置计算机的 IP 地址为 192.168.0.3，子网掩码为 255.255.255.0。

　　在项目树中，点击站点"PLC_1[CPU314C-2DP]"，然后点击工具栏中的下载按钮，将该站点下载到 PLC 中，用网线连接 CP343-1 Lean 和计算机。点击"项目树"下的触摸屏站点"HMI_1[TP700 Comfort]"，再点击工具栏中的仿真按钮，启动触摸屏仿真界面即可进行仿真。

(a) 触摸屏画面

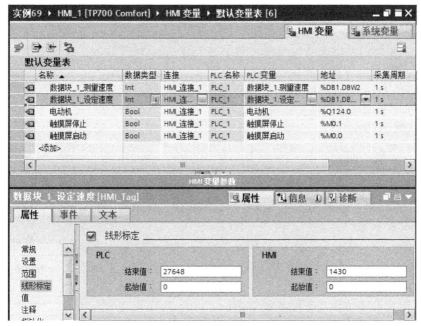

(b) 触摸屏变量

图 5-71　[实例 69]的触摸屏组态

第6章 WinCC 组态软件的应用

6.1 组态软件的基本知识

组态软件是数据采集监控系统 SCADA（supervisory control and data acquisition）的软件平台工具，是工业应用软件的一个组成部分。它具有设置项目丰富、使用方式灵活、功能强大的特点。运行于 Windows 平台的组态软件都采用类似资源浏览器的窗口结构，并对工业控制系统中的各种资源（设备、变量、画面等）进行配置和编辑；处理数据报警及系统报警；提供多种数据驱动程序；控制各类报表的生成和打印输出；使用脚本语言提供二次开发的功能；存储历史数据并支持历史数据的查询等等。

西门子视窗控制中心 SIMATIC WinCC（Windows control center）是 HMI/SCADA 软件中的后起之秀，1996 年进入组态软件市场，当年成为最佳 HMI 软件。在设计思想上，SIMATIC WinCC 秉承西门子公司博大精深的企业文化理念，性能最全面、技术最先进、系统最开放的 HMI/SCADA 软件是 WinCC 开发者的追求。WinCC 适合世界上各主要制造商生产的控制系统，并且通信驱动程序的种类还在不断增加。

（1）WinCC 的特点

① 创新软件技术的使用。西门子公司与 Microsoft 公司的密切合作保证了用户获得不断创新的技术。

② 包括所有 SCADA 功能在内的客户机 / 服务器系统。即使是最基本的 WinCC 系统也能够提供生成复杂可视化任务的组件和函数，生成画面、脚本、报警、趋势和报表的编辑器由最基本的 WinCC 系统组件建立。

③ 可灵活裁剪，由简单任务扩展到复杂任务。WinCC 是一个模块化的自动化组件，既可以灵活地进行扩展，从简单的工程到复杂的多用户应用，又可以应用到工业和机械制造工艺的多服务器分布式系统中。

④ 众多的选件和附加件扩展了基本功能。已开发的、应用范围广泛的、不同的 WinCC 选件和附加件，均基于开放式编程接口，覆盖了不同工业分支的需求。

⑤ 使用 Microsoft SQL Server 2014 作为其组态数据和归档数据的存储数据库，可以使用 ODBC、DAO、OLE-DB、WinCC OLE-DB 和 ADO 方便地访问归档数据。

⑥ 强大的标准接口（如 OLE、ActiveX 和 OPC）。WinCC 提供了 OLE、DDE、ActiveX、OPC 服务器和客户机等接口或控件，可以很方便地与其他应用程序交换数据。

⑦ 使用方便的脚本语言。WinCC 可编写 C 脚本和 VB 脚本程序。

⑧ 开放 API 编程接口可以访问 WinCC 的模块。所有的 WinCC 模块都有一个开放的 C 编程接口（C-API）。这意味着可以在用户程序中集成 WinCC 的部分功能。

⑨ 具有向导的简易（在线）组态。WinCC 提供了大量的向导来简化组态工作。在调试阶段还可进行在线修改。

⑩ 可选择语言的组态软件和在线语言切换。WinCC 软件是基于多语言设计的，这意味着可以在英语、德语、法语以及其他众多的亚洲语言之间进行选择，也可以在系统运行时选

择所需要的语言。

⑪ 提供所有主要 PLC 系统的通信通道。作为标准，WinCC 支持所有连接 SIMATIC S5/S7 控制器的通信通道，还包括 PROFIBUS DP，DDE 和 OPC 等非特定控制器的通信通道。此外，更广泛的通信通道可以由选件和附加件提供。

⑫ 与基于 PC 的控制器 SIMATIC WinAC 紧密接口，软/插槽式 PLC 和操作、监控系统在一台 PC 机上相结合无疑是一个面向未来的概念。在此前提下，WinCC 和 WinAC 实现了西门子公司基于 PC 的、强大的自动化解决方案。

（2）WinCC 产品的分类

① Power Tags（授权变量）定义　WinCC 的变量分为内部变量和过程变量。把与外部控制器没有过程连接的变量叫作内部变量。内部变量可以无限制地使用。相反，与外部控制器（如 PLC）具有过程连接的变量称为过程变量（俗称外部变量）。Power Tags 是指授权使用的过程变量，也就是说，如果购买的 WinCC 具有 1024 个 Power Tags 授权，那么 WinCC 项目在运行状态下，最多只能有 1024 个过程变量。过程变量的数目和授权使用的过程变量（Power Tags）的数目显示在 WinCC 管理器的状态栏中。

② WinCC 产品分类　WinCC 产品分为基本系统、WinCC 选件和 WinCC 附加件。

WinCC 基本系统分为完全版和运行版。完全版包括运行和组态版本的授权，运行版仅有 WinCC 运行的授权。运行版可以用于显示过程信息、控制过程、报告报警事件、记录测量值和制作报表。根据所连接的外部过程变量数量的多少，WinCC 完全版和运行版都有 5 种授权规格：128 个、256 个、1024 个、8000 个和 65536 个变量（Power Tags）。其中 Power Tags 是指存在过程连接到控制器的变量，不管此变量是 32 位的整型数，还是 1 位的开关量信号，只要给此变量命名并连接到外部控制器，都被当作 1 个变量。相应的授权规格决定所连接的过程变量的最大数目。

（3）WinCC 系统构成

WinCC 基本系统是很多应用程序的核心。它包含以下九大部件。

① 变量管理器　变量管理器管理 WinCC 中所使用的外部变量、内部变量和通信驱动程序。

② 图形编辑器　图形编辑器用于设计各种图形画面。

③ 报警记录　报警记录负责采集和归档报警消息。

④ 变量归档　变量归档负责处理测量值，并长期存储所记录的过程值。

⑤ 报表编辑器　报表编辑器提供许多标准的报表，也可设计各种格式的报表，并可按照预定的时间进行打印。

⑥ 全局脚本　全局脚本是系统设计人员用 C 脚本及 VB 脚本编写的代码，以满足项目的需要。

⑦ 文本库　文本库编辑不同语言版本下的文本消息。

⑧ 用户管理器　用户管理器用来分配、管理和监控用户对组态和运行系统的访问权限。

⑨ 交叉引用表　交叉引用表负责搜索在画面、函数、归档和消息中所使用的变量、函数、OLE 对象和 ActiveX 控件。

（4）WinCC 组态软件

在博途软件中，集成了 WinCC 的部分功能，有些功能不具备，故本章中使用 WinCC 7.3 组态软件进行组态。也可以用博途软件进行组态，组态过程与触摸屏组态类似。本章最后一个例子使用了博途软件进行组态。

6.2 WinCC 组态软件的基本应用

扫一扫，看视频

扫一扫，看视频

[实例 70] WinCC 与 PLC 通过 MPI 实现连续运行控制

（1）控制要求

西门子组态软件 WinCC 与 S7-300 PLC（CPU314C-2DP）通过 CP5611（MPI）实现电动机的连续运行控制，控制要求如下。

① 当按下启动按钮或点击 WinCC 界面中的"启动"时，电动机启动运行。

② 当按下停止按钮、点击 WinCC 界面中的"停止"或过载时，电动机停止。

③ 通过 WinCC 界面中的指示灯监视电动机的运行状态。

（2）控制线路

① 控制线路接线　WinCC 与 PLC 通过 CP5611（MPI）实现连续运行控制线路如图 6-1 所示。

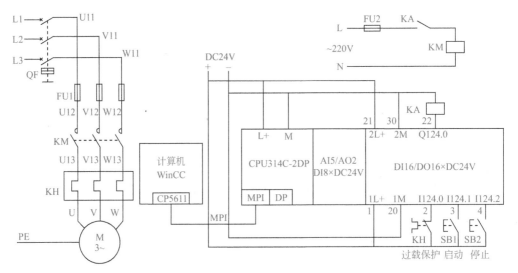

图 6-1　WinCC 与 PLC 通过 CP5611（MPI）实现连续运行控制线路

② I/O 端口分配　PLC 的 I/O 端口分配见表 6-1。

表 6-1　[实例 70] 的 I/O 端口分配

输入端口				输出端口		
输入点	输入器件	WinCC 地址	作用	输出点	输出器件	控制对象
I124.0	KH 常闭触点		过载保护	Q124.0	KA	电动机
I124.1	SB1 常开触点	M0.0	启动			
I124.2	SB2 常开触点	M0.1	停止			

（3）控制程序

① 硬件组态　新建一个项目，打开"设备视图"，将 CPU314C-2DP 拖放到视图中，在"网络视图"中，点击 MPI 图标▣，点击"添加新子网"，添加新子网"MPI_1"，默认的 MPI 地址为 2，传输率为 187.5kbit/s。

② 编写程序　WinCC 与 PLC 通过 CP5611（MPI）实现连续运行控制程序如图 6-2 所示。当 PLC 上电时，过载保护 I124.0 有输入，其常开触点闭合，为启动做准备。

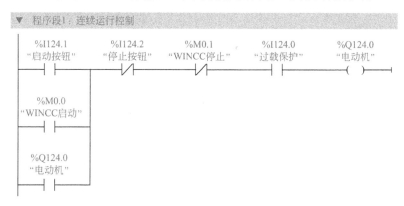

图 6-2　连续运行控制程序

当按下启动按钮 SB1（I124.1 常开触点闭合）或点击 WinCC 中的"启动"（M0.0 常开触点闭合）时，Q124.0 线圈通电自锁，电动机启动运行。

当按下停止按钮 SB2（I124.2 常闭触点断开）、点击 WinCC 界面中的"停止"（M0.1 常闭触点断开）或出现过载（I124.0 常开触点断开）时，Q124.0 线圈断电，自锁解除，电动机停止。

（4）WinCC 的组态

① WinCC 软件的安装　WinCC 组态软件与博途 TIA 不兼容，二者不能安装到同一台计算机中。在本书中，使用的是 WinCC 7.3，安装到 Win7 32 位计算机上。在安装之前，需要先安装消息队列复位 MSMQ，打开"控制面板"→"程序和功能"→"打开或关闭 Windows 功能"，选择 Microsoft Message Queue（MSMQ）服务器，点击确定。计算机重启后，点击 WinCC 的"Setup.exe"，就可以安装 WinCC 软件了。

② 建立一个新项目　双击桌面上的"SIMATIC WinCC Explorer"图标，启动 WinCC 项目管理器，点击左上角的新建项目图标，选择"单用户项目"，点击确定。在"新项目"对话框中输入项目名，并选择合适的保存路径。打开的 WinCC 项目管理器如图 6-3 所示，窗口左边为浏览器窗口，窗口右边显示左边组件对应的元件。

③ 组态变量　在项目管理器中双击"变量管理"，打开如图 6-4 所示的画面。在"变量管理"上单击鼠标右键，选择"添加新的驱动程序"→"SIMATIC S7 Protocol Suite"。在"MPI"上单击右键，选择"系统参数"，在弹出的窗口中选择"单位"，将逻辑设备名称命名为"MPI"，点击确定。

打开计算机的"控制面板"，双击"设置

图 6-3　WinCC 项目管理器

PG/PC 接口",在"应用程序访问点"下选择"MPI（WinCC）→ CP5611（MPI）",如图 6-5（a）所示。如果没有 MPI,单击"应用程序访问点"下的"添加 / 删除",在弹出的窗口中输入"MPI",点击确定,然后再选择 CP5611（MPI）即可。在"为使用的接口分配参数"下点击"CP5611（MPI）",再点击右边的"属性",弹出的属性窗口如图 6-5（b）所示,设置本地地址为 0,传输率为 187.5kbit/s。

图 6-4　变量管理

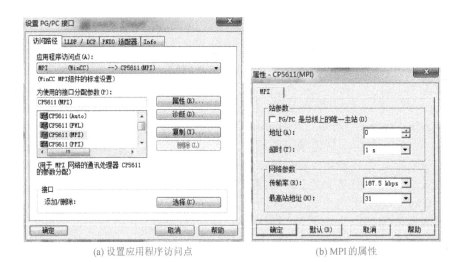

(a) 设置应用程序访问点　　　(b) MPI 的属性

图 6-5　建立连接

在 WinCC 的"变量管理"下的"MPI"上单击右键,选择"新建连接",建立一个"NewConnection_1"的连接。在"NewConnection_1"上单击右键,选择"连接参数",将站地址设为 2（即 PLC 的 MPI 地址）、插槽号设为 2（即 PLC 的 CPU 插槽号）,如图 6-6 所示。

④ 创建过程画面

a. 指示灯的组态。在"项目管理器"中,双击"图形编辑器",打开的界面如图 6-7 所示。点击右边标准对象下的圆,在界面中画出合适的大小和位置。点击属性栏中的"效果",将

图 6-6　MPI 连接参数

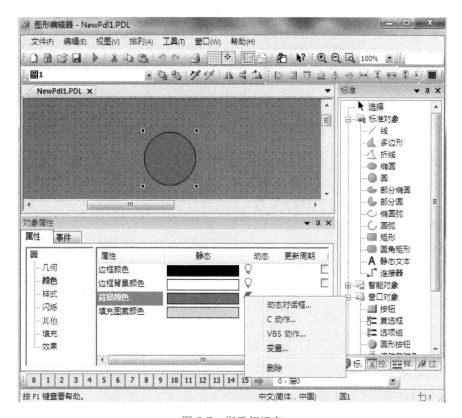

图 6-7　指示灯组态

"全局颜色方案"设为"否"。点击"颜色",在"背景颜色"的动态💡上单击右键,选择"动态对话框"。在弹出的窗口中,选择表达式为变量"电动机",数据类型为"布尔型",表达式结果的背景颜色"1"为绿色,"0"为灰色。

　　b. 按钮的组态。选择窗口对象下的按钮,在画面中画出合适大小,弹出的窗口中输入"启动"。点击"事件"→"鼠标",在"按左键"的事件图标⚡上单击右键,选择"直接连接",弹出的窗口如图 6-8 所示。在"来源"下选择"常数",输入 1;在"目标"下选择变量"启动"。按照同样的方法,将"释放左键"事件的"来源"设为常数 0,"目标"选择变量"启动"。"停止"按钮的组态与此类似。

图 6-8　过程画面组态

点击保存🖫，默认保存为 NewPdl1.PDL 的文件。点击运行图标▶，可以运行当前画面进行调试。

⑤ 设置启动画面　点击项目管理器中的"计算机"，双击右边窗口中的计算机名字，弹出"计算机属性"对话框，选择"启动"选项卡，选中"图形运行系统"，选择"图形运行系统"选项卡，点击右边的▦按钮，选择"NewPdl1.PDL"作为系统运行时的起始画面。选择窗口属性为"标题""最大化"，单击"确定"按钮，关闭对话框。在项目管理器中，点击工具栏上的▶按钮，WinCC 将按照"计算机属性"对话框中所选择的设置启动运行系统；点击工具栏上的▦按钮可以停止 WinCC 的运行。

⑥ 设置自动运行　当一个项目投入正常运行时，可以设置在启动 Windows 后使用自动运行程序自动启动 WinCC。点击计算机的开始按钮▦，选择"Siemens Automation"→"SIMATIC"→"WinCC"→"AutoStart"，打开如图 6-9 所示的"AutoStart 组态"的对话框。单击"项目"框后面的▦按钮，选择所需要打开的 WinCC 项目。选中"启动时激活项目"，WinCC 项目启动时激活该项目。选中"激活时允许'取消'"，则会显示▦；选中"自动启动激活"，计算机启动时自动激活。

图 6-9　设置自动启动 WinCC

⑦ 下载与运行　在项目树中，点击站点"PLC_1[CPU314C-2DP]"，然后点击工具栏中的下载按钮▦，将该站点下载到 PLC 中。关闭 PLC 和计算机，用 MPI 电缆将 PLC 的 MPI 接口与计算机的 CP5611 接口连接起来，启动 PLC 和计算机，即可操作运行。

[实例 71] WinCC 与 PLC 通过 PROFIBUS 实现正反转控制

（1）控制要求

西门子组态软件 WinCC 与 S7-300 PLC（CPU314C-2DP）通过 CP5611（PROFIBUS）实现电动机的正反转控制，控制要求如下。

扫一扫，看视频

扫一扫，看视频

① 当按下正转按钮或点击 WinCC 界面中的"正转"时，电动机正转启动运行。

② 当按下反转按钮或点击 WinCC 界面中的"反转"时，电动机反转启动运行。

③ 当按下停止按钮、点击 WinCC 界面中的"停止"或过载时，电动机停止。

④ 正转时，WinCC 界面中的正转指示灯亮；反转时，WinCC 界面中的反转指示灯亮；停止时，正反转指示灯都熄灭。

（2）控制线路

① 控制线路接线　WinCC 与 PLC 通过 CP5611（PROFIBUS）实现正反转控制线路如图 6-10 所示，DP 终端连接器的电阻开关拨到"ON"。

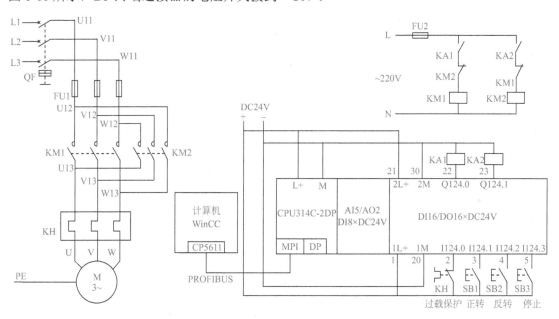

图 6-10　WinCC 与 PLC 通过 CP5611（PROFIBUS）实现正反转控制线路

② I/O 端口分配　PLC 的 I/O 端口分配见表 6-2。

表 6-2　[实例 71] 的 I/O 端口分配

输入端口				输出端口		
输入点	输入器件	WinCC 地址	作用	输出点	输出器件	控制对象
I124.0	KH常闭触点		过载保护	Q124.0	KA1	电动机正转
I124.1	SB1常开触点	M0.0	正转	Q124.1	KA2	电动机反转
I124.2	SB2常开触点	M0.1	反转			
I124.3	SB3常开触点	M0.2	停止			

（3）控制程序

① 硬件组态　新建一个项目，打开"设备视图"，将 CPU314C-2DP 拖放到视图中，在"网

络视图"中,点击PROFIBUS的DP图标██,点击"添加新子网",添加新子网"PROFIBUS_1",默认的PROFIBUS地址为2,传输率为1.5Mbit/s。

② 编写程序 WinCC与PLC通过PROFIBUS实现正反转控制程序如图6-11所示。当PLC上电时,程序段3中过载保护输入I124.0常闭触点断开,为启动做准备。

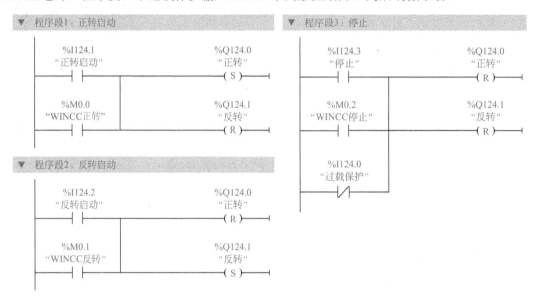

图 6-11 正反转控制程序

在程序段1中,当按下正转按钮SB1(I124.1常开触点闭合)或点击WinCC界面中的"正转"(M0.0常开触点闭合)时,Q124.0置位,Q124.1复位,电动机正转启动运行。

在程序段2中,当按下反转按钮SB2(I124.2常开触点闭合)或点击WinCC界面中的"反转"(M0.1常开触点闭合)时,Q124.0复位,Q124.1置位,电动机反转启动运行。

在程序段3中,当按下停止按钮SB3(I124.3常开触点闭合)、点击WinCC界面中的"停止"(M0.2常开触点闭合)或出现过载(I124.0常闭触点闭合)时,Q124.0和Q124.1复位,电动机停止。

(4)WinCC的组态

① 建立一个新项目 双击桌面上的"SIMATIC WinCC Explorer"图标,启动WinCC项目管理器,点击左上角的新建项目图标██,选择"单用户项目",点击确定。在"新项目"对话框中输入项目名,并选择合适的保存路径。

② 组态变量 在项目管理器中双击"变量管理",打开变量管理器。在"变量管理"上单击鼠标右键,选择"添加新的驱动程序"→"SIMATIC S7 Protocol Suite"。在"PROFIBUS"上单击右键,选择"系统参数",在弹出的窗口中选择"单位",将逻辑设备名称命名为"profibus",点击确定。

打开计算机的"控制面板",双击"设置PG/PC接口",在"应用程序访问点"下单击"添加/删除",在弹出的窗口中输入"profibus",点击确定,然后再选择CP5611(PROFIBUS),则有"profibus→CP5611(PROFIBUS)"。在"为使用的接口分配参数"下点击"CP5611(PROFIBUS)",再点击右边的"属性",在弹出的属性窗口中,设置本地地址为0,传输率为1.5Mbit/s,配置文件为DP。

在WinCC的"变量管理"下的"PROFIBUS"上单击右键,选择"新建连接",建立一个"NewConnection_1"的连接。在"NewConnection_1"上单击右键,选择"连接参数",

将站地址设为2（即 PLC 的 PROFIBUS 地址），插槽号设为2（即 PLC 的 CPU 插槽号）。

在"NewConnection_1"的右边窗口的名称下输入"正转启动"，数据类型为"二进制变量"，地址为"M0.0"；输入"反转启动"，数据类型为"二进制变量"，地址为"M0.1"；输入"停止"，数据类型为"二进制变量"，地址为"M0.2"；输入"电动机正转"，数据类型为"二进制变量"，地址为"Q124.0"；输入"电动机反转"，数据类型为"二进制变量"，地址为"Q124.1"。

③ 创建过程画面　在"项目管理器"中，双击"图形编辑器"，组态的界面如图 6-12所示。点击右边标准对象下的"圆"，在界面中画出合适的大小和位置。点击属性栏中的"效果"，将"全局颜色方案"设为"否"。点击"颜色"，在"背景颜色"的动态♀上单击右键，选择"动态对话框"。在弹出的窗口中，选择表达式为变量"电动机正转"，数据类型为"布尔型"，表达式结果的背景颜色"1"为绿色，"0"为灰色，就组态了一个正转指示灯。反转指示灯的组态与此类似。

图 6-12　图形编辑器

选择窗口对象下的按钮，在画面中画出合适大小，弹出的窗口中输入"正转"。点击"事件"→"鼠标"，在"按左键"的事件图标⚡上单击右键，选择"直接连接"。在"来源"下选择"常数"，输入1，在"目标"下选择变量"正转"。按照同样的方法，将"释放左键"事件的"来源"设为常数0，"目标"选择变量"正转"。"反转"按钮和"停止"按钮的组态与此类似。

点击保存🖫，默认保存为 NewPdl1.PDL 的文件。点击运行图标▶，可以运行当前画面进行调试。

④ 设置启动画面　点击项目管理器中的"计算机"，双击右边窗口中的计算机名字，弹出"计算机属性"对话框，选择"启动"选项卡，选中"图形运行系统"，选择"图形运行系统"选项卡，点击右边的▭按钮，选择"NewPdl1.PDL"作为系统运行时的起始画面。选择窗口属性为"标题""最大化"，单击"确定"按钮，关闭对话框。在项目管理器中，点

击工具栏上的▶按钮，WinCC 将按照"计算机属性"对话框中所选择的设置启动运行系统；点击工具栏上的■按钮可以停止 WinCC 的运行。

⑤ 下载与运行　在项目树中，点击站点"PLC_1[CPU314C-2DP]"，然后点击工具栏中的下载按钮，将该站点下载到 PLC 中。按照［实例 70］所述设置该项目为自动启动运行。关闭 PLC 和计算机，用 PROFIBUS 电缆将 PLC 的 DP 接口与计算机的 CP5611 接口连接起来，启动 PLC 和计算机，即可操作运行。

［实例 72］ WinCC 与 PLC 通过 TCP/IP 实现调速控制

（1）控制要求

西门子组态软件 WinCC 与 S7-300 PLC（CPU314C-2DP）通过 TCP/IP 实现电动机的调速控制，控制要求如下。

扫一扫，看视频　　扫一扫，看视频

① 在 WinCC 界面的"设定速度"中设置电动机的转速，同时在 WinCC 界面中的"测量速度"内显示电动机的当前转速。

② 当在 WinCC 界面中点击"启动"或按下启动按钮时，电动机通电以设定速度运转。

③ 当在 WinCC 界面中点击"停止"或按下停止按钮时，电动机断电停止。

④ 当电动机运行时，WinCC 界面中的指示灯亮，否则熄灭。

（2）控制线路

① 控制线路接线　WinCC 与 PLC 通过 TCP/IP 实现调速控制线路如图 6-13 所示。

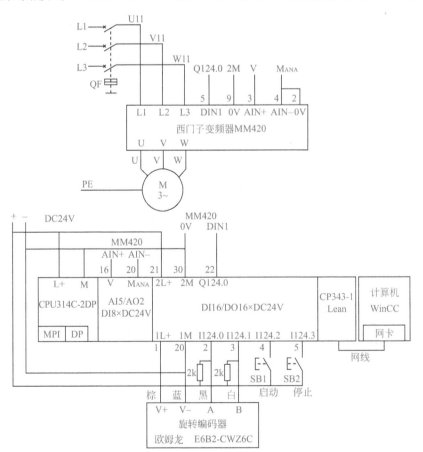

图 6-13　WinCC 与 PLC 通过 TCP/IP 实现调速控制线路

② I/O 端口分配　PLC 的 I/O 端口分配见表 6-3。

表 6-3　［实例 72］的 I/O 端口分配

输入端口				输出端口		
输入点	输入器件	WinCC 地址	作用	输出点	输出器件	控制对象
I124.0	旋转编码器 A 相		A 相脉冲	Q124.0	变频器 DIN1	电动机
I124.1	旋转编码器 B 相		B 相脉冲			
I124.2	SB1 常开触点	M0.0	启动			
I124.3	SB2 常开触点	M0.1	停止			

③ 变频器参数设置　变频器参数设置见表 6-4。序号 9 和 10 用来选择运行控制的命令源（P0700）和频率源（P1000）。P0700 选择 2，表示使用外部数字端子作为命令源；P0701 选择 1，使 DIN1 作为启动 / 停止控制。P1000 选择 2，表示运行频率由外部模拟量给定。

表 6-4　［实例 72］的变频器参数设置

序号	参数代号	出厂值	设置值	说　明
1	P0010	0	30	调出出厂设置参数
2	P0970	0	1	恢复出厂值（恢复时间大约为60s）
3	P0003	1	3	参数访问专家级
4	P0010	0	1	1 启动快速调试
5	P0304	400	380	电动机额定电压（V）
6	P0305	1.90	0.35	电动机额定电流（A）
7	P0307	0.75	0.06	电动机额定功率（kW）
8	P0311	1395	1430	电动机额定速度（r/min）
9	P0700	2	2	2—外部数字端子控制
10	P1000	2	2	频率设定通过外部模拟量给定
11	P1120	10.00	1.00	加速时间（s）
12	P1121	10.00	1.00	减速时间（s）
13	P3900	0	1	结束快速调试
14	P0003	1	2	参数访问级：2—扩展级
15	P0701	1	1	DIN1 为启动/停止控制
16	P0756	0	0	单极性电压输入（0 ～ +10V）

注：表中电动机参数为 380V、0.35A、0.06kW、1430r/min，请按照电动机实际参数进行设置。

（3）控制程序

① 硬件组态　新建一个项目，打开"设备视图"，将 CPU314C-2DP（V2.6）拖放到视图中，将 CP343-1 Lean 拖放到 4 号槽中，在"网络视图"中，点击 CP343-1 Lean 的 Ethernet 图标，点击"添加新子网"，添加新子网"PN/IE_1"，默认的以太网 IP 地址为 192.168.0.1，子网掩码为 255.255.255.0。为了测量转速，要将 CPU 的计数通道 0 设置为"频率测量"，输入 0 选择"单倍频旋转编码器"。为了输出电压进行调速，将模拟量输出通道 AO0 设为电压输出，输出范围是 0 ～ 10V。

② 数据块 DB1　添加一个数据块 DB1，输入变量"设定速度"，数据类型为 Int；输入变量"测量速度"，数据类型为 Int，然后进行编译。

③ 编写程序 WinCC 与 PLC 通过 TCP/IP 实现调速控制的程序如图 6-14 所示。

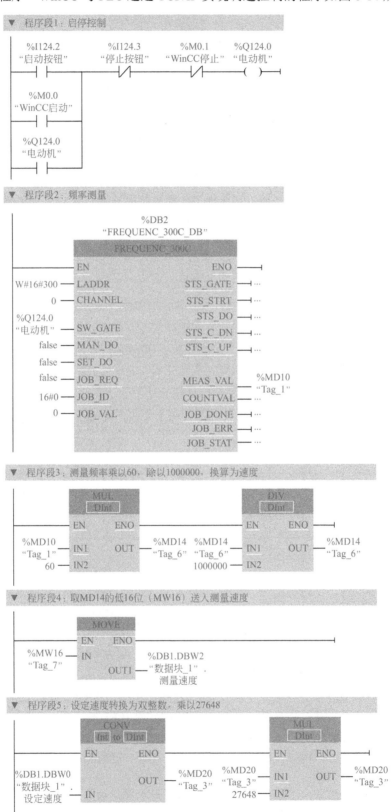

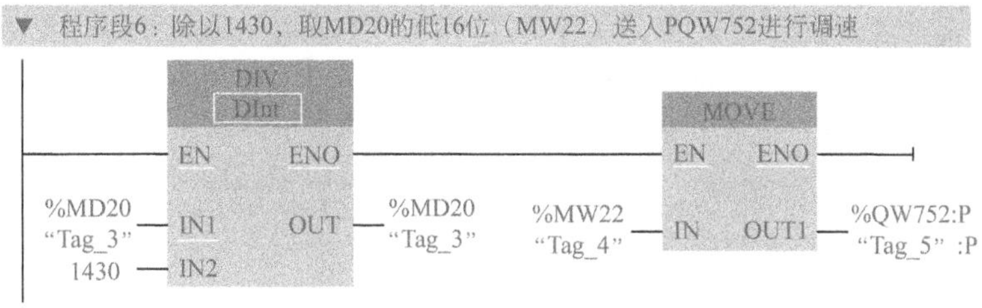

图 6-14　调速控制程序

在程序段 1 中，当按下启动按钮 SB1（I124.2 常开触点闭合）或点击 WinCC 界面中的"启动"（M0.0 常开触点闭合）时，Q124.0 线圈通电自锁，电动机以设定速度运行。当按下停止按钮 SB2（I124.3 常闭触点断开）或点击 WinCC 界面中的"停止"（M0.1 常闭触点断开）时，Q124.0 线圈断电，自锁解除，电动机停止。

在程序段 2 中，应用频率测量指令测量频率。地址为 W#16#300（768），通道号为 0，电动机运行时（Q124.0 为"1"），接通软件门，开始测量频率。频率的测量值保存到 MD10 中，单位为 mHz。

在程序段 3 中，由于频率测量值的单位为 mHz，旋转编码器每转输出 1000 个脉冲，所以测量速度＝频率测量值 ×60÷1000000（单位 r/min）。如果先进行除法运算，运算结果的小数部分会舍去，影响测量精度，故先乘以 60，再除以 1000000。

在程序段 4 中，取 MD14 的低位字（MW16）送入 DB1.DBW2（即测量速度）进行显示。

在程序段 5 中，0 ～ 10V 模拟量输出对应的数字量为 0 ～ 27648，所以要将设定速度（范围 0 ～ 1430）转换为 0 ～ 27648 所对应的值，即输出值＝设定速度 ×27648÷1430。为了提高运算精度，先乘以 27648，再除以 1430。

在程序段 6 中，取 MD20 的低位字（MW22）送入 QW752:P，输出电压进行调速。

（4）WinCC 的组态

① 建立一个新项目　双击桌面上的"SIMATIC WinCC Explorer"图标，启动 WinCC 项目管理器，点击左上角的新建项目图标■，选择"单用户项目"，点击确定。在"新项目"对话框中输入项目名，并选择合适的保存路径。

② 组态变量　在项目管理器中双击"变量管理"，在"变量管理"上单击鼠标右键，选择"添加新的驱动程序"→"SIMATIC S7 Protocol Suite"。在"TCP/IP"上单击右键，选择"系统参数"，在弹出的窗口中选择"单位"，将逻辑设备名称命名为"CP-TCPIP"，点击确定。

打开计算机的"控制面板"，双击"设置 PG/PC 接口"，在"应用程序访问点"下选择"CP-TCPIP → TCP/IP（Auto）→ Realtek PCIe GBE Family Controller"（计算机网卡）。如果没有 CP-TCPIP，单击"添加 / 删除"，在弹出的窗口中输入"CP-TCPIP"，点击确定，然后再选择"TCP/IP（Auto）→ Realtek PCIe GBE Family Controller"。

将计算机的 IP 地址设为 192.168.0.2，子网掩码设为 255.255.255.0。

在 WinCC 的"变量管理"下的"TCP/IP"上单击右键，选择"新建连接"，建立一个"NewConnection_1"的连接。在"NewConnection_1"上单击右键，选择"连接参数"，将 IP 地址设为 192.168.0.1（即 PLC 的以太网 IP 地址）、插槽号设为 2（即 PLC 的 CPU 插槽号）。

在"NewConnection_1"的右边窗口输入的变量如图 6-15 所示。

③ 创建过程画面　在"项目管理器"中，双击"图形编辑器"，建立第一个画面，保存为"监控画面"；点击"图形编辑器"，在右边的空白区域单击右键，选择"新建画面"，建立第二个画面，命名为"设定画面"。打开"监控画面"，如图 6-16（a）所示，指示灯和"启动""停止"按钮的组态前面已经做过，这里与其类似，不再赘述。

图 6-15　组态变量

组态 I/O 域时，在"监控画面"中点击"智能对象"下的 输入/输出域，画出合适的大小和位置，并弹出 I/O 域组态对话框，如图 6-17（a）所示。选择变量为"测量速度"，更新为"500 毫秒"，域类型为"输出"，点击确定。点击属性下的"输出/输入"选项，将"输出格式"修改为"9999"，则会显示 4 位十进制。

"设定画面"如图 6-16（b）所示。点击"智能对象"下的 输入/输出域，画出合适的大小和位置，并弹出 I/O 域组态对话框。选择变量为"设定速度"，更新为"500 毫秒"，域类型为"输入"，点击确定。点击属性下的"输出/输入"选项，将"输出格式"修改为"9999"，则会显示 4 位十进制。

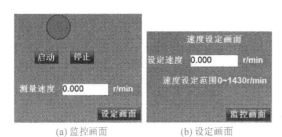

(a) 监控画面　　(b) 设定画面

图 6-16　创建过程画面

在"监控画面"中，点击"窗口对象"下的按钮，在右下角画出一个按钮，弹出如图 6-17（b）所示的按钮组态对话框，在"文本"后输入"设定画面"，在"单击鼠标改变画面"下选择"设定画面.Pdl"，然后点击确定，就

(a) I/O 域的组态　　(b) 画面切换按钮的组态

图 6-17　I/O 域与画面切换按钮的组态

切换到"设定画面"。

在"设定画面"中，点击"窗口对象"下的按钮，在右下角画出一个按钮，弹出按钮组态对话框，在"文本"后输入"监控画面"，在"单击鼠标改变画面"下选择"监控画面.Pdl"，然后点击确定，就切换到"监控画面"。

④ 设置启动画面　点击项目管理器中的"计算机"，双击右边窗口中的计算机名字，弹出"计算机属性"对话框，选择"启动"选项卡，选中"图形运行系统"；选择"图形运行系统"选项卡，点击右边的▥按钮，选择"监控画面.PDL"作为系统运行时的起始画面。选择窗口属性为"标题""最大化"，单击"确定"按钮，关闭对话框。在项目管理器中，点击工具栏上的▶按钮，WinCC将按照"计算机属性"对话框中所选择的设置启动运行系统；点击工具栏上的■按钮可以停止WinCC的运行。

⑤ 下载与运行　在项目树中，点击站点"PLC_1[CPU314C-2DP]"，然后点击工具栏中的下载按钮▥，将该站点下载到PLC中。按照［实例70］所述设置该项目为自动启动运行。关闭PLC和计算机，用网线将PLC的CP343-1 Lean的网络接口与计算机的网络接口连接起来，启动PLC和计算机，即可操作运行。

［实例73］ WinCC与PLC通过以太网实现连续运行控制

（1）控制要求

西门子组态软件WinCC与S7-300 PCL（CPU314C-2DP）通过以太网实现电动机的连续运行控制，控制要求如下。

① 当按下启动按钮或点击WinCC界面中的"启动"时，电动机启动运行。

扫一扫，看视频　　扫一扫，看视频

② 当按下停止按钮、点击WinCC界面中的"停止"或过载时，电动机停止。

③ 通过WinCC界面中的指示灯监视电动机的运行状态。

（2）控制线路

① 控制线路接线　WinCC与PLC通过以太网实现连续运行控制线路如图6-18所示。PLC安装有CP343-1模块，支持ISO协议，而CP343-1 Lean不支持ISO。计算机安装有CP1612以太网通信板。

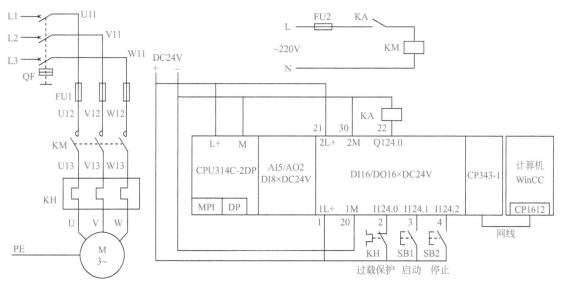

图6-18　WinCC与PLC通过以太网实现连续运行控制线路

② I/O 端口分配　PLC 的 I/O 端口分配见表 6-5。

表 6-5　[实例 73]的 I/O 端口分配

输入端口				输出端口		
输入点	输入器件	WinCC 地址	作用	输出点	输出器件	控制对象
I124.0	KH 常闭触点		过载保护	Q124.0	KA	电动机
I124.1	SB1 常开触点	M0.0	启动			
I124.2	SB2 常开触点	M0.1	停止			

（3）控制程序

① 硬件组态　新建一个项目，打开"设备视图"，将 CPU314C-2DP 拖放到视图中，将 CP343-1 拖放到 4 号槽中，在"网络视图"中，点击 CP343-1 的 Ethernet 图标▨，点击"添加新子网"，添加新子网"PN/IE_1"。选中"使用 ISO 协议"，MAC 地址为"08-00-06-01-00-00"。点击显示地址图标▨，可以看到组态的地址如图 6-19 所示。

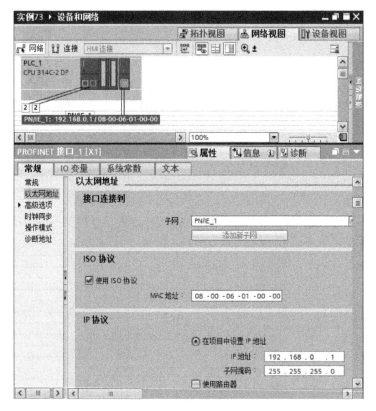

图 6-19　硬件组态

② 编写程序　WinCC 与 PLC 通过以太网实现连续运行控制程序如图 6-20 所示。当 PLC 上电时，过载保护 I124.0 有输入，其常开触点闭合，为启动做准备。

当按下启动按钮 SB1（I124.1 常开触点闭合）或点击 WinCC 中的"启动"（M0.0 常开触点闭合）时，Q124.0 线圈通电自锁，电动机启动运行。

当按下停止按钮 SB2（I124.2 常闭触点断开）、点击 WinCC 界面中的"停止"（M0.1 常闭触点断开）或出现过载（I124.0 常开触点断开）时，Q124.0 线圈断电，自锁解除，电动机停止。

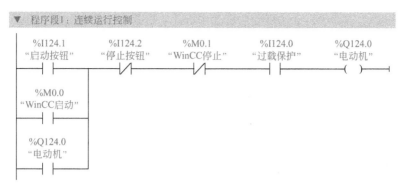

图 6-20　连续运行控制程序

（4）WinCC 的组态

① 建立一个新项目　双击桌面上的"SIMATIC WinCC Explorer"图标，启动 WinCC 项目管理器，点击左上角的新建项目图标■，选择"单用户项目"，点击确定。在"新项目"对话框中输入项目名，并选择合适的保存路径。

② 组态变量　在项目管理器中双击"变量管理"，在"变量管理"上单击鼠标右键，选择"添加新的驱动程序"→"SIMATIC S7 Protocol Suite"。在"Industrial Ethernet"上单击右键，选择"系统参数"，在弹出的窗口中选择"单位"，将逻辑设备名称命名为"Ethernet"，点击确定。

打开计算机的"控制面板"，双击"设置 PG/PC 接口"，在"应用程序访问点"下单击"添加 / 删除"，在弹出的窗口中输入"Ethernet"，点击确定，然后再选择"CP1612（ISO）"，则"应用程序访问点"下显示"Ethernet → CP1612（ISO）"，点击确定。

在 WinCC 的"变量管理"下的"Industrial Ethernet"上单击右键，选择"新建连接"，建立一个"NewConnection_1"的连接。在"NewConnection_1"上单击右键，选择"连接参数"，将以太网地址设为"08 00 06 01 00 00"（即 CP343-1 的 MAC 地址）、插槽号设为 2（即 PLC 的 CPU 插槽号）。

在"NewConnection_1"的右边窗口的名称下输入"启动"，数据类型为"二进制变量"，地址为"M0.0"；输入"停止"，数据类型为"二进制变量"，地址为"M0.1"；输入"电动机"，数据类型为"二进制变量"，地址为"Q124.0"。

③ 创建过程画面　在"项目管理器"中，双击"图形编辑器"，组态的界面如图 6-21 所示。指示灯和按钮的组态前面已经做过，这里与其类似，不再赘述。

点击保存■，默认保存为 NewPdl1.PDL 的文件。点击运行图标▶，可以运行当前画面进行调试。

④ 设置启动画面　点击项目管理器中的"计算机"，双击右边窗口中的计算机名字，弹出"计算机属性"对话框，选择"启动"选项卡，选中"图形运行系统"，选择"图形运行系统"选项卡，点击右边的■按钮，选择"NewPdl1.PDL"作为系统运行时的起始画面。选择窗口属性为"标题""最大化"，单击"确定"按钮，关闭对话框。在项目管理器中，点击工具栏上的▶按钮，WinCC 将按照"计算机属性"对话框中所选择的设置启动运行系统；点击工具栏上的■按钮可以停止 WinCC 的运行。

⑤ 下载与运行　在项目树中，点击站点"PLC_1[CPU314C-2DP]"，然后点击工具栏中的下载按钮■，将该站点下载到 PLC 中。按照实例 70 所述设置该项目为自动启动运行。关闭 PLC 和计算机，用网线将 PLC 的 CP343-1 的网络接口与计算机的 CP1612 网络接口连接起来，启动 PLC 和计算机，即可操作运行。

图 6-21　图形编辑器

6.3　WinCC 组态软件的高级应用

[实例 74]　应用 WinCC 组态软件实现离散量报警

（1）控制要求

西门子组态软件 WinCC 与 S7-300 PLC（CPU314C-2DP）通过 CP5611（PROFIBUS）实现离散量报警，控制要求如下。

扫一扫，看视频　　扫一扫，看视频

① 在 WinCC 的"设定画面"画面中，通过"设定速度"设置电动机的转速。

② 当点击 WinCC 的"监控画面"中"启动"或按下启动按钮时，电动机通电以"设定速度"运转。

③ WinCC 中可以显示电动机的"测量速度"，当出现主电路跳闸、变频器故障、车门打开、紧急停车等故障时，应显示相对应的故障，并立即停车。

④ 当点击 WinCC "监控画面"中的"停止"或按下停止按钮、紧急停车按钮时，电动机断电停止。

（2）控制线路

① 控制线路接线　应用 WinCC 组态软件实现离散量报警的控制线路如图 6-22 所示，DP 终端连接器的电阻开关拨到"ON"。

② I/O 端口分配　PLC 的 I/O 端口分配见表 6-6。

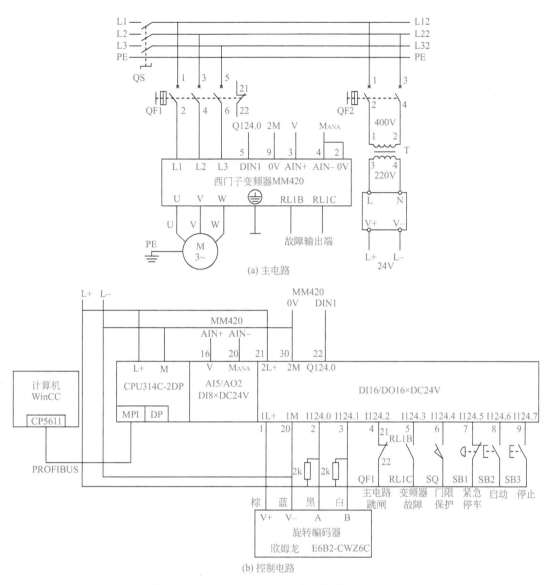

(a) 主电路

(b) 控制电路

图 6-22　应用 WinCC 实现离散量报警的控制线路

表 6-6　[实例 74] 的 I/O 端口分配

输入端口				输出端口		
输入点	输入器件	WinCC 地址	作用	输出点	输出器件	控制对象
I124.0	旋转编码器 A 相		A 相脉冲	Q124.0	变频器 DIN1	电动机
I124.1	旋转编码器 B 相		B 相脉冲			
I124.2	QF1 常闭触点	M11.0	主电路跳闸			
I124.3	变频器故障输出	M11.1	变频器故障			
I124.4	SQ 常开触点	M11.2	门限保护			
I124.5	SB1 常闭触点	M11.3	紧急停车			
I124.6	SB2 常开触点	M0.0	启动			
I124.7	SB3 常开触点	M0.1	停止			

③ 变频器参数设置　变频器参数设置见表 6-7。序号 9 和 10 用来选择运行控制的命令源（P0700）和频率源（P1000）。P0700 选择 2，表示使用外部数字端子作为命令源；P0701 选择 1，使 DIN1 作为启动 / 停止控制；P1000 选择 2，表示运行频率由外部模拟量给定。

表 6-7　［实例 74］的变频器参数设置

序号	参数代号	出厂值	设置值	说　明
1	P0010	0	30	调出出厂设置参数
2	P0970	0	1	恢复出厂值（恢复时间大约为60s）
3	P0003	1	3	参数访问专家级
4	P0010	0	1	1—启动快速调试
5	P0304	400	380	电动机额定电压（V）
6	P0305	1.90	0.35	电动机额定电流（A）
7	P0307	0.75	0.06	电动机额定功率（kW）
8	P0311	1395	1430	电动机额定速度（r/min）
9	P0700	2	2	2—外部数字端子控制
10	P1000	2	2	频率设定通过外部模拟量给定
11	P1120	10.00	1.00	加速时间（s）
12	P1121	10.00	1.00	减速时间（s）
13	P3900	0	1	结束快速调试
14	P0003	1	2	参数访问级：2—扩展级
15	P0701	1	1	DIN1 为启动/停止控制
16	P0756	0	0	单极性电压输入（0～10V）

注：表中电动机参数为 380V、0.35A、0.06kW、1430r/min，请按照电动机实际参数进行设置。

（3）控制程序

① 硬件组态　新建一个项目，打开"设备视图"，将 CPU314C-2DP 拖放到视图中，在"网络视图"中，点击 PROFIBUS 的 DP 图标■，点击"添加新子网"，添加新子网"PROFIBUS_1"，默认的 PROFIBUS 地址为 2，传输率为 1.5Mbit/s。为了测量转速，要将 CPU 的计数通道 0 设置为"频率测量"，输入 0 选择"单倍频旋转编码器"。为了输出电压进行调速，将模拟量输出通道 AO0 设为电压输出，输出范围是 0～10V。

② 数据块 DB1　添加一个数据块 DB1，输入变量"设定速度"，数据类型为 Int；输入变量"测量速度"，数据类型为 Int，然后进行编译。

③ 编写程序　应用 WinCC 组态软件实现离散量报警的控制程序如图 6-23 所示。

在程序段 1 中，开机时，"事故信息"MW10 为 0。当按下启动按钮（I124.6 常开触点接通）或点击 WinCC 界面中的"启动"按钮（M0.0 常开触点接通）时，Q124.0 线圈通电自锁，电动机启动运行。

当出现故障时，MW10 不为 0，Q124.0 线圈断电，自锁解除，电动机停止。

当按下停止按钮（I124.7 常闭触点断开）或点击 WinCC 界面中的"停止"按钮（M0.1 常闭触点断开）时，Q124.0 线圈断电，自锁解除，电动机停止。

在程序段 2 中，应用频率测量指令测量频率。地址为 W#16#300（768），通道号为 0，电动机运行时（Q124.0 为"1"），接通软件门，开始测量频率。频率的测量值为 MEAS_VAL，单位为 mHz。

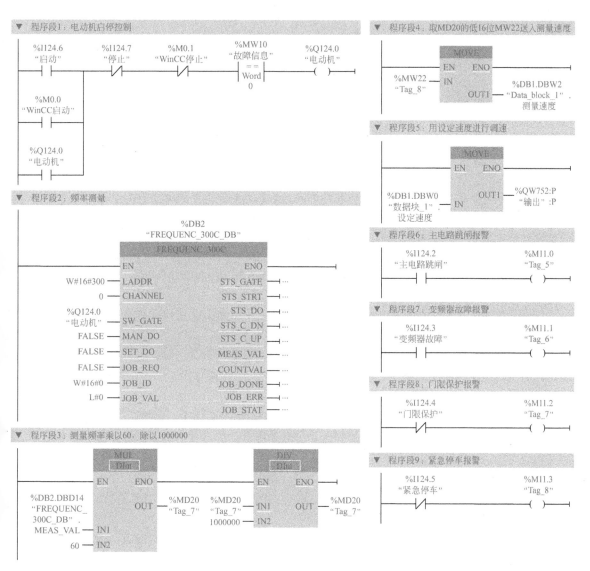

图 6-23 应用 WinCC 实现离散量报警控制程序

在程序段 3 中，由于频率测量值的单位为 mHz，旋转编码器每转输出 1000 个脉冲，所以测量速度 = 频率测量值 ×60÷1000000（单位 r/min）。如果先进行除法运算，运算结果的小数部分会舍去，影响测量精度，故先乘以 60，再除以 1000000。

在程序段 4 中，取 MD20 的低位字（MW22）送入 DB1.DBW2（即测量速度）进行显示。

在程序段 5 中，将设定速度（在 WinCC 中已将 0 ～ 1430 换算为 0 ～ 27648）送入 PQW752，输出电压进行调速。

在程序段 6 中，在正常运行时，主电路的空气开关 QF1 应合上，QF1 的常闭触点断开，故 I124.2 没有输入；当主电路跳闸时，I124.2 为 "1"，其常开触点闭合，M11.0 线圈通电，触发主电路跳闸报警。

在程序段 7 中，在正常运行时，变频器没有故障，I124.3 没有输入；当变频器发生故障时，I124.3 为 "1"，其常开触点闭合，M11.1 线圈通电，触发变频器故障报警。

在程序段 8 中，在正常运行时，车门应处于关闭状态，压住行程开关 SQ，故 I124.4 有输入，其常闭触点断开；当车门打开时，I124.4 为 "0"，其常闭触点接通，M11.2 线圈通电，触发门限保护报警。

在程序段 9 中，在正常运行时，紧急停车按钮为常闭，故 I124.5 有输入，其常闭触点断开；当按下紧急停车按钮时，I124.5 为 "0"，其常闭触点接通，M11.3 线圈通电，触发紧急停车报警。

（4）WinCC 的组态

① 建立一个新项目　双击桌面上的 "SIMATIC WinCC Explorer" 图标，启动 WinCC 项目管理器，点击左上角的新建项目图标 🗋，选择 "单用户项目"，点击确定。在 "新项目" 对话框中输入项目名，并选择合适的保存路径。

② 组态变量　在项目管理器中双击 "变量管理"，在 "变量管理" 上单击鼠标右键，选择 "添加新的驱动程序" → "SIMATIC S7 Protocol Suite"。在 "PROFIBUS" 上单击右键，选择 "系统参数"，在弹出的窗口中选择 "单位"，将逻辑设备名称命名为 "profibus"，点击确定。

打开计算机的 "控制面板"，双击 "设置 PG/PC 接口"，在 "应用程序访问点" 下单击 "添加 / 删除"，在弹出的窗口中输入 "profibus"，点击确定，然后再选择 "CP5611（PROFIBUS）"。

点击 "CP5611（PROFIBUS）"，再点击 "属性"，在弹出的属性窗口中，设置本地地址为 0，传输率为 1.5Mbit/s，配置文件为 DP。

在 "变量管理" 的 "PROFIBUS" 上单击右键，选择 "新建连接"，建立一个 "NewConnection_1" 的连接。在 "NewConnection_1" 上单击右键，选择 "连接参数"，将站地址设为 2（即 PLC 的 PROFIBUS 地址）、插槽号设为 2（即 PLC 的 CPU 插槽号）。

在 "NewConnection_1" 的右边窗口组态变量，如图 6-24 所示。其中，变量 "故障信息" 为 "无符号的 16 位值"，最多可以组态 16 个离散量报警。对变量 "设定速度" 进行线性标定，将 OS（operator station，操作员站）值范围 0 ~ 1430 线性转换为 AS（automation station，自动化站）值 0 ~ 27648，即将 WinCC 中的设定速度 0 ~ 1430r/min 转换为 0 ~ 27648 送入 PLC。

	名称	数据类型	长度	连接	地址	线性标定	AS 从	AS 值到	OS 值从	OS 值到
	变量 [NewConnection_1]									
1	设定速度	有符号的 16 位值	2	NewConnection_1	DB1,DBW0	☑	0	27648	0	1430
2	测量速度	有符号的 16 位值	2	NewConnection_1	DB1,DBW2	☐				
3	启动	二进制变量	1	NewConnection_1	M0.0	☐				
4	停止	二进制变量	1	NewConnection_1	M0.1	☐				
5	故障信息	无符号的 16 位值	2	NewConnection_1	MW10	☐				
6	电动机	二进制变量	1	NewConnection_1	Q124.0	☐				

图 6-24　变量的组态

③ 离散量报警的组态　在 "变量管理" 页面双击导航栏中的 "报警记录"，打开报警记录编辑页面。点击 "消息块"，选中 "日期" "时间" "编号" "状态" "消息文本" 和 "错误点"，用于在报警视图中显示这些列。将 "消息文本" 和 "错误点" 的字符数修改为 30 和 20，以便显示更多字符。

点击 "错误" 下的 "报警"，在右边的窗口中输入报警消息，如图 6-25 所示。

④ 创建过程画面　在 "项目管理器" 中，双击 "图形编辑器"，建立第一个画面，保存为 "监控画面"；点击 "图形编辑器"，在右边的空白区域单击右键，选择 "新建画面"，建立第二个画面，命名为 "设定画面"。用同样的方法再新建一个 "报警画面"。创建的过程画面如图 6-26 所示，指示灯、按钮、I/O 域和切换按钮的组态前面已经做过，不再赘述。

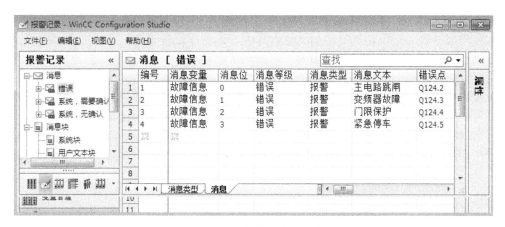

图 6-25　离散量报警的组态

打开"报警画面"，双击"智能对象"下的 ██ 控件，在弹出的窗口中选择"WinCC AlarmControl"，点击确定，在画面中画出合适的大小和位置，并弹出"WinCC AlarmControl 属性"对话框。在"常规"标签的窗口标题文本中输入"离散量报警"；在"消息列表"标签中，将"可用的消息块"下的"消息文本"和"错误点"都移动到"选定的消息块"下，并将"编号"上移到第一行，在报警控件中会依次显示"编号""日期""时间""状态""消息文本"和"错误点"，如图 6-26（c）所示。

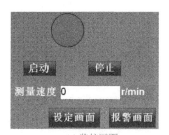

(a) 监控画面

(b) 设定画面

(c) 报警画面

图 6-26　创建过程画面

⑤ 设置启动画面 点击项目管理器中的"计算机"，双击右边窗口中的计算机名字，弹出"计算机属性"对话框，选择"启动"选项卡，选中"报警记录运行系统"和"图形运行系统"，选择"图形运行系统"选项卡，点击右边的▦按钮，选择"监控画面.PDL"作为系统运行时的起始画面。选择窗口属性为"标题""最大化"，单击"确定"按钮，关闭对话框。在项目管理器中，点击工具栏上的▶按钮，WinCC 将按照"计算机属性"对话框中所选择的设置启动运行系统；点击工具栏上的▦按钮可以停止 WinCC 的运行。

⑥ 下载与运行 在项目树中，点击站点"PLC_1[CPU314C-2DP]"，然后点击工具栏中的下载按钮▥，将该站点下载到 PLC 中。按照实例 70 所述设置该项目为自动启动运行。关闭 PLC 和计算机，用 PROFIBUS 电缆将 PLC 的 DP 接口与计算机的 CP5611 接口连接起来，启动 PLC 和计算机，即可操作运行。

[实例 75] 应用 WinCC 组态软件实现模拟量报警

扫一扫，看视频

扫一扫，看视频

（1）控制要求

某维纶生产线需要对烘仓温度进行控制，温度检测使用铂电阻 PT100，西门子组态软件 WinCC 与 S7-300 PLC（CPU314C-2DP）通过 CP5611（PROFIBUS）实现模拟量报警，控制要求如下。

① 温度控制范围为 200 ～ 250℃，极限温度为 300℃。

② 在 WinCC 中显示测量温度，可以设定上限温度、下限温度和极限温度。

③ 当按下启动按钮或点击 WinCC 界面中的"启动"时，开始加热，当温度高于下限温度时，生产线自动启动；低于下限时，停止生产线。

④ 当按下停止按钮或点击 WinCC 界面中的"停止"时，加热和生产线同时停止。

⑤ 当温度高于上限时，在 WinCC 界面中进行报警，同时停止加热；低于上限时，启动加热。

⑥ 当温度低于下限时，在 WinCC 界面中进行报警。

⑦ 当温度超出极限温度时，在 WinCC 界面中进行报警，生产线和加热同时停止。

（2）控制线路

① 控制线路接线 应用 WinCC 实现模拟量报警的控制线路如图 6-27 所示，DP 终端连接器的电阻开关拨到"ON"。

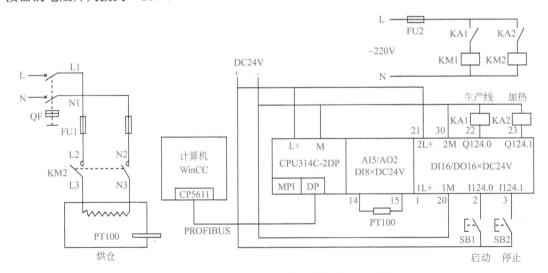

图 6-27 应用 WinCC 实现模拟量报警的控制线路

② I/O 端口分配　PLC 的 I/O 端口分配见表 6-8。

表 6-8　［实例 75］的 I/O 端口分配

输入端口				输出端口		
输入点	输入器件	WinCC 地址	作用	输出点	输出器件	控制对象
I124.0	SB1 常开触点	M0.0	启动	Q124.0	KA1	生产线
I124.1	SB2 常开触点	M0.1	停止	Q124.1	KA2	加热

（3）控制程序

① 硬件组态　新建一个项目，打开"设备视图"，将 CPU314C-2DP 拖放到视图中，在"网络视图"中，点击 PROFIBUS 的 DP 图标█，点击"添加新子网"，添加新子网"PROFIBUS_1"，默认的 PROFIBUS 地址为 2，传输率为 1.5Mbit/s。为了测量温度，要在 CPU 的模拟量输入通道 4 中选择热敏电阻（线性，2 线制），默认的输入地址为 AI760（即 IW760:P）。

② 数据块"温度"DB1　添加一个数据块 DB1，命名为"温度"，建立变量"温度测量值""温度上限""温度下限"和"温度极限"，数据类型均为 Int，然后进行编译。

③ 编写程序　应用 WinCC 实现模拟量报警的控制程序如图 6-28 所示。铂热电阻 PT100 的测量范围为 $-200 \sim 850$℃，对应的数字量是 $-2000 \sim +8500$，所以所测得的数字量除以 10 可以换算成所测的温度。

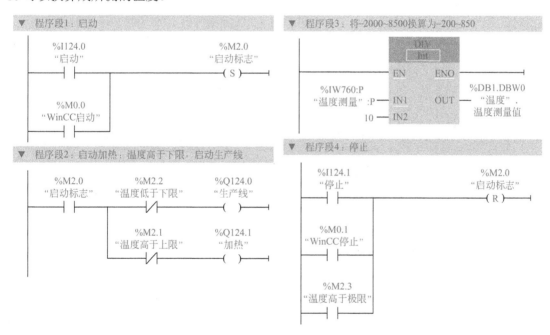

图 6-28　应用 WinCC 实现模拟量报警的控制程序

在程序段 1 中，当按下启动按钮 SB1（I124.0 常开触点接通）或点击 WinCC 界面中的"启动"（M0.0 常开触点接通）时，M2.0 置位。

在程序段 2 中，M2.0 为"1"时，Q124.1 线圈通电，开始加热。由于开始时，温度低于下限报警，WinCC 中变量"状态"的第 2 位为"1"，即 M2.2 为"1"，其常闭触点断开，生产线不启动；当温度高于下限时，M2.2 复位，其常闭触点接通，Q124.0 线圈通电，生产线启动。当温度高于上限时，WinCC 中变量"状态"的第 1 位为"1"，即 M2.1 为"1"，其常闭触点断开，停止加热；当温度低于上限时，M2.1 复位，其常闭触点闭合，重新加热。

在程序段 3 中，将所测得的数字量（IW760:P）除以 10 送入温度测量值。

在程序段 4 中，当按下停止按钮 SB2(I124.1 常开触点接通)、点击 WinCC 界面中的"停止"按钮（M0.1 常开触点接通）或温度高于极限温度（WinCC 中变量"状态"的第 3 位为"1"，即 M2.3 为"1"，其常开触点接通）时，M2.0 复位，生产线和加热同时停止。

（4）WinCC 的组态

① 建立一个新项目　双击桌面上的"SIMATIC WinCC Explorer"图标，启动 WinCC 项目管理器，点击左上角的新建项目图标，选择"单用户项目"，点击确定。在"新项目"对话框中输入项目名，并选择合适的保存路径。

② 组态变量　在项目管理器中双击"变量管理"，在"变量管理"上单击鼠标右键，选择"添加新的驱动程序"→"SIMATIC S7 Protocol Suite"。在"PROFIBUS"上单击右键，选择"系统参数"，在弹出的窗口中选择"单位"，将逻辑设备名称命名为"profibus"，点击确定。

打开计算机的"控制面板"，双击"设置 PG/PC 接口"，在"应用程序访问点"下单击"添加/删除"，在弹出的窗口中输入"profibus"，点击确定，然后再选择"CP5611（PROFIBUS）"。点击"CP5611（PROFIBUS）"，再点击"属性"，在弹出的属性窗口中，设置本地地址为 0，传输率为 1.5Mbit/s，配置文件为 DP。

在"变量管理"的"PROFIBUS"上单击右键，选择"新建连接"，建立一个"NewConnection_1"的连接。在"NewConnection_1"上单击右键，选择"连接参数"，将站地址设为 2（即 PLC 的 PROFIBUS 地址）、插槽号设为 2（即 PLC 的 CPU 插槽号）。

在"NewConnection_1"的右边窗口组态变量，如图 6-29 所示。

	名称	数据类型	长度	格式调整	连接	地址
1	测量温度	有符号的 16 位值	2	ShortToSignedWord	NewConnection_1	DB1,DBW0
2	设定温度上限	有符号的 16 位值	2	ShortToSignedWord	NewConnection_1	DB1,DBW2
3	设定温度下限	有符号的 16 位值	2	ShortToSignedWord	NewConnection_1	DB1,DBW4
4	极限温度	有符号的 16 位值	2	ShortToSignedWord	NewConnection_1	DB1,DBW6
5	启动	二进制变量	1		NewConnection_1	M0.0
6	停止	二进制变量	1		NewConnection_1	M0.1
7	状态	无符号的 8 位值	1	ByteToUnsignedByte	NewConnection_1	MB2
8	生产线	二进制变量	1		NewConnection_1	Q124.0
9	加热	二进制变量	1		NewConnection_1	Q124.1

图 6-29　变量的组态

③ 模拟量报警的组态　在"变量管理"页面双击导航栏中的"报警记录"，打开报警记录编辑页面。点击"消息块"，选中"日期""时间""编号""状态""消息文本"和"错误点"，用于在报警视图中显示这些列。将"消息文本"和"错误点"的字符数修改为 30 和 20，以便显示更多字符。

点击"模拟消息"，在右边的窗口中输入限制值，如图 6-30（a）所示。比如，"测量温度"高于"设定温度上限"的报警，变量选择"测量温度"，消息号为"2"，比较设为"上限"，选中"间接"下的方框，选择比较值变量为"设定温度上限"。点击下部的"消息"标签，在编号为 2 的这一行中，选择状态变量为"状态"，状态位为"1"，如图 6-30（b）所示，即当满足"测量温度"高于"设定温度上限"条件时，"状态"的第 1 位为"1"（M2.1）；不满足，为"0"。消息文本下的意思是当出现报警时，显示内容为限制值"设定温度上限"超出上限："测量温度"。按照同样的方法组态设定温度下限和极限温度。

④ 创建过程画面　组态的过程画面和报警画面如图 6-31 所示，指示灯、按钮、I/O 域、画面切换按钮的组态前面已经做过，不再赘述。温度的 I/O 域作为输出域，连接变量"测量

(a) 设置限制值

	编号	状态变量	状态位	消息等级	消息类型	消息文本	错误点
						☑ 消息 [模拟消息]	查找
1	2	状态	1	错误	报警	限制值 @1%f@ 超出上限：@3%f@	加热
2	3	状态	2	错误	报警	限制值 @1%f@ 超出下限：@3%f@	加热
3	4	状态	3	错误	报警	限制值 @1%f@ 超出上限：@3%f@	加热

(b) 组态消息

图 6-30 模拟量报警的组态

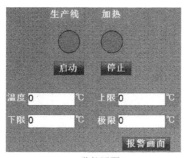

(a) 监控画面

(b) 报警画面

图 6-31 创建过程画面

温度"；上限、下限和极限的 I/O 域作为输入域，连接变量"设定温度上限""设定温度下限"和"温度极限"。

⑤ 设置启动画面　点击项目管理器中的"计算机"，双击右边窗口中的计算机名字，弹出"计算机属性"对话框，选择"启动"选项卡，选中"报警记录运行系统"和"图形运行系统"，选择"图形运行系统"选项卡，点击右边的▦▦按钮，选择"监控画面 .PDL"作为系统运行时的起始画面。选择窗口属性为"标题""最大化"，单击"确定"按钮，关闭对话框。在项目管理器中，点击工具栏上的▶按钮，WinCC 将按照"计算机属性"对话框中所选择的设置启动运行系统；点击工具栏上的■按钮可以停止 WinCC 的运行。

[实例 76]　应用 WinCC 组态软件实现用户管理

扫一扫，看视频

（1）控制要求

对烘仓温度进行控制，温度检测使用铂电阻 PT100，控制要求如下。

① 温度控制范围为 200 ~ 250℃。

② 在 WinCC 中显示测量温度，可以设定温度的上下限。

③ 当按下启动按钮或点击 WinCC 界面中的"启动"时，开始加热；当按下停止按钮或点击 WinCC 界面中的"停止"时，停止加热。

扫一扫，看视频

④ 当温度高于上限时，停止加热；当温度低于上限时，重新启动加热。

⑤ 无关人员不能操作，操作员只能对加热进行启停控制，班组长可以进入设定画面，工程师可以设定温度的上下限。

（2）控制线路

① 控制线路接线　应用 WinCC 组态软件实现用户管理的控制线路如图 6-32 所示，DP 终端连接器的电阻开关拨到"ON"。

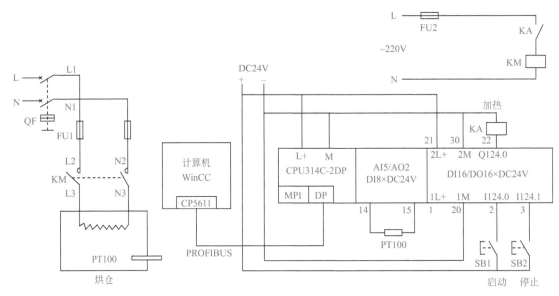

图 6-32　用户管理控制线路

② I/O 端口分配　PLC 的 I/O 端口分配见表 6-9。

（3）控制程序

① 硬件组态　新建一个项目，打开"设备视图"，将 CPU314C-2DP 拖放到视图中，在"网络视图"中，点击 PROFIBUS 的 DP 图标■，点击"添加新子网"，添加新子网"PROFIBUS_1"，

表 6-9 ［实例 76］的 I/O 端口分配

输入端口				输出端口		
输入点	输入器件	WinCC 地址	作用	输出点	输出器件	控制对象
I124.0	SB1 常开触点	M0.0	启动	Q124.0	KA	加热
I124.1	SB2 常开触点	M0.1	停止			

默认的 PROFIBUS 地址为 2，传输率为 1.5Mbit/s。为了测量温度，要在 CPU 的模拟量输入通道 4 中选择热敏电阻（线性，2 线制），默认的输入地址为 AI760（即 IW760:P）。

② 数据块"温度"DB1 添加一个数据块 DB1，命名为"温度"，建立变量"温度测量值""温度上限""温度下限"，数据类型均为 Int，然后进行编译。

③ 编写程序 应用 WinCC 实现用户管理的控制程序如图 6-33 所示。

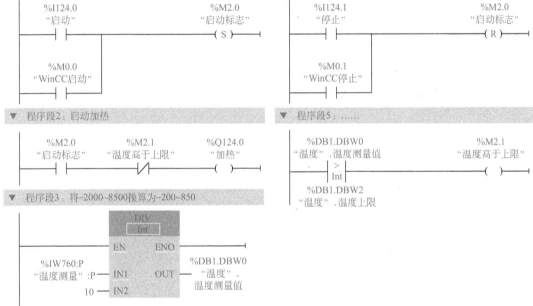

图 6-33 应用 WinCC 实现用户管理的控制程序

在程序段 1 中，当按下启动按钮 SB1（I124.0 常开触点接通）或点击 WinCC 界面中的"启动"（M0.0 常开触点接通）时，M2.0 置位。

在程序段 2 中，M2.0 为"1"时，Q124.0 线圈通电，开始加热。

在程序段 3 中，将所测得的数字量（IW760:P）除以 10 送入温度测量值（DB1.DBW0）。

在程序段 4 中，当按下停止按钮 SB2（I124.1 常开触点接通）或点击 WinCC 界面中的"停止"（M0.1 常开触点接通）时，M2.0 复位，停止加热。

在程序段 5 中，当测量温度高于温度上限时，M2.1 线圈通电，程序段 2 中 M2.1 常闭触点断开，停止加热。

（4）WinCC 的组态

① 建立一个新项目 双击桌面上的"SIMATIC WinCC Explorer"图标，启动 WinCC 项目管理器，点击左上角的新建项目图标，选择"单用户项目"，点击确定。在"新项目"对话框中输入项目名，并选择合适的保存路径。

② 组态变量　在项目管理器中双击"变量管理"，在"变量管理"上单击鼠标右键，选择"添加新的驱动程序"→"SIMATIC S7 Protocol Suite"。在"PROFIBUS"上单击右键，选择"系统参数"，在弹出的窗口中选择"单位"，将逻辑设备名称命名为"profibus"，点击确定。

打开计算机的"控制面板"，双击"设置 PG/PC 接口"，在"应用程序访问点"下单击"添加/删除"，在弹出的窗口中输入"profibus"，点击确定，然后再选择"CP5611（PROFIBUS）"。点击"CP5611（PROFIBUS）"，再点击"属性"，在弹出的属性窗口中，设置本地地址为 0，传输率为 1.5Mbit/s，配置文件为 DP。

在 WinCC 的"变量管理"下的"PROFIBUS"上单击右键，选择"新建连接"，建立一个"NewConnection_1"的连接。在"NewConnection_1"上单击右键，选择"连接参数"，将站地址设为 2（即 PLC 的 PROFIBUS 地址）、插槽号设为 2（即 PLC 的 CPU 插槽号）。

在"NewConnection_1"的右边窗口组态变量，如图 6-34 所示。

	名称	数据类型	长度	格式调整	连接	组	地址
1	停止	二进制变量	1		NewConnection_1		M0.1
2	加热	二进制变量	1		NewConnection_1		Q124.0
3	测量温度	有符号的 16 位值	2	ShortToSignedWord	NewConnection_1		DB1,DBW0
4	温度上限	有符号的 16 位值	2	ShortToSignedWord	NewConnection_1		DB1,DBW2
5	温度下限	有符号的 16 位值	2	ShortToSignedWord	NewConnection_1		DB1,DBW4
6	启动	二进制变量	1		NewConnection_1		M0.0

变量 [NewConnection_1]

图 6-34　变量的组态

③ 组态用户管理　双击项目管理器下的"用户管理器"，打开如图 6-35 所示画面。

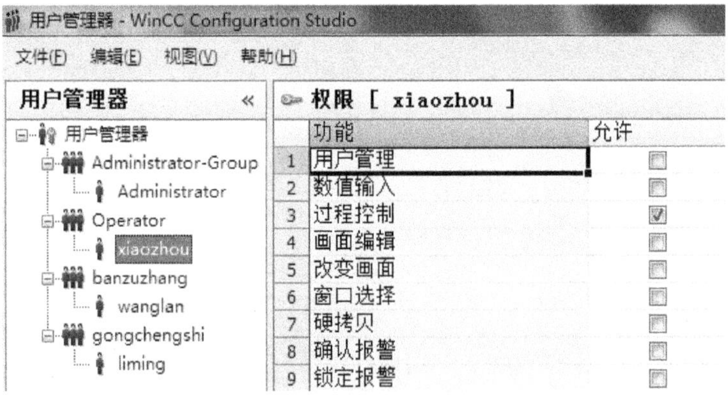

图 6-35　用户组的组态与权限分配

点击"用户管理器"，在右边的窗口中建立三个组"Operator""banzuzhang"和"gongchengshi"。注意，不能使用中文，要大于 4 个字符。

点击"Operator"，在右边窗口中建立用户"xiaozhou"并修改密码；按照同样的方法将用户"wanglan"分配给组"banzuzhang"，"liming"分配给组"gongchengshi"。

点击"xiaozhou"，选中"过程控制"权限，即为其分配了"过程控制"权限；将"过程控制""改变画面"权限分配给"wanglan"；将"过程控制""改变画面"和"数值输入"权限分配给"liming"。

④ 过程画面的组态　处于运行中的 WinCC 过程画面如图 6-36 所示，指示灯、按钮、I/O 域和画面切换按钮的组态不再赘述。在"监控画面"中，点击"启动"按钮，在"属性"栏

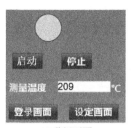
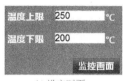
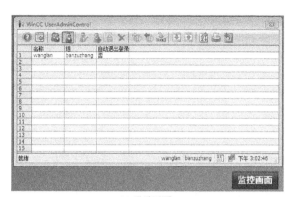

(a) 监视画面　　　　　　　(b) 设定画面　　　　　　　　　　　　(c) 登录画面

图 6-36　运行中的 WinCC 过程画面

中点击"其他"，将右边窗口中的"授权"项中的"静态"选择为"过程控制"权限。这样，拥有"过程控制"权限才能点击"启动"按钮。按照同样的方法，将"停止"按钮也设为"过程控制"权限，将"设定画面"按钮设为"改变画面"权限。

在"设定画面"中，点击 I/O 域，在"属性"栏中点击"其他"，将"授权"选择为"数值输入"。

打开"登录画面"，双击"智能对象"下的 控件，在弹出的窗口中选择"WinCC UserAdminControl"，点击确定。点击 可以登录用户；点击 可以注销用户。如果选择了"用户管理"权限，可以对用户进行管理，点击 可以增加用户；点击 可以删除用户。

⑤ 设置启动画面　点击项目管理器中的"计算机"，双击右边窗口中的计算机名字，弹出"计算机属性"对话框，选择"启动"选项卡，选中"图形运行系统"，选择"图形运行系统"选项卡，点击右边的 按钮，选择"监控画面 .PDL"作为系统运行时的起始画面。选择窗口属性为"标题""最大化"，单击"确定"按钮，关闭对话框。在项目管理器中，点击工具栏上的 按钮，WinCC 将按照"计算机属性"对话框中所选择的设置启动运行系统；点击工具栏上的 按钮可以停止 WinCC 的运行。

[实例 77]　应用 WinCC 组态软件实现客户机 / 服务器通信

（1）控制要求

扫一扫，看视频

某风机向管道输入气压，压力传感器的测量范围为 0 ～ 10kPa，输出为 0 ～ 10V。WinCC 服务器与 S7-300（CPU314C-2DP）通过 CP5611（PROFIBUS）通信，WinCC 服务器与 WinCC 客户机 1 和客户机 2 通过 TCP/IP 通信，控制要求如下。

① 当出现主电路跳闸和门限保护故障时，通过 WinCC 服务器显示报警信息，同时风机和生产线停止。

② 通过 WinCC 客户机 1 控制风机和生产线的启动和停止，同时显示测量压力。

③ 风机启动后，当测量压力大于设定压力时，允许生产线启动。

④ 通过 WinCC 客户机 2 设定管道压力，同时显示测量压力。

（2）控制线路

① 控制线路接线

应用 WinCC 组态软件实现客户机 / 服务器通信控制线路如图 6-37 所示，主电路略，DP 终端连接器的电阻开关拨到"ON"。

② I/O 端口分配　PLC 的 I/O 端口分配见表 6-10。

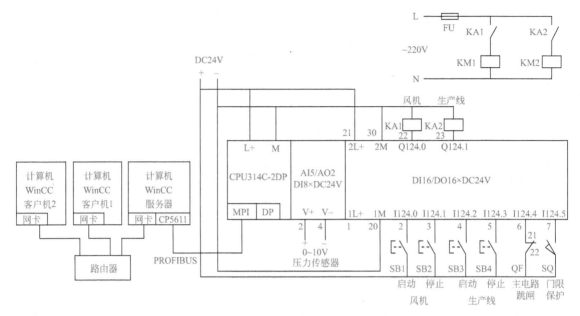

图 6-37　客户机 / 服务器通信控制线路

表 6-10　[实例 77] 的 I/O 端口分配

输入端口				输出端口		
输入点	输入器件	WinCC 地址	作用	输出点	输出器件	控制对象
I124.0	SB1 常开触点	M0.0	风机启动	Q124.0	KA1	风机
I124.1	SB2 常开触点	M0.1	风机停止	Q124.1	KA2	生产线
I124.2	SB3 常开触点	M0.2	生产线启动			
I124.3	SB4 常开触点	M0.3	生产线停止			
I124.4	QF 常闭触点	M11.0	主电路跳闸			
I124.5	SQ 常开触点	M11.1	门限保护			

（3）控制程序

① 硬件组态　新建一个项目，打开"设备视图"，将 CPU314C-2DP（V2.6）拖放到视图中，在"网络视图"中，点击 PROFIBUS 的 DP 图标■，点击"添加新子网"，添加新子网 "PROFIBUS_1"，默认的 PROFIBUS 地址为 2，传输率为 1.5Mbit/s。在 PLC 的模拟量输入通道 0 中选择电压输入，范围是 0 ～ 10V，默认的输入地址为 AI752（即 IW752:P）。

② 数据块 DB1　添加一个数据块 DB1，建立变量"测量压力""设定压力"，数据类型均为 Int，然后进行编译。

③ 编写程序　应用 WinCC 实现客户机 / 服务器通信的控制程序如图 6-38 所示。

在程序段 1 中，当没有故障（"故障信息"为 0）时，按下风机启动按钮（I124.0 常开触点接通）或点击 WinCC 界面中的"风机启动"（M0.0 常开触点接通），Q124.0 线圈通电自锁，风机启动运行。按下风机停止按钮（I124.1 常闭触点断开）或点击 WinCC 界面中的"风机停止"（M0.1 常闭触点断开）时，Q124.0 线圈断电，自锁解除，风机停止。

在程序段 2 中，当风机正在运行（Q124.0 常开触点接通）且"测量压力"大于"设定压力"时，按下生产线启动按钮（I124.2 常开触点接通）或点击 WinCC 界面中的"生产线启动"（M0.2 常开触点接通），Q124.1 线圈通电自锁，生产线启动运行。按下生产线停止按

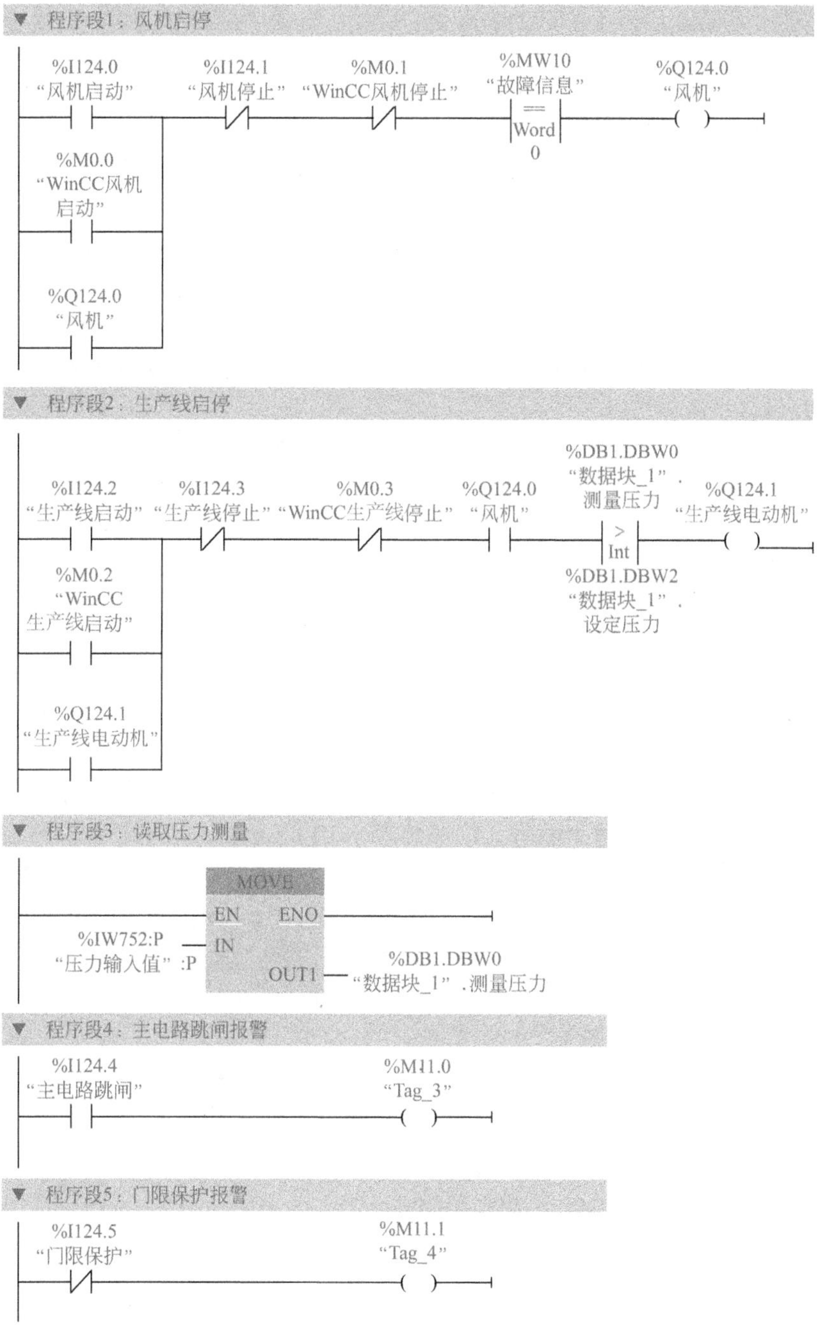

▼ 程序段1：风机启停

%I124.0
"风机启动"

%M0.0
"WinCC风机
启动"

%Q124.0
"风机"

%I124.1
"风机停止"

%M0.1
"WinCC风机停止"

%MW10
"故障信息"
==
Word
0

%Q124.0
"风机"

▼ 程序段2：生产线启停

%I124.2
"生产线启动"

%M0.2
"WinCC
生产线启动"

%Q124.1
"生产线电动机"

%I124.3
"生产线停止"

%M0.3
"WinCC生产线停止"

%Q124.0
"风机"

%DB1.DBW0
"数据块_1".
测量压力
>
Int
%DB1.DBW2
"数据块_1".
设定压力

%Q124.1
"生产线电动机"

▼ 程序段3：读取压力测量

MOVE
EN ENO
%IW752:P
"压力输入值":P — IN
OUT1 — %DB1.DBW0
"数据块_1".测量压力

▼ 程序段4：主电路跳闸报警

%I124.4
"主电路跳闸"

%M11.0
"Tag_3"

▼ 程序段5：门限保护报警

%I124.5
"门限保护"

%M11.1
"Tag_4"

图6-38　应用 WinCC 实现客户机/服务器通信控制程序

钮（I124.3 常闭触点断开）或点击 WinCC 界面中的"生产线停止"（M0.3 常闭触点断开）时，Q124.1 线圈断电，自锁解除，生产线停止。

在程序段 3 中，将测量得到的"压力输入值"（IW752:P）送入数据块 DB1 的"测量压力"，在 WinCC 中将"测量压力"（0 ～ 27648）线性转换为 0 ～ 10000Pa 进行显示。

在程序段 4 中，在正常运行时，主电路的空气开关 QF 应合上，QF 的常闭触点断开，故 I124.4 没有输入；当主电路跳闸时，I124.4 为"1"，M11.0 线圈通电，触发主电路跳闸报警。

在程序段 5 中，在正常运行时，车门应处于关闭状态，压住行程开关 SQ，故 I124.5 有输入，其常闭触点断开；当车门打开时，I124.5 为"0"，其常闭触点接通，M11.1 线圈通电，触发门限保护报警。

（4）WinCC 的组态

① 组态 WinCC 服务器

a. 建立一个新项目。双击桌面上的"SIMATIC WinCC Explorer"图标，启动 WinCC 项目管理器，点击左上角的新建项目图标，选择"多用户项目"，点击确定。在"新项目"对话框中输入项目名，并选择合适的保存路径。

b. 组态变量。在项目管理器中双击"变量管理"，在"变量管理"上单击鼠标右键，选择"添加新的驱动程序"→"SIMATIC S7 Protocol Suite"。在"PROFIBUS"上单击右键，选择"系统参数"，在弹出的窗口中选择"单位"，将逻辑设备名称命名为"profibus"，点击确定。

打开计算机的"控制面板"，双击"设置 PG/PC 接口"，在"应用程序访问点"下单击"添加 / 删除"，在弹出的窗口中输入"profibus"，点击确定，然后再选择"CP5611（PROFIBUS）"。

点击"CP5611（PROFIBUS）"，再点击"属性"，在弹出的属性窗口中，设置本地地址为 0，传输率为 1.5Mbit/s，配置文件为 DP。

在"变量管理"的"PROFIBUS"上单击右键，选择"新建连接"，建立一个"NewConnection_1"的连接。在"NewConnection_1"上单击右键，选择"连接参数"，将站地址设为 2（即 PLC 的 PROFIBUS 地址）、插槽号设为 2（即 PLC 的 CPU 插槽号）。

在"NewConnection_1"的右边窗口组态变量，如图 6-39 所示。其中，变量"故障信息"为"无符号的 16 位值"，最多可以组态 16 个离散量报警。对变量"测量压力"进行了线性标定，将 AS（automation station，自动化站）值 0 ～ 27648 线性转换为 OS（operator station，操作员站）值 0 ～ 10000，即将 PLC 中的压力测量值 0 ～ 27648 转换为 WinCC 中的测量压力 0 ～ 10000Pa。对变量"设定压力"也进行了线性标定，将 OS 值 0 ～ 10000 线性转换为 AS 值 0 ～ 27648，即将 WinCC 中的设定压力 0 ～ 10000Pa 线性转换为 PLC 中的 0 ～ 27648。

	名称	数据类型	长度	连接	地址	线性标定	AS 值从	AS 值到	OS 值从	OS 值范围到
1	测量压力	有符号的 16 位值	2	NewConnection_1	DB1,DBW0	☑	0	27648	0	10000
2	设定压力	有符号的 16 位值	2	NewConnection_1	DB1,DBW2	☑	0	27648	0	10000
3	风机启动	二进制变量	1	NewConnection_1	M0.0	☐				
4	风机停止	二进制变量	1	NewConnection_1	M0.1	☐				
5	生产线启动	二进制变量	1	NewConnection_1	M0.2	☐				
6	生产线停止	二进制变量	1	NewConnection_1	M0.3	☐				
7	故障信息	无符号的 16 位值	2	NewConnection_1	MW10	☐				
8	风机	二进制变量	1	NewConnection_1	Q124.0	☐				
9	生产线	二进制变量	1	NewConnection_1	Q124.1	☐				

图 6-39 服务器变量

c. 报警的组态。在"变量管理"页面双击导航栏中的"报警记录"，打开报警记录编辑页面。点击"消息块"，选中"日期""时间""编号""状态""消息文本"和"错误点"，用于在报警视图中显示这些列。点击"错误"下的"报警"，在右边的窗口中输入报警消息，如图 6-40 所示。

d. 创建报警画面。在"项目管理器"中，双击"图形编辑器"，建立一个画面，保存为"server"。双击"智能对象"下的 控件，在弹出的窗口中选择"WinCC AlarmControl"，点

报警记录　《	消息 [选择]								
		编号	消息变量	消息位	消息等级	消息类型	消息组	优先级	消息文本	错误点
消息	1	1	故障信息	0	错误	报警		0	主电路跳闸	I124.4
错误	2	2	故障信息	1	错误	报警		0	门限保护	I124.5
系统，需要确认	3								
系统，无确认									

图 6-40　报警的组态

击确定，在画面中画出合适的大小和位置，并弹出"WinCC AlarmControl 属性"对话框。在"消息列表"标签中，将"可用的消息块"下的"消息文本"和"错误点"都移动到"选定的消息块"下，并将"编号"上移到第一行，在报警控件中会依次显示"编号""日期""时间""状态""消息文本"和"错误点"。

e. 设置计算机。点击项目管理器中的"计算机"，双击右边窗口中的计算机名字（笔者的服务器计算机名字为"ZCS"），弹出"计算机属性"对话框，选择"启动"选项卡，选中"报警记录运行系统"和"图形运行系统"，选择"图形运行系统"选项卡，点击右边的 按钮，选择"server.PDL"作为系统运行时的起始画面。选择窗口属性为"标题""最大化"，单击"确定"按钮，关闭对话框。

在"计算机"右边的空白区域单击右键，选择"添加新计算机"。在弹出的"计算机属性"对话框中，计算机名称输入客户机1的计算机名称（笔者的客户机1计算机名称为"ZCS1"），计算机类型为 WinCC 客户端。按照同样的方法，添加客户机 2（笔者的客户机 2 计算机名字为"ZCS2"）。

点击项目管理器中的"服务器数据"，在右边的空白区域单击右键，选择"创建"，弹出的窗口点击确定，在该项目下创建"\\ 你的计算机名称 \\Packages*.pck"（在"实例 77\\ZCS\\Packages"文件夹下生成了"实例 77_ZCS.pck"），该文件即是服务器数据。

将 IP 地址设为 192.168.0.2，子网掩码设为 255.255.255.0。对该项目文件夹进行共享设置，确保在客户机的"网络"中能找到并能打开该文件夹。

② 组态 WinCC 客户机 1　更改客户机 1 的计算机名称与服务器设置一致（ZCS1）。将IP 地址设为 192.168.0.3，子网掩码设为 255.255.255.0，通过"网络"应能找到并能打开服务器项目文件夹。

打开 WinCC 项目管理器，创建一个"客户机项目"，点击确定。在"新项目"对话框中输入项目名，并选择合适的保存路径。

在项目管理器的"服务器数据"上单击右键，选择"正在加载"，通过"网络"找到服务器项目中的"\\ 服务器计算机名称 \\Packages*.pck"（即在服务器实例 77 文件夹下找到"\\ZCS\\Packages\\ 实例 77_ZCS.pck"），点击打开。

在"项目管理器"中，双击"图形编辑器"，建立一个画面，保存为"client1"。客户机1 组态的画面"client1"如图 6-41 所示。指示灯、按钮和 I/O 域的组态与前面类似，只不过在选择变量时，应选择服务器数据变量，如图 6-42 所示。

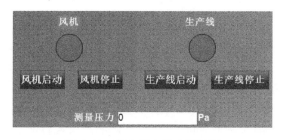

图 6-41　客户机 1 组态的画面

图 6-42　客户机 1 对象的组态变量

点击项目管理器中的"计算机"，双击右边窗口中客户机 1 的计算机名字，弹出"计算机属性"对话框，选择"启动"选项卡，选中"图形运行系统"，选择"图形运行系统"选项卡，点击右边的██按钮，选择"client1.PDL"作为系统运行时的起始画面。选择窗口属性为"标题""最大化"，单击"确定"按钮，关闭对话框。

③ 组态 WinCC 客户机 2　更改客户机 2 的计算机名称与服务器设置一致（ZCS2）。将 IP 地址设为 192.168.0.4，子网掩码设为 255.255.255.0，通过"网络"应能找到并能打开服务器项目文件夹。

打开 WinCC 项目管理器，创建一个"客户机项目"，点击确定。在"新项目"对话框中输入项目名，并选择合适的保存路径。

在项目管理器的"服务器数据"上单击右键，选择"正在加载"，通过"网络"找到服务器项目中的"\\ 服务器计算机名称 \\Packages*.pck"（即在服务器实例 77 文件夹下找到"\\ZCS\\Packages\\ 实例 77_ZCS.pck"），点击打开。

在"项目管理器"中，双击"图形编辑器"，建立一个画面，保存为"client2"。客户机 2 组态的画面"client2"如图 6-43 所示。I/O 域的组态与前面类似，只不过在选择变量时，应选择服务器数据变量。

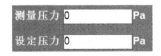

图 6-43　客户机 2 组态的画面

点击项目管理器中的"计算机"，双击右边窗口中客户机 2 的计算机名字，弹出"计算机属性"对话框，选择"启动"选项卡，选中"图形运行系统"，选择"图形运行系统"选项卡，点击右边的██按钮，选择"client2.PDL"作为系统运行时的起始画面。选择窗口属性为"标题""最大化"，单击"确定"按钮，关闭对话框。

[实例78] **博途组态的 WinCC 与 PLC 通信**

扫一扫，看视频

（1）控制要求

通过博途软件组态 WinCC 与 S7-300 PLC（CPU314C-2DP）通过 PROFIBUS 实现电动机的调速控制，控制要求如下。

① 在 WinCC 界面的"设定速度"中设置电动机的转速，同时在 WinCC 界面中的"测量速度"内显示电动机的当前转速。

② 当在 WinCC 界面中点击"启动"按钮或按下启动按钮时，电动机通电以设定速度运转。

③ 当在 WinCC 界面中点击"停止"按钮或按下停止按钮时，电动机断电停止。

④ 当电动机运行时，WinCC 界面中电动机运行指示灯亮，否则熄灭。

⑤ 当出现变频器故障或门限保护时，在 WinCC 中报警，同时电动机停止。

（2）控制线路

① 控制线路接线　WinCC 与 PLC 通过 PROFIBUS-DP 总线实现调速控制线路如图 6-44 所示，终端连接器的电阻开关拨到"ON"。

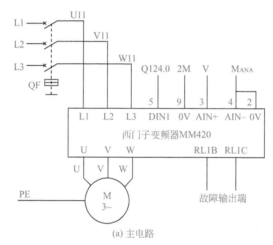

(a) 主电路

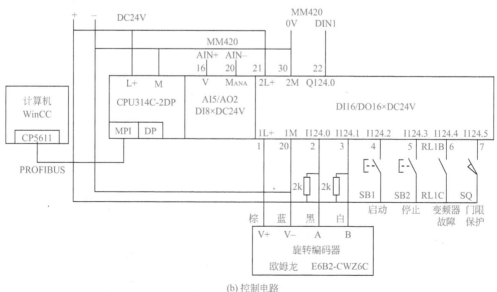

(b) 控制电路

图 6-44　WinCC 与 PLC 通过 PROFIBUS-DP 总线实现调速控制线路

② I/O 端口分配　PLC 的 I/O 端口分配见表 6-11。

表 6-11　［实例 78］的 I/O 端口分配

输入端口				输出端口		
输入点	输入器件	WinCC 地址	作用	输出点	输出器件	控制对象
I124.0	旋转编码器 A 相		A 相脉冲	Q124.0	变频器 DIN1	电动机
I124.1	旋转编码器 B 相		B 相脉冲			
I124.2	SB1 常开触点	M0.0	启动			
I124.3	SB2 常开触点	M0.1	停止			
I124.4	变频器故障输出	M21.0	变频器故障			
I124.5	SQ 常开触点	M21.1	门限保护			

③ 变频器参数设置　变频器参数设置见表 6-12。序号 9 和 10 用来选择运行控制的命令源（P0700）和频率源（P1000）。P0700 选择 2，表示使用外部数字端子作为命令源；P0701 选择 1，使 DIN1 作为启动 / 停止控制输入；P1000 选择 2，表示运行频率由外部模拟量给定。

表 6-12　［实例 78］的变频器参数设置

序号	参数代号	出厂值	设置值	说　明
1	P0010	0	30	调出出厂设置参数
2	P0970	0	1	恢复出厂值（恢复时间大约为60s）
3	P0003	1	3	参数访问专家级
4	P0010	0	1	1—启动快速调试
5	P0304	400	380	电动机额定电压（V）
6	P0305	1.90	0.35	电动机额定电流（A）
7	P0307	0.75	0.06	电动机额定功率（kW）
8	P0311	1395	1430	电动机额定速度（r/min）
9	P0700	2	2	2—外部数字端子控制
10	P1000	2	2	频率设定通过外部模拟量给定
11	P1120	10.00	1.00	加速时间（s）
12	P1121	10.00	1.00	减速时间（s）
13	P3900	0	1	结束快速调试
14	P0003	1	2	参数访问级：2—扩展级
15	P0701	1	1	DIN1 为启动/停止控制
16	P0756	0	0	单极性电压输入（0～+10V）

注：表中电动机参数为 380V、0.35A、0.06kW、1430r/min，请按照电动机实际参数进行设置。

（3）控制程序

① 硬件组态　新建一个项目，双击项目树中的"添加新设备"，添加一个 CPU314C-2DP（V2.6）。在"网络视图"下，依次展开"硬件目录"的"PC 系统"→"SIMATIC HMI 应用软件"，将 WinCC RT Advanced 拖放到网络视图中。展开"PC 系统"→"通信模块"→"PROFIBUS"→"CP5611（A2）"，双击"6GK1 561-1AA00"进行添加。在"网络视图"下，选中 连接，选择后面的"HMI 连接"。拖动 PLC 的 PROFIBUS DP 图标 到 CP5611 A2 的通信接口图标 ，自动建立一个"HMI_连接_1"的连接。点击 PLC 的 DP 图标 ，打开"属

性"→"常规"→"PROFIBUS 地址",可以看到 PROFIBUS 地址为"3",传输率为 1.5Mbit/s。点击 CP5611 A2 的通信接口图标██,可以看到 PROFIBUS 地址为"2",传输率为 1.5Mbit/s。然后点击"网络视图"下的显示地址图标██,可以看到 DP 网络的地址,如图 6-45 所示。特别注意,PROFIBUS 的地址一定要不同,传输率一定要相同。

图 6-45　WinCC 与 PLC 的 PROFIBUS 通信组态

在"项目树"下,展开"PC-System_1[SIMATIC PC Station]"→"HMI_RT_1[WinCC RT Advanced]",双击"连接",可以看到,PLC 与 WinCC RT Advanced 之间已经建立了连接。

为了测量转速,要将 PLC 的计数通道 0 设置为"频率测量",输入 0 选择"单倍频旋转编码器",地址为 768。为了输出电压进行调速,将模拟量输出通道 AO0 设为电压输出,输出范围是 0 ～ 10V,地址为 QW752:P。

② 数据块 DB1　添加一个数据块 DB1,输入变量"设定速度",数据类型为 Int;输入变量"测量速度",数据类型为 Int,然后进行编译。

③ 编写程序　WinCC 与 PLC 通过 PROFIBUS 通信实现调速控制的程序如图 6-46 所示。

在程序段 1 中,当没有故障时("故障信息"等于 0),按下启动按钮 SB1(I124.2 常开触点闭合)或点击 WinCC 界面中的"启动"(M0.0 常开触点闭合),Q124.0 线圈通电自锁,电动机以设定速度运行。按下停止按钮 SB2(I124.3 常闭触点断开)或点击 WinCC 界面中的"停止"(M0.1 常闭触点断开),Q124.0 线圈断电,自锁解除,电动机停止。

在程序段 2 中,应用频率测量指令测量频率。地址为 W#16#300(768),通道号为 0,电动机运行时(Q124.0 为"1"),接通软件门,开始测量频率。频率的测量值为 MEAS_VAL,单位为 mHz。

在程序段 3 中,由于频率测量值的单位为 mHz,旋转编码器每转输出 1000 个脉冲,所以测量速度 = 频率测量值 ×60÷1000000(单位 r/min)。如果先进行除法运算,运算结果的小数部分会舍去,影响测量精度,故先乘以 60,再除以 1000000。

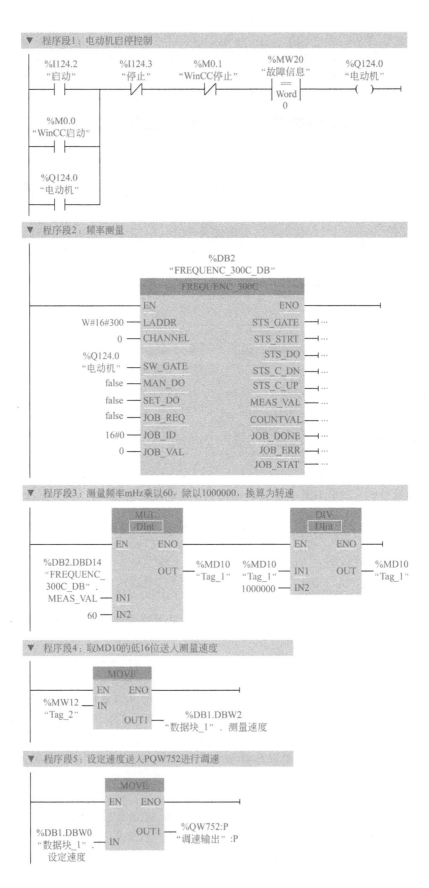

▼ 程序段1：电动机启停控制

▼ 程序段2：频率测量

▼ 程序段3：测量频率mHz乘以60，除以1000000，换算为转速

▼ 程序段4：取MD10的低16位送入测量速度

▼ 程序段5：设定速度送入PQW752进行调速

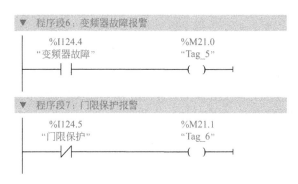

图 6-46　调速控制程序

在程序段 4 中，取 MD10 的低位字（MW12）送入 DB1.DBW2（即测量速度）进行显示。

在程序段 5 中，0 ～ 10V 模拟量输出对应的数字量为 0 ～ 27648，所以要将设定速度（范围 0 ～ 1430）转换为 0 ～ 27648 所对应的值，在 WinCC 中已经进行了 0 ～ 1430 到 0 ～ 27648 的转换，所以直接将设定速度送入 QW752:P，输出电压进行调速。

在程序段 6 中，当变频器发生故障时（I124.4 常开触点接通），M21.0 线圈通电，进行变频器故障报警。

在程序段 7 中，正常运行时，车门关闭，压住行程开关 SQ，I124.5 有输入，其常闭触点断开，M21.1 线圈不会通电。当车门打开时，松开行程开关 SQ，I124.5 没有输入，其常闭触点接通，M21.1 线圈通电，进行门限保护报警。

（4）WinCC 的组态

① 指示灯的组态　在项目树中，展开"PC-System_1[SIMATIC PC Station]"→"HMI_RT_1[WinCC RT Advanced]"→"画面"，双击"添加新画面"，添加一个"画面_1"。选择右侧工具箱中的"圆"，在组态画面中画出合适的圆。打开"属性"→"动画"→"显示"，在右边"外观"中点击添加新动画图标，进入外观动画组态。选择 PLC 的默认变量表，在详细视图中进行显示。将详细视图中的变量"电动机"拖放到巡视窗口中外观变量名称后面，然后将范围"0"选择背景色为灰色，"1"选择背景色为绿色。在触摸屏中，电动机不运行，显示灰色；电动机运行时，显示绿色。

② 按钮的组态　展开工具箱中的"元素"组，点击按钮图标　按钮，在画面上画出合适的大小框，输入"启动"，用鼠标调整按钮的位置和大小。通过触摸屏视图工具栏可以定义按钮上文本的字体、大小和对齐方式。

在属性选项卡的"事件"组的"按下"对话框中，单击视图右侧最上面一行，再单击它的右侧出现的▼键（在单击之前它是隐藏的），单击出现的系统函数列表的"编辑位"文件夹中的函数"置位位"。选择 PLC 的默认变量表，在详细视图中进行显示。将详细视图中的变量"WinCC 启动"拖放到巡视窗口中变量（输入 / 输出）的后面。用同样的方法，在属性视图的"事件"类的"释放"对话框中，设置释放按钮时调用系统函数"复位位"，将变量"WinCC 启动"复位为"0"状态。单击画面上组态好的启动按钮，通过复制粘贴生成一个相同的按钮。用鼠标调节它的位置，选中属性视图的"常规"，将按钮上的文本修改为"停止"。选中"事件"组，组态"按下"和"释放"停止按钮的置位和复位事件，用拖放的方法将它们分别与变量"WinCC 停止"连接起来。

③ I/O 域的组态　点击 PLC 的"数据块 _1[DB1]"，从详细视图中将变量"测量速度"拖放到画面中测量速度后面，修改模式为"输出"，显示格式为"十进制"，格式样式为"s99999"。将变量"设定速度"拖放到设定速度后面，修改模式类型为"输入"，显示格式

为"十进制"，格式样式为"s99999"。

④ 报警的组态

a. 报警的设置。PLC 硬件的组态、PLC 与触摸屏 MPI 通信网络的建立，前面已经讲述。双击 HMI 站点下的"HMI 报警"，可以进入报警组态画面。点击"报警类别"，将错误类型报警的显示名称由"！"修改为"错误"；系统报警由"$"修改为"系统报警"；警告类型的报警修改为"警告"。选择错误类型的报警，在"属性"栏的"常规"下，点击"状态"，将报警的状态分别修改为"到达""离开"和"确认"，也可以修改每个状态所对应的显示颜色。

b. 组态离散量报警。双击"HMI 报警"，点击"离散量报警"选项卡，在第一行将名称和报警文本修改为"变频器故障"。点击 PLC 的"默认变量表"，从详细视图中将变量"故障信息"拖放到触发变量下，自动生成默认触发器地址为 M21.0，用同样的方法生成"门限保护"报警。

c. 组态报警视图。将"工具箱"中的"报警视图"拖放到画面中，调整控件大小，注意不要超出编辑区域。在"属性"的"常规"选项下，将显示当前报警状态的"未决报警"和"未确认报警"都选上，将报警类别的"Errors"选择启用，当出现错误类报警时就会显示该报警。

点击"布局"选项，设置每个报警的行数为 1 行。

点击"工具栏"选项，选中"工具提示"和"确认"，自动在报警窗口中添加工具提示按钮和确认按钮。

点击"列"选项可以选择要显示的列。本例中选择了"日期""时间""报警类别""报警状态""报警文本"和"报警组"；报警的排序选择了"降序"，最新的报警显示在第 1 行。

组态完成的 WinCC 监控界面如图 6-47 所示。

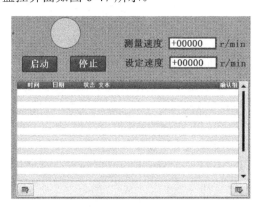

图 6-47　WinCC监控界面

⑤ 线形标定　线形标定可以将触摸屏输入的值线性转换为 PLC 需要的变量值。通过拖放自动生成的 HMI 默认变量表如图 6-48 所示，选中变量"数据块_1_设定速度"，在"属性"选项卡中点击"线形标定"，在右侧窗口中，选择线形标定前的框，将 PLC 的起始值和结束值分别设为 0 和 27 648，将 HMI 的起始值和结束值分别设为 0 和 1430，可以将触摸屏中该变量的值（设定速度，范围 0 ~ 1430）线性转换为 0 ~ 27648 送入 PLC 中进行调速。

⑥ 运行系统设置　在"项目树"下，展开"PC-System_1[SIMATIC PC Station]"→"HMI_RT_1[WinCC RT Advanced]"，双击"运行系统设置"，进入运行系统设置。点击"常规"选项，选择"画面_1"作为起始画面，屏幕分辨率选择为 1440×900，全屏模式。

⑦ PLC 与 WinCC 联合仿真运行　选中站点"PLC_1[CPU314C-2DP]"，点击工具栏中的仿真按钮，弹出的仿真器界面如图 6-49(a) 所示，选择 PG/PC 接口类型为"PROFIBUS"，

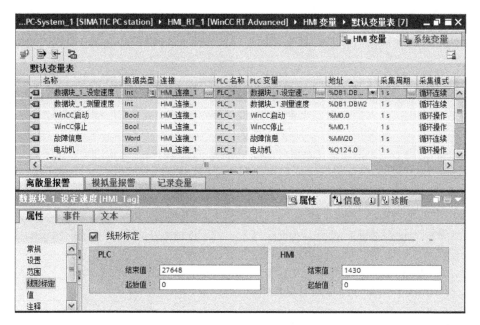

图 6-48　HMI 默认变量表

将该站点下载到仿真器中。点击"项目树"下的 WinCC 站点"PC-System_1[SIMATIC PC Station]"，再点击工具栏中的在 PC 上启动运行系统按钮，弹出的 WinCC 界面如图 6-49（b）所示。在仿真器中，将仿真连接选择为"PLCSIM（PROFIBUS）"，插入 IB124、QB124、DB1.DBW0、DB1.DBW2，选择运行模式"RUN-P"，选中 I124.5，模拟车门关闭，压住门限保护开关。

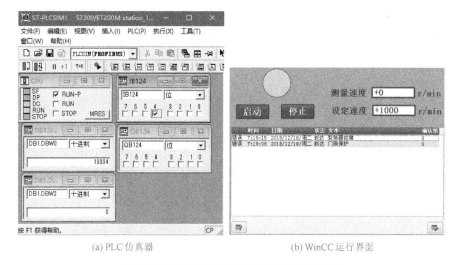

(a) PLC仿真器　　　　　　　　　　(b) WinCC 运行界面

图 6-49　PLC 与 WinCC 的联合仿真运行

　　点击"I124.2"，该位显示√，模拟启动按钮按下，可以看到 WinCC 界面中的指示灯亮，仿真器中"Q124.0"显示√，表示电动机启动。然后再点击"I124.2"，该位的√消失，模拟启动按钮松开。点击"I124.3"，该位显示√，模拟停止按钮按下，可以看到 WinCC 界面中的指示灯熄灭，仿真器中"Q124.0"的√消失，表示电动机停止。然后再点击"I124.3"，该位的√消失，模拟停止按钮松开。

在 WinCC 界面中，点击"启动"按钮，指示灯亮，仿真器中"Q124.0"显示 √，表示电动机启动；点击"停止"按钮，指示灯熄灭，仿真器中"Q124.0"的 √ 消失，表示电动机停止。

在电动机运行时，点击仿真器中的"I124.5"，该位的 √ 消失，模拟车门打开，"Q124.0"的 √ 消失，表示电动机停止。同时 WinCC 界面中的指示灯熄灭，并显示门限保护报警。

在电动机运行时，点击仿真器中的"I124.4"，该位显示 √，模拟变频器故障，"Q124.0"的 √ 消失，表示电动机停止。同时 WinCC 界面中的指示灯熄灭，并显示变频器故障报警。

在设定速度中输入 1000，仿真器中的 DB1.DBW0 显示 19334，即将设定速度 0 ～ 1430r/min 线性转换为 0 ～ 27648。

⑧ 下载与运行　在项目树中，点击站点"PLC_1[CPU314C-2DP]"，然后点击工具栏中的下载按钮 ，将该站点下载到 PLC 中。用 PROFIBUS 电缆将 PLC 的 DP 接口与计算机的通信板卡 CP5611 连接起来，点击 WinCC 站点"PC-System_1[SIMATIC PC Station]"，再点击工具栏中的在 PC 上启动运行系统按钮 ，即可操作运行。

博途组态 WinCC 只能做单用户的组态，其组态过程与触摸屏组态类似，这里只给出一个例子，本章其他的实例可以参照触摸屏的组态自行创建。

第7章 综合应用

7.1 PLC、触摸屏、变频器和组态软件的简单应用

[实例 79] 恒压供水系统

扫一扫，看视频

（1）控制要求

S7-300 PLC（CPU314C-2DP）与触摸屏通过 MPI 进行通信，与 WinCC 通过 CP343-1 Lean 进行通信，根据压力传感器检测到的压力调节水泵的转速。压力传感器测量水罐的压力，量程为 0 ~ 100kPa，输出的信号是 DC0 ~ 10V，液位范围是 0 ~ 10m。其控制要求如下。

① 通过触摸屏或 WinCC 界面可以设定液位高度和液位下限，并显示当前液位高度。

② 当按下启动按钮、点击触摸屏中的"启动"或点击 WinCC 界面中的"启动"时，水泵电动机启动送液，开启阀门。

③ 当按下停止按钮、点击触摸屏中的"停止"或点击 WinCC 界面中的"停止"时，水泵停止，关闭阀门。

④ 当变频器出现故障或液位低于下限时报警。

⑤ 按下手动按钮，可以使水泵点动运行。

（2）控制线路

① 控制线路接线 恒压供水系统的控制线路如图 7-1 所示。

② I/O 端口分配 PLC 的 I/O 端口分配见表 7-1。

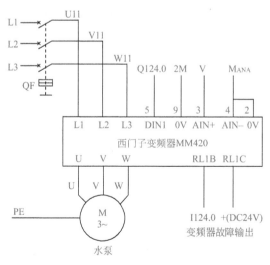

(a) 主电路

图 7-1

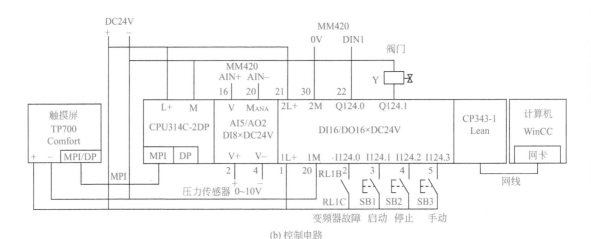

(b) 控制电路

图 7-1　恒压供水系统控制线路

表 7-1　[实例 79] 的 I/O 端口分配

输入端口					输出端口		
输入点	输入器件	触摸屏地址	WinCC 地址	作用	输出点	输出器件	控制对象
I124.0	变频器故障输出	M6.0	M6.0	变频器故障	Q124.0	变频器 DIN1	水泵
I124.1	SB1 常开触点	M0.0	M0.0	启动	Q124.1	电磁阀 Y	阀门
I124.2	SB2 常开触点	M0.1	M0.1	停止			
I124.3	SB3 常开触点			手动			

③ 变频器参数设置　变频器参数设置见表 7-2。序号 9 和 10 用来选择运行控制的命令源（P0700）和频率源（P1000）。P0700 选择 2，表示使用外部数字端子作为命令源；P0701 选择 1，使 DIN1 作为启动 / 停止控制；P1000 选择 2，表示运行频率由外部模拟量给定。

表 7-2　[实例 79] 的变频器参数设置

序号	参数代号	出厂值	设置值	说　明
1	P0010	0	30	调出出厂设置参数
2	P0970	0	1	恢复出厂值（恢复时间大约为60s）
3	P0003	1	3	参数访问专家级
4	P0010	0	1	1—启动快速调试
5	P0304	400	380	电动机额定电压（V）
6	P0305	1.90	0.35	电动机额定电流（A）
7	P0307	0.75	0.06	电动机额定功率（kW）
8	P0311	1395	1430	电动机额定速度（r/min）
9	P0700	2	2	2—外部数字端子控制
10	P1000	2	2	频率设定通过外部模拟量给定
11	P1120	10.00	1.00	加速时间（s）
12	P1121	10.00	1.00	减速时间（s）
13	P3900	0	1	结束快速调试
14	P0003	1	2	参数访问级：2—扩展级

序号	参数代号	出厂值	设置值	说　明
15	P0701	1	1	DIN1为启动/停止控制
16	P0756	0	0	单极性电压输入（0～+10V）

注：表中电动机参数为380V、0.35A、0.06kW、1430r/min，请按照电动机实际参数进行设置。

（3）控制程序

① 硬件组态　新建一个项目，打开"设备视图"，将CPU314C-2DP（V2.6）拖放到视图中，将CP343-1 Lean拖放到4号槽中。点击"网络视图"，在"硬件目录"下，依次展开"HMI"→"SIMATIC 精智面板"→"7″ 显示屏"→"TP700 Comfort"，将6AV2 124-0GC01-0AX0拖放到网络视图中。选中 连接，选择后面的"HMI 连接"。拖动CPU的MPI图标 到HMI的通信接口图标 ，自动建立了一个"HMI_连接_1"的连接。PLC的MPI地址为2，触摸屏的MPI地址为1，传送速率为187.5kbit/s。

点击CP343-1 Lean的Ethernet图标 ，点击"添加新子网"，添加新子网"PN/IE_1"，默认的以太网IP地址为192.168.0.1，子网掩码为255.255.255.0。

将CPU的模拟量输入通道0设置为"电压"，测量范围为0～10V，地址为IW752:P；将模拟量输出通道AO0设为"电压"，输出范围为0～10V，地址为QW752:P。

② 添加数据块　添加数据块DB1，如图7-2所示。预设设定液位为7500mm，输入到PID控制器的过程值为0.0～100.0，比例增益为5倍，积分时间为10s，微分时间为5s，采样时间为150ms，PID控制器输出的调节值范围为0.0～100.0，手动调节取水泵频率的20%，可以输出10Hz的频率。

		名称	数据类型	偏移量	起始值	保持	在 HMI 工程组态中可见
1		▼ Static				☐	☐
2		设定液位	Int	0.0	7500	☑	☑
3		液位高度下限	Int	2.0	0	☑	☑
4		设定值	Real	4.0	0.0	☑	☑
5		过程值上限	Real	8.0	100.0	☑	☑
6		过程值下限	Real	12.0	0.0	☑	☑
7		过程值	Real	16.0	0.0	☑	☑
8		比例增益	Real	20.0	5.0	☑	☑
9		积分时间	Time	24.0	T#10s	☑	☑
10		微分时间	Time	28.0	T#5S	☑	☑
11		极性	Bool	32.0	false	☑	☑
12		采样时间	Time	34.0	T#150ms	☑	☑
13		调节值	Real	38.0	0.0	☑	☑
14		调节值上限	Real	42.0	100.0	☑	☑
15		调节值下限	Real	46.0	0.0	☑	☑
16		手动值	Real	50.0	20.0	☑	☑
17		比例开关	Bool	54.0	1	☑	☑
18		积分开关	Bool	54.1	1	☑	☑
19		微分开关	Bool	54.2	1	☑	☑

图 7-2　数据块 DB1

③ 编写控制程序

a. 主程序OB1。恒压供水系统的控制主程序OB1如图7-3所示。

在程序段1中，当按下启动按钮SB1（I124.1常开触点接通）、点击触摸屏中的"启动"或点击WinCC界面中的"启动"（M0.0常开触点接通）时，M1.0置"1"，在程序段4中，Q124.0线圈通电，水泵启动运行；Q124.1线圈通电，阀门开启，进行供水。

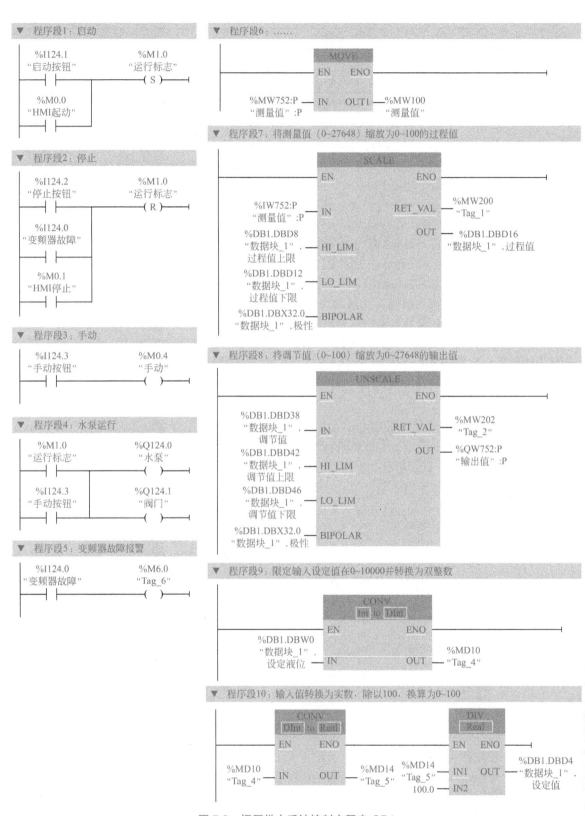

图 7-3 恒压供水系统控制主程序 OB1

在程序段 2 中,当按下停止按钮 SB2(I124.2 常开触点接通)、变频器发生故障(I124.0 常开触点接通)、点击触摸屏中的"停止"或点击 WinCC 界面中的"停止"(M0.1 常开触点接通)时,M1.0 复位,水泵停止,阀门关闭。

在程序段 3 和程序段 4 中,当按下手动按钮 SB3 时,I124.3 常开触点接通,M0.4 和 Q124.0 线圈通电,OB35 中的 PID 程序进入手动操作,水泵以 10Hz(50Hz 的 20%)运行,Q124.1 线圈通电,阀门开启。

在程序段 5 中,当变频器发生故障(I124.0 常开触点接通)时,M6.0 线圈通电,通过触摸屏或 WinCC 进行报警。

在程序段 6 中,将测量压力输入值 IW752:P 转存到 MW100。

在程序段 7 中,将整数的测量压力输入值 IW752:P(0 ~ 27648)缩放为实数的过程值(0.0 ~ 100.0),上限是过程值上限(地址 DB1.DBD8,值 100.0),下限为过程值下限(地址 DB1.DBD12,值 0.0)。极性为单极性("0")。

在程序段 8 中,将实数的调节值(0.0 ~ 100.0)缩放为整数的输出值(0 ~ 27648)送入 QW752:P 进行调速。极性为单极性("0")。

在程序段 9 中,将设定液位(0 ~ 10000mm)转换为双整数保存在 MD10 中。

在程序段 10 中,将设定液位转换为实数,然后除以 100.0,换算为 0.0 ~ 100.0,保存到"设定值"中,作为 PID 控制器的设定值输入。

b. 循环中断程序 OB35。首先在 CPU 的循环中断中设置 OB35 的循环中断时间为 100ms,然后编写如图 7-4 所示的循环中断程序,DB2 作为"CONT_C"的背景数据块。

在程序段 1 中,手动操作为 M0.4,P_SEL 为"比例开关",默认为"1",具有比例作用;I_SEL 为"积分开关",默认为"1",具有积分作用;D_SEL 为"微分开关",默认为"1",具有微分作用,也就是具有比例(P)、积分(I)和微分(D)运算。CYCLE 为"采样时间",已设为 150ms;设定值 SP_INT 和过程值 PV_IN,在主程序中已经算出,手动值 MAN 设为 20.0;比例增益 GAIN 为 5 倍;积分时间为 10s;微分时间为 5s;调节值上限和下限为 100.0 和 0.0;输出 LMN 为"调节值",送到主程序中进行运算,对水泵进行调速。

(4)触摸屏的组态

① 组态触摸屏画面 组态的触摸屏画面如图 7-5(a)所示。选择右侧工具箱中的"圆",在组态画面中画出合适的圆。打开"属性"→"动画"→"显示",在右边"外观"中点击添加新动画图标■,进入外观动画组态。选择 PLC 的默认变量表,将详细视图中的变量"水泵"拖放到巡视窗口中外观变量名称后面,然后将范围"0"选择背景色为灰色,"1"选择背景色为绿色。

将工具箱中的"元素"下的按钮■ 按钮拖放到界面中,命名为"启动"。选择"属性"→"事件"→"按下",单击视图右侧最上面一行,再单击它的右侧出现的▼键,选择"编辑位"→"置位位"。选择 PLC 的默认变量表,将详细视图中的变量"HMI 启动"拖放到巡视窗口中变量(输入/输出)的后面。选择"属性"→"事件"→"释放",选择"编辑位"→"复位位",将详细视图下的变量"HMI 启动"拖放到巡视窗口中变量(输入/输出)的后面。用同样的方法组态停止按钮。

将详细视图中的变量"测量值"拖放到液位高度后面,在其属性下修改为"输出"模式;在项目树中,点击"数据块_1[DB1]",从详细视图中将变量"设定液位"拖放到设定液位后面,修改为"输入"模式;将详细视图中的变量"液位高度下限"拖放到液位下限后面,修改为"输入"模式。

② 报警组态

a. 报警的设置。PLC 硬件的组态、PLC 与触摸屏 MPI 通信网络的建立,前面已经讲述。

▼ 程序段1：PID控制器

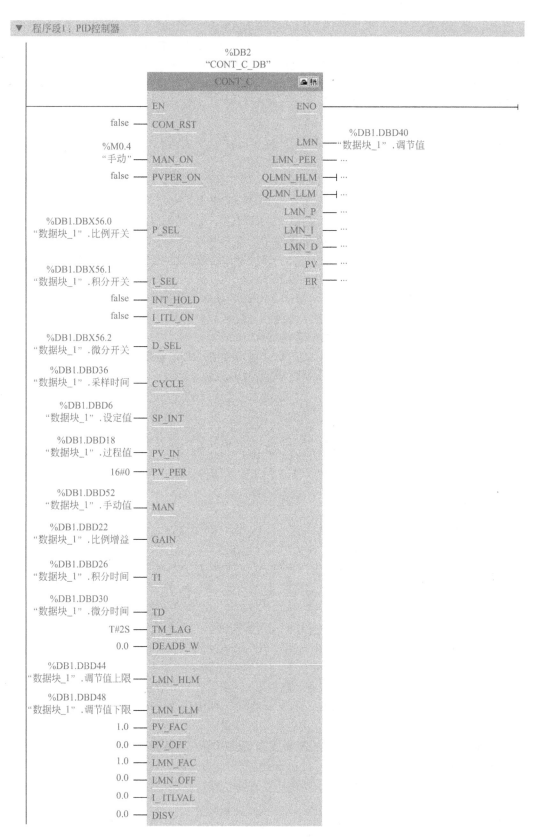

图 7-4　循环中断程序 OB35

双击 HMI 站点下的"HMI 报警",可以进入报警组态画面。点击"报警类别",将错误类型报警的显示名称由"！"修改为"错误";系统报警由"$"修改为"系统报警";警告类型的报警修改为"警告"。选择错误类型的报警,在"属性"栏的"常规"下,点击"状态",将报警的状态分别修改为"到达""离开"和"确认",也可以修改每个状态所对应的显示颜色。

　　b. 组态 HMI 报警。在项目树中,双击"HMI 报警",选择"离散量报警"选项卡,将名称和报警文本都改为"变频器故障",点击 PLC 的默认变量表,从详细视图中将变量"故障信息"(Word 类型)拖放到"触发变量"栏,如图 7-5(b)所示。点击"模拟量报警"选项卡,将"名称"和"报警文本"都改为"低于液位下限",从详细视图中将变量"测量值"拖放到"触发变量"栏;在项目树中,点击"数据块 _1[DB1]",从详细视图中将变量"液位高度下限"拖放到"限制"栏,"限制模式"选中"小于"。

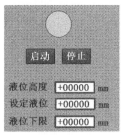

(a) 触摸屏界面

离散量报警

ID	名称	报警文本	报警类别	触发变量	触发位	触发器地址
1	变频器故障	变频器故障	Errors	故障信息	0	%M6.0
<添加>						

模拟量报警

ID	名称	报警文本	报警类别	触发变量	限制		限制模式
1	低于液位下限	低于液位下限	Errors	测量值	数据块_1.液位高度下限		小于
<添加>							

(b) 触摸屏报警

默认变量表

名称	数据类型	连接	PLC 名称	PLC 变量	地址	采集周期	采集模式
故障信息	Word	HMI_连接_1	PLC_1	故障信息	%MW5	1 s	循环连续
数据块_1_液位高度下限	Int	HMI_连接_1	PLC_1	数据块_1.液位高度下限	%DB1.DBW2	1 s	循环连续
数据块_1_设定液位	Int	HMI_连接_1	PLC_1	数据块_1.设定液位	%DB1.DBW0	1 s	循环连续
水泵	Bool	HMI_连接_1	PLC_1	水泵	%Q124.0	1 s	循环操作
测量值	Int	HMI_连接_1	PLC_1	测量值	%MW100	1 s	循环连续
HMI启动	Bool	HMI_连接_1	PLC_1	HMI启动	%M0.0	1 s	循环操作
HMI停止	Bool	HMI_连接_1	PLC_1	HMI停止	%M0.1	1 s	循环操作

(c) 触摸屏变量

图 7-5　触摸屏的组态

　　c. 组态报警画面。在 HMI 站点下,展开"画面管理",双击打开"全局画面",将"工具箱"中的"报警窗口"拖放到画面中,调整控件大小,注意不要超出编辑区域。在"属性"的"常规"选项下,将显示当前报警状态的"未决报警"和"未确认报警"都选上,将报警类别的"Errors"选择启用,当出现错误类报警时就会显示该报警。

　　点击"布局"选项,设置每个报警的行数为 1 行。

　　点击"工具栏"选项,选中"工具提示"和"确认",自动在报警窗口中添加工具提示按钮🔧和确认按钮🔧。

　　点击"列"选项可以选择要显示的列。本例中选择了"日期""时间""报警类别名称""报警状态""报警文本"和"报警组";报警的排序选择了"降序",最新的报警显示在第 1 行。

　　点击"窗口"选项,在设置项中选择"自动显示""可调整大小";在标题项中,选择"启用"，标题输入"离散量报警"，选择"关闭"按钮。当出现报警时会自动显示，右上角有可关闭的▣。

③ 输入值的限定与输出值的线形标定　通过拖放自动生成的触摸屏变量如图7-5（c）所示。选中"数据块_1_设定液位"，点击"属性"→"范围"，将上限1和下限1选择为常量Const，分别输入10000和0；选中"数据块_1_液位高度下限"，点击"属性"→"范围"，将上限1和下限1选择为常量Const，分别输入10000和0。

选中"测量值"，点击"属性"→"线形标定"，选中"线形标定"复选框，将PLC的"起始值"和"结束值"分别设为0和27648，HMI的"起始值"和"结束值"分别设为0和10000。那么，就会将PLC的"测量值"（0～27648）线形转换为0～10000mm。

（5）WinCC的组态

双击桌面上的"SIMATIC WinCC Explorer"图标，启动WinCC项目管理器，新建一个"单用户项目"。

① 建立连接　在项目管理器中双击"变量管理"，在"变量管理"上单击鼠标右键，选择"添加新的驱动程序"→"SIMATIC S7 Protocol Suite"。在"TCP/IP"上单击右键，选择"系统参数"，在弹出的窗口中选择"单位"，将逻辑设备名称命名为"CP-TCPIP"，点击确定。

打开计算机的"控制面板"，双击"设置PG/PC接口"，在"应用程序访问点"下选择"CP-TCPIP → TCP/IP（Auto）→ Realtek PCIe GBE Family Controller"（计算机网卡）。如果没有CP-TCPIP，单击"添加/删除"，在弹出的窗口中输入"CP-TCPIP"，点击确定，然后再选择"TCP/IP（Auto）→ Realtek PCIe GBE Family Controller"。

将计算机的IP地址设为192.168.0.10，子网掩码设为255.255.255.0。

在"变量管理"的"TCP/IP"上单击右键，选择"新建连接"，建立一个"NewConnection_1"的连接。在"NewConnection_1"上单击右键，选择"连接参数"，将IP地址设为192.168.0.1（即PLC的以太网IP地址）、插槽号设为2（即PLC的CPU插槽号）。

② 变量的组态　在"NewConnection_1"的右边窗口中建立的变量如图7-6所示。其中，对变量"测量压力"进行了线性标定，将AS值范围0～27648线性转换为OS值0～100kPa。同样对变量"液位高度"进行了线性标定，将AS值范围0～27648线性转换为OS值0～10000mm。

	名称	数据类型	长度	格式调整	连接	地址	线性标定	AS值范围从	AS值范围到	OS值范围从	OS值范围到
1	设定液位	有符号的16位值	2	ShortToSignedWord	NewConnection_1	DB1,DBW0	☑				
2	液位下限	有符号的16位值	2	ShortToSignedWord	NewConnection_1	DB1,DBW2	☑				
3	启动	二进制变量	1		NewConnection_1	M0.0	☐				
4	停止	二进制变量	1		NewConnection_1	M0.1	☐				
5	故障信息	无符号的16位值	2	WordToUnsignedWord	NewConnection_1	MW5	☑				
6	测量压力	有符号的16位值	2	ShortToSignedWord	NewConnection_1	MW100	☑	0	27648	0	100
7	液位高度	有符号的16位值	2	ShortToSignedWord	NewConnection_1	MW100	☑	0	27648	0	10000
8	水泵	二进制变量	1		NewConnection_1	Q124.0	☐				
9	阀门	二进制变量	1		NewConnection_1	Q124.1	☐				

图7-6　WinCC变量

③ 报警记录的组态　在项目管理器中双击"报警记录"，点击"消息块"，选中"日期""时间""编号""状态""消息文本"和"错误点"，用于在报警视图中显示这些列。点击"错误"下的"报警"，在右边的窗口中输入离散量报警消息。在本例中只有变频器故障这一离散量报警，选择变量"故障信息"，消息文本中输入"变频器故障"，错误点输入"I124.0"，则当"故障信息"的第0位（M6.0）为"1"时触发这个报警。

点击"模拟消息"，在"限制值"下选择变量"液位高度"，消息号输入"2"，选择"下限"比较，选中"间接"，然后再选择"液位下限"作为比较值变量。

组态的离散量报警和模拟量报警如图 7-7 所示。

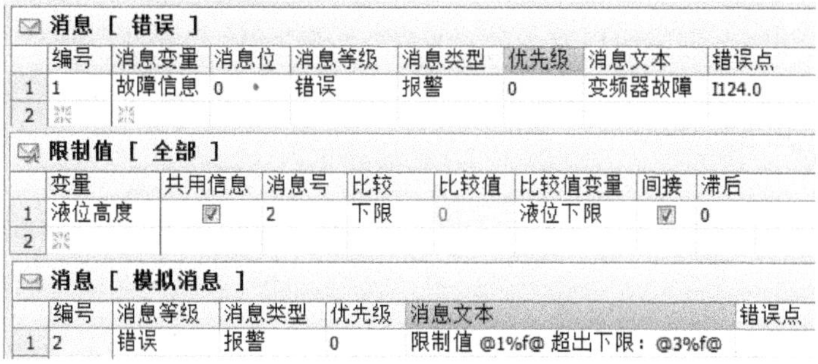

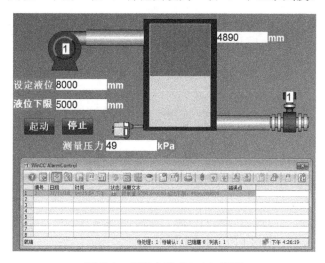

图 7-7 报警记录的组态

④ WinCC 界面的组态 处于运行状态下的 WinCC 界面如图 7-8 所示。在"项目管理器"中，双击"图形编辑器"，建立一个画面，保存为"监控画面"。将"智能对象"下的"棒图"拖放到界面中，在弹出的对话框中设置变量为"液位高度"，限制为 0～10000，棒图方向为"顶部"。点击"属性"下的"轴"，将范围设为"否"，不显示刻度。

图 7-8 运行中的 WinCC 界面

在右侧栏中打开"控件"选项卡，将"Siemens HMI Symbol Library 1.4.1"拖放到界面中，点击"属性"下的"控件属性"，在右边双击"Picture"，找到类别"泵"，选择合适的图形，点击确定。用同样的方法，找到类别"管道"，选择水平管道；找到类别"传感器"，选择合适的压力传感器图形；找到类别"阀"，选择合适的阀门图形。

将设定液位和液位下限的 I/O 域设为输入域，分别与变量"设定液位"和"液位下限"连接。将液位高度和测量压力的 I/O 域设为输出域，分别与变量"液位高度"和"测量压力"连接。将水泵和阀门的 I/O 域设为输出域，分别与变量"水泵"和"阀门"连接。具体参见 WinCC 有关章节。

在"控件"选项卡中，点击"WinCC AlarmControl"，在画面中画出合适的大小和位置，并弹出"WinCC AlarmControl 属性"对话框。在"消息列表"标签中，将"可用的消息块"下的"消息文本"和"错误点"都移动到"选定的消息块"下，并将"编号"上移到第一行，在报警控件中会依次显示"编号""日期""时间""状态""消息文本"和"错误点"。

⑤ 设置启动画面 点击项目管理器中的"计算机"，双击右边窗口中的计算机名字，弹

出"计算机属性"对话框，选择"启动"选项卡，选中"报警记录运行系统"和"图形运行系统"，选择"图形运行系统"选项卡，点击右边的▭▭按钮，选择"监控画面.PDL"作为系统运行时的起始画面。选择窗口属性为"标题""最大化"，单击"确定"按钮，关闭对话框。在项目管理器中，点击工具栏上的▶按钮，WinCC 将启动运行系统；点击工具栏上的▬▬按钮可以停止 WinCC 的运行。

（6）下载运行

将 PLC 站点下载到 PLC 中，HMI 站点下载到触摸屏中，按照控制线路进行连接。在 WinCC 项目管理器中，点击工具栏上的▶按钮，启动 WinCC 运行系统，即可进行运行操作。

7.2 PLC、触摸屏、变频器和组态软件的 PROFIBUS 总线通信

◁[实例 80]▷ 生产设备的 PROFIBUS 总线控制

扫一扫，看视频

（1）控制要求

某生产设备有一台 S7-300 PLC（CPU314C-2DP）、两台电动机、一台触摸屏和三台计算机（一台服务器，两台客户机）组成，通过 PROFIBUS 总线通信进行控制，控制系统的组成如图 7-9 所示，控制要求如下。

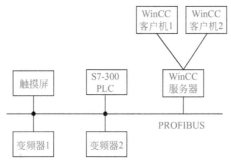

图 7-9 控制系统组成

① 当按下启动按钮、点击触摸屏中的"启动"或点击 WinCC 服务器界面中的"启动"时，蒸汽管道开启，对烘房进行加热。烘房温度高于 200℃时，电动机 1 以设定速度启动；经过 5s，电动机 2 以设定速度启动。

② 当按下停止按钮、点击触摸屏中的"停止"或点击 WinCC 服务器界面中的"停止"时，蒸汽管道关闭，同时两台电动机立即停止。

③ 在 WinCC 服务器中显示烘房温度与班产量报表，可以打印变量记录运行报表。

④ 当出现变频器 1 故障、变频器 2 故障、门限保护、急停时，在触摸屏和 WinCC 客户机 1 中报警，同时整个设备停机。

⑤ 当温度低于 200℃时，在触摸屏和 WinCC 中报警。

⑥ 在 WinCC 客户机 1 中显示当前班产量和报警信息，可以打印报警归档报表。

⑦ 在 WinCC 客户机 2 中显示当前班产量和烘房温度与班产量报表。

（2）控制线路

① 控制线路接线 生产设备的 PROFIBUS 总线控制线路如图 7-10 所示，两端的 DP 终端连接器的电阻开关拨到"ON"。

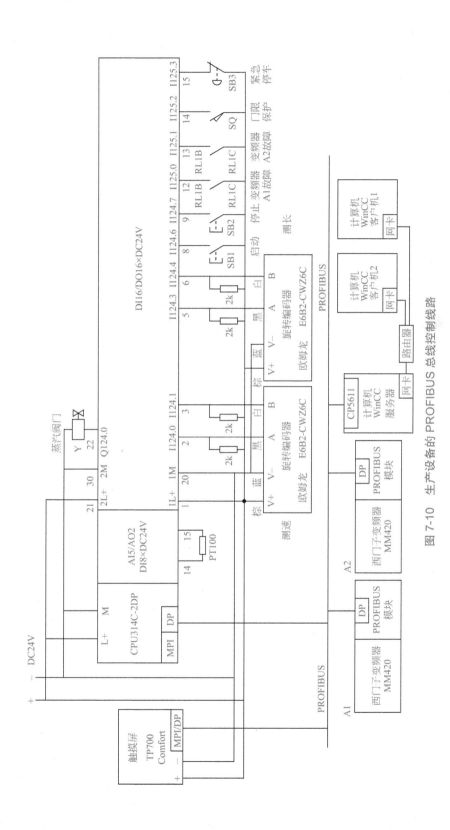

图7-10 生产设备的 PROFIBUS 总线控制线路

② I/O 端口分配　PLC 的 I/O 端口分配见表 7-3。

表 7-3　[实例 80]的 I/O 端口分配

输入端口					输出端口		
输入点	输入器件	触摸屏地址	WinCC 地址	作用	输出点	输出器件	控制对象
I124.0	旋转编码器 1A 相			测速 A 相	Q124.0	电磁阀 Y	蒸汽阀门
I124.1	旋转编码器 1B 相			测速 B 相			
I124.3	旋转编码器 2A 相			测长 A 相			
I124.4	旋转编码器 2B 相			测长 B 相			
I124.6	SB1 常开触点	M0.0	M0.0	启动			
I124.7	SB2 常开触点	M0.1	M0.1	停止			
I125.0	变频器 1 故障输出	M9.0	M9.0	变频器 1 故障			
I125.1	变频器 2 故障输出	M9.1	M9.1	变频器 2 故障			
I125.2	SQ 常开触点	M9.2	M9.2	门限保护			
I125.3	SB3 常闭触点	M9.3	M9.3	紧急停车			

③ 变频器参数设置　变频器 1 和 2 的参数设置见表 7-4。

表 7-4　[实例 80]的变频器 1 和 2 参数设置

序号	参数代号	出厂值	设置值	说　明	序号	参数代号	出厂值	设置值	说　明
1	P0010	0	30	调出出厂设置参数	11	P1000	2	6	频率设定值的选择：通过 COM 链路的通信板（CB）设置
2	P0970	0	1	恢复出厂值（恢复时间大约为 60s）	12	P1120	10.00	1.00	加速时间（s）
3	P0003	1	3	参数访问级 3—专家级	13	P1121	10.00	1.00	减速时间（s）
4	P0004	0	0	0—全部参数	14	P3900	0	1	结束快速调试
5	P0010	0	1	1—启动快速调试	15	P0003	1	3	专家级
6	P0304	400	380	电动机的额定电压（V）	16	P0004	0	0	全部参数
7	P0305	1.90	0.35	电动机的额定电流（A）	17	P0918	3	3（4）	PROFIBUS 地址，变频器 1 地址为 3，变频器 2 地址为 4
8	P0307	0.75	0.06	电动机的额定功率（kW）	18	P2000	50.00	50.00	基准频率
9	P0311	1395	1430	电动机的额定速度（r/min）	19	P2009[0]	0	0	禁止 COM 链路的串行接口规格化，以 16 进制发送和接收频率
10	P0700	2	6	选择命令源：通过 COM 链路的通信板（CB）设置	20	P0010	0	0	如不启动，检查 P0010 是否为 0

注：表中电动机参数为 380V、0.35A、0.06kW、1430r/min，请按照电动机实际参数进行设置。

（3）控制程序

① 硬件组态

a. PLC 硬件组态。新建一个"PLC_1[CPU314C-2DP]"（V2.6）的站点，在 4 号槽插入 CP343-1 Lean（V2.0）（笔者的硬件配置，这里没有用到），将 CPU 的计数通道 0 设置为"频率测量"，输入 0 选择"单倍频旋转编码器"，用于测量电动机 M1 的速度，计数地址为 768；将计数通道1设置为"单次计数",主计数方向"向前",输入0选择"单倍频旋转编码器",用于计长测量,计数地址为770;将模拟量输入通道4设置为热敏电阻(线性,2线制),默认的输入地址为AI760(即IW760:P),用于测量温度。

b. PROFIBUS DP通信组态。打开"网络视图",在"硬件目录"下,依次展开"HMI"→"SIMATIC精智面板"→"7″显示屏"→"TP700 Comfort",将"6AV2 124-0GC01-0AX0"拖放到网络视图中。在"网络视图"下,选中 🔛 连接,选择后面的"HMI连接"。拖动PROFIBUS的DP图标■到HMI的通信接口图标■,自动建立一个"HMI_连接_1"的连接。点击PLC的DP图标■,打开"属性"→"常规"→"PROFIBUS地址",可以看到PROFIBUS地址为2,传输率为1.5Mbit/s。点击HMI的通信接口图标■,可以看到PROFIBUS地址为1,传输率为1.5Mbit/s。

在"硬件目录"下,依次展开"其他现场设备"→"PROFIBUS DP"→"驱动器"→"Siemens AG"→"SIMOVERT"→"MICROMASTER 4",将"6SE640X-1PB00-0AA0"拖放到"PROFIBUS_1"的子网上,添加一个"Slave_1"的从站。"Slave_1"显示"未分配",点击"未分配",选择主站"PLC_1.DP接口_1"。点击"Slave_1"的DP图标■,可以看到子网为"PROFIBUS_1",修改PROFIBUS地址为3,传输率为1.5Mbit/s。双击"Slave_1",进入"设备视图",点击右边的 ◀ 图标,展开"设备概览",将"4 PKW,2 PZD(PPO1)"拖放到视图的插槽1中,可以看到,4 PKW默认的I/O地址为272～279,2 PZD默认的I/O地址为280～283。按照同样的方法,添加一个"Slave_2"的变频器从站,修改PROFIBUS地址为4。双击"Slave_2",进入"设备视图",点击右边的 ◀ 图标,展开"设备概览",将"4 PKW,2 PZD(PPO1)"拖放到视图的插槽1中,可以看到,4 PKW默认的I/O地址为284～291,2 PZD默认的I/O地址为292～295。

点击"网络视图"下的显示地址图标■,可以看到DP网络的地址,如图7-11所示。

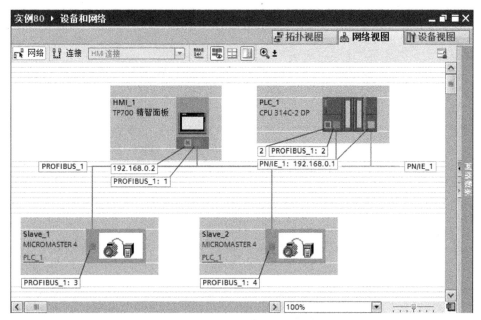

图7-11 PROFIBUS通信组态

② 编写控制程序

a. 添加数据块。在PLC站点下,双击"添加新块",添加一个数据块DB1,命名为"REV1",建立变量如图7-12(a)所示,用于存放与变频器A1进行DP通信中所需要的用户数据；再添加一个数据块 DB2，命名为"DEV1"，建立变量如图 7-12（b）所示，用于存放与设备有关的变量；再添加一个数据块 DB3，命名为"REV2"，用于存放与变频器 A2 进行 DP 通信中所需要的用户数据，数据与 REV1[DB1] 一样。

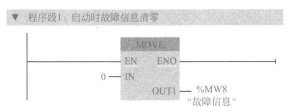

REV1				
	名称	数据类型	偏移量	启动值
1	▼ Static			
2	PKE_R	Word	0.0	16#0
3	IND_R	Word	2.0	16#0
4	PWE1_R	Word	4.0	16#0
5	PWE2_R	Word	6.0	16#0
6	PZD1_R	Word	8.0	16#0
7	PZD2_R	Word	10.0	16#0
8	PKE_W	Word	12.0	16#0
9	IND_W	Word	14.0	16#0
10	PWE1_W	Word	16.0	16#0
11	PWE2_W	Word	18.0	16#0
12	PZD1_W	Word	20.0	16#0
13	PZD2_W	Word	22.0	16#0

DEV1				
	名称	数据类型	偏移量	启动值
1	▼ Static			
2	设定M1速度	Int	0.0	0
3	设定M2速度	Int	2.0	0
4	测量速度	Int	4.0	0
5	设定温度	Int	6.0	0
6	测量温度	Int	8.0	0
7	班产量	Real	10.0	0.0

(a) 数据块 DB1　　　　　　　　　　(b) 数据块 DB2

图 7-12　数据块

b. 启动组织块 OB100。双击"添加新块"，添加一个组织块 OB100，如图 7-13 所示。启动时，使故障信息 MW8 清零。

▼ 程序段1：启动时故障信息清零

```
        MOVE
      EN    ENO
  0 — IN
         OUT1 — %MW8
              "故障信息"
```

图 7-13　启动组织块 OB100

c. 主程序。控制主程序如图 7-14 所示。

程序段 1 和程序段 2 为对变频器 1 的读写控制，PZD1_W 为写入到变频器 1 的控制命令，PZD2_W 为写入到变频器 1 的频率；PZD1_R 为读取变频器 1 的运行状态，PZD2_R 为读取变频器 1 的输出频率。

在程序段 1 中，将 P#DB1.DBX20.0 BYTE 4（DB1 中从 DBX20.0 开始的 4 个字节，即 PZD1_W 和 PZD2_W）写入到已组态的地址 W#16#118（即 280）中。

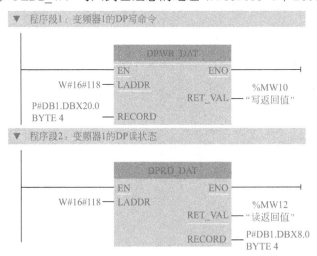

▼ 程序段1：变频器1的DP写命令

```
           DPWR_DAT
         EN        ENO
W#16#118 — LADDR
                RET_VAL — %MW10
                          "写返回值"
P#DB1.DBX20.0
BYTE 4    — RECORD
```

▼ 程序段2：变频器1的DP读状态

```
           DPRD_DAT
         EN        ENO
W#16#118 — LADDR
                RET_VAL — %MW12
                          "读返回值"
                RECORD — P#DB1.DBX8.0
                          BYTE 4
```

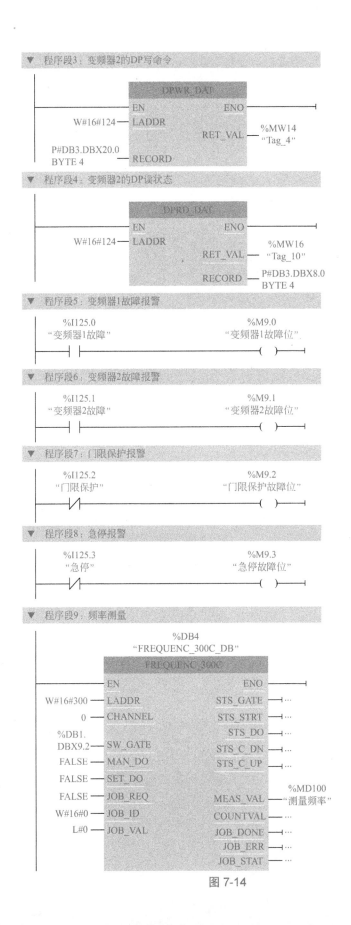

图 7-14

▼ 程序段10：计数

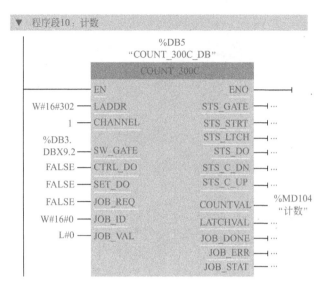

▼ 程序段11：加热

▼ 程序段12：M1的启停

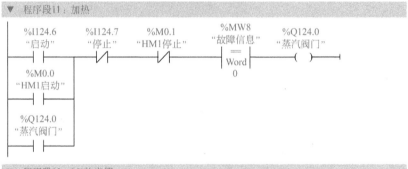

▼ 程序段13：M2的启停

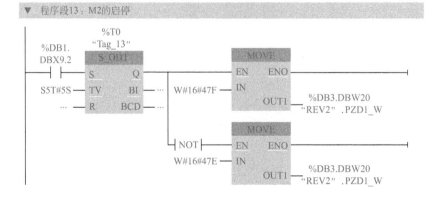

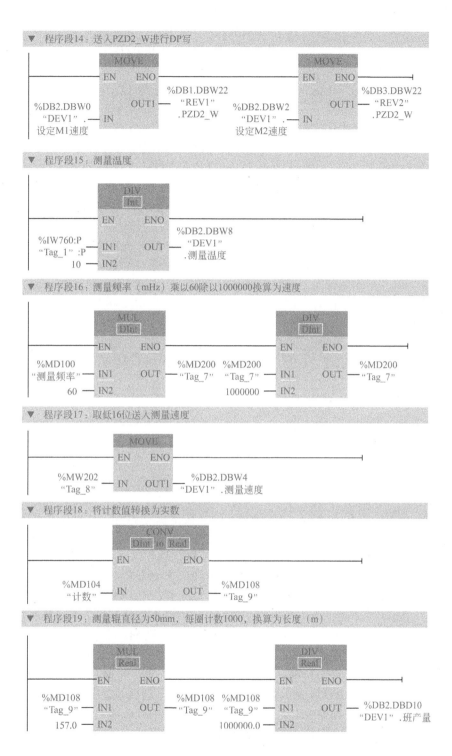

图 7-14 控制主程序

在程序段 2 中，从已组态的地址 W#16#118（即 280）中读取数据到 P#DB1.DBX8.0 BYTE 4（DB1 中从 DBX8.0 开始的 4 个字节，即 PZD1_R 和 PZD2_R）。

程序段 3 和程序段 4 为对变频器 2 的读写控制，PZD1_W 为写入到变频器 2 的控制命令，PZD2_W 为写入到变频器 2 的频率；PZD1_R 为读取变频器 2 的运行状态，PZD2_R 为读取变频器 2 的输出频率。

在程序段 3 中，将 P#DB3.DBX20.0 BYTE 4（DB3 中从 DBX20.0 开始的 4 个字节，即 PZD1_W 和 PZD2_W）写入到已组态的地址 W#16#124（即 292）中。

在程序段 4 中，从已组态的地址 W#16#124（即 292）中读取数据到 P#DB3.DBX8.0 BYTE 4（DB3 中从 DBX8.0 开始的 4 个字节，即 PZD1_R 和 PZD2_R）。

在程序段 5 中，正常运行时，变频器 1 没有故障，I125.0 没有输入；当变频器发生故障时，I125.0 有输入，其常开触点闭合，M9.0 线圈通电，触发变频器 1 故障报警。

在程序段 6 中，正常运行时，变频器 2 没有故障，I125.1 没有输入；当变频器发生故障时，I125.1 有输入，其常开触点闭合，M9.1 线圈通电，触发变频器 2 故障报警。

在程序段 7 中，正常运行时，车门应处于关闭状态，压住行程开关 SQ，故 I125.2 有输入，其常闭触点断开；当车门打开时，I125.2 没有输入，其常闭触点接通，M9.2 线圈通电，触发门限保护报警。

在程序段 8 中，正常运行时，紧急停车按钮为常闭触点，故 I125.3 有输入，其常闭触点断开；当按下紧急停车按钮时，I125.3 没有输入，其常闭触点接通，M9.3 线圈通电，触发紧急停车报警。

在程序段 9 中，应用频率测量指令测量频率。地址为 W#16#300（768），通道号为 0，电动机 M1 运行时（DB1.DBX9.2 为 "1"），接通软件门，开始测量频率。频率的测量值保存到 MD100，单位为 mHz。

在程序段 10 中，应用计数指令进行单次计数。计数器的地址为 W#16#302（770），通道号为 1，电动机 M2 运行时（DB3.DBX9.2 为 "1"），接通软件门，开始计数。计数值保存到 MD104。

在程序段 11 中，当没有故障（MW8=0）时，按下启动按钮（I124.6 常开触点接通）、点击触摸屏或 WinCC 界面中的 "启动"（M0.0 常开触点接通），Q124.0 通电自锁，蒸汽阀门打开，开始加热。当有故障（MW8 ≠ 0）、按下停止按钮（I124.7 常闭触点断开）、点击触摸屏或 WinCC 中的 "停止"（M0.1 常闭触点断开）时，Q124.0 断电，自锁解除，停止加热。

在程序段 12 中，当正在加热（Q124.0 常开触点接通）且测量温度大于设定温度时，将 W#16#47F 送入 DB1 的 PZD1_W，发送到变频器 1 对电动机 M1 进行启动控制。否则，将 W#16#47E 送入 DB1 的 PZD1_W，发送到变频器 1 对电动机 M1 进行停止控制。

在程序段 13 中，当电动机 M1 运行时（DB1.DBX9.2 常开触点接通）时，T0 延时 5s，将 W#16#47F 送入 DB3 的 PZD1_W，发送到变频器 2 对电动机 M2 进行启动控制。否则，将 W#16#47E 送入 DB3 的 PZD1_W，发送到变频器 2 对电动机 M2 进行停止控制。

在程序段 14 中，将 "设定 M1 速度" 传送到 DB1 的 PZD2_W，发送到变频器 A1 对电动机 M1 进行调速；将 "设定 M2 速度" 传送到 DB3 的 PZD2_W，发送到变频器 A2 对电动机 M2 进行调速。

在程序段 15 中，将温度测量输入 IW760:P（−2000 ∼ 8500）除以 10 换算为测量温度（−200 ∼ 850℃）。

在程序段 16 中，由于频率测量值的单位为 mHz，旋转编码器每转输出 1000 个脉冲，所以测量速度 = 频率测量值 ×60÷1000000（单位 r/min）。如果先进行除法运算，运算结果的小数部分会舍去，影响测量精度，故先乘以 60，再除以 1000000。

在程序段 17 中，取 MD200 的低位字（MW202）送入 DB2.DBW4（即测量速度）进行显示。

在程序段 18 中，将计数值转换为实数。

在程序段 19 中，测量辊的直径为 50mm，周长为 157mm，旋转编码器每转输出 1000 个脉冲，测量长度 = 计数值 $\times$ 157 $\div$ 1000，换算为单位 m，故将 MD108（计数值）乘以 157，除以 1000000，换算为测量长度（单位 m）保存到 DB2.DBD10（班产量）进行显示。

（4）触摸屏的组态

① 触摸屏画面的组态

a. 指示灯的组态。触摸屏画面如图 7-15 所示。先在 HMI 默认变量表建立变量"电动机 1"和"电动机 2"，PLC 地址分别为 DB1.DBX9.2 和 DB3.DBX9.2。在图 7-15（a）所示的"监控画面"中，选择右侧工具箱中的"矩形"，在组态画面中画出合适的矩形。打开"属性"→"动画"→"显示"，在右边"外观"中点击添加新动画图标 ，进入外观动画组态。选择 PLC 的默认变量表，将详细视图中的变量"蒸汽阀门"拖放到巡视窗口中外观变量名称后面，然后将范围"0"选择背景色为灰色，"1"选择背景色为绿色。通过复制粘贴，将矩形分别粘贴到 M1 和 M2 下。点击 HMI 默认变量表，从详细视图中将"电动机 1"和"电动机 2"分别拖放到对应的巡视窗口中外观变量名称后面。

b. 按钮的组态。将工具箱中的"元素"下的按钮 按钮 拖放到界面中，修改为"启动"。选择"属性"→"事件"→"按下"，单击视图右侧最上面一行，再单击它的右侧出现的 键，选择"编辑位"→"置位位"。选择 PLC 的默认变量表，将详细视图中的变量"HMI 启动"拖放到巡视窗口中变量（输入 / 输出）的后面。选择"属性"→"事件"→"释放"，选择"编辑位"→"复位位"，将详细视图下的变量"HMI 启动"拖放到巡视窗口中变量（输入 / 输出）的后面。通过复制粘贴，生成一个按钮，修改为"停止"，分别选择该按钮的按下和释放事件下的"置位位"和"复位位"，从详细视图中将"HMI"拖放到事件对应的变量中。

c. I/O 域的组态。在项目树中，点击"DEV1[DB2]"，从详细视图中将变量"测量温度"拖放到测量温度后面，自动生成一个 I/O 域，修改为"输出"模式；用同样的方法生成"测量速度"和"班产量"的 I/O 域，都作为输出域。

打开"设定画面"，如图 7-15（b）所示从详细视图中将变量"设定温度"拖放到设定温度的后面，自动生成一个 I/O 域，修改为"输入"模式。用同样的方法生成"设定 M1 速度"和"设定 M2 速度"的 I/O 域，都作为输入域。

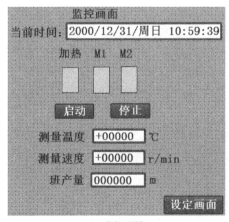
(a) 监控画面

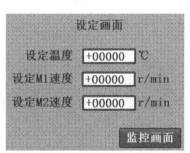
(b) 设定画面

图 7-15 触摸屏画面

② 报警组态

a. 报警的设置。PLC 硬件的组态、PLC 与触摸屏 MPI 通信网络的建立，前面已经讲述。双击 HMI 站点下的"HMI 报警"，可以进入报警组态画面。点击"报警类别"，将错误类型报警的显示名称由"！"修改为"错误"；系统报警由"$"修改为"系统报警"；警告类型的报警修改为"警告"。选择错误类型的报警，在"属性"栏的"常规"下，点击"状态"，将报警的状态分别修改为"到达""离开"和"确认"，也可以修改每个状态所对应的显示颜色。

b. 离散量报警组态。在项目树中，双击"HMI 报警"，选择"离散量报警"选项卡，将"名称"和"报警文本"都改为"变频器 1 故障"，点击 PLC 的默认变量表，从详细视图中将变量"故障信息"（Word 类型）拖放到"触发变量"栏，如图 7-16 所示。然后在名称和报警文本栏分别输入"变频器 2 故障""门限保护""急停"，会自动添加触发变量"故障信息"的位。

离散量报警

	ID	名称	报警文本	报警类别	触发变量	触发位	触发器地址	HMI 确认变量
	1	变频器1故障	变频器1故障	Errors	故障信息	0	%M9.0	<无变量>
	2	变频器2故障	变频器2故障	Errors	故障信息	1	%M9.1	<无变量>
	3	门限保护	门限保护	Errors	故障信息	2	%M9.2	<无变量>
	4	急停	急停	Errors	故障信息	3	%M9.3	<无变量>
	<添加>							

模拟量报警

	ID	名称	报警文本	报警类别	触发变量	限制	限制模式
	1	温度低于设定值	温度低于设定值	Errors	DEV1_测量温度	DEV1_设定温度	小于
	<添加>						

图 7-16　HMI 报警

c. 模拟量报警组态。点击"模拟量报警"选项卡，将"名称"和"报警文本"都改为"温度低于设定值"，点击 PLC 的 DEV1[DB2]，从详细视图中将变量"测量温度"拖放到"触发变量"栏；将变量"设定温度"拖放到"限制"栏下，"限制模式"选择"小于"。

d. 报警画面组态。在 HMI 站点下，展开"画面管理"，双击打开"全局画面"，将"工具箱"中的"报警窗口"拖放到画面中，调整控件大小，注意不要超出编辑区域。在"属性"的"常规"选项下，将显示当前报警状态的"未决报警"和"未确认报警"都选上，将报警类别的"Errors"选择启用，当出现错误类报警时就会显示该报警。

点击"布局"选项，设置每个报警的行数为 1 行。

点击"工具栏"选项，选中"工具提示"和"确认"，自动在报警窗口中添加工具提示按钮🖬和确认按钮🖬。

点击"列"选项可以选择要显示的列。本例中选择了"日期""时间""报警类别名称""报警状态""报警文本"和"报警组"；报警的排序选择了"降序"，最新的报警显示在第 1 行。

点击"窗口"选项，在设置项中选择"自动显示""可调整大小"；在标题项中，选择"启用"，标题输入"报警窗口"，选择"关闭"按钮。当出现报警时会自动显示，右上角有可关闭的🗙。

③ 输入值的线形标定　通过拖放自动生成的 HMI 默认变量表如图 7-17 所示。在变量表中，选择变量"DEV1_ 设定 M1 速度"，点击该变量的"属性"下的"线形标定"，选中"线形标定"复选框，将 PLC 的"起始值"和"结束值"分别设为 0 和 16384，HMI 的"起始值"和"结束值"分别设为 0 和 1430。那么，就会将 HMI 的"DEV1_ 设定 M1 速度"（0 ～ 1430r/min）线形转换为 0 ～ 16384（16#0 ～ 16#4000）。按照同样的方法设定变量"DEV1_ 设定 M2 速度"。

特别注意，触摸屏启动时，要将波特率设置为 1.5Mbit/s。

默认变量表

	名称 ▲	数据类型	连接	PLC 名称	PLC 变量	地址	采集周期	采集模式
▣	DEV1_测量温度	Int	HMI_连接_1	PLC_1	DEV1.测量温度	%DB2.DBW8	1 s	循环连续
▣	DEV1_测量速度	Int	HMI_连接_1	PLC_1	DEV1.测量速度	%DB2.DBW4	1 s	循环连续
▣	DEV1_班产量	Real	HMI_连接_1	PLC_1	DEV1.班产量	%DB2.DBD10	1 s	循环连续
▣	DEV1_设定M1速度	Int	HMI_连接_1	PLC_1	DEV1.设定M1速度	%DB2.DBW0	1 s	循环连续
▣	DEV1_设定M2速度	Int	HMI_连接_1	PLC_1	DEV1.设定M2速度	%DB2.DBW2	1 s	循环连续
▣	DEV1_设定温度	Int	HMI_连接_1	PLC_1	DEV1.设定温度	%DB2.DBW6	1 s	循环连续
▣	HMI停止	Bool	HMI_连接_1	PLC_1	HMI停止	%M0.1	1 s	循环操作
▣	HMI启动	Bool	HMI_连接_1	PLC_1	HMI启动	%M0.0	1 s	循环操作
▣	电动机1	Bool	HMI_连接_1	PLC_1	<未定义>	%DB1.DBX9.2	1 s	循环操作
▣	电动机2	Bool	HMI_连接_1	PLC_1	<未定义>	%DB3.DBX9.2	1 s	循环操作
▣	蒸汽阀门	Bool	HMI_连接_1	PLC_1	蒸汽阀门	%Q124.0	1 s	循环操作

图 7-17 触摸屏变量

（5）WinCC 的组态

① WinCC 服务器组态

a. 建立一个新项目。双击桌面上的"SIMATIC WinCC Explorer"图标，启动 WinCC 项目管理器，点击左上角的新建项目图标▣，选择"多用户项目"，点击确定。在"新项目"对话框中输入项目名（本例输入"实例 80"），并选择合适的保存路径。

b. 组态变量。在项目管理器中双击"变量管理"，在"变量管理"上单击鼠标右键，选择"添加新的驱动程序"→"SIMATIC S7 Protocol Suite"。在"PROFIBUS"上单击右键，选择"系统参数"，在弹出的窗口中选择"单位"，将逻辑设备名称命名为"profibus"，点击确定。

打开计算机的"控制面板"，双击"设置 PG/PC 接口"，在"应用程序访问点"下单击"添加 / 删除"，在弹出的窗口中输入"profibus"，点击确定，然后再选择"CP5611（PROFIBUS）"。点击"CP5611（PROFIBUS）"，再点击"属性"，在弹出的属性窗口中，设置本地地址为 0，传输率为 1.5Mbit/s，配置文件为 DP。

在 WinCC 的"变量管理"中的"PROFIBUS"上单击右键，选择"新建连接"，建立一个"NewConnection_1"的连接。在"NewConnection_1"上单击右键，选择"连接参数"，将站地址设为 2（即 PLC 的 PROFIBUS 地址）、插槽号设为 2（即 PLC 的 CPU 插槽号）。

在"NewConnection_1"的右边窗口组态变量，如图 7-18 所示。其中对变量"设定 M1 速度""设定 M2 速度"进行了线性标定，将 0 ～ 1430 线性转换为 0 ～ 16384（16#0 ～ 16#4000）。

变量 [NewConnection_1]

	名称	数据类型	长度	连接	地址	线性标定	AS ↑AS 值范	OS ↑OS 值范围到
1	WinCC停止	二进制变量	1	NewConnection_1	M0.1	☐		
2	WinCC启动	二进制变量	1	NewConnection_1	M0.0	☐		
3	故障信息	无符号的 16 位值	2	NewConnection_1	MW8	☐		
4	测量温度	有符号的 16 位值	2	NewConnection_1	DB2,DBW8	☐		
5	测量速度	有符号的 16 位值	2	NewConnection_1	DB2,DBW4	☐		
6	班产量	32-位浮点数 IEEE 74		NewConnection_1	DB2,DD10	☐		
7	电动机1	二进制变量	1	NewConnection_1	DB1,D9.2	☐		
8	电动机2	二进制变量	1	NewConnection_1	DB3,D9.2	☐		
9	蒸汽阀门	二进制变量	1	NewConnection_1	Q124.0	☐		
10	设定M1速度	有符号的 16 位值	2	NewConnection_1	DB2,DBW0	☑	0 16384	0 1430
11	设定M2速度	有符号的 16 位值	2	NewConnection_1	DB2,DBW2	☑	0 16384	0 1430
12	设定温度	有符号的 16 位值	2	NewConnection_1	DB2,DBW6	☐		

图 7-18 WinCC 变量组态

c. 报警的组态。在"变量管理"页面双击导航栏中的"报警记录"，打开报警记录编辑页面。点击"消息块"，选中"日期""时间""编号""状态""消息文本"和"错误点"，用于在报警视图中显示这些列。点击“错误”下的“报警”，在右边的窗口中输入报警消息，如图 7-19 所示。

消息 [错误]

	编号	消息变量	消息位	消息等级	消息类型	优先级	消息文本	错误点
1	1	故障信息	0	错误	报警	0	变频器1故障	I125.0
2	2	故障信息	1	错误	报警	0	变频器2故障	I125.1
3	3	故障信息	2	错误	报警	0	门限保护	I125.2
4	4	故障信息	3	错误	报警	0	急停	I125.3
5								

限制值 [全部]

	变量	共用信息	消息号	比较	比较值	比较值变量	间接
1	测量温度	☐	5	下限	0	设定温度	☑

图 7-19　报警的组态

点击“模拟消息”，在右边的窗口中输入限制值，变量选择“测量温度”，消息号为 5，比较设为“下限”，选中“间接”下的方框，选择比较值变量为“设定温度”。当满足“测量温度”低于“设定温度”条件时，触发模拟量报警。

d. 组态变量记录运行报表。在“项目管理器”下双击“变量记录”，点击“归档”，在右边的窗口中输入归档名称为“产量”和“温度”，如图 7-20（a）所示。点击“过程值归档”下的“产量”，选择过程变量为“班产量”，采集周期和归档周期为“1second”，如图 7-20（b）所示。点击“过程值归档”下的“温度”，选择过程变量为“测量温度”，采集周期和归档周期为“1second”，如图 7-20（c）所示。

变量记录 - WinCC Configuration Studio

文件(F)　编辑(E)　视图(V)　帮助(H)

变量记录
- 变量记录
  - 定时器
  - 归档
    - 过程值归档
      - 产量
      - 温度
    - 压缩归档

归档 [过程值归档]

	归档名称	禁用归档	允许手动输入	存储位置	数据记录大小	大小 k 字节/变量	上次更改
1	产量	☐	☑	硬盘	100	3	2018/10/11
2	温度	☐	☑	硬盘	100	3	2018/10/12
3							
4							
5							
6							

(a) 建立归档

归档 [温度]

	过程变量	变量类型	变量名称	归档名称	采集类型	采集周期	归档/显示周期
1	测量温度	模拟量	测量温度	温度	周期 - 连续	1 second	1 second

(b) 产量归档

归档 [产量]

	过程变量	变量类型	变量名称	归档名称	采集类型	采集周期	归档/显示周期
1	班产量	模拟量	班产量	产量	周期 - 连续	1 second	1 second

(c) 温度归档

图 7-20　变量记录

在“项目管理器”下双击“报表编辑器”，打开“报表编辑器布局”，如图 7-21 所示。点击工具栏中的静态部分图标，将“日期 / 时间”对象拖放到左上角并调整对象大小。双击这个对象，打开对象属性对话框，在“属性”选项卡中单击“字体”，在右边的窗口中双击“X 对齐”，选择“居中”；双击“Y 对齐”，选择“居中”。按照同样的方法，添加“项目名称”和“页码”。为了使对象不显示边框，可以选择需要修改的对象，点击“线宽”下的“不可见”。

图 7-21　报表编辑器布局

点击工具栏中的动态部分图标 ，选择对象管理器的"运行系统文档"选项卡，从"WinCC 在线表格控件"下选择"表格"，将其拖放到布局页面中，调整到合适的尺寸。双击该对象，打开对象属性对话框，选择"连接"，双击"分配参数"，将第一列命名为"班产量"，点击"选择…"按钮，选择归档/变量为归档"产量"下的"班产量"，如图 7-22 所示。点击"+"按钮，添加 1 列，按照同样的方法组态"温度"列。然后点击"确定"，最后保存该布局为"Taglogging.RPL"。

(a) 在线表格控件属性　　　　　　　　　　　　(b) 选择归档/变量

图 7-22　WinCC 在线表格控件组态

在"项目管理器"中，点击"报表编辑器"下的"打印作业"，在右边的窗口中右击"@ Report Tag Logging RT Tables New"，选择"属性"，打开"打印机作业属性"如图 7-23 所示。在布局文件后的下拉列表中选择"Taglogging.RPL"，取消"行式打印机的行布局"前的复选框，点击"打印机设置"选项卡，选择自己的打印机。

e. 创建过程画面。在"项目管理器"中，双击"图形编辑器"，建立一个画面，保存为"监控画面"。创建的过程画面如图 7-24 所示，指示灯、按钮、I/O 域的组态请参见 WinCC 有关章节。点击对象管理器中的"控件"选项卡，选择"WinCC Online TableControl"，在画

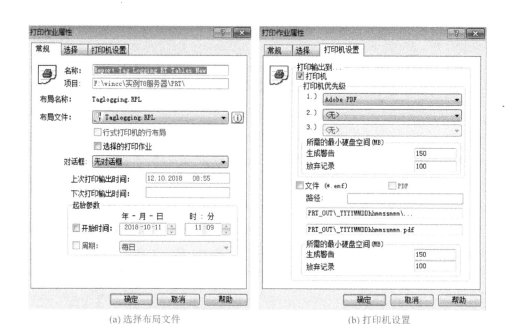

(a) 选择布局文件　　　　　　　　　　　　(b) 打印机设置

图 7-23　"打印作业属性"对话框

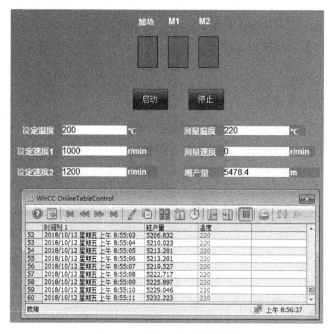

图 7-24　运行中的监控画面

面中点击一下，弹出"WinCC Online TableControl 属性"对话框，点击"常规"选项卡，在"查看当前打印作业"下选择"Report Tag Logging RT Tables New"；点击"数值列"选项卡，将数值列 1 的对象名称设置为"班产量"，数据源选择"1- 归档变量"，变量名称选择"产量 \ 班产量"，取消自动复选框，小数位设为 3 位，如图 7-25 所示。点击"新建"按钮，新建 1 列，按照同样的方法，将数值列 2 命名为"温度"，数据源选择"1- 归档变量"，变量名称选择"温度 \ 测量温度"，取消自动复选框，小数位设为 0 位。在运行中，点击"WinCC Online TableControl"控件中的打印机图标🖨可以打印变量记录运行报表。

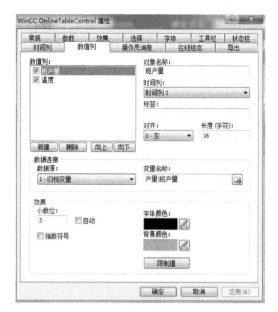

图 7-25 "WinCC Online TableControl 属性"对话框

f. 设置计算机。点击项目管理器中的"计算机",双击右边窗口中的计算机名字(笔者的服务器计算机名字为"ZCS"),弹出"计算机属性"对话框,选择"启动"选项卡,选中"报警记录运行系统""变量记录运行系统""报表运行系统""图形运行系统"和"用户归档",选择"图形运行系统"选项卡,点击右边的 按钮,选择"监控画面.PDL"作为系统运行时的起始画面。选择窗口属性为"标题""最大化",单击"确定"按钮,关闭对话框。

在"计算机"右边的空白区域单击右键,选择"添加新计算机"。在弹出的"计算机属性"对话框中,计算机名称输入客户机1的计算机名称(笔者的客户机1计算机名字为"ZCS1"),计算机类型为 WinCC 客户端。按照同样的方法,添加客户机2(笔者的客户机2计算机名字为"ZCS2")。

点击项目管理器中的"服务器数据",在右边的空白区域单击右键,选择"创建",在弹出的窗口中点击确定,在该项目下创建"\\ 你的计算机名称 \\Packages*.pck"(在"实例80\\ZCS\\Packages"文件夹下生成了"实例80_ZCS.pck"),该文件即是服务器数据。

将 IP 地址设为 192.168.0.2,子网掩码设为 255.255.255.0。对该项目文件夹进行共享设置,确保在客户机的"网络"中能找到并能打开该文件夹。

② WinCC 客户机1组态 更改客户机1的计算机名称与服务器设置一致("ZCS1")。将 IP 地址设为 192.168.0.3,子网掩码设为 255.255.255.0,通过"网络"应能找到并能打开服务器项目文件夹。

打开 WinCC 项目管理器,创建一个"客户机项目",点击确定。在"新项目"对话框中输入项目名,并选择合适的保存路径。

在项目管理器的"服务器数据"上单击右键,选择"正在加载",通过"网络"找到服务器项目中的"\\ 服务器计算机名称 \\Packages*.pck"(即在服务器实例80文件夹下找到"\\ZCS\\Packages\\ 实例80_ZCS.pck"),点击打开。

a. 组态报警消息顺序报表。组态报警消息顺序报表与变量记录运行报表类似,在"项目管理器"下双击"报表编辑器",打开报表编辑器布局。点击工具栏中的动态部分图标 ,选择对象管理器的"运行系统文档"选项卡,从"WinCC 报警控件"下选择"表格",将其拖放到布局页面中,调整到合适的尺寸。双击该对象,打开对象属性对话框,选择"连接",

双击"参数分配"，在常规选项卡下选择"短期归档列表"；点击"消息列表"选项卡，选定消息块为"编号""日期""时间""状态""消息文本""错误点"，然后点击"确定"，最后保存该布局为"NewRpl1.rpl"。

在"项目管理器"中，点击"报表编辑器"下的"打印作业"，在右边的窗口中右击"@ Report Alarm Logging RT Message sequence"，选择"属性"，打开"打印机作业属性"。在布局文件后的下拉列表中选择"NewRpl1.rpl"，取消"行式打印机的行布局"前的复选框，点击"打印机设置"选项卡，选择自己的打印机。

b. 客户机1画面的组态。在"项目管理器"中，双击"图形编辑器"，建立一个画面，保存为"客户机监控"，组态的运行中的客户机1画面如图7-26所示。I/O域的组态参见WinCC有关章节，在选择变量时，应选择服务器数据变量。

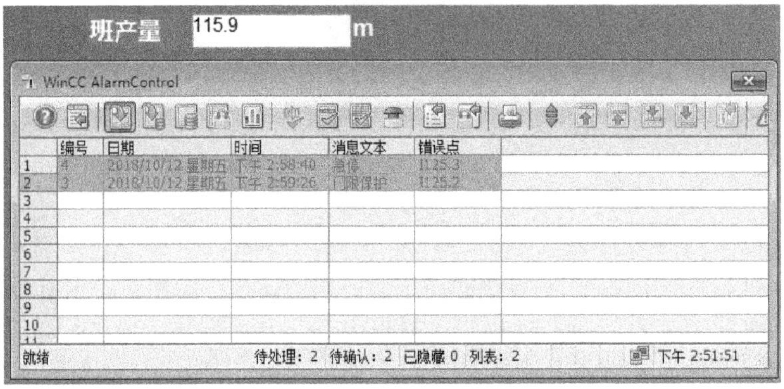

图7-26　客户机1的画面

点击对象管理器中的"控件"选项卡，选择"WinCC AlarmControl"，在画面中点击一下，弹出"WinCC AlarmControl属性"对话框，点击"常规"选项卡，在"查看当前打印作业"下选择"Report Alarm Logging RT Message sequence"；点击"消息列表"选项卡，将"可用的消息块"下的"消息文本"和"错误点"都移动到"选定的消息块"下，并将"编号"上移到第一行，在报警控件中会依次显示"编号""日期""时间""消息文本"和"错误点"。在运行中，点击"WinCC AlarmControl"控件中的打印机图标可以打印报警记录运行报表。

点击项目管理器中的"计算机"，双击右边窗口中客户机1的计算机名字，弹出"计算机属性"对话框，选择"启动"选项卡，选中"报表运行系统"和"图形运行系统"；选择"图形运行系统"选项卡，点击右边的按钮，选择"客户机监控.PDL"作为系统运行时的起始画面。选择窗口属性为"标题""最大化"，单击"确定"按钮，关闭对话框。

③ WinCC客户机2组态　更改客户机2的计算机名称与服务器设置一致（"ZCS2"）。将IP地址设为192.168.0.4，子网掩码设为255.255.255.0，通过"网络"应能找到并能打开服务器项目文件夹。

打开WinCC项目管理器，创建一个"客户机项目"，点击确定。在"新项目"对话框中输入项目名，并选择合适的保存路径。

在项目管理器的"服务器数据"上单击右键，选择"正在加载"，通过"网络"找到服务器项目中的"\\ 服务器计算机名称 \\Packages*.pck"（即在服务器实例80文件夹下找到"\\ZCS\\Packages\\ 实例80_ZCS.pck"），点击打开。

在"项目管理器"中，双击"图形编辑器"，建立一个画面，保存为"客户机2监控"，组态的运行中的客户机2画面如图7-27所示。I/O域的组态参见WinCC有关章节，在选择变量时，应选择服务器数据变量。

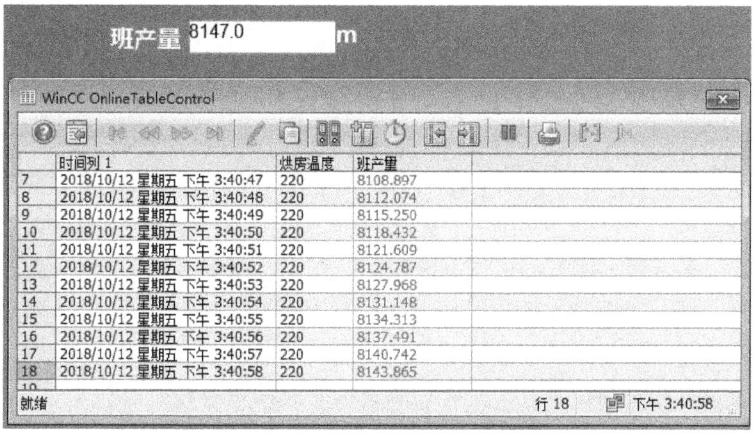

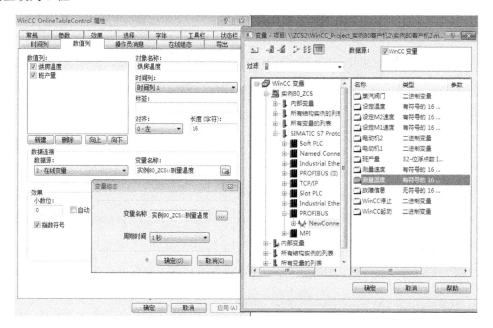

图 7-27　客户机 2 的画面

点击对象管理器中的"控件"选项卡，选择"WinCC Online TableControl"，在画面中点击一下，弹出"WinCC Online TableControl 属性"对话框，点击"常规"选项卡，在"查看当前打印作业"下选择"Report Tag Logging RT Tables New"；点击"数值列"选项卡，将数值列 1 的对象名称命名为"烘房温度"，数据源选择"2- 在线变量"，变量名称选择服务器变量"实例 80_ZCS:: 测量温度"，小数位设为 0 位，如图 7-28 所示，点击按钮 🖫，在弹出的窗口中再点击按钮 …，选择服务器的"测量温度"。按照同样的方法，将数值列 2 命名为"班产量"，数据源选择"2- 在线变量"，变量名称选择服务器变量"实例 80_ZCS:: 班产量"，小数位设为 3 位。

图 7-28　"WinCC Online TableControl 属性"对话框

点击项目管理器中的"计算机"，双击右边窗口中客户机 2 的计算机名字，弹出"计算机属性"对话框，选择"启动"选项卡，选中"图形运行系统"；选择"图形运行系统"选项卡，点击右边的 🔳 按钮，选择"客户机 2 监控 .PDL"作为系统运行时的起始画面。选择窗口属性为"标题""最大化"，单击"确定"按钮，关闭对话框。

参考文献

［1］崔坚.TIA 博途软件——STEP7 V11 编程指南.北京：机械工业出版社，2012.

［2］廖常初.S7-1200/1500 PLC 应用技术.北京：机械工业出版社，2018.

［3］张运刚，宋小春.从入门到精通——西门子工业网络通信实战.北京：人民邮电出版社，2007.

［4］廖常初.西门子人机界面（触摸屏）组态与应用技术.第 3 版.北京：机械工业出版社，2018.

［5］西门子（中国）有限公司自动化与驱动集团.深入浅出西门子 WinCC V6.北京：北京航空航天大学出版社，2004.

［6］龚仲华.S7-200/300/400 应用技术——提高篇.北京：人民邮电出版社，2008.